kosmos

DAS HIMMELSJAHR 1993

Sonne, Mond und Sterne im Jahreslauf

Herausgegeben
von Hans-Ulrich Keller
unter Mitarbeit von Erich Karkoschka

Mit 206 Abbildungen
und 81 Tabellen

Franckh-Kosmos

Mit 178 z.T. zweifarbigen Zeichnungen von Elke Köder nach Vorlagen der Verfasser; 14 Farbfotos und 8 Schwarzweißfotos, 81 Tabellen, 6 Sternkartendarstellungen (Archiv).

Umschlag gestaltet von Atelier Reichert, Stuttgart, unter Verwendung einer Graphik von Conrad Höllerer

Lektorat und Herstellung: Siegfried Fischer, Stuttgart

ISBN 3-440-06370-4
Printed in Italy/ Imprimé en Italie
Satz: G. Müller, Heilbronn
Druck und Bindung: Rotolito Lombarda S.p.A,
Pioltello, Italien

Das Himmelsjahr 1993

Das Himmelsjahr – ein Führer durch die Sternenwelt im Jahreslauf

Bemannte Raumfahrt – ja oder nein? Das ist eine der Fragen, die nicht nur unter Wissenschaftlern heiß und kontrovers diskutiert wird. Auch Laien möchten da gerne mitreden und tun dies häufig auch. Wenn es um den Weltraum geht, so gibt es viele selbstberufene Experten. Um so eigenartiger mutet es an, wenn kaum einer der „Weltraumspezialisten“ an einem klaren Abend die hellsten Sterne und bekanntesten Sternbilder identifizieren kann. Andererseits bedauern immer mehr Zeitgenossen, sich nicht besser am gestirnten Firmament auszukennen.

Diesem Mangel abzuhelfen, ist vorliegendes Jahrbuch bemüht. DAS HIMMELSJAHR soll als Hilfestellung für eigene astronomische Beobachtungen dienen. Durch eine möglichst klare Beschreibung der Ereignisse am Sternenhimmel im Laufe des Jahres soll es für jeden leicht verständlich und nützlich sein. Im HIMMELSJAHR findet man alle Angaben und Daten, die man für die Beobachtung der Gestirne braucht. Sowohl dem gelegentlichen Himmelsbeobachter, der gerne am Sternenzelt „spazierensieht“, als auch dem versierten Amateurastronomen soll DAS HIMMELSJAHR als Leitfaden dienen. Im Unterschied zu anderen astronomischen Jahrbüchern wird eine einfache, beschreibende Darstellung aller interessanten Himmelsvorgänge bevorzugt. Fachbegriffe, Formeln und Symbole werden äußerst sparsam verwendet. Zahlenangaben findet man dort, wo sie für die Beobachtung wirklich von Nutzen sind. Sind Zahlenwerte vermerkt, dann stets nur mit der für die praktische Beobachtung sinnvollen Genauigkeit.

Nicht Vollständigkeit und möglichst maximale Genauigkeit aller astronomischen Daten sind Ziel dieses Jahrbuches – dafür gibt es hervorragende astronomische Almanache–, sondern Übersichtlichkeit, leichte Lesbarkeit und Handlichkeit. DAS HIMMELSJAHR soll kein dickleibiger und teurer Almanach sein, sondern ein preiswertes Jahrbuch, das dem Benutzer dennoch alle gewünschten Angaben und Zahlenwerte liefert. Seit vielen Jahren – der vorliegende Band ist der 84. Jahrgang – schätzt eine ständig größer werdende Lesergemeinde DAS HIMMELSJAHR als astronomischen Ratgeber.

DAS HIMMELSJAHR gliedert sich in drei Teile: Der erste Teil bringt eine Einführung in den Gebrauch. Wer das erste Mal DAS HIMMELSJAHR in Händen hält, sollte diesen Abschnitt gründlich studieren. Aber auch langjährigen Benutzern sei empfohlen, hin und wieder diese Erläuterungen durchzulesen.

Der zweite Teil enthält zwölf Monatsübersichten. In diesem kalendarischen Hauptteil sind allgemein verständlich Sonnen- und Mondlauf, Planetenlauf, Kleinplaneten, periodische Sternschnuppenströme, besondere Himmelsereignisse, Fixsternhimmel und Veränderliche Sterne beschrieben. Außerdem folgt jeder monatlichen Übersicht unter der Rubrik *Monatsthema* ein aktuelles Kapitel aus der Astronomie zur Vertiefung und Erweiterung vorhandener Kenntnisse.

Dem Hauptteil geht eine Zusammenstellung der 1993 stattfindenden *Sonnen- und Mondfinsternisse* voran. Auf Seite 7 findet man eine kalendarische Übersicht für das Jahr 1993 mit chronologischen Daten und Angabe der Festtage.

E. 1: Totale Sonnenfinsternis vom 11. Juli 1991. Wenn die Neumondscheibe die Sonne vollständig bedeckt, erkennt man die äußerste Gashülle der Sonne, die Korona (Aufnahme von Ottó FARAGÓ und Astrid TEUSCHER-FARAGÓ/Schwäbische Sternwarte Stuttgart).
Die Aufnahme wurde am Ort 110°44' westlicher Länge und 23°58' nördlicher Breite gewonnen. Dieser Ort liegt etwa 45 km südwestlich von La Paz in Mexiko.

Der dritte Abschnitt, der Tabellenteil, bringt alle für die ernsthafte astronomische Beobachtungstätigkeit notwendigen Ephemeriden mit hinreichender Genauigkeit.
Im Anhang findet sich ein Verzeichnis professioneller astronomischer Einrichtungen sowie eine Liste von amateurastronomischen Vereinigungen, die den Kontakt zu Gleichgesinnten erleichtern soll.
Gegenüber den bisherigen Jahrgängen wurden wieder einige kleinere Verbesserungen vorgenommen. Neu ist eine Graphik, aus der die Planetensichtbarkeiten im Jahresüberblick zu erkennen sind (Seite 9). Die Sternzeittafel im Tabellenteil auf Seite 228 wurde für MEZ neu gerechnet und erlaubt nun eine einfachere Bestimmung der Sternzeit für einen gegebenen Ort zu einer bestimmten Stunde. Die Liste Astronomischer Vereine, Planetarien und Sternwarten wurde geteilt und stark erweitert, wobei für die professionellen Einrichtungen jetzt auch Telefon-, Fax- und Telex-Nummern vermerkt sind.
Die Daten für vorliegendes Jahrbuch stammen, soweit nicht nachstehend besonders vermerkt, vom *Planetarium Stuttgart.* Die Bahnkurven und Zeiten für die Jupitermonderscheinungen lieferte das *Bureau des Longitudes,* Paris, die Angaben für die Sternbedeckungen das *International Lunar Occultation Centre* (ILOC), Tokio, die Sonnenfleckenrelativzahlen das *Observatoire Royal de Belgique,* Brüssel.
Für Besitzer von Personal Computern, die selbst gerne Ephemeriden und astronomische Erscheinungen berechnen wollen, sei das ausgezeichnete Werk von Oliver MONTENBRUCK und Thomas PFLEGER, „Astronomie mit dem Personal Computer“ (Springer-Verlag, 1989) empfohlen, zu dem auch entsprechende Programmdisketten lieferbar sind.
Mein besonderer Dank gilt meinem Mitarbeiter, Herrn Erich KARKOSCHKA (Lunar and Planetary Laboratory, University of Arizona, Tucson), der wieder die Skizzen für die Himmelsanblicke, Merkursichtbarkeiten, Vierteljahresübersichten der Planetenstellungen, Aufsuchkärtchen etc. angefertigt, die Ephemeriden berechnet und alle Korrekturen gelesen hat. Dank gebührt auch Frau Sabine HAUPT für die sorgfältige Reinschrift des Manuskripts sowie den Mitarbeitern des Verlags, insbesondere den Herren Siegfried FISCHER, Hermann-Michael HAHN und Axel MEFFERT für die hervorragende Zusammenarbeit, ohne die vorliegendes Jahrbuch nicht pünktlich erscheinen könnte.

Stuttgart, im März 1992 *Hans-Ulrich Keller*

Das Jahr 1993

Das Jahr 1993 ist nach dem Gregorianischen Kalender ein **Gemeinjahr** mit 365 Tagen.
Beginn der Jahreszeiten:
Frühling (Tagundnachtgleiche):
20. März 15^h41^m MEZ
Sommer (Sonnenwende):
21. Juni 10^h00^m MEZ
Herbst (Tagundnachtgleiche):
23. September 1^h22^m MEZ
Winter (Sonnenwende):
21. Dezember 21^h26^m MEZ

Sommerzeit: Die Mitteleuropäische Sommerzeit (MESZ) geht gegenüber der Mitteleuropäischen Zeit (MEZ) um eine Stunde vor. Sie gilt vom **28.** März bis **26.** September 1993.

Fest- und Feiertage 1993

Neujahrstag:	**Freitag,** 1. Januar
Aschermittwoch:	24. Februar
Karfreitag:	9. April
Ostersonntag:	**11. April**
Ostermontag:	12. April
Christi Himmelfahrt:	Donnerstag, 20. Mai
Pfingstsonntag:	30. Mai
Pfingstmontag:	31. Mai
Fronleichnam:	Donnerstag, 10. Juni
Allerheiligen:	Montag, 1. November
Buß- und Bettag:	Mittwoch, 17. November
1. Advent:	Sonntag, 28. November
Heiliger Abend:	Freitag, 24. Dezember
1. Weihnachtstag:	**Samstag,** 25. Dezember
2. Weihnachtstag:	Sonntag, 26. Dezember
Silvester:	**Freitag,** 31. Dezember

Staatsfeiertage 1993
Tag der deutschen Einheit:
Sonntag, 3. Oktober
Österreichischer Nationalfeiertag:
Dienstag, 26. Oktober
Schweizer Bundesfeier:
Sonntag, 1. August

Kalenderären 1993
Am 15. September beginnt das jüdische Jahr 5754.
Am 20. Juni beginnt das mohammedanische Jahr 1414.
Am 14. September beginnt in der byzantinischen Ära das Jahr 7502.
Am 1. Januar beginnt das japanische Jahr 2653.
Am 11. September beginnt das Jahr 1710 der Ära Diokletians.
Am 14. September beginnt das Jahr 2305 der Seleukidenära.
Am 14. Januar beginnt das Jahr 2746 der römischen Ära a. u. c.

Der 14. Januar 1993 des *Gregorianischen* Kalenders korrespondiert mit dem 1. Januar 1993 des *Julianischen* Kalenders.

Das Jahr 1993 entspricht dem Jahr 6706 der Julianischen Periode.
Der 1. Januar 1993 (0^h Weltzeit = 1^h Mitteleuropäischer Zeit) hat die Julianische Tagesnummer 2 448 988,5.

Chronologie 1993
Sonntagsbuchstabe: C
Goldene Zahl (Mondzirkel): XVIII
Sonnenzirkel: 14
Indiktion (Römerzinszahl): 1
Epakte: 6
Jahresregent: Saturn
(Nähere Erläuterungen zu den chronologischen Zyklen siehe Seite 27)

Finsternisse 1993
Vier Finsternisse finden im Jahr 1993 statt: Zwei partielle Sonnenfinsternisse und zwei totale Mondfinsternisse. Die partielle Sonnenfinsternis vom 21. Mai kann von Norddeutschland aus beobachtet werden, die vom 13./14. November bleibt hingegen von Mitteleuropa aus unbeobachtbar. Von beiden totalen Mondfinsternissen kann nur die vom 29. November von Mitteleuropa aus gesehen werden, die vom 4. Juni entgeht uns. Am 6. November kommt es zu dem seltenen Ereignis eines Merkurtransits: In unterer Konjunktion zieht Merkur als dunkler Punkt vor der Sonnenscheibe vorbei. Von Mitteleuropa kann allerdings dieser Merkurdurchgang nicht beobachtet werden.

Nähere Erläuterungen findet man im Kapitel *Sonnen-* und *Mondfinsternisse 1993* auf Seite 28 ff.

Planeten 1993

Merkur kann von Mitte bis Ende Februar und von Ende Mai bis Mitte Juni am Abendhimmel gesehen werden. Von Anfang bis Mitte August sowie von Mitte November bis Anfang Dezember ist der flinke und sonnennahe Planet am Morgenhimmel auszumachen.

Venus steht am 19. Januar in größter östlicher Elongation zur Sonne. Bis März ist der hellste aller Planeten Abendstern. Am 1. April kommt Venus in untere Konjunktion mit der Sonne. Von April bis Dezember ist Venus Morgenstern. Am 10. Juni erreicht sie ihre größte westliche Elongation zur Sonne. Zum Jahresende zieht sich Venus vom Morgenhimmel zurück.

Mars kommt am 7. Januar im Sternbild Zwillinge in Opposition zur Sonne. Bis Juli kann er am Abendhimmel beobachtet werden. Den Rest des Jahres bleibt der rote Planet unsichtbar.

Jupiter erreicht im Sternbild Jungfrau am 30. März seine Opposition zur Sonne. Bis Anfang September kann der Riesenplanet am Abendhimmel gesehen werden. Ab November taucht Jupiter am Morgenhimmel auf.

Saturn steht am 19. August in Opposition zur Sonne. Der Ringplanet hält sich im Grenzgebiet Steinbock/Wassermann auf. Im April taucht er am Morgenhimmel auf, ist im August die ganze Nacht hindurch sichtbar und bleibt bis Jahresende am Abendhimmel beobachtbar.

Uranus, Neptun und **Pluto** sind so lichtschwach, daß sie ohne optische Hilfsmittel nicht sichtbar sind.

Uranus und **Neptun** kommen beide am 12. Juli in Opposition zur Sonne. Sie ziehen ihre Oppositionsschleifen parallel zueinander im Schützen, wobei Neptun sich rund ein Grad nördlicher befindet. Uranus überholt in diesem Jahr Neptun.

Pluto steht am 14. Mai in Opposition zur Sonne. Zur Zeit ist er der Sonne näher als Neptun.

Genauere Angaben über die Sichtbarkeiten der Wandelgestirne entnehme man der Rubrik *Planetenlauf* in den Monatsübersichten.

Verzeichnis wichtiger Abbildungen und Tabellen

Erläuterungen zum Gebrauch

Wer in einer wirklich klaren Nacht fernab von jeder störenden irdischen Lichtquelle den sternenübersäten Himmel betrachtet, ist leicht verwirrt. Scheinbar unzählige Lichtpünktchen funkeln am samtschwarzen Firmament. Doch die Astronomen haben Ordnung in dieses Sternengewimmel gebracht. Sich am Sternenzelt zurechtzufinden ist leichter, als mancher denken mag.

Die vielen Sterne, die man in einer mondlosen Nacht zu sehen bekommt, sind fast ausnahmslos Sonnen, also heiße, selbstleuchtende Gasbälle, gewissermaßen Geschwister unserer eigenen Sonne. Sie prägen dem Himmel ein scheinbar unveränderliches Muster auf, d. h., ihre gegenseitigen Positionen bleiben unverändert; man nennt sie daher Fixsterne. Die Phantasie der Menschen erkannte schon in alter Zeit in der zufälligen Anordnung der Sterne die Gestalten von Menschen, Tieren oder Gegenständen, eben die Sternbilder. Das Beispiel des Großen Wagens ist wohl jedem bekannt. Seine Form ändert sich nicht, jahraus, jahrein erkennen wir ihn in gleicher Gestalt.

Das Aussehen des Sternenhimmels ändert sich jedoch von Stunde zu Stunde. Da die Erde sich dreht, gehen die Sterne ebenso wie Sonne und Mond auf und unter. Am Morgenhimmel sind andere Sternbilder zu sehen als am Abendhimmel. Da die Sonne im Laufe eines Jahres durch die Tierkreissternbilder wandert, ist der Himmelsanblick auch jahreszeitlich immer wieder verschieden. Schließlich hängt es noch vom Beobachtungsort auf der Erde ab, welche Sterne zu sehen sind. In anderen geographischen Breiten sieht der Himmel entsprechend verschieden aus. Das berühmte Kreuz des Südens beispielsweise ist bei uns in Mitteleuropa nicht zu sehen.

E. 2: Die Sichtbarkeiten der Planeten im Jahre 1993 (schwarz: unsichtbar, grau: schwierig erkennbar, hellblau: sichtbar, blaßblau: gut sichtbar, weiß: auffällig).

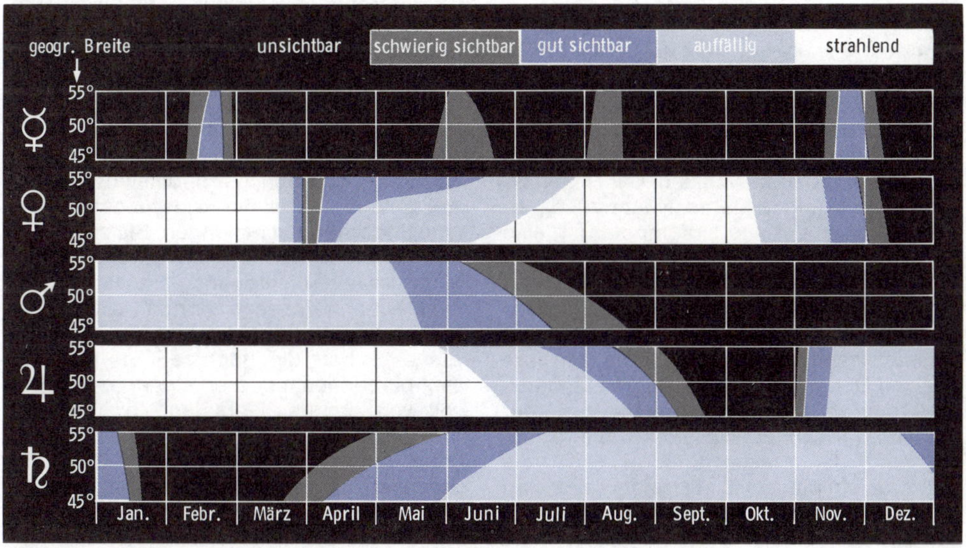

E. 3: Der Andromedanebel, unser Nachbarmilchstraßensystem. Dieser Spiralnebel ist rund 2,5 Millionen Lichtjahre von uns entfernt.

Im HIMMELSJAHR ist das Bild des abendlichen Fixsternhimmels für jeden Monat beschrieben. Eine Sternkarte erleichtert die Übersicht. Außerdem ist die Stellung des Himmelswagens um 22^h MEZ für jeden Monat aus einer Graphik ersichtlich. Der Himmelswagen ist in jeder klaren Nacht zu beobachten, da er bei uns zirkumpolar ist, also niemals untergeht.

Während die Fixsterne ihre Stellungen zueinander nicht ändern, sondern nur gemeinsam infolge der Erdrotation über das Firmament ziehen, gibt es Gestirne, die ihre Position im Laufe von Wochen und Monaten ändern. Man nennt sie Wandelsterne oder Planeten (griech.: πλανάομαι = umherirren). Sie sind Geschwister unserer Erde, die ebenfalls ein Planet ist. Mit freiem Auge sind fünf Planeten zu sehen: Merkur, Venus, Mars, Jupiter und Saturn. Nach Erfindung des Fernrohres wurden noch drei weitere entdeckt: Uranus, Neptun und Pluto. Somit sind heute neun große Planeten bekannt, die die Sonne, das Zentralgestirn, umkreisen.

Wer die Sternbilder kennt, dem fällt ein Planet sofort als nicht dazugehöriges, gewissermaßen fremdes Gestirn auf. Ferner flimmern Planeten im Unterschied zu den punktförmigen Fixsternen nicht oder kaum, sie glänzen ruhig im geborgten Sonnenlicht. Die Planeten laufen ziemlich genau in derselben Ebene um die Sonne, die von der Erdbahn aufgespannt wird. Die Erdbahnebene entsteht durch den Umlauf der Erde um die Sonne. Sie heißt auch Ekliptikebene.

Von der Erde aus gesehen wandert somit die Sonne in einem Jahr durch die bekannten Sternbilder des Tierkreises. Der Wanderweg der Sonne heißt Ekliptik. Mond und Planeten bewegen sich ebenfalls in der Nähe der Ekliptik. Sie sind daher stets in den Tierkreissternbildern zu finden. Niemals kann beispielsweise die Venus im Großen Bären gesehen werden!

Ein Wort zu den Dimensionen im Weltall: Gibt man sie in Kilometer an, so erhält man die berühmten „astronomischen" Zahlen, Ungetüme mit vielen Nullen, die kaum aussprechbar sind und unter denen man sich gar nichts mehr vorstellen kann. Anschaulicher werden die Entfernungen im Kosmos, nimmt man die Reisegeschwindigkeit des Lichtes zu Hilfe: Pro Sekunde legt ein Lichtstrahl 300 000 Kilometer zurück, das ist fast die Strecke von der Erde zum Mond. Von der Sonne zur Erde sind es $8\frac{1}{3}$ Lichtminuten; dies entspricht 150 Millionen Kilometer. Die Entfernung Erde – Sonne wird auch Astronomische Einheit (AE) genannt. Sie ist die Basis für astronomische Entfernungsmessungen. Bis zum fernsten Planeten unseres Sonnensystems, dem Pluto, ist ein Lichtquant von der Sonne immerhin schon sechs Stunden unterwegs. Danach beginnt der Abgrund der Fixsternräume. Schon die nächsten Sterne, also Nachbarsonnen unserer eigenen, sind so weit weg, daß das Licht Jahre braucht, um die gewaltigen Distanzen zu überbrücken. In einem Jahr legt das Licht 9 460 000 000 000 Kilometer zurück, also fast zehn Billionen Kilometer. Sirius im Sternbild Großer Hund, ein sehr naher Stern, ist beispielsweise „nur"

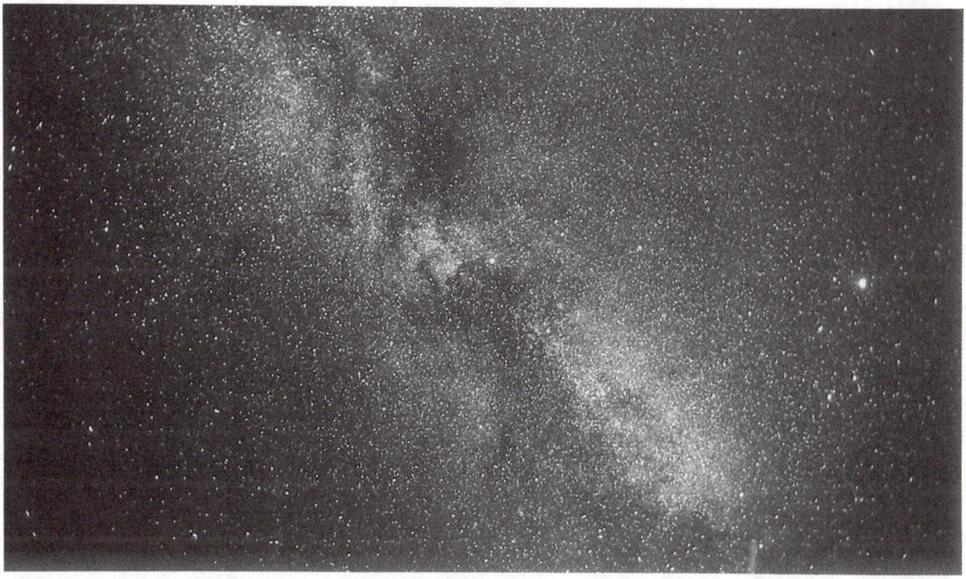

E. 4: Sternengewimmel der Milchstraße im Gebiet der Sternbilder Schwan und Leier (Aufnahme von GUTZEIT/IDLER, Schwäbische Sternwarte Stuttgart).

neun Lichtjahre entfernt. Die meisten Sterne sind aber Dutzende, Hunderte und Tausende von Lichtjahren weit weg. Alle Sterne am Himmel gehören zu einem riesigen System, zur Milchstraße. Als Sternenschwarm von 100 Milliarden Sonnen bildet sie einen gewaltigen Diskus mit 100 000 Lichtjahren Längsdurchmesser und 30 000 Lichtjahren Querdurchmesser. Zwischen den Sternen schweben Staub- und Gaswolken, sogenannte interstellare Materie. Von den Milliarden Sternen der Milchstraße sehen wir in einer klaren Nacht aber nur etwa 3000 bis 4000 Sterne.

Doch die Milchstraße ist nicht das einzige Sternensystem im Universum. Es gibt Milliarden solcher Milchstraßen oder Galaxien, wie sie auch heißen. Schon mit bloßem Auge kann man im Sternbild der Andromeda ein schwaches Lichtfleckchen erkennen: unsere Nachbarmilchstraße, den berühmten Andromedanebel. Über zwei Millionen Jahre ist das Licht dieser Sterne zu uns unterwegs. Andere Galaxien oder Spiralnebel stehen viele Millionen, ja Milliarden Lichtjahre tief im Raum.

Sterne, Sternbilder und Sternkarten

Je nach Phantasie und Kultur haben die einzelnen Völker Sterne und Sternbilder unterschiedlich benannt. Die alten Chinesen kannten einen anderen Tierkreis, als wir ihn heute benutzen. Der Große Wagen wiederum heißt bei den Amerikanern „big dipper“, große Schöpfkelle. Die meisten Sternbilder, die wir in den Sternkarten finden, stammen aus der griechisch-römischen Mythologie, viele haben ihre Wurzel im babylonischen Kulturkreis, einige kamen im Mittelalter hinzu. Die Sternbilder des Südhimmels wurden erst in der Neuzeit von den Entdeckern benannt.

Damit keine Verwirrung aufkommt, hat die Internationale Astronomische Union (IAU) für die gesamte Himmelskugel 88 Sternbilder festgelegt, die für alle Astronomen und Sternfreunde verbindlich sind. Diese 88 Sternbilder haben lateinische Namen und je-

E. 5: Das Sternbild Löwe in der phantasievoll ausgeschmückten Sternkarte von Johann Elert BODE aus dem Jahre 1782.

E. 6: Ausschnitt aus einer modernen Sternkarte (Antonin BEČVÁR, Atlas Coeli).

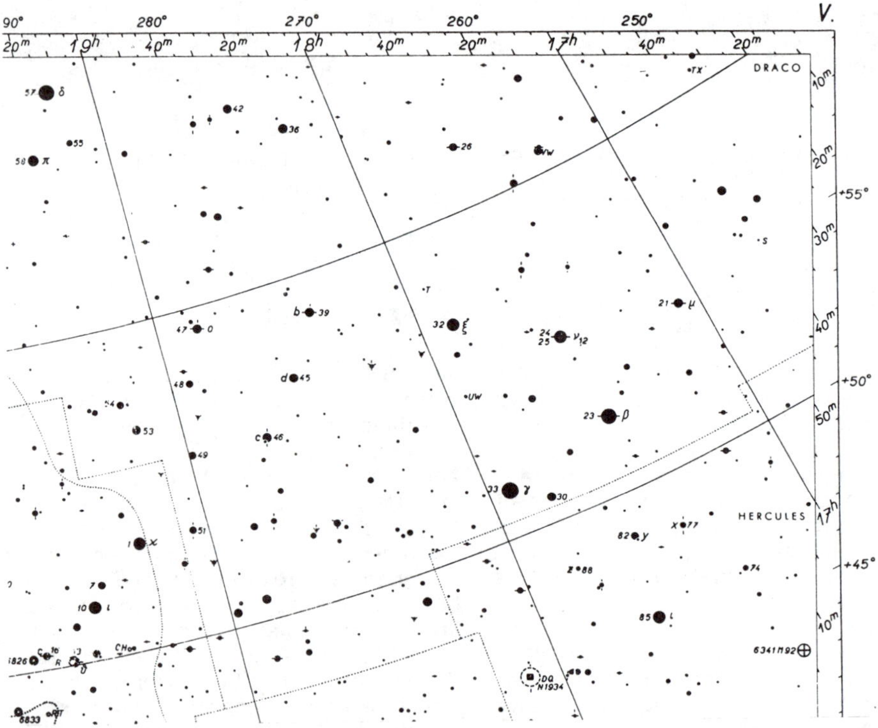

weils eine Abkürzung von drei Buchstaben; Beispiel: der Krebs, lat.: Cancer, Abkürzung: Cnc. Waren früher die Grenzen zwischen den einzelnen Sternbildern unklar oder fließend, so sind die durch IAU-Beschluß festgelegten Sternbilder durch alle senkrecht-

E. 7: Ausschnitt aus dem Atlas für Himmelsbeobachter von Erich KARKOSCHKA. *Die Übersichtskarten enthalten alle Sterne bis Grenzgröße 6^m, die Aufsuchkarten für Sternhaufen und Nebel bis zu Grenzgröße 9^m (Franckh-Kosmos-Verlag, Stuttgart, 1988).*

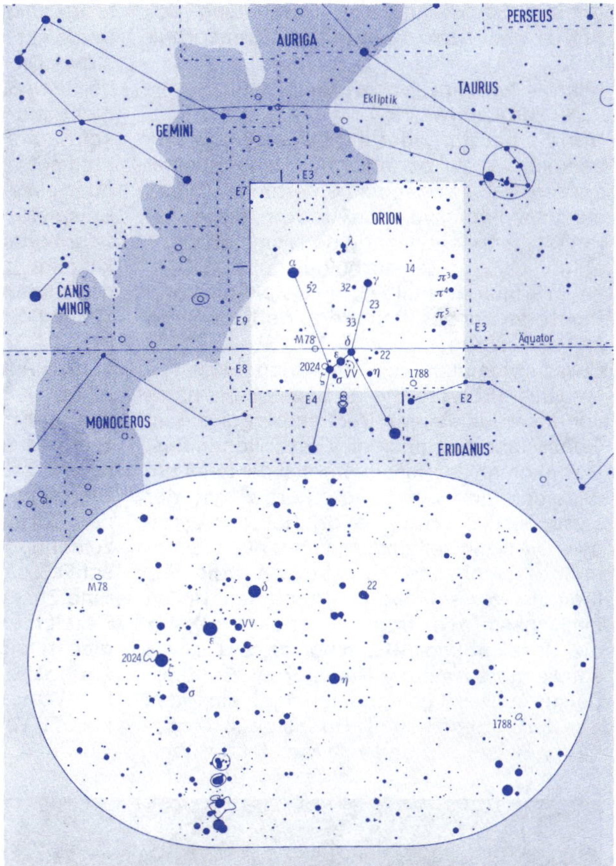

ligen, äquatorialen Himmelskoordinaten (Rektaszension und Deklination) eindeutig abgegrenzt.

In alten Himmelsatlanten findet man recht hübsch und phantasiereich ausgeschmückte Darstellungen der einzelnen Himmelsfiguren (Abb. E. 5). Moderne Sternkarten zeigen nur noch Namen und Koordinatengrenzen eines Sternbildes, aber keine figürliche Darstellung mehr (Abb. E. 6).

Speziell für die Benutzer des HIMMELSJAHRES empfehlen sich zur ersten Orientierung die Sternkarten in dem „Atlas für Himmelsbeobachter" von Erich KARKOSCHKA, Franckh-Kosmos-Verlag, Stuttgart. Alle Sterne, die mit freiem Auge sichtbar sind, befinden sich in dem Himmelsatlas „Der große Kosmos-Himmelsführer" von Ian RIDPATH und Wil TIRION, ebenfalls aus dem Franckh-Kosmos-Verlag, Stuttgart.

Für Sternfreunde mit Fernrohren seien folgende Sternatlanten genannt:

Atlas of the Heavens (Atlas Coeli 1950.0) von Antonin BEĆVÁR (geht bis 7^m,75),

Sky Atlas 2000 von Wil TIRION (bis 8^m,0),

URANOMETRIA 2000.0 von W. TIRION/B. RAPPAPORT/G. LOVI (Grenzgröße 9^m,5),

Falkauer Atlas von Hans VEHRENBERG (Fotografischer Sternatlas bis 13^m,0),

Atlas Borealis, Eclipticalis und Australis von

Antonin Bečvár (farbige Darstellung der Sterne nach dem Spektraltyp, Grenzgröße $10\overset{m}{.}0$),

Atlas Stellarum von Hans Vehrenberg (Grenzgröße etwa 15^m).

Nur die hellsten oder auffällige Sterne, die beispielsweise periodisch ihre Helligkeit ändern, haben Eigennamen erhalten. Diese stammen häufig von den Arabern, die in klaren Wüstennächten eifrig den Himmel beobachteten. So heißen die beiden hellsten Sterne im Wintersternbild Orion Beteigeuze und Rigel oder der berühmte veränderliche Stern im Perseus Algol.

Etwas systematischer hat Johannes Bayer im Jahre 1603 die Sterne bezeichnet, nämlich mit griechischen Buchstaben und dem Genitiv des lateinischen Sternbildnamens. So bekommt der hellste Stern in der Leier die Bezeichnung α Lyrae (oder kurz α Lyr), der zweithellste β Lyrae, der dritthellste γ Lyrae usw. Die Helligkeitsfolge ist aber nicht immer streng eingehalten, manchmal hat die Mythologie Vorrang. Von den beiden hellen Zwillingssternen trägt der hellere Pollux die Bezeichnung β Geminorum, der etwas schwächere Kastor α Geminorum. Bei Doppelsternen wird gelegentlich noch ein Index an den griechischen Buchstaben angehängt. Beispiel: ε_1 und ε_2 Lyrae, der berühmte Vierfachstern in der Leier (jede Komponente ist ihrerseits ebenfalls ein Doppelstern). Die 24 griechischen Buchstaben (siehe Seite 32) pro Sternbild reichen natürlich nicht aus, um alle Sterne zu benennen. Bei schwächeren Sternen gibt man die Katalognummer an, unter der sie verzeichnet sind, oder einfach die genauen Koordinaten.

Beispiele für Katalognummern: BD +52° 1312 bedeutet Stern Nummer 1312 in der Deklinationszone von +52° bis +53° der sogenannten Bonner Durchmusterung. HD 128974, Stern aus dem Henry-Draper-Katalog, SAO 146912, Stern aus dem Smithsonian Astrophysical Observatory Star Catalog, FK 5:1051, Stern aus dem 5. Fundamental-Katalog.

Sterne, deren Helligkeit variiert, werden häufig mit großen lateinischen Buchstaben + Sternbildnamen versehen: RR Lyrae, T Coronae Borealis. Man kann somit aus der Bezeichnung auf die Eigenart dieser Sterne schließen.

Eine Zusammenfassung der verschiedenen Bezeichnungen für die helleren Sterne findet man in folgendem Katalog-Werk:

Synopsis der Nomenklatur der Fixsterne von H. Werner und F. Schmeidler, Wissenschaftl. Verlagsgesellschaft mbH., Stuttgart.

E. 8: Der kugelförmige Sternhaufen M2 im Sternbild Wassermann. Seine Entfernung beträgt rund [illegible] 000 Lichtjahre.

Sterngruppen und Nebel

Schon mit bloßem Auge entdeckt man im Sternbild Stier ein Grüppchen von sechs bis neun Sternen, bekannt unter dem Namen Siebengestirn oder Plejaden. Sucht man den Himmel mit Feldstecher oder Fernrohr ab, so findet man zahlreiche derartige Gruppen. Sie werden schlicht Sternhaufen genannt. Man unterscheidet offene und kugelförmige Sternhaufen: Offene Sternhaufen enthalten Dutzende bis einige hundert Sterne, die alle einzeln als Lichtpunkte erkennbar sind; Kugelhaufen haben Hunderttausende bis Millionen Mitgliedssterne und sind als verwaschene, kreisrunde Lichtfleckchen zu sehen. Nur die Randpartien sind in Einzelsterne auflösbar, im Zentrum stehen die Sterne zu dicht, um als einzelne Lichtpunkte erkannt zu werden.
Zwischen den punktförmigen Sternen zeigen sich auch nebelhafte Gebilde. Da diese „Nebel" ihre Positionen unter den Sternen beibehalten, sind sie keine Erscheinung in der Erdatmosphäre, sondern astronomische Objekte. Bei den Nebeln gilt es zwei Kategorien auseinanderzuhalten. Einmal beobachten wir tatsächlich Staub- und Gasmassen zwischen den Sternen unserer Milchstraße, wie zum Beispiel im Sternbild Orion den berühmten Orionnebel. Andere nebelhafte Lichtfleckchen lassen sich jedoch mit sehr großen Teleskopen in einzelne Sterne auflösen. Hier sieht man fremde, ferne Milchstraßensysteme; das Licht von Milliarden Sternen wird von uns nur als schwaches Nebelfleckchen registriert, wie beispielsweise beim Andromedanebel. Wegen ihrer häufig spiraligen Gestalt spricht man auch von Spiralnebeln oder Galaxien (griech.: γαλάξις = Milchstraße).
Der französische Astronom Charles MESSIER (1730 bis 1817) hat einen Katalog mit über hundert Sternhaufen und Nebeln zusammengestellt. Sternfreunde benutzen noch heute seine Katalognummern. Der Orionnebel wird z.B. mit M 42, der Andromedanebel mit M 31, der Kugelhaufen im Herkules mit M 13 bezeichnet.
Wesentlich umfangreicher ist der Katalog von John L. E. DREYER mit dem Namen „New General Catalogue of Nebulae and Clusters of Stars", abgekürzt mit NGC. Später erschienen noch zwei Ergänzungen („Index – Catalogue I and II", kurz IC I und IC II) und schließlich der überarbeitete „Revised New General Catalogue" (RNGC). Daher trägt der Andromedanebel M 31 auch die Bezeichnung NGC 224.

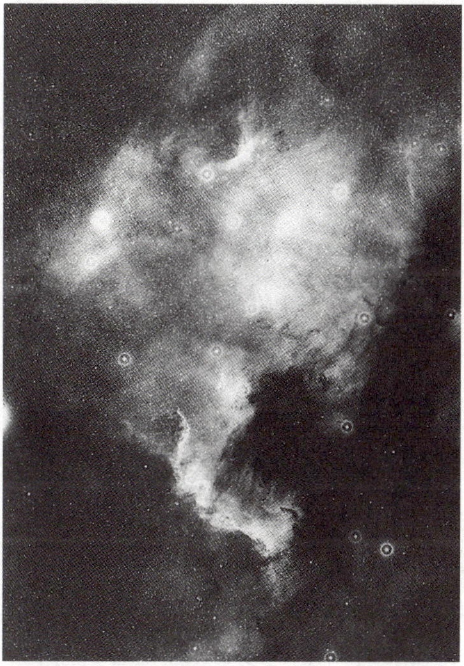

E. 9: Der Nordamerika-Nebel im Sternbild Schwan nahe dem Stern Deneb. Seine leuchtenden Gaswolken zeigen die Form des nordamerikanischen Kontinents und sind 3000 Lichtjahre weit weg.

Die Helligkeit der Sterne

Von alters her teilt man die Sterne in sogenannte Größenklassen ein. Man sagt zum Beispiel, der Polarstern sei ein Stern zweiter Größe. Diese Größenklassen geben nicht den Durchmesser oder die wahre Leuchtkraft der Sterne an, sondern ihre scheinbare

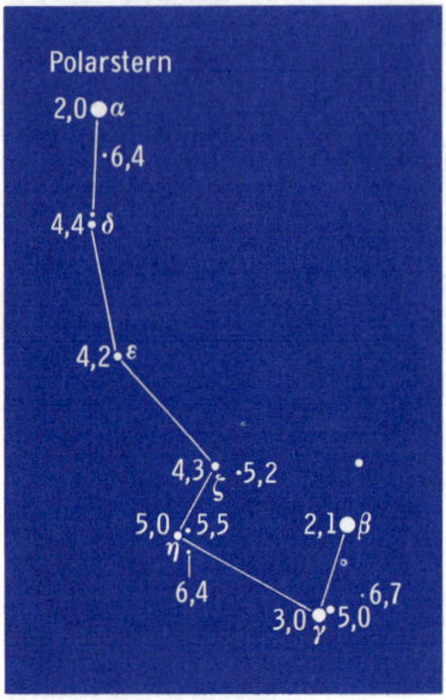

E. 10: Sternbild Kleiner Wagen mit Helligkeitsangaben in Größenklassen für die einzelnen Sterne.

Helligkeit am Himmel. Sterne erster Größe sind dabei heller als solche zweiter Größe. Ein schwaches Sternpünktchen sechster Größe ist eben noch vom unbewaffneten Auge zu erkennen. Ein Stern erster Größe ist dabei hundertmal heller als ein Stern sechster Größe. Daraus folgt, daß ein Stern 2. Größe 2,512mal lichtschwächer ist als ein Stern 1. Größe. Ein Stern 3. Größe wiederum ist 2,512mal lichtschwächer als ein Stern 2. Größe usw., denn $2{,}512^5 = 100$. Die Größenklassenskala ist somit ein logarithmisches Maß.

Als Abkürzung verwendet man ein kleines hochgestelltes ^{m} für magnitudo (lat.) = Größe. Sterne, die heller als 1^m sind, bezeichnet man mit 0^m, -1^m, -2^m usw. Die Venus kann -4^m hell sein, was bedeutet, daß sie dann hundertmal heller strahlt als ein Stern erster Größe, also mit 1^m!

Mit Teleskopen lassen sich auch Sterne beobachten, die schwächer sind als 6^m.

In einem guten Fernglas sind Sterne bis 10^m ohne weiteres erkennbar.

In großen Teleskopen werden Sterne bis 21^m beobachtet, also Objekte, die eine Million mal lichtschwächer sind als die schwächsten dem menschlichen Auge zugänglichen Sterne mit 6^m. Die Helligkeiten der Sterne zu schätzen, sollte man üben. Abb. E. 10 links zeigt den Kleinen Wagen, wobei die Helligkeiten der einzelnen Sterne vermerkt sind. Da das Sternbild Kleiner Wagen zirkumpolar ist, kann es in jeder klaren Nacht zu jeder Uhrzeit gesehen werden.

Stünden alle Sterne gleich weit entfernt, sozusagen in einer Normentfernung, dann entspräche die beobachtete scheinbare Helligkeit auch ihrer wirklichen Leuchtkraft.

Eine solche Normentfernung wurde mit 10 Parsec (knapp 33 Lichtjahre) festgelegt. Man rechnet nun die Helligkeit aus, die ein Stern in 10 Parsec Entfernung hätte, und bezeichnet diese Größe als „absolute Helligkeit" oder „wahre Leuchtkraft" eines Sternes.

Um die absolute nicht mit der scheinbaren Helligkeit zu verwechseln, wird sie mit einem großen M (Magnitudo) abgekürzt.

Beispiel: Unsere Sonne hat die enorme scheinbare Helligkeit von -27^m am Firmament und eine absolute Helligkeit von $+4{,}^M8$. Das heißt, in 33 Lichtjahren Entfernung erschiene uns die Sonne nur noch als Sternchen 5. Größe.

Anmerkung: Da ^{m} auch für Minute steht, ist aus dem Textzusammenhang zu entnehmen, ob Helligkeiten oder Zeiten bzw. Koordinaten gemeint sind.

Zeitangaben

Alle Uhrzeiten im HIMMELSJAHR sind grundsätzlich **in Mitteleuropäischer Zeit (MEZ)** angegeben.

Die Mitteleuropäische Zeit ist die mittlere Sonnenzeit des Meridians 15° östlich von Greenwich (Nullmeridian der Erde). Sie geht gegenüber der Weltzeit (UT = Universal Time oder GMT = Greenwich Mean Time) um eine Stunde vor. Es gilt:

Weltzeit plus eine Stunde = MEZ.

Wenn es in Greenwich Mitternacht (0^h) ist, dann haben wir schon 1^h (MEZ) morgens. Für ortsabhängige Angaben (z. B. Auf- und Untergänge) gelten alle Zeiten genau für ein nen Ort 10° östlich von Greenwich und 50° nördlicher Breite. Dieser Punkt liegt für Mitteleuropa ziemlich zentral.

Sommerzeit

Die Sommerzeit ist eine willkürliche Verschiebung der Zonenzeit um eine Stunde, um die Tageshelligkeit besser auszunutzen und (angeblich) Energie einzusparen. Sie beruht nicht auf astronomischen Grundlagen und ist außerdem von Staat zu Staat verschieden. Um die Benutzer des HIMMELSJAHRES nicht zu verwirren, sind alle Angaben das ganze Jahr durchgehend in MEZ vermerkt. Es gilt:
MEZ plus eine Stunde = MESZ
(Mitteleuropäische Sommerzeit).
Gilt in einem Land die Sommerzeit, so ist zu den Zeitangaben im HIMMELSJAHR einfach eine Stunde zu addieren. Beispiel: Der Mondaufgang am 12. April 1993 findet laut Tabelle *Mondlauf im April* um 0^h58^m MEZ statt und somit um 1^h58^m MESZ.
Achtung: Fällt ein Ereignis in die letzte Stunde vor Mitternacht, so ändert sich auch das Datum um einen Tag. Beispiel: Der Mondaufgang erfolgt am 9. Mai 1993 um 23^h33^m MEZ; zählt man eine Stunde hinzu, erhält man 0^h33^m MESZ am 10. Mai.
Die Mitteleuropäische **Sommerzeit** (MESZ) **beginnt** am Sonntag, **28. März 1993**, und **endet** am Sonntag, **26. September 1993**.
Wer häufig beobachtet, sollte das ganze Jahr über eine Uhr in MEZ laufen lassen. Dies ist recht bequem und hilft, Irrtümer zu vermeiden.
Wichtiger Hinweis:
Da Beginn und Ende der Sommerzeit von den Herrschenden bestimmt werden und nicht aus astronomischen Gegebenheiten abzuleiten sind, also keine natürlichen Grundlagen haben, sind die Angaben in diesem Jahrbuch unverbindlich. Vermerkt sind die bei Drucklegung bekanntgewordenen Absichten über die Einführung der Sommerzeit. Änderungen der vermerkten Daten sind aufgrund kurzfristigen Sinneswandels politischer Entscheidungsträger möglich. Der Herausgeber übernimmt dafür keine Verantwortung.

Auf- und Untergangszeiten

Alle **Auf-** und **Untergangszeiten** (MEZ) **gelten** exakt **für 10° östlicher Länge und 50° nördlicher Breite.**
Für andere Orte in Mitteleuropa können diese Zeiten erheblich differieren (bis etwa 1/2 Stunde). Um schnell auch für andere Orte die Auf- und Untergänge ermitteln zu können, ist in der Tabelle auf Seite 227 die Zeitdifferenz abzulesen.
Man bestimmt dazu zunächst die geographische Position seines Beobachtungsortes (siehe Tabelle Seite 229). In der vierten Spalte ist der Zeitunterschied der Ortszeit zum Meridian 10° östlicher Länge angegeben. Man korrigiert zunächst in Länge. Positive Werte sind den Auf- und Untergangszeiten hinzuzufügen, negative abzuziehen. Für Stuttgart findet man z. B. $+3^m$, für München -6^m.
Damit hat man die Differenz in geographischer Länge ausgeglichen. Leider sind die Auf- und Untergangszeiten auch von der geographischen Breite abhängig und zu allem Überfluß auch noch von der Deklination des Gestirns! Um langwierige Rechnungen zu ersparen, ist das Nomogramm auf Seite 230 gedacht. Die waagerechte Achse (Abszisse) enthält alle Deklinationswerte von −30° bis + 30°, für Sonne, Mond und Planeten also völlig ausreichend. Man schlägt die Deklination des Gestirns nach und sucht den Schnittpunkt der Deklination mit der Linie, die der geographischen Breite des eigenen Beobachtungsortes am nächsten kommt. An der senkrechten Achse (Ordinate) kann dann links die Korrektur in Minuten für die Aufgangszeiten und rechts für die Untergangszeiten direkt abgelesen werden.
Beispiel: Sonnenaufgang in Stuttgart am 21. Januar. Dem HIMMELSJAHR entnehmen wir 8^h07^m. Die Korrektur in Länge haben wir weiter oben schon bestimmt: $+3^m$. Die Aufgangszeit lautet somit: 8^h10^m. Die geographische Breite von Stuttgart beträgt (siehe Seite 229) knapp +49°. Die Sonne hat, wie aus dem Sonnenlauf im Januar zu entnehmen, am 21. −20° Deklination. Wir lesen im Nomogramm ab: knapp -4^m. Um diese vier Minuten erfolgt der Aufgang früher, das Ergebnis lautet somit: 8^h06^m MEZ. Wer will, kann für

seinen Heimatort (ständigen Beobachtungsort) die Ordinate (senkrechte Achse) um die stets gleichbleibende Längendifferenz verändern: Man addiere einfach zu den angegebenen Minutenzahlen den Längenkorrekturwert. Um beim Beispiel Stuttgart zu bleiben: An der 50°-Linie stünde links dann 3^m statt 0^m, darüber -2^m statt -5^m, darunter $+8^m$ statt $+5^m$. Ferner kann man auch eine Interpolationskurve mit der genauen geographischen Breite seines Heimatortes selbst einzeichnen.

Wem die Verwendung des Nomogramms zu kompliziert erscheint, der kann auch die Tabelle zur Auf- und Untergangskorrektur auf Seite 231 benutzen. Man suche die seinem Wohnort nächstliegende Stadt und lese einfach die Korrekturzeit in Minuten ab, wobei für Mond, Planeten oder Sterne noch vorher die Deklination zu ermitteln ist. Bei der Sonne beachte man das Datum.

Da durch den natürlichen Horizont (Häuser, Bäume, Berge etc.) die Auf- und Untergangszeiten ohnedies mit einem gewissen Spielraum zu versehen sind, kann man auf die Korrektur auch ganz verzichten, wenn man keine große Genauigkeit benötigt.

Sternzeit

Unser tägliches Leben richtet sich nach der Sonne, ebenso unsere bürgerliche Zeitrechnung. Auf unserer Armbanduhr lesen wir somit „Sonnenzeit" ab. Steht die Sonne im Süden, dann haben wir zwölf Uhr Mittag. Eine Stunde später ist es ein Uhr nachmittags, wieder eine Stunde später zwei Uhr nachmittags usw. Die Sonnenzeit wird also am Stundenwinkel der Sonne gemessen.

Die Sonne steht jedoch nicht fest, sondern wandert im Laufe eines Jahres durch die Tierkreissternbilder. Um aber mit dem Fernrohr ein bestimmtes Gestirn zu finden, muß man die Stellung des Beobachters auf der Erde zu einer bestimmten Uhrzeit des Tages relativ zur Fixsternwelt kennen. Man braucht also einen „ruhenden" Punkt unter den Sternen. Dafür hat man den Frühlingspunkt ausgewählt. Er ist der Schnittpunkt der aufsteigenden Sonnenbahn mit dem Himmelsäquator. Im Frühlingspunkt steht die Sonne zu Frühlingsbeginn. Er ist auch der Nullpunkt der äquatorialen Himmelskoordinaten. Nimmt man statt der Sonne den unter den Fixsternen feststehenden Frühlingspunkt, erhält man statt der Sonnen- die Sternzeit.

Steht der Frühlingspunkt im Süden (Meridian), spricht man von 0^h Sternzeit, eine Stunde später von 1^h Sternzeit usw. Es gilt: Sternzeit = Stundenwinkel des Frühlingspunktes.

Im HIMMELSJAHR ist die Sternzeit jeweils für 1^h MEZ (= 0^h Weltzeit) von fünf zu fünf Tagen für den Meridian von Greenwich (Nullmeridian) angegeben.

Die Tabelle auf Seite 228 erlaubt eine schnelle Bestimmung der Sternzeit zur abendlichen Beobachtungsstunde.

Wer selbst die Sternzeit aus der monatlichen Tabelle *Sonnenlauf* ausrechnen will, muß berücksichtigen, daß die geographische Länge des Beobachtungsortes anzubringen ist, um **Orts**sternzeit zu erhalten.

Die Tabelle *Sternzeit* auf Seite 228 gibt die Sternzeit um 20^h MEZ (= 21^h MESZ) am Ortsmeridian 10° östlicher Länge für jeden Tag des Jahres an.

Wozu dient die Sternzeit? Zunächst gibt sie an, wie der Fixsternhimmel relativ zum Beobachter steht. Um 0^h Sternzeit (SZ) sind beispielsweise Pegasus und Kassiopeia im Meridian zu finden, das Sommerdreieck hingegen im Westen, um 6^h SZ sind im Süden Orion und Sirius zu sehen, um 11^h SZ kulminiert der Löwe usw. Mit Hilfe der Sternzeit kann man sein Teleskop „nach Koordinaten" einstellen. Die Deklination wird direkt an einem Teilkreis eines parallaktisch montierten Fernrohres abgelesen. Der andere Teilkreis ist der Stundenkreis. Um den Stundenwinkel eines Gestirns zu ermitteln, bilde man die Differenz: Sternzeit minus Rektaszension des Gestirns, dann hat man den Stundenwinkel zum Beobachtungszeitpunkt und kann das Teleskop entsprechend einstellen.

Für die Bestimmung des Stundenwinkels eines Planeten kann man auch seine Kulminationszeit (Zeit des Meridiandurchganges) benutzen, wenn man keine Sternzeituhr zur Verfügung hat und sich die Berechnung der Sternzeit zum Beobachtungszeitpunkt ersparen will. Die Kulminationszeiten der Pla-

neten und Kleinplaneten sind auf den Seiten 218 bis 222 angegeben.
Die Kulminationszeit gilt für 10° östlicher Länge. Zunächst ist die Korrektur für die Längendifferenz des Beobachtungsortes anzubringen (siehe Seite 229, Spalte *Zeitkorrektur gegen 10° östlicher Länge*). Um diese so erhaltene Zeit geht der Planet durch den Meridian des Beobachters und hat somit den Stundenwinkel Null. Man bilde nun die Zeitdifferenz zwischen der Beobachtungszeit und der Zeit des Meridiandurchganges. Sie entspricht direkt dem Stundenwinkel (im Zeitmaß).
Geht beispielsweise der Planet Neptun am 30. Juni 1993 um 1^h14^m durch den Meridian, beobachtet man aber erst um 1^h40^m, dann beträgt der Stundenwinkel $t = 0^h26^m$. Erhält man einen negativen Wert, so bedeutet dies, daß das Objekt noch vor dem Meridiandurchgang steht, der Stundenwinkel also in Richtung Ost einzustellen ist.

Dynamische Zeit

In der Astronomie wird seit 1984 eine **Dynamische Zeit** verwendet, die die früher übliche **Ephemeridenzeit** abgelöst hat. Genaugenommen gibt es zwei dynamische Zeitskalen: TDT (Terrestrial Dynamical Time) und TDB (Time Dynamical Barycentric). Die TDT bezieht sich auf den Beobachter auf der Erde, die TDB ist auf das Baryzentrum (Schwerpunkt) des Sonnensystems bezogen. Die genaue Differenz der Dynamischen Zeit zur Weltzeit (UT = Universal Time) kann erst *im nachhinein* aus Beobachtungen der Gestirnspositionen bestimmt werden. Der extrapolierte Wert für das Jahr 1993 lautet: $\Delta T = +58{,}6$ Sekunden, wobei $\Delta T = TDT - UT$ gilt. Die Weltzeit (UT) hinkt somit der Dynamischen Zeit (TDT) fast eine Minute nach. Der beobachtende Sternfreund kann die TDT unberücksichtigt lassen, wenn er nicht hohe Genauigkeitsansprüche hat. Wer jedoch die Angaben im HIMMELSJAHR mit anderen Jahrbüchern vergleicht, muß beachten, daß alle Zeitangaben hier in MEZ = UT $+1^h$ und nicht in TDT vermerkt sind.

Der Sonnenlauf

Die Bewegung der Sonne durch den Tierkreis ist zu Beginn jeder Monatsübersicht aus einer kleinen Graphik zu entnehmen. Die Grenzen der Sternbilder sind eingetragen sowie die wichtigsten Bahnpunkte der Sonne.
Die Tages- und Nachtstunden sowie Dämmerungslängen werden durch eine dreiteilige Zeichnung (Uhrensymbole) veranschaulicht. Diese soll einen groben und schnellen Überblick über die Länge der Tages- und Nachtzeit geben. Für die Dämmerungszeiten wurde die nautische Dämmerung (Sonne 12° unter dem Horizont) eingesetzt. Die Tabelle **Sonnenlauf** gibt die Auf- und Untergangszeiten, Meridiandurchgang (Kulmination), Zeitgleichung und die Mittagshöhe der Sonne an sowie die äquatorialen Koordinaten Rektaszension und Deklination für 1^h MEZ jeweils von fünf zu fünf Tagen. Die Zeiten gelten exakt für einen zentralen Ort mit 10° östlicher Länge und 50° nördlicher Breite. In der letzten Spalte ist die Sternzeit um 0^h Weltzeit $= 1^h$ MEZ für den Nullmeridian (Greenwich) angegeben (siehe auch *Sternzeit*).

Sonnenhöhe zu Mittag

Sie ist in der Tabelle **Sonnenlauf** für 50° nördlicher Breite angegeben. Für andere Breiten ist sie einfach zu ermitteln: 90° minus geographische Breite des Beobachters plus Sonnendeklination.
Beispiel: Wie hoch steht die Sonne am 1. Mai zu Mittag (Kulmination) in Düsseldorf (geographische Breite: +51°)? 90°–51°+15° = 54°.
Im Winterhalbjahr ist die Deklination abzuziehen.

Zeitgleichung

Die Sonnenzeit wird nach einer fiktiven „mittleren Sonne“ gerechnet. Die wahre Sonne läuft nämlich ungleichförmig. So geht sie einmal vor, dann wieder nach. Die Differenz kann bis zu einer Viertelstunde plus oder minus betragen. Diese Differenz wird Zeitgleichung genannt. Sie ist definiert zu:

ZGL = Wahre Sonnenzeit minus Mittlere Sonnenzeit

Die Zeitgleichung und die Kulmination der wahren Sonne sind tabellarisch aufgeführt. Wer den Wert der Zeitgleichung berechnen will, ziehe von 12^h20^m die Kulminationszeit ab. 12^h20^m ist nämlich die wahre Sonnenzeit der Kulmination für 10° östlicher Länge. Beispiel: Wie groß ist die Zeitgleichung am 26. April? Kulminationszeit der wahren Sonne am 26. April: 12^h18^m MEZ. Also $12^h20^m - 12^h18^m = +2^m$. Das heißt, die wahre Sonne geht 2^m früher durch den Meridian (Kulmination) als die mittlere. Ein negativer Wert der ZGL bedeutet, die wahre Sonne geht nach der mittleren durch den Meridian.

Libration: Bei größter Südbreite ist die Nordhalbkugel des Mondes uns ein wenig mehr zugekehrt, man spricht von maximaler Libration Nord; entsprechend sieht man bei größter Nordbreite mehr vom Südpolgebiet des Mondes.

Libration West: Westrand des Mondes, Libration Ost: Ostrand des Mondes ist uns zugekehrt.

Bei *Erdnähe* und *Erdferne* ist die Distanz des Mondes jeweils in tausend Kilometer vermerkt (zum Beispiel 10. Januar 1993: Erdnähe 362 bedeutet: Der Mond ist 362 000 km von der Erde entfernt).

Der Mondlauf

Auf- und **Untergangszeiten** (MEZ) **gelten** genau **für 10° östlicher Länge** und **50° nördlicher Breite** (siehe **Zeitangaben**).

Der Mond bewegt sich recht schnell durch den Tierkreis. Deshalb sind für jeden Tag des Jahres seine Koordinaten angegeben. Sie gelten jeweils für 1^h MEZ (= 0^h Weltzeit).

Wem diese Zahlen nichts sagen, der findet in der Spalte *Sterne und Sternbilder* die Position des Mondes im Tierkreis vermerkt. Ein * deutet auf eine Sternbedeckung hin.

Die Position des Mondes gilt wie erwähnt für 1^h MEZ. Wer also abends beobachtet, sollte die Stellung des Mondes im Tierkreis aus der Zeile des *folgenden* Tages entnehmen, denn der Mond läuft recht rasch. Nähere Angaben zu den *Sternbedeckungen* finden sich in der Tabelle *Sternbedeckungen durch den Mond* auf Seite 226. Die letzte Spalte enthält die Mondphasen sowie wichtige Punkte in der Bahn. Die Mondbahn ist rund 5° gegen die Ekliptik (scheinbare Sonnenbahn) geneigt. Aufsteigender Knoten bedeutet, der Mond überschreitet die Ekliptik nach Norden, absteigender Knoten, er wechselt wieder nach Süden. Größte Nordbreite: Der Mond steht am weitesten in nördlicher Richtung von der Ekliptik entfernt; analog dazu heißt größte Südbreite: Der Mond hat maximalen südlichen Abstand von der Ekliptik.

Der Planetenlauf

Planeten sind Geschwister der Erde. Sie laufen gemeinsam mit ihr um die Sonne. Je näher ein Planet der Sonne steht, desto schneller wandert er um sie.

Wir beobachten die Planeten nicht von einem ruhenden Punkt aus, sondern vom Raumschiff Erde, das ständig in Bewegung ist. Deshalb erscheinen uns von der Erde aus (geozentrisch) die Bewegungen der Planeten vor dem Hintergrund der fernen Fixsterne – dem Muster der Sternbilder also – recht kompliziert.

Überholt die Erde einen weiter außen laufenden Planeten, so scheint er einige Wochen lang zurückzubleiben, er ist „rückläufig", wie die Astronomen zu sagen pflegen. Anschließend bewegt er sich wieder in der ursprünglichen Richtung wie die Sonne, nämlich von West nach Ost, er ist wieder „rechtläufig".

Durch diesen Bewegungswechsel bildet die Bahn des Planeten eine Schleife.

Ob ein Planet am Himmel zu sehen ist, hängt von der gegenseitigen Stellung von Sonne und Planet ab. Steht ein äußerer Planet von der Erde aus gesehen hinter der Sonne, Planet – Sonne – Erde bilden also eine Linie, so ist er nicht beobachtbar (Abb. E. 11). Da er in Sonnenrichtung steht, geht er mit der Sonne auf und unter, bleibt somit nachts unter dem Horizont verborgen. Diese Konstellation heißt Konjunktion.

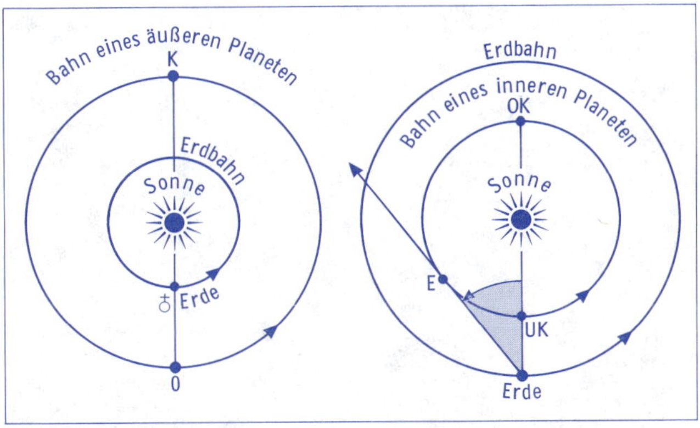

E. 11: Die linke Zeichnung zeigt die Erdbahn und die Bahn eines äußeren Planeten. Bei O steht der Planet in Opposition, bei K in Konjunktion. Auf der rechten Seite der Abbildung sind die Erdbahn und die Bahn eines inneren Planeten dargestellt. Bei UK steht der Planet in unterer, bei OK in oberer Konjunktion mit der Sonne. Bei E steht er in größter Elongation (Winkel blau gerastert).

Steht der Planet von der Erde aus gesehen der Sonne gegenüber, also in der Reihenfolge Sonne – Erde – Planet (Abb. E. 11), so spricht man von Opposition oder Gegenschein. Der Planet ist die ganze Nacht über zu sehen, da er mit Sonnenuntergang aufgeht und morgens mit Sonnenaufgang unter dem Westhorizont verschwindet.
Bilden Sonne – Erde – Planet ein rechtwinkliges Dreieck, so spricht man von einer Quadratur.
Die inneren Planeten Merkur und Venus können, wie leicht zu sehen, niemals in Oppositionsstellung kommen. Dafür unterscheidet man bei ihnen zwischen oberer und unterer Konjunktion (Abb. E. 11, Seite 21). In diesen beiden Stellungen bleibt der Planet unsichtbar. Nur wenn der Planet westlich oder östlich der Sonne „in Elongation" steht, kann er gesehen werden.
Steht Venus in östlicher Elongation, so geht sie erst nach Sonnenuntergang unter, sie ist dann Abendstern. Steht sie in westlicher Elongation, so geht sie vor der Sonne auf und ist am Morgenhimmel zu sehen.
Ähnliches gilt für Merkur. Die größte Elongation (Winkelabstand von der Sonne) kann für die Venus 48° betragen, für den sonnennäheren Merkur aber nur 28°. Merkur ist daher schwierig zu beobachten – entweder abends kurz nach Sonnenuntergang tief im Westen oder kurz vor Sonnenaufgang tief am Osthimmel.
Die **Sichtbarkeiten** der Planeten hängen nicht nur von den geometrischen Verhältnissen (Stellung des Planeten und der Sonne), sondern auch von meteorologischen Gegebenheiten ab. Eine starke Dunstglocke, hohe Luftfeuchtigkeit (Nebel) oder irdisches Streulicht (Neonreklame, Autoscheinwerfer, Lichtdom eines Stadions) beeinträchtigen die Beobachtung.
Aufgrund langjähriger Erfahrungen sind die Sichtbarkeitszeiten im HIMMELSJAHR vermerkt. Je nach Beobachtungsort (stadtnah oder stadtfern) und Witterung sind die angegebenen Termine um wenige Tage zu verschieben. Jeder Beobachter wird hier seine eigenen, ganz persönlichen Erfahrungen machen.

Die großen Planeten

Merkur: Sonnennächster Planet, zwischen $+3^m$ und $-1{,}^m5$ hell; schwer zu beobachten, da nur kurze Sichtbarkeitsperioden und stets horizontnahe Stellung; chromgelbes Licht.
Venus: Nach Sonne und Mond hellstes Gestirn, oft als Abend- bzw. Morgenstern bezeichnet. Helligkeiten von $-3{,}^m9$ bis $-4{,}^m7$; strahlend weißes Licht; entweder abends am Westhimmel oder morgens in der östlichen Himmelshemisphäre zu sehen.
Mars: Äußerer Nachbarplanet der Erde, auffallend seine rötliche Farbe (der *rote* Planet); sehr unterschiedliche Helligkeiten, nämlich von $+1{,}^m8$ bis $-2{,}^m9$.

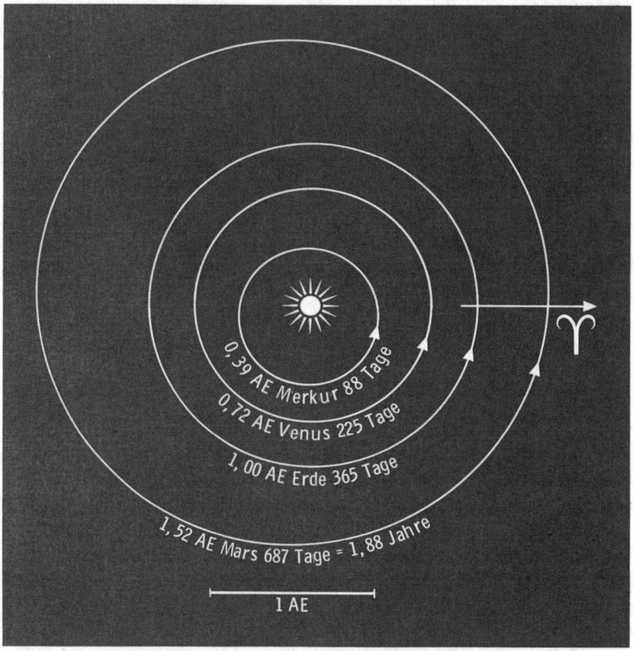

E.12: Die Bahnen der inneren Planeten um die Sonne 1 AE = 1 Astronomische Einheit = 149,59 Millionen Kilometer. Der Pfeil deutet die Richtung zum Frühlingspunkt an (Symbol: ♈).

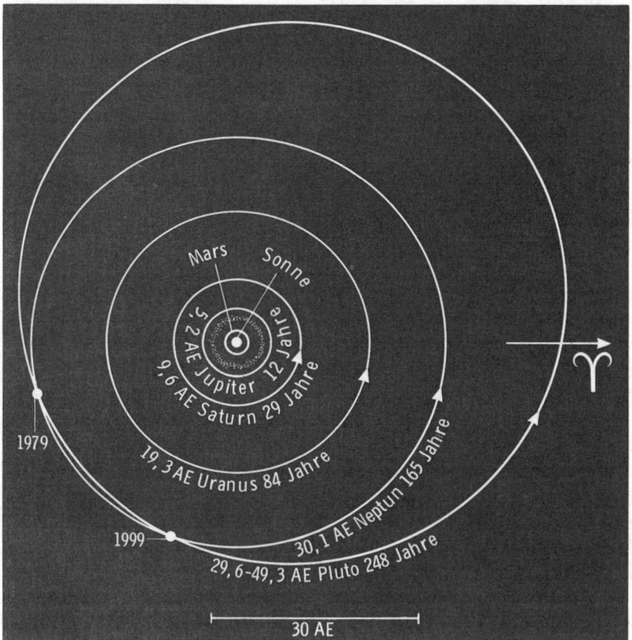

E.13: Die Bahnen der äußeren Planeten. Zwischen der Marsbahn und der Jupiterbahn laufen Abertausende Kleinplaneten (Planetoiden) um die Sonne. Wegen seiner stark exzentrischen Bahn ist Pluto von 1979 bis 1999 der Sonne näher als Neptun.

E. 14: Größenverhältnisse der Planeten und der Mondbahn im Vergleich zur Sonne. Darunter sind die astronomischen Symbole der Planeten vermerkt, die auch in den monatlichen Sternkarten des Himmelsjahres den Ort der betreffenden Planeten markieren.

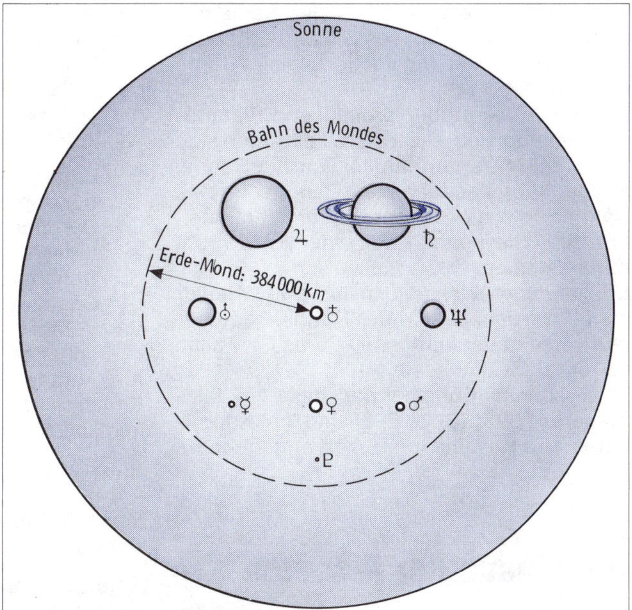

☉ Sonne	☿ Merkur	♀ Venus	♁ Erde	♂ Mars
⌀ 1392000 km	⌀ 4800 km	⌀ 12200 km	⌀ 12756 km	⌀ 6800 km
♃ Jupiter	♄ Saturn	⛢ Uranus	♆ Neptun	♇ Pluto
⌀ 143000 km	⌀ 120000 km	⌀ 52000 km	⌀ 49000 km	⌀ 2300 km

Jupiter: Der größte aller Planeten, ein auffallend heller Planet, daher kaum zu übersehen; Helligkeit von $-1\overset{\mathrm{m}}{,}7$ bis $-2\overset{\mathrm{m}}{,}9$, weißlichgelbes Licht.

Saturn: Der sonnenfernste mit freiem Auge noch sichtbare Planet strahlt in einem fahlen Licht zwischen $+1\overset{\mathrm{m}}{,}3$ und 0^{m}, in Ausnahmefällen bis $-0\overset{\mathrm{m}}{,}5$. Den berühmten Ring kann man mit einem Fernrohr ab etwa 30facher Vergrößerung erkennen.

Uranus: Ist theoretisch mit bloßem Auge gerade noch erkennbar (Oppositionshelligkeit $5\overset{\mathrm{m}}{,}5$). Wohlgemerkt „theoretisch", es empfiehlt sich auf alle Fälle ein gutes Fernglas, um Uranus zu finden! Farbe: grünlich. Die im März 1977 entdeckten Ringe sind jedoch selbst in großen Fernrohren nicht zu sehen.

Neptun: Helligkeit um $7\overset{\mathrm{m}}{,}9$; zeigt im Fernrohr ein winziges, grünblaues Scheibchen.

Pluto: Der in der Regel sonnenfernste Planet ist leider recht lichtschwach, Helligkeit: $13\overset{\mathrm{m}}{,}7$. Nur gutausgerüstete Amateurastronomen können ihn beobachten.

Bis zum Jahr 1999 ist Pluto uns ein wenig näher als Neptun.

Die Angaben der scheinbaren Helligkeiten der Planeten sind – wie international üblich – V-Helligkeiten (nach dem UBV-System von JOHNSON). Die früher gebräuchlichen „visuellen" (m_{vis}) Helligkeiten sind um durchschnittlich $0\overset{\mathrm{m}}{,}2$ geringer. Man beachte, daß manche Sternkalender noch die veralteten Werte bringen.

Kleinplaneten

Außer den neun großen Planeten schwirren noch Tausende kleiner und kleinster Planeten (**Planetoiden** oder Asteroiden) um die

Sonne. Der erste wurde in der Neujahrsnacht des Jahres 1801 von Giuseppe PIAZZI in Palermo entdeckt und auf den Namen Ceres getauft.
Heute sind weit über dreitausend Planetoiden katalogisiert. Die meisten bewegen sich zwischen Mars und Jupiter um die Sonne. Einige haben jedoch sehr langgestreckte Bahnen, die die Bahnen anderer Planeten kreuzen. Sie können auch der Erde recht nahe kommen.
Einige Planetoiden, die im Jahre 1993 heller als 9^m werden, sind in der Rubrik *Planetenlauf* verzeichnet, und zwar: Ceres (1), Pallas (2), Juno (3) und Vesta (4).
Im Abschnitt „Ephemeriden hellerer Kleinplaneten 1993“ (Seite 222) sind ihre Koordinaten und Kulminationszeiten angegeben.

Die Monde der Planeten

Die beiden winzigen Marsmonde, die zahlreichen Uranusmonde, die Neptunmonde und der Plutomond sind so lichtschwach, daß sie nicht mit den bescheidenen optischen Hilfsmitteln der Sternfreunde zu beobachten sind. Deshalb sind sie hier nicht aufgeführt.
Jupiter: Die vier hellsten Monde sind schon in kleinen Teleskopen leicht zu sehen: I Io, II Europa, III Ganymed, IV Kallisto. In den Monaten, in denen Jupiter zu beobachten ist, findet man eine Graphik, aus der Positionen der Jupitermonde im **umkehrenden** Fernrohr ersichtlich sind. Sie soll den Benutzer die gegenseitigen Stellungen und die Bewegungsabläufe der Jupitermonde erkennen lassen. Die waagerechten Linien in der Graphik beziehen sich auf 1^h MEZ des jeweiligen Datums, das links angegeben ist.
Die Schnittpunkte der waagerechten Linien mit den Kurven der Jupitermonde geben somit deren Positionen jeweils um 1^h MEZ an. Auf Seite 232 findet man eine Darstellung der Lage der Jupitermondbahnen relativ zum Beobachter.
Erscheinungen der Jupitermonde
Für den Fernrohrbesitzer ist es überaus reizvoll, Bedeckungen, Verfinsterungen, Durchgänge, Schattenwürfe der Monde des Riesenplaneten auf Jupiter selbst zu beobachten. Sofern diese Ereignisse von Mitteleuropa aus beobachtbar sind, findet man sie in der Rubrik *Jupitermonde* verzeichnet. Es gelten folgende Abkürzungen:

B = Bedeckung, Mond verschwindet hinter der Jupiterscheibe.
D = Durchgang, Mond geht vor der Planetenscheibe vorbei.
S = Schattendurchgang, Mond wirft seinen Schatten auf Jupiter.
V = Verfinsterung, Mond wird vom Jupiterschatten getroffen.
A = Anfang der Erscheinung.
E = Ende der Erscheinung.
I: Io, II: Europa, III: Ganymed, IV: Kallisto.

Beispiel: Januar 1993: 9. 6 04 II SA bedeutet: Am 9. um 6^h04^m beginnt der Schatten von Mond II (Europa) über die Jupiterkugel zu wandern.

Saturn: Schon mit einem guten Fernglas ist der Riesenmond Titan zu erkennen. Mit Fernrohren sind auch die Monde Rhea, Dione und Tethys sowie Japetus in westlicher Elongation (er ist dann rund 2^m heller) zugänglich. Für die Monate, in denen Saturn einigermaßen zu beobachten ist, findet man jeweils eine Graphik, aus der die Stellungen und die Bewegungsabläufe der Saturnmonde Titan, Rhea und Japetus zu entnehmen sind. Auf Seite 232 sind die Bahnlagen der Saturnmonde relativ zum Beobachter abgebildet.

Sternschnuppen

Sternschnuppen, die in Strömen periodisch auftreten, sind in den Monatsübersichten angegeben. Bei den verzeichneten Daten, vor allem, was die Häufigkeit betrifft, ist mit erheblichen Abweichungen zu rechnen.
Die systematische Beobachtung heller Meteore ist auch heute noch ein dankbares Aufgabengebiet für den Amateurastronomen.

Konstellationen und Ereignisse

Diese Übersicht weist auf alle Konjunktionen (Begegnungen) zwischen den großen Planeten, mit Sonne und Mond sowie auf alle Oppositionen zur Sonne und die größten Elongationen der inneren Planeten hin. Auch Perihel- (Sonnennähe) und Aphelstellungen (Sonnenferne) der Planeten sind angegeben.
Sind Konjunktionen des Mondes mit Planeten prinzipiell beobachtbar, so sind die Winkeldistanzen **topozentrisch** (für +50° Breite) angegeben und durch **Fett**druck hervorgehoben.
Für die übrigen Konjunktionen sind die Abstandsangaben **geozentrische** Werte (Normaldruck). Denn durch die relative Erdnähe des Mondes ergibt sich eine große Parallaxe, d. h., der Winkelabstand des Mondes von einem Planeten kann bis etwa 1° differieren zwischen einem (fiktiven) Beobachter im Erdmittelpunkt (geozentrisch) und einem Beobachter auf der Erdoberfläche (topozentrisch).

Fixsternhimmel

Da die Sonne täglich um rund 1° unter den Sternen nach Osten vorrückt, ändert sich der Anblick des Himmels im Laufe eines Jahres. Genauer: Täglich durchschreiten die Fixsterne den Meridian vier Minuten früher als am Vortag. In 30 Tagen, also einem Monat, macht das schon zwei Stunden! Mitte Dezember steht das Sternbild Orion gegen Mitternacht im Süden. Mitte Januar schon um 22 Uhr, und Mitte Februar geht Orion um 20 Uhr durch den Meridian. Dadurch ändert sich zur gleichen Beobachtungsstunde die Himmelsszene mit dem Datum.
Nach einem Monat ist der Anblick noch nicht allzu verschieden vom Vormonat, aber nach einem Vierteljahr (sechs Stunden!) hat sich die Szenerie völlig umgestellt. Man spricht daher von einem Frühlings-, Sommer-, Herbst- und Wintersternhimmel. Gemeint ist der Anblick des Fixsternhimmels in den Abendstunden der jeweiligen Jahreszeit.
Alle drei Monate, im Januar, im April, Juli und Oktober, ist daher im HIMMELSJAHR der abendliche Fixsternhimmel ausführlich beschrieben, in den dazwischenliegenden Monaten wird jeweils ein Sternbild ausführlich besprochen bzw. werden lohnende Objekte für Feldstecher- und Fernrohrbesitzer genannt.
Im Laufe der Jahre kommt auf diese Weise eine umfangreiche Beschreibung der Sterne und Sternbilder in Sage und Wissenschaft zusammen.
Eine kleine Sternkarte dient der schnellen Orientierung. Der dunkle, blaue Teil mit den weißen Sternen zeigt den Himmelsanblick zu Monatsbeginn um 22 Uhr, zur Monatsmitte um 21 Uhr. Die unter dem Horizont stehenden Sterne sind auf grauem Hintergrund schwarz eingetragen. Die Sonne und die fünf hellen Planeten (Merkur bis Saturn) sind ebenfalls eingezeichnet.
Wie vorher beschrieben, soll diese Sternkarte nur zur schnellen Orientierung dienen. Wer überhaupt noch keine Sternbilder kennt, sollte vorher zu dem KOSMOS-Naturführer von HERRMANN/SCHÜTTE: „Welcher Stern ist das?" (Franckh-Kosmos-Verlag, Stuttgart) greifen.
Die monatlichen Sternkarten können auch zur Beobachtung am Morgenhimmel herangezogen werden. Der dunkle Teil mit den hellen Sternen zeigt den Himmelsanblick zu Monatsbeginn um 6 Uhr, zur Monatsmitte um 5 Uhr jeweils *vier* Monate *vor* dem Monat, in dem die Sternkarte erscheint.
Beispiel: Der Anblick des Fixsternhimmels um 22 Uhr im Juni (zu Monatsbeginn) entspricht dem Himmelsanblick zu Februarbeginn um 6 Uhr. Oder: Welche Sternkarte zeigt den Anblick des Sternenhimmels um 5 Uhr morgens Mitte November? Antwort: die März-Sternkarte, denn der November ist der *vierte* Monat vor dem März.
Man beachte noch, daß für den Morgenhimmel der Planetenstand nicht aktuell ist. Man entnehme ihn der Sternkarte des laufenden Monats.

Klimaangaben

Der Sternenbeobachter ist auf klares Wetter angewiesen. Oft entgeht einem ein interessantes Himmelsereignis, weil der Wettergott nicht mitspielt. Gerade in Mitteleuropa wechselt das Wetter recht häufig, stabile Wetterlagen sind selten. Amateurastronomen und Sternfreunde gehören zu den Zeitgenossen, die ihren Blick häufig zum Himmel richten und dabei nicht nur die Gestirne beobachten, sondern auch sachkundig die Witterung beurteilen. Zudem sollten Notizen über die Wetterlage im Protokoll jeder Beobachtung enthalten sein.
In den Monatsübersichten sind daher Angaben über den Klimaverlauf vermerkt. Aufgrund langjähriger meteorologischer Aufzeichnungen wurden sie zusammengestellt. Sie sind also *Mittelwerte,* die eine Einschätzung des jeweiligen aktuellen Wetterverlaufs ermöglichen sollen. *Keineswegs* handelt es sich bei den Klimaangaben aber um eine *Wettervorhersage.* Dies wäre eine Fehlinterpretation. Das Wetter läßt sich in unseren Gegenden höchstens auf zwölf Stunden vorhersagen, mehr nicht.

Monatsthemen

Hier wird monatlich ein Kapitel aus der Himmelskunde kurz und bündig dargestellt, zum leichteren und allmählichen Eindringen in die Wissenschaft von den Sternen.
Auch über neue Forschungsergebnisse aus der Astronomie wird berichtet.

Tabellen und Ephemeriden

Für den fortgeschrittenen Amateurastronomen sind im Anhang wichtige Beobachtungsgrundlagen vermerkt. Der Anfänger kann diese Angaben unberücksichtigt lassen.
Die **äquatorialen Koordinaten** der hellen Planeten Merkur bis Uranus sind für das aktuelle Äquinoktium angegeben, für Neptun, Pluto sowie die Kleinplaneten gilt das Äquinoktium J2000.0, damit man sie leichter in vorhandene Sternkarten einzeichnen kann. Die Aufsuchkärtchen gelten ebenfalls für J2000.0. Die Differenz zwischen beiden Äquinoktien beträgt in der Ekliptik 0,10 Grad. Zur schnellen und leichteren Orientierung auf alten Sternkarten mit dem Äquinoktium 1950.0 dient die **Präzessionstafel,** die auf Seite 233 zu finden ist.
Ferner sind Kulminationszeiten sowie die **Auf-** bzw. **Untergangszeiten, Scheibchendurchmesser** in Bogensekunden und **beleuchteter Teil** der Planetenscheibchen vermerkt. Bei **Saturn** ist noch die **Ringöffnung** und die scheinbare Ausdehnung der großen und der kleinen Ringachse angegeben.
Für Sonne, Mars und Jupiter (System I und II) sind die **Zentralmeridiane** (Meridiane durch den Scheibchenmittelpunkt) jeweils für 1^h MEZ vermerkt. Die Daten der Sonnenrotation sind nach dem Improved IAU-System auf $0\overset{\circ}{.}01$ bzw. 1^m berechnet.
Sternbedeckungen durch den Mond sind für Berlin, Dresden, Hamburg, Hannover, Düsseldorf, Frankfurt (Main), Leipzig, München, Nürnberg, Stuttgart, Wien und Zürich angegeben. Aus Platzersparnisgründen ist jeweils nur ein Positionswinkel angegeben, der lediglich dem leichteren Aufsuchen des zu bedeckenden Sternes dienen soll. In den Monatsübersichten wird unter der Rubrik *Mondlauf* in der Spalte *Sterne und Sternbilder* durch ein * auf eine Sternbedeckung hingewiesen.
Veränderliche Sterne sind im Anschluß an die Fixsternmonatsübersichten aufgeführt. Für Algol (β Persei) und β Lyrae findet der Sternfreund jeweils die Minima-Zeiten, für δ Cephei die Lichtmaxima und für den langperiodischen Veränderlichen Mira (o Ceti) den jeweiligen Helligkeitszustand. Die Aufsuchkärtchen findet man auf Seite 142 und 214. Bei den Minima-Angaben für Algol und β Lyr ist die Lichtzeitkorrektur (heliozentrisch auf geozentrisch) berücksichtigt.
Eine **Sternzeittafel** soll die rasche Bestimmung der Sternzeit zur abendlichen Beobachtungsstunde ermöglichen. Die **Sternzeit** für 1^h MEZ, bezogen auf den Meridian von Greenwich (Nullmeridian), findet man in den Monatsübersichten in der Tabelle *Sonne* (letzte Spalte).

Das **Julianische Datum** ist jeweils für den Monatsersten in der Rubrik *Sonnenlauf* angegeben. Das Julianische Datum stellt eine fortlaufende Tageszählung dar, die mit dem 1. Januar des Jahres 4713 v. Chr. beginnt.
Im Anhang finden sich zwei Verzeichnisse astronomischer Institutionen. Im Verzeichnis **Astronomische Institute, Planetarien und Sternwarten** findet man die professionellen Einrichtungen im deutschen Sprachraum.
Das Verzeichnis **Amateurastronomische Vereinigungen, Beobachtungsstationen und Privatsternwarten** enthält astronomische Vereine, Schulsternwarten sowie ehrenamtlich betriebene Sternwarten mit Publikumsverkehr. Dieses Verzeichnis soll dem Leser den Kontakt zu Gleichgesinnten erleichtern und die eigene Beobachtungstätigkeit fördern. Das Verzeichnis erhebt keinen Anspruch auf Vollständigkeit. Weitere Adressen nimmt der Herausgeber gerne auf (Anschrift: Planetarium, Neckarstr. 47, 7000 Stuttgart 1).

Kalenderzyklen

Sonnenzirkel: Ordnungszahl (1 bis 28) im Zeitintervall von 28 Jahren, nach dem die Wochentage wieder auf dieselben Daten (dieselben Monatstage) fallen. Da es sieben Wochentage gibt, aber jedes 4. Jahr ein Schaltjahr ist, so fallen nach 7x4 = 28 Jahren die Wochentage wieder auf dieselben Monatstage. Der Sonnenzirkel gibt an, welcher Sonntagsbuchstabe im betreffenden Jahr gilt.

Sonntagsbuchstabe: Gibt im ewigen Kalender den Tag des ersten Sonntags im Jahr an. In Schaltjahren gelten *zwei* Sonntagsbuchstaben (der zweite ist ab dem 1. März zu benutzen).

1. Januar A	5. Januar E
2. Januar B	6. Januar F
3. Januar C	7. Januar G
4. Januar D	

Der erste Sonntag im Jahr 1993 fällt auf den 3. Januar. Im Jahr 1993 lautet daher der Sonntagsbuchstabe C.

Epakte: Gibt das Mondalter zu Beginn des Kalenderjahres an, also die Zahl der Tage, die am 1. Januar seit dem letzten Neumondtermin verflossen sind (1–29). Die Epakte spielt eine Rolle bei der Festlegung des Ostertermins.
Goldene Zahl, lateinisch Numerus Aureus oder auch **Mondzirkel** genannt, ist die Ordnungszahl (I bis XIX) der Jahre im **Metonschen** Mondzyklus. Denn 235 Lunationen (synodische Monate) entsprechen ziemlich genau 19 Jahren. Nach 19 Jahren fallen die Mondphasen (nahezu) auf dieselben Tage im Sonnenjahr. Die Goldene Zahl diente im Julianischen Kalender zur Bestimmung des Ostertermins. Im Gregorianischen Kalender ist sie durch die Epakte ersetzt. Die Goldene Zahl wird in römischen Ziffern geschrieben, um eine Verwechslung mit dem Sonnenzirkel auszuschließen.
Indiktion (Römerzinszahl): Zyklus von 15 Jahren im Besteuerungssystem des Römischen Reiches, das von Kaiser Augustus eingeführt wurde. Der Start (Epoche) des Zyklus erfolgte im Jahr 3 v. Chr. Heute dient die Indiktion (von lat.: indictio = Ankündigung) nur noch als chronologische Prüfzahl für das laufende Jahr. Die Indiktion läuft von 1 bis 15.
Jahresregent: Gehört traditionsgemäß ebenfalls zu den Kalenderzyklen, hat aber keine chronologische Bedeutung mehr. Aus kulturhistorischen Gründen und da er in der Numismatik eine gewisse Rolle spielt sowie schlicht der Vollständigkeit halber ist er in der Rubrik Kalenderzyklen mit aufgeführt. Jahresregent können sein: Sonne, Mond, Merkur, Venus, Mars, Jupiter und Saturn, also die klassischen sieben „Planeten" des Ptolemäischen Weltsystems.

Abbildungen

Zahlreiche Abbildungen sollen der Anschaulichkeit, dem besseren Verständnis und für die Beobachtung dienen. Viele Abbildungen sind irgendwo im Text eingestreut, werden jedoch nicht nur in einem bestimmten Monat, sondern häufiger benötigt – z. B. Sternkarten mit eingezeichnetem Planetenlauf oder Aufsuchkärtchen. Um eine gewünschte Abbildung schneller zu finden, sind die Abbildungen nicht fortlaufend durchnumeriert, sondern kapitelweise. So kann man die Abbildungen schneller finden. **E.** steht dabei für den **E**inführungsteil, **F.** - **F**insternisse, 1. für die Monatsübersicht Januar, 2. für Februar usw., **T.** für den **T**abellenteil. Beispiele: E.3 ist die dritte Abbildung im Erläuterungsteil, 1.1 die erste im Monatskapitel Januar, 5.3 die dritte im Mai, T.5 die fünfte im Tabellenteil usw. Auf Seite 8 findet sich ferner ein Verzeichnis wichtiger Abbildungen und Tabellen für ein schnelles Auffinden gewünschter Graphiken und Zahlenwerte.

Sonnen- und Mondfinsternisse 1993

Im Jahr 1993 ereignen sich vier Finsternisse, zwei partielle Sonnenfinsternisse und zwei totale Mondfinsternisse. Außerdem findet am 6. November ein Vorübergang des Merkur vor der Sonnenscheibe statt (Merkurdurchgang). Die partielle Sonnenfinsternis vom 21. Mai kann von Norddeutschland aus beobachtet werden, die vom 13./14. November bleibt von Mitteleuropa aus unbeobachtbar.

F.1: (rechte Seite oben): Verlauf der partiellen Sonnenfinsternisse vom 21. Mai 1993 in Norddeutschland, Zeitangaben in MEZ. Um Sommerzeit zu erhalten, addiere man eine Stunde.

F.2: (rechte Seite unten): Verlauf der partiellen Sonnenfinsternis vom 21. Mai 1993 in Nordeuropa.

Von den beiden totalen Mondfinsternissen kann nur die vom 29. November von Mitteleuropa aus gesehen werden. Der Merkurdurchgang vom 6. November kann von Mitteleuropa aus ebenfalls nicht beobachtet werden.

Partielle Sonnenfinsternis am 21. Mai

Diese Finsternis ist von nördlichen und nordöstlichen Gebieten Deutschlands aus beobachtbar. Die Grenzlinie verläuft in etwa entlang der Städte Emden, Oldenburg, Celle, Wolfsburg, Wittenberg und Görlitz. Südlich dieser Linie kommt es nicht zu einer Bedeckung der Sonnenscheibe durch den Neumond. Aber auch für Orte in Deutschland nördlich dieser Linie bleibt die partielle Phase so klein, daß die Finsternis kaum auffällt (siehe Abb. F.1 auf Seite 29). Im äußersten

Verlauf der partiellen Sonnenfinsternis am 21. Mai in Deutschland

Stadt	Beginn	Höhepunkt	Bedeckungsgrad	Ende
Berlin	16^h24^m	16^h38^m	0,31 %	16^h52^m
Bremen	16 27	16 34	0,04	16 41
Bremerhaven	16 21	16 33	0,16	16 44
Cottbus	16 30	16 40	0,11	16 49
Flensburg	16 09	16 31	1,13	16 53
Frankfurt/Oder	16 24	16 39	0,39	16 54
Hamburg	16 18	16 34	0,40	16 49
Kiel	16 12	16 32	0,88	16 52
Lübeck	16 15	16 34	0,71	16 52
Rostock	16 12	16 34	1,14	16 55
Schwerin	16 17	16 35	0,63	16 52
Stralsund	16 10	16 34	1,54	16 58

Alle Zeiten in MEZ. Um *Sommerzeit* (MESZ) zu erhalten, addiere man eine Stunde.

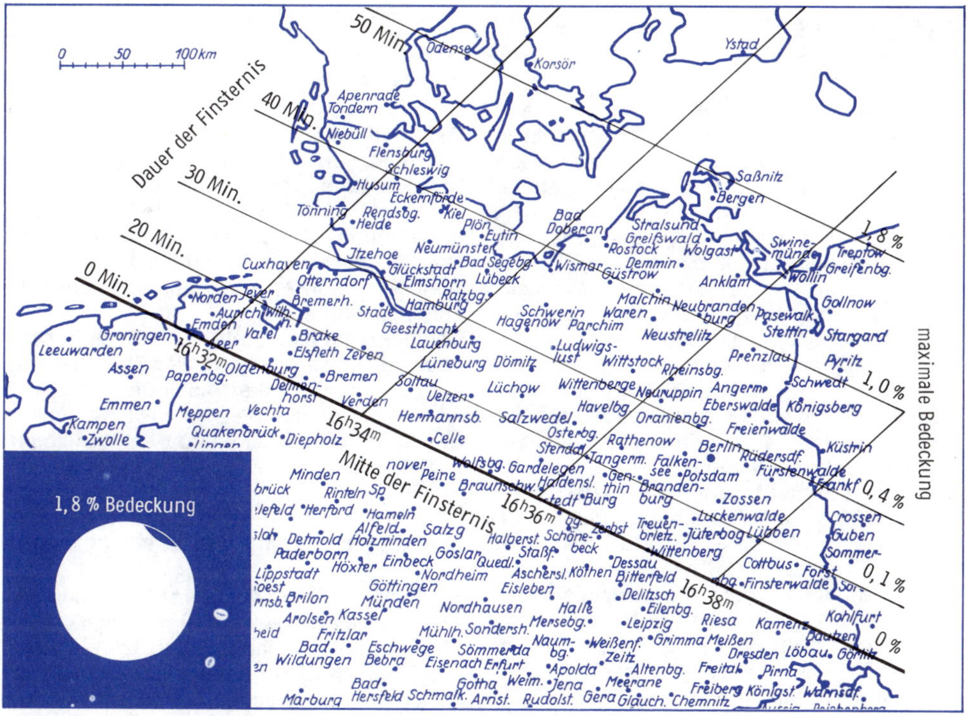
0 50 100km
Dauer der Finsternis
50 Min.
40 Min.
30 Min.
20 Min.
0 Min.
maximale Bedeckung
1,8 %
1,0 %
0,4 %
0,1 %
0 %
16h32m
16h34m
16h36m
16h38m
Mitte der Finsternis
1,8 % Bedeckung
Odense
Korsör
Ystad
Apenrade
Tondern
Niebüll
Flensburg
Schleswig
Husum
Eckernförde
Tönning
Rendsbg.
Heide
Kiel
Plön
Eutin
Neumünster
Itzehoe
Glückstadt
Bad Segebg.
Lübeck
Elmshorn
Cuxhaven
Otterndorf
Bremerh.
Stade
Hamburg
Ratzbg.
Bad Doberan
Wismar
Rostock
Güstrow
Stralsund
Greifswald
Demmin
Wolgast
Saßnitz
Bergen
Anklam
Swinemünde
Treptow
Wollin
Greifenbg.
Gollnow
Stettin
Stargard
Pasewalk
Neubrandenburg
Malchin
Waren
Schwerin
Hagenow
Parchim
Neustrelitz
Prenzlau
Pyritz
Schwedt
Norden
Jever
Aurich
Wilh.
Emden
Leer
Varel
Brake
Elsfleth
Zeven
Geesthacht
Lauenburg
Lüneburg
Dömitz
Ludwigslust
Wittstock
Rheinsbg.
Angerm.
Königsberg
Eberswalde
Groningen
Leeuwarden
Assen
Papenbg.
Oldenburg
Bremen
Delmenhorst
Verden
Soltau
Uelzen
Lüchow
Wittenberge
Neuruppin
Havelbg.
Oranienbg.
Freienwalde
Emmen
Meppen
Vechta
Kampen
Zwolle
Quakenbrück
Diepholz
Celle
Hermannsb.
Salzwedel
Osterbg.
Stendal
Rathenow
Berlin
Rüdersdf.
Küstrin
Tangerm.
Falkensee
Potsdam
Fürstenwalde
Frankf.
Minden
Peine
Wolfsbg.
Gardelegen
Haldensl.
Genthin
Brandenburg
Rinteln
Herford
Hameln
Braunschw.
Burg
Zossen
Luckenwalde
Crossen
Guben
Alfeld
Salzg
Detmold
Holzminden
Halberst.
Schönebeck
Zerbst
Treuenbrietz.
Jüterbog
Lübben
Paderborn
Einbeck
Goslar
Quedl.
Staßf.
Wittenberg
Dessau
Cottbus
Forst
Sommer-
Lippstadt
Höxter
Nordheim
Aschersl.
Köthen
Bitterfeld
Finsterwalde
Soest
Göttingen
Eisleben
Delitzsch
Brilon
Münden
Nordhausen
Halle
Eilenbg.
Arolsen
Kassel
Mersebg.
Leipzig
Riesa
Kamenz
Kohlfurt
Fritzlar
Mühlh.
Sondersh.
Naumbg.
Weißenf.
Grimma
Meißen
Bautzen
Görlitz
Bad Wildungen
Eschwege
Bebra
Sömmerda
Eisenach
Erfurt
Zeitz
Dresden
Löbau
Apolda
Altenbg.
Freital
Pirna
Bad Hersfeld
Gotha
Weim.
Jena
Meerane
Freiberg
Königst.
Warnsdf.
Marburg
Schmalk.
Arnst.
Rudolst.
Gera
Glauch.
Chemnitz

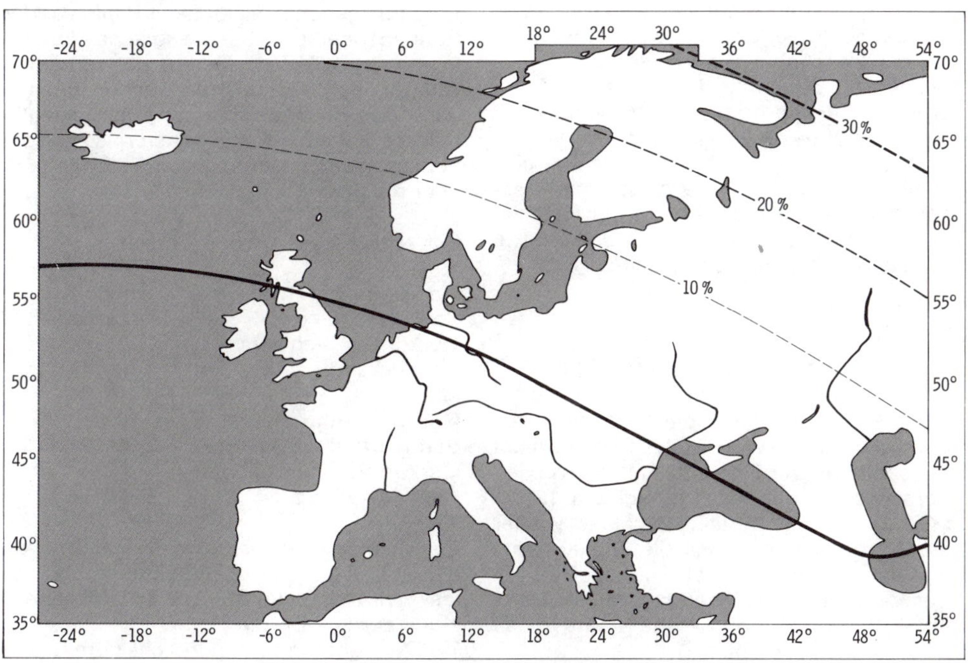
-24° -18° -12° -6° 0° 6° 12° 18° 24° 30° 36° 42° 48° 54°
70° 65° 60° 55° 50° 45° 40° 35°
30 %
20 %
10 %

Nordosten werden in der maximalen Phase gerade 1,8 % der Sonnenscheibe bedeckt. In der Tabelle *Verlauf der Sonnenfinsternis am 21. Mai 1993* ist für einige größere Städte Beginn, Ende und maximale Phase vermerkt. Da der größte Bedeckungsgrad nur sehr klein ausfällt und mit bloßem Auge kaum wahrnehmbar ist, sei *dringend* davor *gewarnt,* mit *Ferngläsern* oder *Teleskopen* ohne ausreichende Schutzmaßnahmen die Sonne zu beobachten. Auch mit bloßem Auge soll man nicht ohne geeigneten Filter in die Sonne sehen. Schwere Augenschäden bis zur Erblindung können die Folge leichtsinniger Sonnenbeobachtung sein!

Global betrachtet beginnt die Finsternis am Ort 112°08' westlicher Länge und 37°44' nördlicher Breite um 13^h19^m MEZ. Sie endet um 17^h20^m am Ort 49°25' östlicher Länge und 49°01' nördlicher Breite. Die maximale Phase wird um 15^h19^m am Punkt 162°12' östlicher Länge und 68°48' nördlicher Breite erreicht. Dieser Ort liegt im nordöstlichen Sibirien in der Nähe von Ambartschik.

In der maximalen Phase werden 74 % des Sonnenscheibendurchmessers vom Mond bedeckt. Von den skandinavischen Ländern aus betrachtet werden bis zu 30 % Phase erreicht (siehe Abb. F.2 auf Seite 29).

Die partielle Sonnenfinsternis vom 21. Mai ist beobachtbar vom nordamerikanischen Kontinent aus ohne die südlichsten Gebiete und ohne die Ostküste, von der Arktis aus einschließlich Grönland und Island, von Nordschottland, Skandinavien, nordöstliche Gebiete Mitteleuropas, Osteuropa, sowie nördlichste Gebiete von Asien aus.

Totale Mondfinsternis am 4. Juni

Diese Finsternis fällt in die Mittagsstunden des 4. Juni und ist von Mitteleuropa aus nicht beobachtbar. Der Eintritt des Mondes in den Kernschatten der Erde erfolgt um 12^h11^m MEZ. Um 15^h50^m verläßt der Mond wieder den Kernschatten, womit die Finsternis im wesentlichen beendet ist. Zu diesen Zeiten befindet sich der Vollmond für Mitteleuropa unter dem Horizont, weshalb uns diese Mondfinsternis entgeht.

Der Beginn der Finsternis ist sichtbar von der Ostküste Asiens und Australiens aus, der Antarktis, von Hawaii, dem Südteil Alaskas, Westkanadas, vom westlichen Gebiet der Vereinigten Staaten, großen Teilen Mexikos, den Küstenregionen von Peru und Ecuador, vom Südwesten des südamerikanischen Kontinents sowie vom Pazifik und vom Indischen Ozean aus.

Das Ende der Finsternis ist beobachtbar von östlichen und südlichen Teilen Zentralasiens aus, von Madagaskar, Australien, der Antarktis, Hawaii, den Aleuten sowie von Teilen des Indischen Ozeans und dem westlichen Pazifik aus.

Merkurdurchgang vom 6. November

Am 6. November findet das seltene Himmelsereignis eines Merkurdurchgangs (auch Merkurtransit genannt) statt. Merkur steht am 6. um 4^h39^m in unterer Konjunktion mit der Sonne. Am gleichen Tag passiert Merkur den aufsteigenden Knoten seiner Bahn, und zwar um 21^h35^m. Deshalb zieht er von der Erde aus gesehen als dunkler Punkt vor der Sonnenscheibe vorbei (siehe auch Monatsthema auf Seite 191). Merkur wandert dabei von Ost nach West über die Sonnenscheibe, da er sich in unterer Konjunktion rückläufig bewegt (bei einer Sonnenfinsternis zieht die dunkle Neumondscheibe von West nach Ost über die Sonne).

Der zeitliche Verlauf des Transits:

Merkur berührt die Sonnenscheibe	$4^h05^m53^s$ MEZ
Merkur löst sich vom Sonnenrand	4 11 46
Mitte	4 56 34
Merkur berührt den Sonnenrand von innen	5 41 21
Merkur trennt sich von der Sonnenscheibe	5 47 15

Zur Mitte des Transits ist Merkur 15'27" von der Sonnenscheibenmitte entfernt, also relativ weit. Merkur legt nur ein kurzes Sehnenstück zurück. Da die Sonne am 6. erst um 7^h18^m aufgeht (für 50° nördlicher Breite und

10° östlicher Länge), bleibt der Merkurtransit für Mitteleuropa unbeobachtbar.
Von Asien, Australien, der Antarktis, dem Indischen Ozean sowie den westlichen Teilen des Pazifiks aus ist der Merkurdurchgang beobachtbar – allerdings nicht mit bloßen Augen, da das Merkurscheibchen zur Zeit des Transits nur 10" scheinbaren Durchmesser aufweist, das sind rund ein Zweihundertstel des Sonnendurchmessers. Das Merkurpünktchen kann somit nur im Fernrohr erkannt werden. Vor unvorsichtigen Sonnenbeobachtungen *ohne* ausreichende *Schutzmaßnahmen* sei an dieser Stelle einmal mehr gewarnt.

Partielle Sonnenfinsternis am 13./14. November

Diese Finsternis ist nur von der Antarktis, der Südspitze des südamerikanischen Kontinents, südlichen Gebieten Australiens, Neuseeland mit Ausnahme des nördlichsten Teils sowie des südlichen Eismeeres aus sichtbar. In Europa bleibt diese Finsternis unbeobachtbar.
Die Finsternis beginnt am Ort 138°02' östlicher Länge und 31°17' südlicher Breite um 20^h46^m MEZ. Sie endet am 14. um 0^h43^m am Ort 67°45' westlicher Länge und 48°44' südlicher Breite. Die maximale Phase wird um 22^h45^m am Punkt 58°10' östlicher Länge und 69°35' südlicher Breite erreicht. Dieser Ort liegt in der Antarktis in der Nähe von Mawson in Kempland am Colbeck Archipel. In der maximalen Phase werden 93% des Sonnenscheibendurchmessers vom Mond bedeckt.

Totale Mondfinsternis am 29. November

Die letzte Finsternis des Jahres kann in ihrer Anfangsphase in den frühen Morgenstunden des 29. November von Mitteleuropa aus verfolgt werden. Zu Beginn der Totalität steht der Mond allerdings schon recht horizontnah, die Morgendämmerung ist bereits weit fortgeschritten, der Himmel stark aufgehellt (siehe Abb. F. 3 auf Seite 31). Für 50° nördlicher Breite und 10° östlicher Länge erfolgt der Monduntergang am 29. um 7^h58^m MEZ, der Sonnenaufgang um 7^h54^m. Die bürgerliche Morgendämmerung beginnt bereits um 7^h17^m. Danach ist gemäß dem nachstehenden zeitlichen Verlauf der Finsternis bei uns nur ihr Beginn beobachtbar.

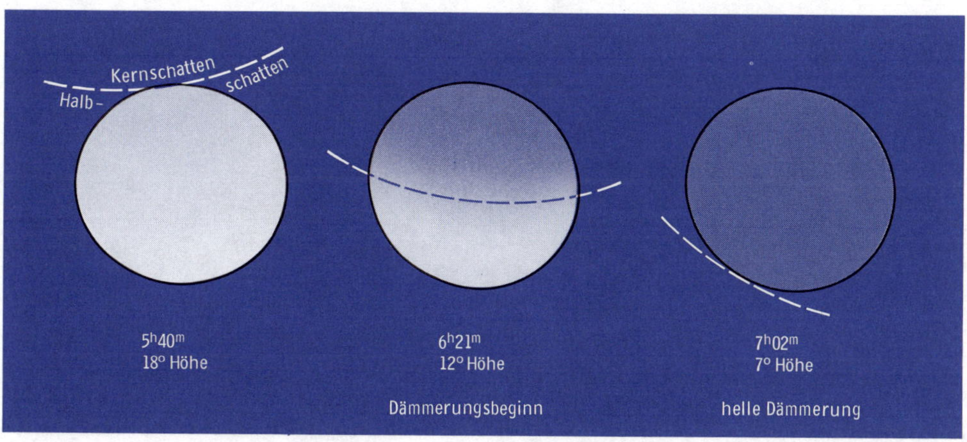

F. 3: Die in Mitteleuropa sichtbare Anfangsphase der totalen Mondfinsternis vom 29. November 1993. Bei Eintritt des Mondes in den Kernschatten beträgt seine Höhe über dem Horizont 18°, bei Beginn der Totalität nur noch 7°. Zeitangaben in MEZ.

Eintritt des Mondes in den Halbschatten	4^h27^m MEZ
Eintritt des Mondes in den Kernschatten	5 40
Beginn der totalen Verfinsterung	7 02
Mitte der Finsternis	7 26
Ende der totalen Verfinsterung	7 50
Austritt des Mondes aus dem Kernschatten	9 12
Austritt des Mondes aus dem Halbschatten	10 25

Ein- und Austritt des Mondes aus dem Halbschatten der Erde sind so unauffällig, daß sie unbeobachtbar bleiben. Die Größe der Finsternis beträgt das 1,092fache des Mondscheibendurchmessers.
Der Beginn der Finsternis ist vom äußersten Ost- und Nordasien aus, Hawaii, Nord-, Mittel- und Südamerika, der Arktis, Grönland, Europa und Westafrika aus beobachtbar, ebenso vom Atlantik und dem östlichen Pazifik aus. Das Ende der Finsternis ist sichtbar in Nordasien, fast in ganz Neuseeland, Hawaii, auf dem nord- und südamerikanischen Kontinent, mit Ausnahme der äußersten östlichen Gebiete, vom Nordatlantik und vom Pazifik aus.
Während der Finsternis hält sich der Vollmond im Goldenen Tor der Ekliptik auf. Als „Goldenes Tor der Ekliptik" bezeichnet man die beiden offenen Sternhaufen Hyaden und Plejaden im Sternbild Stier. Zwischen ihnen zieht die scheinbare Sonnenbahn, eben die Ekliptik hindurch.
Zwischen 6^h20^m und 6^h25^m beginnt der verfinsterte Mond den Stern ω Tauri zu bedekken. Mit $4\overset{m}{,}9$ scheinbarer Helligkeit ist ω Tauri ein relativ heller Stern. Schon in einem kleinen Teleskop oder leistungsfähigen Feldstecher ist diese Sternbedeckung beobachtbar. Es kommt recht selten vor, daß während einer Mondfinsternis ein so heller Stern bedeckt wird. Zwischen 6^h58^m und 7^h10^m (je nach Beobachtungsort – siehe Tabelle *Sternbedeckungen durch den Mond* auf Seite 226) erfolgt der Austritt von ω Tauri am westlichen („rechten") Mondrand.

Das griechische Alphabet

Α α	Alpha	a		Η η	Eta	e		Ν ν	Nü	n		Τ τ	Tau	t
Β β	Beta	b		Θ ϑ	Theta	th		Ξ ξ	Xi	x		Υ υ	Ypsilon	y
Γ γ	Gamma	g		Ι ι	Jota	i, j		Ο ο	Omikron	o		Φ φ	Phi	ph
Δ δ	Delta	d		Κ ϰ	Kappa	k		Π π	Pi	p		Χ χ	Chi	ch
Ε ε	Epsilon	e		Λ λ	Lambda	l		Ρ ρ	Rho	r		Ψ ψ	Psi	ps
Ζ ζ	Zeta	z		Μ μ	Mü	m		Σ σ ς	Sigma	s		Ω ω	Omega	o

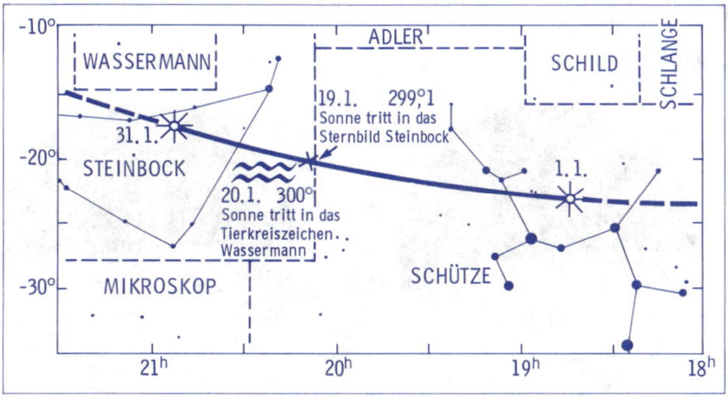

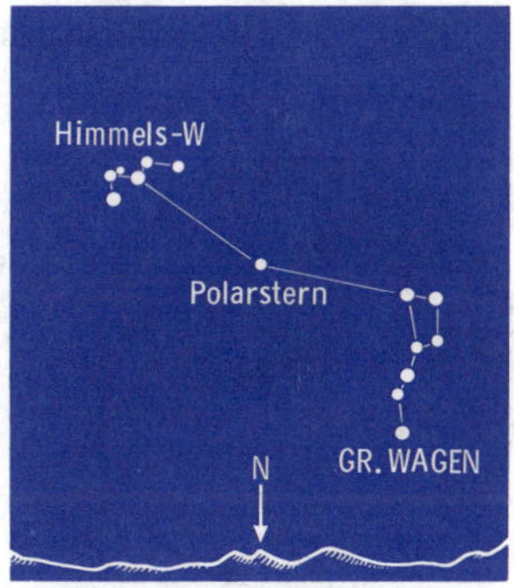

Großer Wagen und Himmels-W Anfang Januar 22^h MEZ

Sonnenlauf im Januar

Datum	Aufgang MEZ	Untergang MEZ	Kulmination	Zeitgleichung	Mittagshöhe	Rektaszension	Deklination	Sternzeit 1^h MEZ
1.	8^{h}19^m	16^{h}29^m	12^{h}24^m	– 4^m	17°,0	18^{h}46^m	–23°,0	6^{h}43^m
6.	8 18	16 34	12 26	– 6	17,5	19 08	–22,5	7 02
11.	8 15	16 41	12 28	– 8	18,2	19 30	–21,8	7 22
16.	8 12	16 48	12 30	–10	19,1	19 51	–21,0	7 42
21.	8 07	16 56	12 31	–11	20,2	20 13	–19,9	8 01
26.	8 02	17 04	12 33	–13	21,4	20 34	–18,8	8 21
31.	7 55	17 12	12 34	–14	22,7	20 54	–17,4	8 41

Julianisches Datum am 1. Januar, 1^h MEZ: 2448988,5

1.1: Himmelsanblick am 26. Januar gegen 19^h MEZ. In südwestlicher Richtung sind die hell strahlende Venus und die Sichel des zunehmenden Mondes zu erkennen.

Tages- und Nachtstunden im Januar

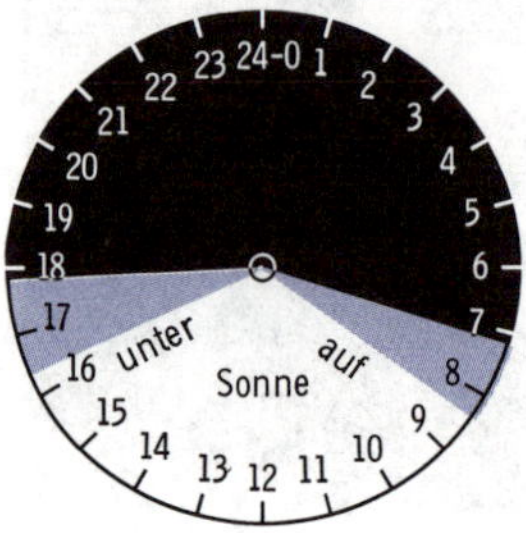

5. Januar

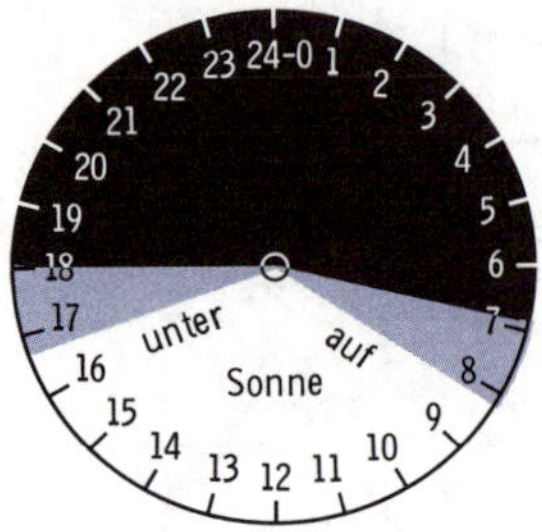

15. Januar

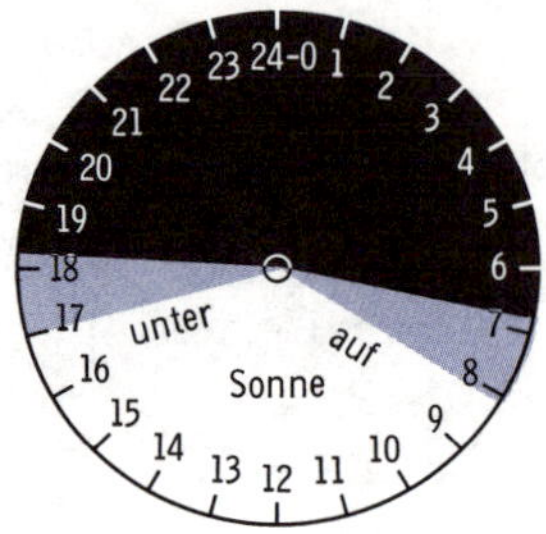

25. Januar

Mondlauf im Januar

Datum	Aufgang MEZ	Untergang MEZ	Rektaszension	Deklination	Sterne und Sternbilder	Phase	MEZ
Fr 1.	11^h32^m	0^h40^m	0^h25^m	+ 8°,1	Fische	**Erstes Viertel**	4^h38^m
Sa 2.	11 54	1 46	1 11	+12,4	Fische		
So 3.	12 21	2 55	1 59	+16,3	Hamal		
Mo 4.	12 54	4 04	2 50	+19,5	Widder	Libration Ost	
Di 5.	13 37	5 12	3 45	+21,9	Plejaden		
Mi 6.	14 31	6 15	4 44	+23,1	Aldebaran, Hyaden	Absteigender Knoten	
Do 7.	15 38	7 11	5 44	+22,9	Stier, Al Nath		
Fr 8.	16 55	7 57	6 46	+21,3	Zwillinge	**Vollmond**	13^h37^m
Sa 9.	18 17	8 34	7 46	+18,2	Kastor, Pollux		
So 10.	19 41	9 05	8 45	+14,0	Krebs, Krippe	Erdnähe 362	13^h
Mo 11.	21 04	9 30	9 42	+ 8,8	Regulus		
Di 12.	22 25	9 54	10 37	+ 3,2	Sextant		
Mi 13.	23 46	10 17	11 31	– 2,5	*Löwe	Größte Südbreite	
Do 14.	–	10 40	12 24	– 8,0	Jungfrau		
Fr 15.	1 04	11 06	13 17	–12,9	Spica	**Letztes Viertel**	5^h01^m
Sa 16.	2 21	11 36	14 11	–17,1	Jungfrau		
So 17.	3 34	12 13	15 07	–20,3	Waage	Libration West	
Mo 18.	4 40	12 57	16 02	–22,3	Skorpion		
Di 19.	5 38	13 49	16 58	–23,2	Schlangenträger	Aufsteigender Knoten	
Mi 20.	6 27	14 49	17 54	–22,8	Schütze		
Do 21.	7 06	15 54	18 47	–21,2	Nunki		
Fr 22.	7 37	17 00	19 39	–18,7	Schütze	**Neumond**	19^h27^m
Sa 23.	8 03	18 07	20 28	–15,4	Steinbock		
So 24.	8 24	19 13	21 15	–11,4	Wassermann		
Mo 25.	8 44	20 18	22 00	– 7,1	Wassermann		
Di 26.	9 02	21 22	22 44	– 2,6	Wassermann	Erdferne 406	11^h
Mi 27.	9 19	22 27	23 27	+ 2,1	Fische	Größte Nordbreite	
Do 28.	9 38	23 32	0 11	+ 6,6	Fische		
Fr 29.	9 58	–	0 56	+10,9	Fische		
Sa 30.	10 22	0 38	1 43	+14,9	Fische	**Erstes Viertel**	0^h20^m
So 31.	10 51	1 45	2 32	+18,3	*Widder		

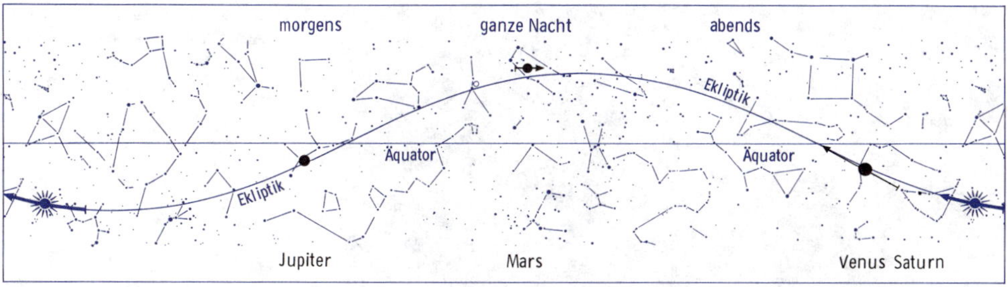

Planetenlauf im Januar

Merkur eilt der Sonne nach und holt sie am 23. schließlich ein. An diesem Tag steht Merkur in oberer Konjunktion mit der Sonne. Bis Monatsende wächst seine östliche Elongation zur Sonne auf 6° an, zu wenig, um den sonnennahen Planeten sichtbar werden zu lassen. Merkur bleibt im Januar unbeobachtbar.
Am 7. passiert der flinke Planet sein Aphel (sonnenfernster Bahnpunkt). An diesem Tag trennen ihn 69,8 Millionen Kilometer vom Zentralgestirn Sonne.
Am Tag seiner oberen Konjunktion (23.) ist Merkur 211,6 Millionen Kilometer von der Erde entfernt.
Venus eröffnet den Jahresreigen als glänzender Abendstern. Von allen Planeten ist der innere Nachbarplanet der Erde der weitaus hellste. Schon bald nach Sonnenuntergang leuchtet Venus als heller Lichtpunkt im Südwesten auf, lange bevor die anderen Gestirne in der Dämmerung sichtbar werden.
Am 19. steht Venus in größter östlicher Elongation. Ihr Winkelabstand von der Sonne mißt dabei 47°07', ihre Helligkeit beträgt

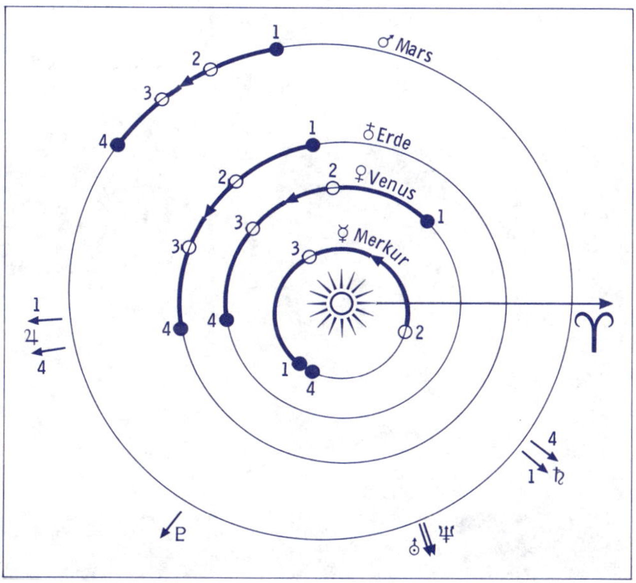

1.2: Das innere Planetensystem im ersten Jahresviertel 1993. Eingezeichnet sind die Positionen der Planeten für den 1. Januar (1), 1. Februar (2) sowie 1. (3) und 31. März (4). Die Pfeile deuten die Richtungen zu den ferneren Planeten sowie zum Frühlingspunkt an. Die Bedeutung der Planetensymbole findet man auf Seite 23 in Abb. E.14.

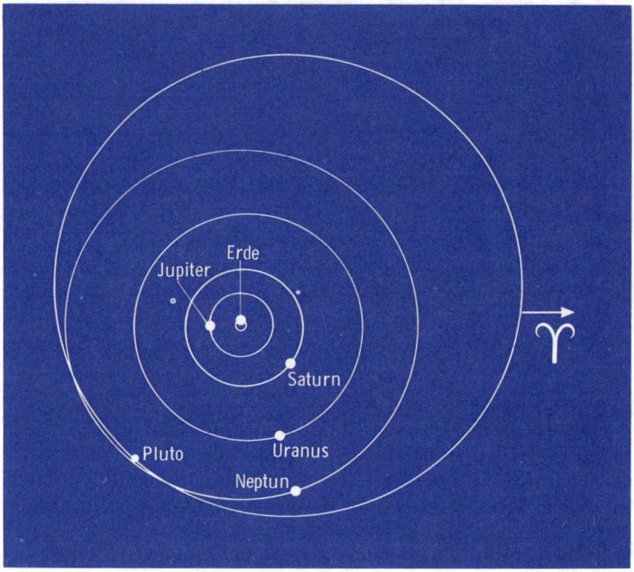

1.3: Das äußere Planetensystem. Eingezeichnet sind die Positionen der Planeten Jupiter bis Pluto sowie der Erde am 1.1.1993.

$-4^{m}.4$. Im Fernrohr zeigt sich das $25''.1$ große Venusscheibchen am 22. halb beleuchtet – die Dichotomie ist erreicht.

1.4: Stellung der Venus über dem Westhorizont jeweils eine Stunde nach Sonnenuntergang von November 1992 bis März 1993. Die Zahlen geben die Venusposition jeweils zum Monatsersten an.

Der beleuchtete Anteil des Venusglobus nimmt ab, Venus wird zu einer Sichel, wobei der scheinbare Venusdurchmesser bis Monatsende auf 28" zunimmt.
Venus baut ihre Abendsichtbarkeit aus. Am 1. geht der innere Nachbarplanet um $20^{h}31^{m}$ unter, am 31. erst um $21^{h}34^{m}$. Bis Monatsende steigt die Helligkeit leicht auf $-4^{m}.5$ an.
Am 26. ergibt sich ein netter Himmelsan-

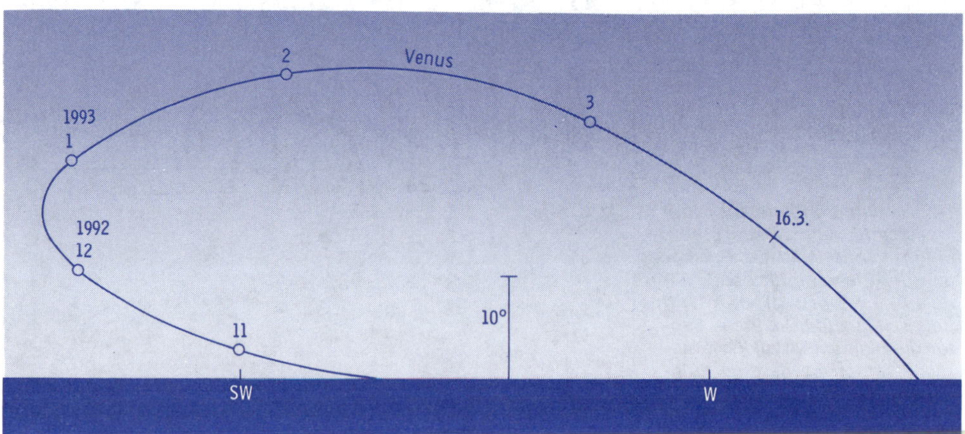

blick: Gegen 19^h sieht man die schmale Sichel des zunehmenden Mondes etwa 6° westlich von Venus (siehe Abb. 1.1 auf Seite 33).

Mars, rückläufig in den Zwillingen, steht am 7. um Mitternacht in Opposition zur Sonne. Der erfahrene Sternfreund weiß: Opposition bedeutet günstigste Sichtbarkeit des Planeten, nämlich ganze Nacht über dem Horizont, um Mitternacht in Südrichtung sowie kürzeste Entfernung von der Erde. Am Tag der Opposition geht der $-1^m,5$ helle Mars um 16^h02^m auf, passiert um 0^h34^m den Meridian und geht am folgenden Morgen um 8^h56^m wieder unter. Da sich Mars in den nördlichsten Bezirken des Tierkreises aufhält, fällt seine Kulminationshöhe recht groß aus. Um Mitternacht steht der rote Planet über 66° hoch. Er hält sich nicht nur in dem nördlichsten Teil des Tierkreises auf, sondern er steht außerdem noch nördlich der Ekliptik. An Kastor und Pollux (α und β Geminorum) kann man gut die rückläufige Bewegung des roten Planeten während des Monats studieren (siehe auch Abb. 1. 7). Am 30. erreicht er mit 27°01' seine extreme nördliche Deklination.

Insofern ist diese Marsopposition vom beobachterischen Standpunkt gesehen recht günstig. Wegen seiner elliptischen Bahn fallen jedoch die Marsoppositionsdistanzen sehr unterschiedlich aus (siehe auch Monatsthema *Mars in Opposition* auf Seite 45). Diesmal kommt Mars nur auf 93,66 Millionen Kilometer an die Erde heran. Die Erdnähe wird wegen der stark elliptischen Bahn des Mars bereits am 3. erreicht, während die exakte Oppositionsstellung (ekliptikale Längendifferenz zur Sonne gleich 180°) auf den 7. fällt. In Erdnähe benötigt das Licht vom Mars zur Erde 5^m12^s. Würden wir uns mit einem Raumfahrer auf dem Mars per Funk unterhalten, so müßte man auf jede Antwort mindestens 10^m24^s warten.

Im Fernrohr zeigt Mars ein voll beleuchtetes Scheibchen von knapp 15" Durchmesser. Dies ist bescheiden, wenn man bedenkt, daß bei günstigen Periheloppositionen der scheinbare Marsdurchmesser bis zu 25" anwachsen kann.

Bis Monatsende sinkt die Marshelligkeit um gut eine halbe Größenklasse auf $-0^m,9$ ab. Die Entfernung von der Erde beträgt Ende

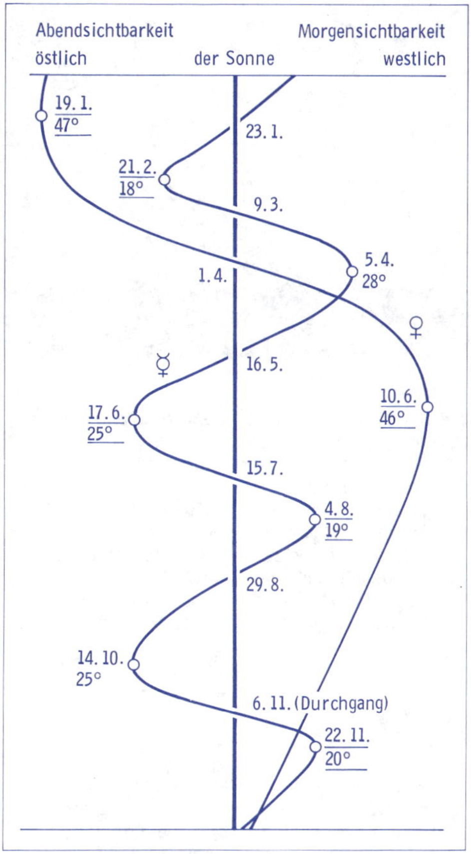

1. 5: Elongationen der inneren Planeten Merkur und Venus von der Sonne im Jahr 1993. Die Datumsangaben beziehen sich jeweils auf die größten Elongationen und die Konjunktionen. Unterstrichenes Datum bedeutet: in Mitteleuropa mit freiem Auge sichtbar. Unterbrochener Sonnenbalken weist auf eine untere Konjunktion hin, unterbrochene Planetenlinie auf eine obere Konjunktion.

Januar schon wieder 106,5 Millionen Kilometer, das Marsscheibchen schrumpft ein wenig auf 13",1. Am 31. geht der rote Planet bereits um 13^h47^m auf und kulminiert zur besten Beobachtungszeit um 22^h20^m.

Der Marsuntergang erfolgt am 31. um 6^h58^m.

Jupiter in der Jungfrau ist Planet der zweiten Nachthälfte. Im Laufe des Monats nimmt sei-

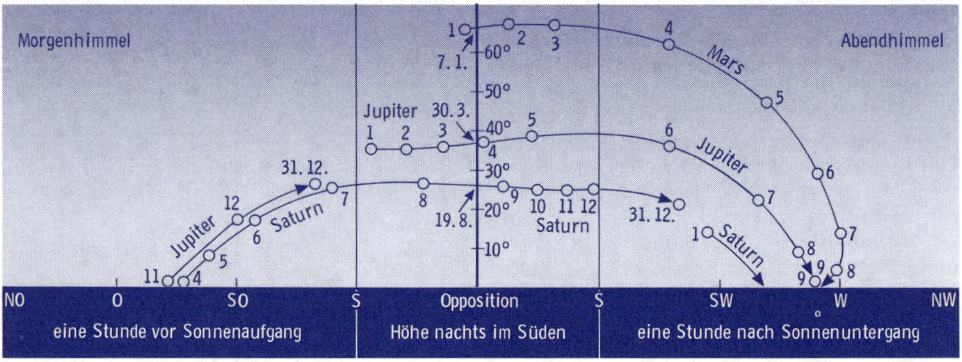

1.6: Stellungen der hellen äußeren Planeten Mars, Jupiter und Saturn im Jahr 1993. Im linken Teil sind die Positionen am Morgenhimmel jeweils eine Stunde vor Sonnenaufgang eingetragen, im rechten Teil die Positionen am Abendhimmel jeweils eine Stunde nach Sonnenuntergang. Im Mittelteil sind die Stellungen zur Zeit um Mitternacht angegeben sowie die Kulminationshöhe und die Oppositionsdaten (z.B. Mars 7.1. in Opposition). Die Zahlen geben die Positionen zum jeweiligen Monatsersten an.

1.7: Bahn des Planeten Mars im Gebiet der Sternbilder Zwillinge, Krebs und Löwe von Januar bis Juli 1993. Die Zahlen geben die Positionen des Mars zum jeweiligen Monatsersten an.

ne Helligkeit von $-2\overset{\text{m}}{,}0$ auf $-2\overset{\text{m}}{,}2$ zu, die Opposition ist nicht mehr allzufern. Seine Aufgänge verlagert der Riesenplanet von $0^{h}45^{m}$ am 1. auf $23^{h}51^{m}$ am 15. und auf $22^{h}50^{m}$ am 31. Der nach Venus hellste Planet am Nachthimmel strahlt unübersehbar. Er hält sich zwischen Porrima (γ Virginis) und Spica (α Virginis) auf und kommt kaum von der Stelle. Am 29. wird der Riesenplanet stationär und setzt zu seiner Oppositionsschleife an. Er bewegt sich anschließend rückläufig auf Porrima zu, an dem er Ende März zu seiner Oppositionszeit knapp südlich vorüberziehen wird (siehe Abb. 3.2 auf Seite 74).

Der scheinbare Äquatordurchmesser des Jupiterscheibchens wächst von $36\overset{\prime\prime}{,}4$ auf knapp 40" an. Zu Monatsbeginn noch 809,0 Millionen Kilometer von der Erde entfernt,

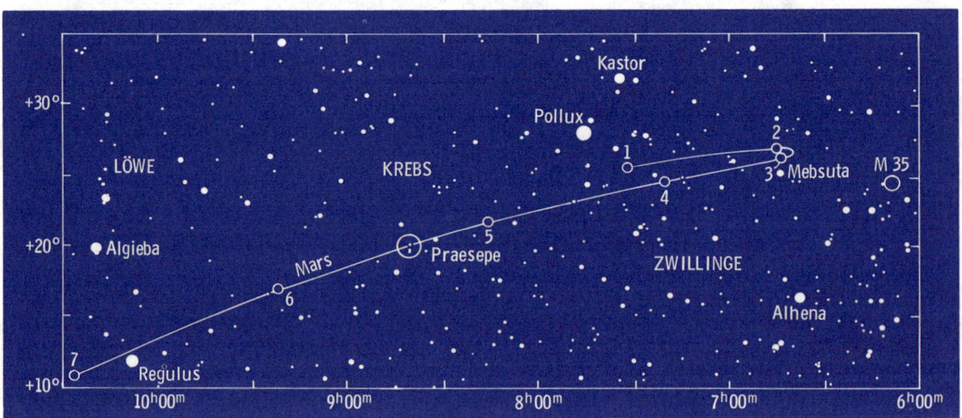

1. 8: Bahn des Kleinplaneten Juno (3) im Gebiet der Sternbilder Orion und Einhorn von Mitte September 1992 bis Ende Februar 1993.

beträgt die Jupiterdistanz zu Monatsende 736,7 Millionen Kilometer von uns.

Saturn, rechtläufig im Steinbock, zieht sich vom Abendhimmel zurück und wird unsichtbar. Am 1. geht der $0^m{,}8$ helle Ringplanet um 19^h30^m unter. Seine Entfernung von der Erde beträgt an diesem Tag 1592,4 Millionen Kilometer. Am 10. erfolgt der Saturnuntergang um 19^h00^m, am 20. bereits um 18^h28^m. Da Saturn frühestens gegen 17^h45^m in der hereinbrechenden Dunkelheit erkennbar wird, aber spätestens um 18^h im Horizontdunst verblaßt, bleibt kaum eine Sichtbarkeitschance mehr. Nach dem 20. wird man vergeblich nach dem Ringplaneten Ausschau halten.

Uranus, im Ostteil des Schützen, steht am 8. in Konjunktion mit der Sonne und bleibt unbeobachtbar. Am 25. überholt er Neptun 1° 06' südlich. Es ist dies die erste Begegnung von dreien, die 1993 stattfinden. Die beiden anderen Konjunktionen finden im September statt. Beide sonnenferne Planeten ziehen ihre Oppositionsschleifen fast parallel im Schützen, daher kommt es zu einer dreimaligen Begegnung (siehe auch Abb. 7.4 auf Seite 132). Es handelt sich dabei um sogenannte geozentrische Konjunktionen, also Begegnungen, wie sie von der Erde aus betrachtet entstehen. Die Oppositionsschleifen sind nichts anderes als ein Spiegelbild der Erdbewegung um die Sonne, denen außerdem die Eigenbewegung der Planeten überlagert ist. Von der Sonne aus

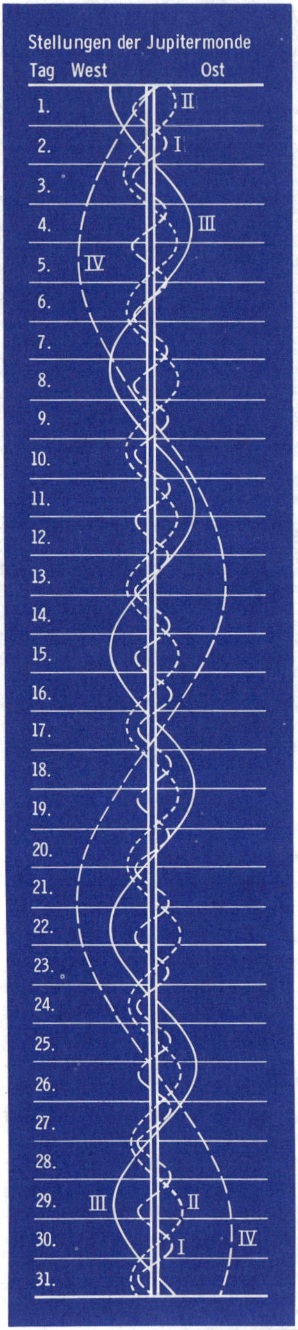

Jupitermond-Erscheinungen

Datum	MEZ	Vorgang	
1.	1^h12^m	I	SA
	2 26	I	DA
	3 25	I	SE
	4 37	I	DE
2.	1 47	I	BE
	3 30	II	SA
	5 58	II	DA
	6 02	II	SE
	8 24	II	DE
4.	3 30	II	BE
6.	4 25	III	SA
	7 24	III	SE
7.	5 46	I	VA
8.	3 06	I	SA
	4 19	I	DA
	5 18	I	SE
	6 30	I	DE
9.	3 39	I	BE
	6 04	II	SA
10.	0 58	I	DE
	2 16	III	BE
11.	1 05	II	VA
	6 03	II	BE
14.	7 38	I	VA
15.	4 59	I	SA
	6 11	I	DA
	7 11	I	SE
	8 22	I	DE
16.	2 07	I	VA
	5 31	I	BE
17.	0 39	I	DA
	1 26	III	VE
	1 40	I	SE
17.	2^h50^m	I	DE
	3 27	III	BA
	6 06	III	BE
	23 59	I	BE
18.	3 40	II	VA
20.	0 17	II	DA
	0 24	II	SE
	2 41	II	DE
22.	6 52	I	SA
	8 02	I	DA
23.	4 00	I	VA
	7 22	I	BE
24.	1 20	I	SA
	2 23	III	VA
	2 30	I	DA
	3 33	I	SE
	4 41	I	DE
	5 22	III	VE
	7 15	III	BA
25.	1 49	I	BE
	6 15	II	VA
27.	0 27	II	SA
	2 46	II	DA
	2 58	II	SE
	5 09	II	DE
	23 37	III	DE
29.	0 17	II	BE
30.	5 53	I	VA
31.	3 14	I	SA
	4 20	I	DA
	5 26	I	SE
	6 20	III	VA
	6 30	I	DE

gesehen überholt der schnellere Uranus den ferneren Neptun im April (heliozentrische Konjunktion). Von der Sonne aus betrachtet haben beide Planeten dann dieselbe ekliptikale Länge.

Neptun hält sich nur etwas mehr als ein Grad nördlich von Uranus im Schützen auf. Am 8. kommt Neptun ebenfalls in Konjunktion mit der Sonne und bleibt unbeobachtbar, ebenso seine Begegnung mit Uranus am 25. Auf die dreifache Konjunktion mit Uranus in diesem Jahr wurde schon unter *Uranus* hingewiesen.

Pluto siehe *Planetenlauf im Mai.*

Planetoiden

Pallas – Planetoid Nr. 2 – kommt am 23. in Konjunktion mit der Sonne.

Konstellationen und Ereignisse im Januar

Datum	MEZ	Ereignis
3.	15^h	**Mars** in **Erdnähe** (94 Millionen km)
4.	4	Erde in Perihel (Sonnennähe)
		Abstand Erde – Sonne 147,1 Millionen Kilometer
7.	17	Merkur im Aphel
7.	24	**Mars** in **Opposition** zur Sonne
8.	10	Uranus in Konjunktion mit der Sonne
8.	14	Mond bei Mars, Mond 6° südlich
8.	23	Neptun in Konjunktion mit der Sonne
14.	15	Mond bei Jupiter, Mond 7° südlich
19.	17	Venus in größter östlicher Elongation (47°)
23.	17	Merkur in oberer Konjunktion mit der Sonne
25.	21	Uranus bei Neptun, Uranus 1,°1 südlich
26.	21	**Mond 6° westlich von Venus**
27.	6	Mond bei Venus, Mond 5° nördlich
29.	14	Jupiter im Stillstand, anschließend rückläufig

Juno – Planetoid Nr. 3 – stand am 28. Dezember des Vorjahres in Opposition zur Sonne. Sie wandert rückläufig im Gebiet Einhorn/Orion, wobei sie stark nach Norden strebt und auf Beteigeuze (α Orionis) zueilt (siehe Abb. 1.8 auf Seite 39). Ihre Helligkeit sinkt während des Monats von $7^m,8$ auf $8^m,4$ ab. Eine lichtstarke Optik ermöglicht ohne weiteres, Juno am Abendhimmel aufzufinden. Im ersten Monatsdrittel macht sich allerdings Mondlicht störend bemerkbar. Die Kulminationszeiten von Juno verfrühen sich von 23^h54^m am 1. auf 22^h48^m am 15. und auf 21^h40^m am Monatsletzten.

Periodische Sternschnuppenströme im Januar

Vom 1. bis 6. Januar sind die **Quadrantiden** (Ausstrahlungspunkt oder Radiant im Sternbild Bootes) in der zweiten Nachthälfte zu erwarten. In der Nacht vom 3. und 4. Januar ist das spitze Maximum zu erwarten. Bis zu hundert Objekte pro Stunde sind im Maximum zu registrieren. In manchen Jahren wurden sogar über zweihundert pro Stunde beobachtet. Helle Sternschnuppen kommen dabei nur selten vor. Ein Erzeugerkomet ist nicht bekannt. Die einzelnen Meteore haben mittlere Geschwindigkeit um 40 Kilometer pro Sekunde. Da der Radiant im Sternbild Bootes liegt, wird dieser Strom auch **Bootiden** genannt.

Der Fixsternhimmel im Januar

Im Verlauf des Jahres wechselt der abendliche Sternenhimmel sein Aussehen wie die Szenen eines Theaterstückes. Sternbilder verschwinden im Westen, neue tauchen am Osthorizont auf. Man kann den Sternenhimmel daher mit Fug und Recht mit der Drehbühne eines Theaters vergleichen. Frühlings-, Sommer-, Herbst- und Winterhimmel zeigen zur gleichen Beobachtungsstunde jeweils andere Sternbilder. Dem Anfänger wird so zwar das Erkennen der Sternbilder etwas erschwert, der Sternkundige empfindet den Wechsel interessant. Denn die regelmäßige Beobachtung des gestirnten Firmaments verdeutlicht ihm die Folge der Jahreszeiten wie dem Naturfreund das Blühen der Blumen im Frühjahr oder das bunte Farbenspiel des Laubs im Herbst.

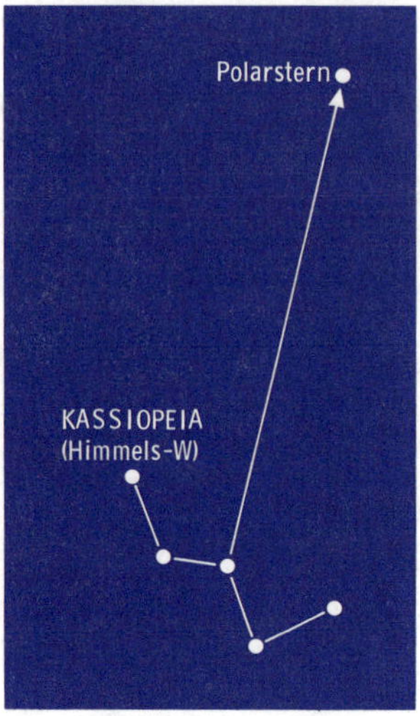

1.9: Das Sternbild Kassiopeia, auch Himmels-W genannt, als Polweiser.

Durch die Rotation der Erde ändert sich im Laufe einer Nacht der Himmelsanblick. Morgens sind andere Sterne zu sehen als am vorhergehenden Abend. Die monatliche Sternkarte zeigt den *sichtbaren* Himmelsausschnitt um 22^h MEZ zu Monatsbeginn bzw. um 21^h MEZ zur Monatsmitte.
Der abendliche Winterhimmel ist reich an hellen Sternen. Blickt man fast senkrecht nach oben, so entdeckt man einen gelblichen Stern erster Größe, die Kapella, Hauptstern im Fuhrmann. Das Sternbild Fuhrmann prägt sich leicht ein: ein Fünfeck mit Kapella an der Spitze.
In der Monatssternkarte ist jedoch ein Sechseck eingetragen, was optisch eher auffällt. Der Stern gegenüber der Kapella gehört jedoch schon zum Stier. Er heißt El Nath (β Tauri) und stellt die eine Hornspitze des

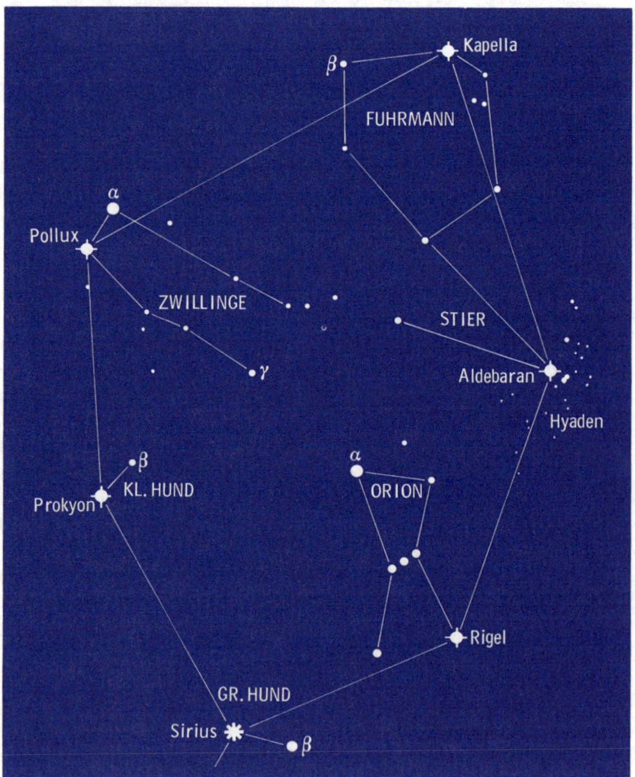

1.10: Das Wintersechseck wird aus den hellen Sternen Aldebaran, Rigel, Sirius, Prokyon, Pollux und Kapella gebildet.

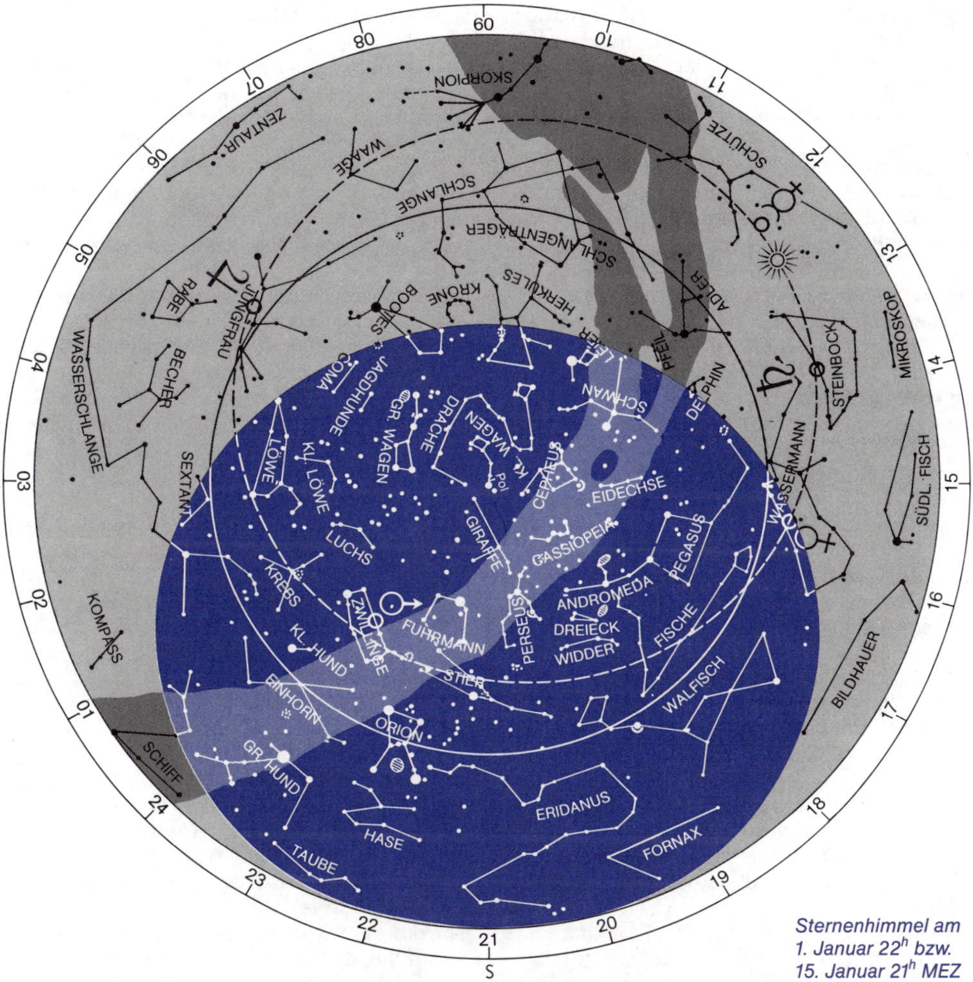

Sternenhimmel am 1. Januar 22^h bzw. 15. Januar 21^h MEZ

Stieres dar. Der Stier ist jetzt hoch im Süden zu finden. Sein hellster Stern, der deutlich rote Aldebaran, geht eben durch den Meridian. Wohl das eindrucksvollste Sternbild des Winterhimmels, ja *das* Wintersternbild schlechthin, der Himmelsjäger Orion, fällt halbhoch im Süden jedem sofort auf: Die Verbindungslinie der beiden Sterne erster Größe, der rötlichen Beteigeuze und dem blauweißen Rigel, wird durch einen Querbalken von drei Sternen zweiter Größe in zwei Hälften geteilt. Diese Figur wird gelegentlich Jakobsstab (ein altertümliches Winkelmeßinstrument) genannt.

In der Nähe des Himmelsjägers Orion sind die beiden Hunde zu finden: Im Südosten strahlt Sirius als hellster Stern des Himmels und Hauptstern im Großen Hund, ein wenig höher Prokyon im Kleinen Hund, ein Stern erster Größenklasse.

Schon hoch im Osten stehen die beiden Sternenketten der Zwillinge mit ihren Hauptsternen Kastor und Pollux. In den Zwillingen hält sich gerade der helle, rote Mars auf. Das

Sternenpolygon, das aus Kapella – Aldebaran – Rigel – Sirius – Prokyon – Pollux gebildet wird, nennt man Wintersechseck; es ist gewissermaßen das Gegenstück zum Sommerdreieck. Manche nennen das Wintersechseck auch „die Halskette“.
In der westlichen Himmelshälfte zeigt sich ziemlich hoch die Kassiopeia, ein Sternbild, das recht leicht zu erkennen ist. Es sieht aus wie ein großes lateinisches W, weshalb man auch vom „Himmels-W“ spricht. In der gegenwärtigen Position hat man eher den Eindruck eines großen Ms. Die mittlere Spitze des Himmels-W deutet ungefähr in Richtung Polarstern, der am Deichselende des Kleinen Wagens steht. Der Kleine Wagen ist aber nur bei guten Sichtbedingungen erkennbar. Viel leichter sieht man den Großen Wagen, der vom Polarstern aus betrachtet dem Himmels-W diametral gegenübersteht. Als Zirkumpolarsternbilder sind Himmels-W und Großer Wagen in unseren Breiten in jeder klaren Nacht des Jahres zu sehen, da sie nie untergehen. An ihnen kann man gut die Drehung des himmlischen Uhrwerks im Laufe der Nacht verfolgen.
Der Westen wird von den Herbstbildern Perseus, der fast noch im Zenitbereich steht, Andromeda und Pegasus sowie den Tierkreisbildern Widder und Fische bevölkert. Tief im Nordwesten ist noch Deneb im Schwan und nahe dem Nordhorizont die Wega auszumachen.
Im Südwesten findet man nur lichtschwache Sternbilder: den Walfisch und den Fluß Eridanus.
Fernab störenden Streulichts kann man das schimmernde Band der winterlichen Milchstraße bewundern: Sie zieht sich vom Südosten vorbei an Sirius durch Zwillinge, Fuhrmann, Perseus, Kassiopeia nach Nordwest.

Das Klima im Januar

Der Januar ist der kälteste Monat des ganzen Jahres. Die langjährige Durchschnittstemperatur beträgt 0,3 °C. In Köln ist es noch am wärmsten, die kälteste Großstadt ist München. An extremen Temperaturen wurden im Januar +15 °C und –30 °C gemessen. Die mittlere Monatshöchsttemperatur liegt bei 9,6 °C, die mittlere Tiefsttemperatur bei –10,4 °C. Im Januar ist mit 19 Frosttagen zu rechnen, wovon acht Eistage sind. An einem Frosttag sinkt das Thermometer unter den Gefrierpunkt, bei einem Eistag bleibt es 24 Stunden lang unter dem Gefrierpunkt.
Der kälteste Wintertag liegt um den 22. Januar. Im Mittel sind an 16 Tagen Niederschläge zu erwarten, wovon die Hälfte als Schnee fällt.
In der Norddeutschen Tiefebene ist mit 50 Sonnenscheinstunden zu rechnen, in den deutschen Mittelgebirgen mit 75 und im Hochgebirge (Zugspitze) mit 115. 73 % der Nächte sind bewölkt, acht Nebeltage treten auf. Bei Hochdrucklagen besteht in großen Städten und Industriegebieten Smoggefahr.
Witterungsverlauf: Vom 1. bis 5. ist es nach nächtlichem Aufklaren meist sehr kalt, häufig mit Schneefällen verbunden. Vom 6. bis 15. tritt Milderung ein, meist mit trüber Witterung und Niederschlägen, teils als Regen (*Westlage*). Vom 16. bis 25. ist mit trockenem, frostigem und klarem Wetter (*Hochdrucklage*) zu rechnen. In Tälern bildet sich Nebel. Die letzten Januartage sind wieder milder, neue Niederschläge treten auf.
Um die Jahreswende entscheidet sich der Charakter des Winters. Wenn bis 6. Januar (Heilige Dreikönige) mildes Wetter vorherrscht und kein strenger Frost auftritt, so ist mit großer Wahrscheinlichkeit mit einem

Veränderliche Sterne im Januar

Algol-Minima	3. 2^h09^m	5. 22^h58^m	8. 19^h47^m	11. 16^h36^m	23. 3^h54^m	26. 0^h43^m
	28. 21^h32^m	31. 18^h21^m				
β-Lyrae-Minima	2. 17^h	15. 16^h	28. 14^h			
δ-Cephei-Maxima	4. 19^h	10. 3^h	15. 12^h	20. 21^h	26. 6^h	31. 15^h
Mira-Helligkeit	$9^m – 10^m$, kurz vor dem Minimum					

Aufsuch- und Umgebungskärtchen der Veränderlichen siehe Seiten 112, 214 und 215

milden Winter zu rechnen. Eine alte Bauernregel besagt: Wenn bis Dreikönigstag es nicht Winter geworden ist, dann der Winter nicht mehr kommt.

Monatsthema: Mars in Opposition

Am 7. Januar dieses Jahres ist es wieder einmal soweit: Mars steht am irdischen Himmel der Sonne genau gegenüber. Wenn sie im Südwesten versinkt, geht Mars im Nordosten auf, steht um Mitternacht hoch im Süden und geht morgens im Nordwesten unter, wenn die Sonne im Südosten emporsteigt. Steht ein Planet der Sonne am irdischen Himmel gegenüber, bilden also Planet–Erde–Sonne eine Linie, dann spricht man von einer Opposition. Gelegentlich wird für die Opposition auch der Begriff Gegenschein verwendet. In Opposition kommen nur Planeten, die weiter als die Erde von der Sonne entfernt sind. Merkur und Venus, die innerhalb der Erdbahn um die Sonne laufen, stehen niemals in Opposition zur Sonne. Nur die äußeren Planeten Mars, Jupiter, Saturn, Uranus, Neptun und Pluto sowie die meisten Planetoiden stehen von Zeit zu Zeit in Opposition.
Bei der Opposition überholt die Erde einen äußeren Planeten auf der Innenbahn. Der Planet scheint sich für einige Wochen von Ost nach West, also rückläufig unter den Sternen zu bewegen. Die Rückläufigkeit in der Oppositionszeit ist nichts anderes als ein Überholeffekt. Überholt man ein Fahrzeug auf der Autobahn, so scheint es gegenüber dem Hintergrund zurückzubleiben.
Zur Opposition erreicht ein Planet seine geringste Distanz zur Erde. Er erscheint uns dann am hellsten und zeigt im Fernrohr ein maximal großes Planetenscheibchen. In Opposition ist ein Planet somit am besten zu beobachten. Dies gilt insbesondere für unseren äußeren Nachbarplaneten, den rötlichen Mars. Bei ihm ist der relative Entfernungsunterschied zwischen Opposition und Konjunktion am größten. In Opposition kann er bis auf 56 Millionen Kilometer an die Erde herankommen, in Konjunktion über 400 Millionen Kilometer entfernt bleiben, also über siebenmal so weit wie in Erdnähe. Durch die stark elliptische Bahn fallen Opposition und Erdnähe nicht exakt zusammen. Bereits am 3. Januar 1993 erreicht Mars mit 93,66 Millionen Kilometer seine geringste Erdentfernung, während die Oppositionsstellung erst am 7. Januar eintritt. Diesmal bleibt Mars relativ weit entfernt, so gesehen erleben wir eine weniger günstige Marsopposition. Wie

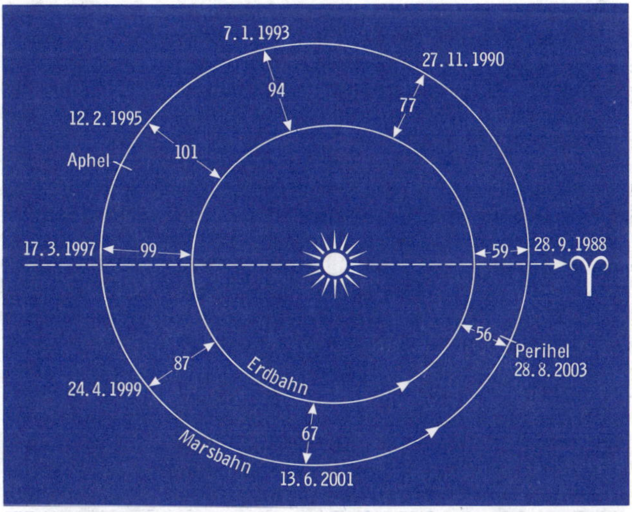

1.11: Die Bahnen von Erde und Mars mit den Oppositionen von 1988 bis 2003. Durch die stark exzentrische Marsbahn ergeben sich beträchtliche Unterschiede in den Oppositionsdistanzen (Entfernungsangaben in Millionen Kilometer).

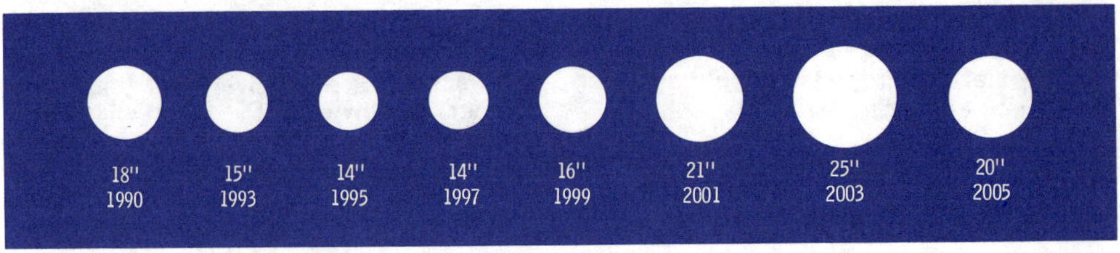

1.12: Die scheinbaren Durchmesser der Marsscheibchen zu den Oppositionen von 1990 bis 2005.

aus der Tabelle *Marsoppositionen* auf Seite 47 zu ersehen ist, schwanken die Oppositionsdistanzen zwischen 56 und 101 Millionen Kilometer. In zwei Jahren, im Februar 1995, wird Mars zu seiner Opposition noch weiter weg bleiben als diesmal, nämlich 101,1 Millionen Kilometer. Ende August 2003 hingegen wird der rote Planet sich uns auf 55,8 Millionen Kilometer nähern – fast die geringste mögliche Distanz. Die Ursache für diese stark unterschiedlichen Oppositionsentfernungen liegt in der stark elliptischen Bahn des Mars. Der sonnennächste Punkt der Marsbahn, das Perihel, ist 207 Millionen Kilometer von der Sonne entfernt.
Im Aphel (sonnenfernster Punkt) beträgt die Distanz Sonne–Mars immerhin 249 Millionen Kilometer. Überholt die Erde den Mars, wenn er sich gerade in Sonnennähe befindet, so kommt es zu einer besonders günstigen Marsopposition. Da Mars am 26. April dieses Jahres sein Aphel passiert, ist er Anfang Januar, wenn er von der Erde überholt wird, schon relativ weit von der Sonne entfernt, so daß es zu einer relativ bescheidenen Opposition kommt (siehe auch Abb. 11 auf Seite 45). Trotzdem ist er zur diesjährigen Opposition mit $-1\overset{\mathrm{m}}{,}4$ ein auffälliges Objekt. Im August 2003 wird er aber mit $-2\overset{\mathrm{m}}{,}9$ zu einem spektakulären Gestirn werden, das nur noch von Venus an Helligkeit übertroffen wird.
Zwar bleibt Mars diesmal bei seiner Opposition vergleichsweise weit weg, aber er hält sich im nördlichsten Teil des Tierkreises auf, nämlich in den Zwillingen. Daher fällt seine Kulminationshöhe mit 66° recht groß aus. Am 30. erreicht er mit 27° eine extreme nördliche Deklination.
Die unterschiedlichen Oppositionsdistanzen wirken sich auf die Scheibchengröße des Mars aus. Anfang Januar 1993 zeigt Mars im Fernrohr ein Scheibchen von knapp 15" Durchmesser. Dies ist nicht übermäßig groß, wenn man berücksichtigt, daß zu einer Periheloppositon der scheinbare Marsdurchmesser auf 25" anwächst (siehe auch Abb. 1.12 auf Seite 46).
Trotz des vergleichsweise geringen Marsscheibchendurchmessers bei der diesjährigen Opposition lohnt ein Blick durch ein Teleskop auf den roten Planeten allemal. Zwar mögen Besucher einer Sternwarte enttäuscht sein über das winzige Marsbild, wenn sie in das Okular blicken. Sie sind die herrlichen Farbbilder gewohnt, die in Zeitschriften und Büchern zu finden sind. Diese Marsphotos stammen von Raumfahrtmissionen und geben keinen Eindruck davon, wie der rote Planet in einem irdischen Teleskop erscheint. Versierte Beobachter erkennen jedoch bereits in einem guten Amateurfernrohr eine Fülle von Details. Wer zum ersten Mal sein Teleskop auf Mars richtet, wird zunächst feststellen, daß der rote Planet gar nicht rot erscheint, sondern vielmehr gelblich mit einem Hauch von Orange. Nur in Horizontnähe bewirkt die irdische Atmosphäre eine Verfärbung des Mars, der dann eindeutig rot leuchtet.
Das auffälligste Detail ist wohl die weiße Polkappe, die bei schwächerer Vergrößerung als weißer, sternartiger Punkt aufleuchtet. In der Regel ist immer nur eine Polkappe zu sehen. Da die Rotationsachse des Mars um 25° gegen die Senkrechte auf die Marsbahnebene geneigt ist, treten auf dem Mars ebenfalls Jahreszeiten auf. Wegen der längeren Umlaufzeit um die Sonne sind sie aber doppelt

Marsoppositionen 1990 bis 2050

Jahr	Opposition	Erdnähe	Entfernung	Helligkeit	Durchmesser	Deklination
1990	27. November	20. November	77,3	$-2^{m}{,}1$	$18''{,}1$	$+22^{\circ}{,}6$
1993	7. Januar	3. Januar	93,6	−1,4	14,9	+26,3
1995	12. Februar	11. Februar	101,1	−1,2	13,9	+18,2
1997	17. März	20. März	98,6	−1,3	14,2	+ 4,7
1999	24. April	1. Mai	86,5	−1,7	16,2	−11,6
2001	13. Juni	21. Juni	67,3	−2,3	20,8	−26,5
2003	28. August	27. August	55,8	−2,9	25,1	−15,8
2005	7. November	30. Oktober	69,4	−2,3	20,2	+15,9
2007	24. Dezember	18. Dezember	88,2	−1,7	15,9	+26,8
2010	29. Januar	27. Januar	99,3	−1,3	14,1	+22,2
2012	3. März	5. März	100,8	−1,2	13,9	+10,3
2014	8. April	14. April	92,4	−1,5	15,2	− 5,1
2016	22. Mai	30. Mai	75,3	−2,1	18,6	−21,6
2018	27. Juli	31. Juli	57,6	−2,8	24,3	−25,5
2020	13. Oktober	6. Oktober	62,1	−2,6	22,6	− 5,4
2022	8. Dezember	1. Dezember	81,5	−1,8	17,2	+25,0
2025	16. Januar	12. Januar	96,1	−1,4	14,6	+25,1
2027	19. Februar	20. Februar	101,4	−1,2	13,8	+15,4
2029	25. März	29. März	96,8	−1,3	14,5	+ 1,1
2031	4. Mai	12. Mai	82,8	−1,8	16,9	−15,5
2033	28. Juni	5. Juli	63,3	−2,5	22,1	−27,8
2035	15. September	11. September	56,9	−2,8	24,6	− 8,0
2037	19. November	11. November	73,8	−2,2	19,0	+20,3
2039	–	28. Dezember	91,4	−1,5	15,3	+26,4
2040	2. Januar	–	–	−1,5	15,3	+26,7
2042	6. Februar	5. Februar	100,5	−1,2	13,9	+19,8
2044	11. März	14. März	99,8	−1,3	14,0	+ 6,9
2046	17. April	24. April	89,3	−1,6	15,7	− 9,0
2048	3. Juni	12. Juni	70,9	−2,2	19,8	−24,7
2050	14. August	15. August	56,0	−2,8	25,0	−20,7

so lang wie auf der Erde. Am 21. November 1992 war für die Marsnordhalbkugel Frühlingsbeginn. Am 8. Juni 1993 wird dann dort der Sommer beginnen, Herbstanfang wird am 8. Dezember dieses Jahres sein.
Wer Mars regelmäßig beobachtet, dem wird die stetig kleiner werdende Nordpolkappe auffallen. Das relativ schnelle Zurückgehen deutet darauf hin, daß nicht festes Packeis abschmilzt. Der Rückgang der blendend weißen Polkappe wird durch Sublimation*) einer dünnen Rauhreifschicht aus Wassereiskristallen und Kohlensäureschnee bewirkt. Außerdem sind die Ränder der Polkappen von einer Nebelzone umgeben, die sich in den Sommermonaten mehr und mehr lichtet.
Um Mars bequem beobachten zu können und größere Oberflächendetails einigermaßen sicher zu erkennen, sollte man schon einen Refraktor von mindestens 10 cm freier Öffnung („Vierzöller") einsetzen und mit mindestens 100facher, besser jedoch 150facher Vergrößerung beobachten. Bei Spiegelteleskopen sollte man wegen der bei gleicher Öffnung gegenüber Refraktoren schlechte-

*) Sublimation: Übergang vom festen in den gasförmigen Aggregatzustand.

ren Abbildungseigenschaften (Apodisation, schlechtere Kontrastübertragungsfunktion, weniger Licht im Kern der Beugungsscheibchen) mindestens 20 cm freier Öffnung einsetzen. Generell gilt die Empfehlung: Bei Marsscheibchendurchmesser unter 10" lohnt es sich in der Regel nicht, mit dem Zeichnen von Marskarten zu beginnen. Wer erstmals mit Marsbeobachtungen beginnt, sollte sich zunächst einmal „einsehen“. Nach einiger Zeit wird man helle und dunkle Gebilde auf dem Mars einwandfrei sehen und wiedererkennen. Da die Marsrotation nur um etwas mehr als eine halbe Stunde länger dauert als ein irdischer Tag, so wird man in der folgenden Nacht, wenn man zur gleichen Stunde beobachtet wie in der Vornacht, etwa die gleiche Marsgegend in der Scheibenmitte vorfinden.

Nach einigen Nächten verschiebt sich jedoch die Lage der Objekte. Wenn man sich einigermaßen sicher ist, bestimmte Details einwandfrei zu erkennen, dann sollte man versuchen, die beobachteten Gebilde mit Hilfe einer Marskarte zu identifizieren. Dazu muß man wissen, welche Gegend gerade in der Scheibenmitte zu finden ist. Dabei bedient man sich des sogenannten „Zentralmeridians“. Analog zur Erde hat man den Marsglobus mit einem Gradnetz überzogen. Jeder Punkt ist durch die Angabe der areographischen Länge und Breite (areo – bezieht sich auf Mars, Ἄρης ist der griechische Kriegsgott, der bei den Römern Mars hieß) auf Mars eindeutig festgelegt. Orte auf dem Marsäquator haben die areographische Breite 0°, der Marsnordpol +90°, der Südpol -90°. Der Nullmeridian (areographische Länge 0°) geht durch die Meridianbucht, ein dunkles Gebiet, das relativ gut zu sehen ist. Nachdem die Raumsonde MARINER 9 im Jahre 1971 fast die gesamte Marsoberfläche mit bis dahin unerreichter Auflösung erfaßt hatte, wurde der Krater Airy als Ausgangspunkt für die Zählung der areographischen Länge ausgewählt. Der Krater Airy liegt somit auf dem Nullmeridian des Mars. Der Zentralmeridian gibt nun an, welcher Meridian, d. h. welche areographische Länge zu einem bestimmten Beobachtungstermin gerade durch die Scheibenmitte geht. Die Zentralmeridiane des Mars sind im Tabellenteil auf Seite 223 angegeben. Pro Stunde ändert sich der Zentralmeridian um +14°,6. Entspricht der Zentralmeridian der areographischen Länge von 0°, dann ist der Krater Airy in der Scheibenmitte. Eine Stunde später steht er rund 15° weiter östlich (bzw. 15° näher dem westlichen Scheibenrand des Mars, wenn man die astronomische Definition Ost-West für das Marsscheibchen berücksichtigt).

Hat man den Wert bestimmt, dann zeigt ein Blick auf die Marskarte, welche Gebilde gerade in der Scheibenmitte zu finden sind. Wohl am leichtesten zu erkennen ist die Große Syrte (Syrtis Maior), ein großes, dreieckiges Dunkelgebiet. Anhand der Großen Syrte läßt sich recht gut die Rotationsdauer des Mars bestimmen. Eine siderische Marsrotation dauert $24^h37^m23^s$. Dieser recht genaue Wert kann keinesfalls aus einer einzigen Marsumdrehung abgeleitet werden. Einzelbeobachtungen in wenigen Nächten lassen höchstens eine Genauigkeit von etwa einer halben Stunde zu. Erst durch jahrelange Beobachtungen läßt sich ein präziser Rotationswert bestimmen. Außer der Großen Syrte sind noch im Amateurfernrohr gut erkennbar Meridiani Sinus (die bereits erwähnte Meridianbucht, durch die der Null-Meridian geht), Solis Lacus (Sonnensee), Tharsis, Hellas und Hesperia.

Die heute verfügbaren Marskarten zeigen Oberflächendetails wie Krater, riesige Schildvulkane (der bekannteste ist Olympus Mons), lange Grabenbrüche und Canyons wie Valles Marineris. All diese Details wurden mit Hilfe von Raumsonden entdeckt und können mit einem Amateurfernrohr leider nicht gesehen werden.

1.13 (rechts oben): Der Mars im irdischen Fernrohr. Deutlich sind eine weiße Polkappe sowie dunkle Strukturen auf der rostbraunen Oberfläche zu erkennen. (Aufnahme 27. August 1971, 7^h47^m MEZ, Lunar and Planetary Laboratory, TUCSON, Arizona).

1.14 (rechts unten): Marszeichnung mit den berühmten Kanälen.

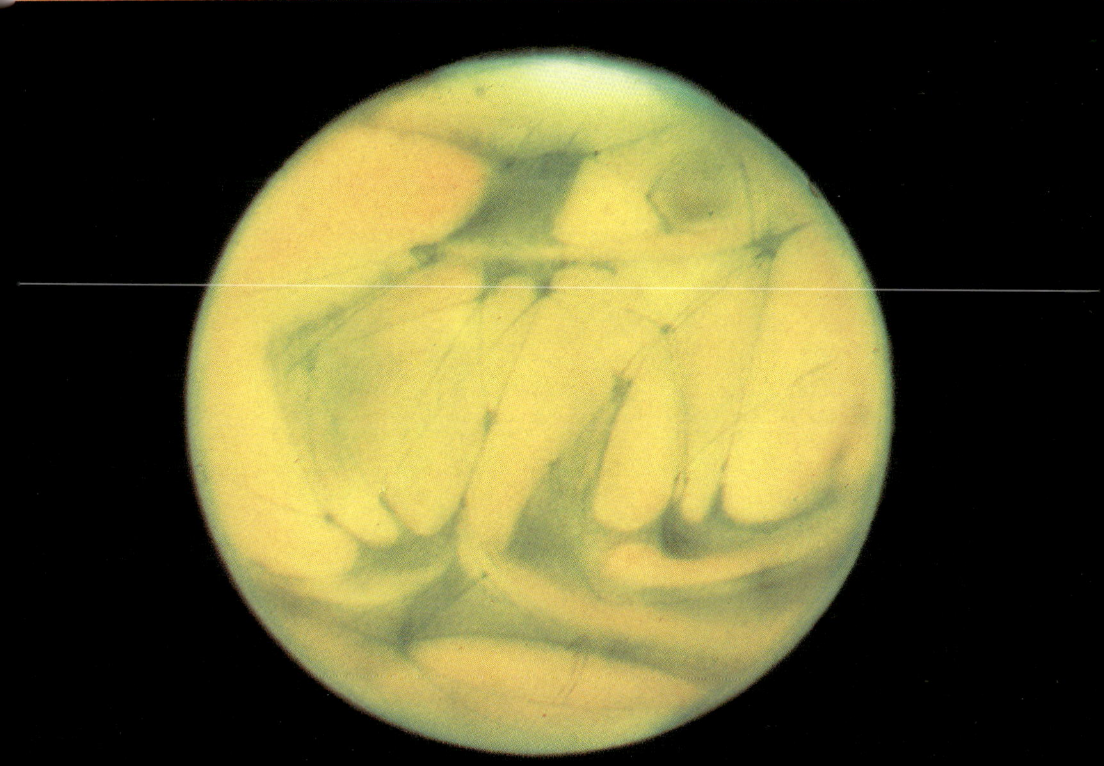

USA

Nicht immer wird man die großen, flächenhaften Gebilde erkennen können. Manchmal spielt die irdische Atmosphäre nicht mit. Selbst wenn am Boden kein Wind weht, kann in höheren Luftschichten ein Orkan toben. Das Marsbildchen erscheint dann verzerrt, es wabert hin und her und verändert ständig seine Gestalt.
Meist muß dann die Beobachtung abgebrochen werden. Auch bei guten Sichtbedingungen – der Astronom spricht von gutem Seeing – ist das Marsbild selten ganz ruhig. Wer länger beobachtet, erwischt oft einige Sekunden, in denen das Marsscheibchen völlig klar und starr erscheint. In solchen Augenblicken kann man mit dem Auge wesentlich mehr erkennen, als es mittels der Planetenfotografie selbst in großen Teleskopen möglich ist. Durch längere Belichtungszeiten erscheinen die Oberflächendetails auf einem Marsfoto stets etwas verschmiert. Deshalb lohnt es sich auch heute noch zur Dokumentation, Marszeichnungen anzufertigen. Geduld, Ausdauer und ein gewisses zeichnerisches Talent sind allerdings Voraussetzung für verwertbare Marszeichnungen. Wer längere Zeit intensiv bei stärkerer Vergrößerung (über 200x) Mars beobachtet, hat manchmal den Eindruck, feine Linien zu sehen, die die Dunkelgebiete miteinander verbinden. Dieses Phänomen hat erstmals der Direktor der Mailänder Sternwarte Giovanni V. Schiaparelli (1835–1910) beschrieben. Er sah diese Linien bei der Marsopposition des Jahres 1877. Mars war damals der Erde besonders nah, die Oppositionsentfernung betrug nur 56,3 Millionen Kilometer. Wie man heute weiß, sind diese Linien eine optische Täuschung des überanstrengten Auges. Schiaparelli nannte diese Linien auch „canali“, was ins Deutsche übersetzt Rillen, Rinnen, aber auch Kanäle heißt. Kanäle sind aber künstliche Wasserstraßen – sie setzen Erbauer für ihre Existenz voraus. Und bald tauchten in der Literatur die kleinen grünen Männchen vom Mars auf. Das Phänomen der Marskanäle hat Schiaparelli weltberühmt gemacht.
Erst die Raumsondenmissionen (siehe auch Tabelle *Marsmissionen* im Himmelsjahr 1990, Seite 163) haben einwandfrei gezeigt, daß die Marskanäle nicht existieren. Mit den tatsächlich vorhandenen Grabenbrüchen, Canyons und ausgetrockneten Flußläufen aber haben sie nichts zu tun.
Auch bei einwandfreier Luft und ruhigem Marsbild kommt es vor, daß man kaum Einzelheiten erkennen kann. Dies liegt an gewaltigen Sandstürmen, die von Zeit zu Zeit über den Marsglobus fegen und die Landschaften verschleiern. Die Marsoberfläche zu beobachten ist abwechslungsreicher, als mancher Sternfreund vielleicht denken mag. Freilich, sensationelle Neuentdeckungen sind mit Amateurteleskopen nicht zu erwarten.

2. 9: Venussonde Magellan beim Start aus der Ladebucht der Raumfähre Atlantis am 4. Mai 1989.

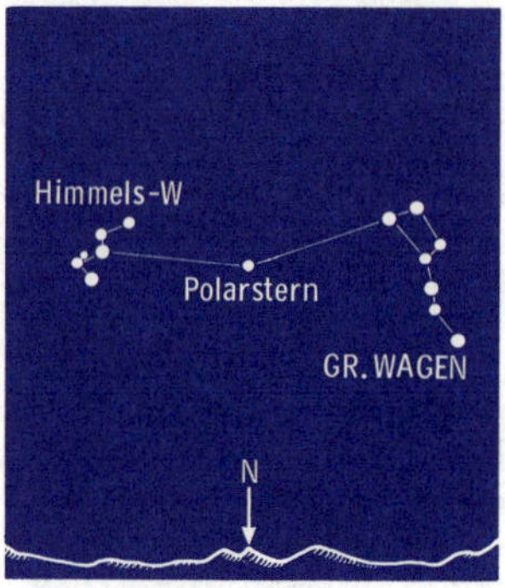

Großer Wagen und Himmels-W
Anfang Februar 22^h MEZ

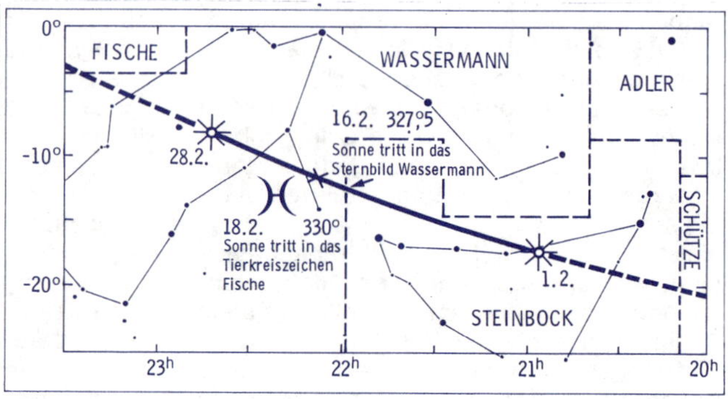

Sonnenlauf im Februar

Datum	Aufgang MEZ	Untergang MEZ	Kulmination	Zeitgleichung	Mittagshöhe	Rektaszension	Deklination	Sternzeit 1^h MEZ
5.	7^h48^m	17^h21^m	12^h34^m	-14^m	24°,2	21^h15^m	−16°,0	9^h01^m
10.	7 40	17 30	12 34	−14	25,7	21 35	−14,4	9 20
15.	7 31	17 38	12 34	−14	27,4	21 54	−12,7	9 40
20.	7 21	17 47	12 34	−14	29,2	22 14	−11,0	10 00
25.	7 12	17 55	12 33	−13	31,0	22 33	− 9,2	10 19

Julianisches Datum am 1. Februar, 1^h MEZ: 2 449 019,5

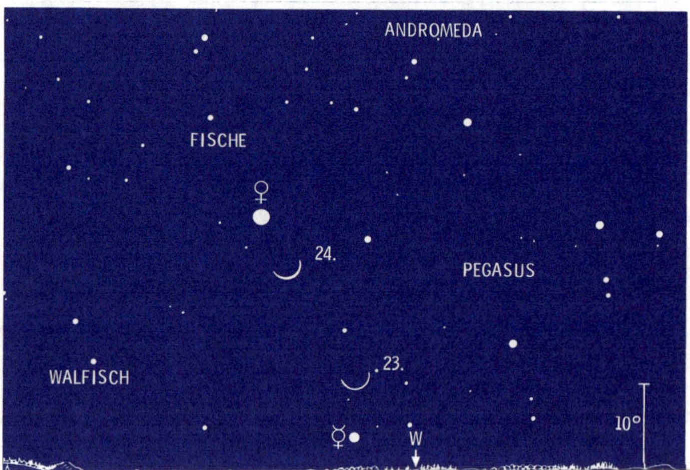

2.1: Anblick des abendlichen Sternenhimmels am 23. bzw. 24. Februar gegen 19^h MEZ. In westlicher Richtung leuchtet unübersehbar die helle Venus, knapp über dem Westhorizont steht Merkur. Die sehr schmale Sichel des zunehmenden Mondes ist zwischen den Planeten Merkur und

Tages- und Nachtstunden im Februar

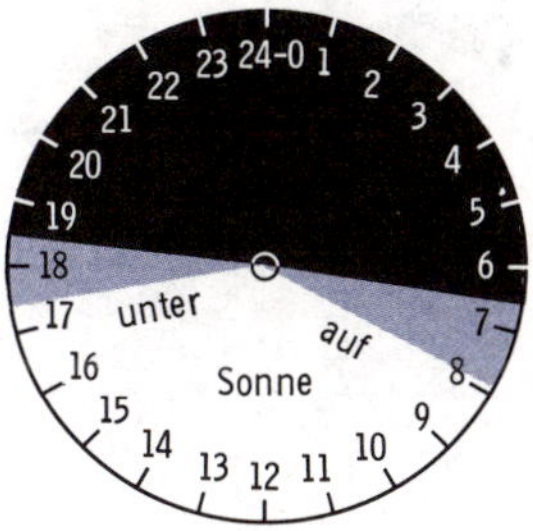

5. Februar

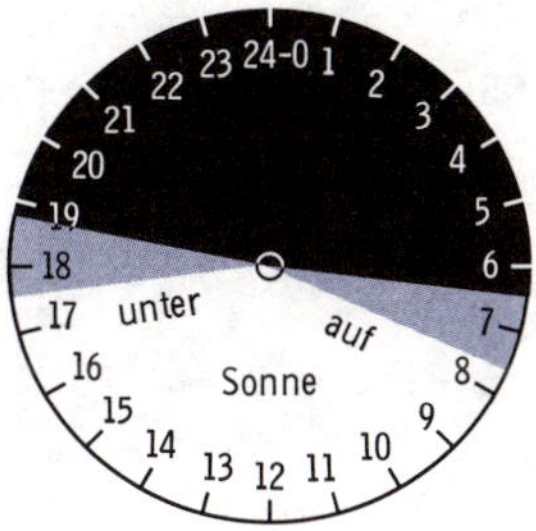

15. Februar

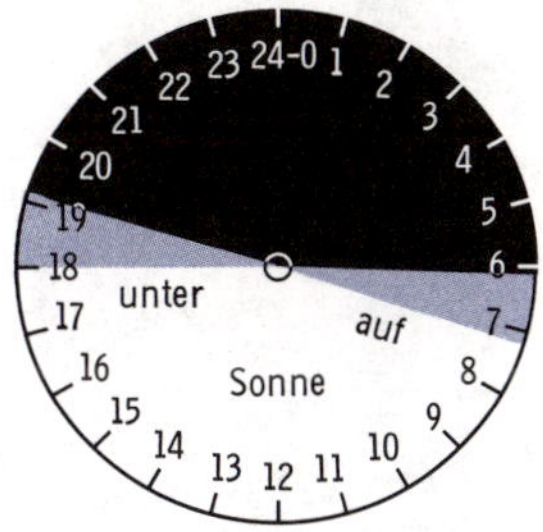

25. Februar

Mondlauf im Februar

Datum		Aufgang MEZ	Untergang MEZ	Rektaszension	Deklination	Sterne und Sternbilder	Phase	MEZ
Mo	1.	11^h28^m	2^h52^m	3^h24^m	+21°,0	*Plejaden		
Di	2.	12 15	3 56	4 19	+22,6	Aldebaran,	Libration Ost	
						Hyaden		
Mi	3.	13 14	4 54	5 18	+23,1	*Stier, Al Nath	Absteigender Knoten	
Do	4.	14 25	5 45	6 18	+22,1	Zwillinge		
Fr	5.	15 45	6 27	7 18	+19,8	Kastor, Pollux		
Sa	6.	17 09	7 01	8 19	+16,0	Krebs, Krippe		
So	**7.**	18 34	7 30	9 17	+11,2	Krebs	**Vollmond**	0^h55^m
							Erdnähe 358	21^h
Mo	8.	20 00	7 55	10 15	+ 5,7	Regulus		
Di	9.	21 24	8 19	11 11	– 0,2	Löwe	Größte Südbreite	
Mi	10.	22 46	8 44	12 06	– 6,0	Jungfrau		
Do	11.	–	9 10	13 01	–11,3	Spica		
Fr	12.	0 06	9 39	13 57	–15,9	Jungfrau		
Sa	13.	1 22	10 14	14 53	–19,4	Waage	**Letztes Viertel**	15^h57^m
So	**14.**	2 32	10 56	15 49	–21,8	Skorpion	Libration West	
Mo	15.	3 33	11 47	16 46	–22,9	Schlangenträger	Aufsteigender Knoten	
Di	16.	4 25	12 44	17 41	–22,8	Schlangenträger		
Mi	17.	5 06	13 46	18 35	–21,6	Nunki		
Do	18.	5 40	14 51	19 26	–19,3	Schütze		
Fr	19.	6 07	15 57	20 16	–16,2	Steinbock		
Sa	20.	6 30	17 03	21 03	–12,5	Wassermann		
So	**21.**	6 50	18 08	21 48	– 8,3	Wassermann	**Neumond**	14^h05^m
Mo	22.	7 09	19 13	22 32	– 3,9	Wassermann	Erdferne 407	19^h
Di	23.	7 26	20 17	23 16	+ 0,7	Fische	Größte Nordbreite	
Mi	24.	7 45	21 21	0 00	+ 5,3	Fische		
Do	25.	8 05	22 27	0 44	+ 9,6	Fische		
Fr	26.	8 27	23 33	1 30	+13,7	*Fische		
Sa	27.	8 54	–	2 18	+17,2	Widder, Hamal		
So	**28.**	9 27	0 38	3 08	+20,0	*Widder		

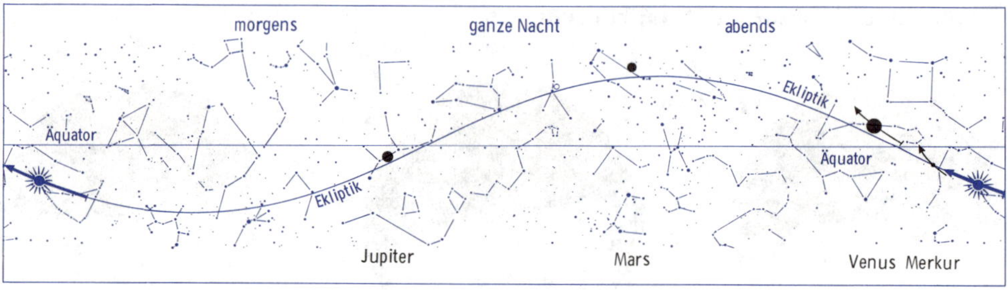

Planetenlauf im Februar

Merkur wird um die Monatsmitte am Abendhimmel sichtbar. Er entfernt sich rechtläufig von der Sonne, die ihm im Tierkreis nacheilt. Am 21. erreicht der flinke Planet mit 18°07' seinen größten östlichen Winkelabstand zur Sonne. Obwohl die größte Elongation relativ bescheiden ausfällt – Merkur passiert am 20. sein Perihel und ist nur 46,0 Millionen Kilometer von der Sonne entfernt –, kommt es dennoch zu einer Abendsichtbarkeit, da Merkur sich nördlicher als die Sonne aufhält und die abendliche Ekliptik relativ steil zum Westhorizont steht. Am Tag der größten östlichen Elongation geht der $-0^{m},4$ helle Merkur um 19^h32^m unter. Bereits gegen 18^h30^m kann er in der fortgeschrittenen Abenddämmerung tief im Westen ausgemacht werden. Eine dreiviertel Stunde später verschwindet er in den horizontnahen Dunstschichten.

Im Februar zeigt sich das 7",2 große Merkurscheibchen am 21. halb beleuchtet (Dichotomie). Von der Erde ist Merkur am Tag der größten Elongation 140,6 Millionen Kilometer entfernt. Am 23. gesellt sich die schmale Sichel des noch jungen Mondes zu Merkur und kann als Aufsuchhilfe dienen (siehe auch Abb. 2.1 auf Seite 52).

Unter guten Sichtbedingungen kann Merkur bereits am 11. erstmals am Abendhimmel erspäht werden. Der mit $-1^{m},1$ recht helle Merkur wird gegen 18^h in der Abenddämmerung sichtbar, sein Untergang erfolgt am 11. um 18^h46^m.

Die letzte Sichtbarkeitschance ergibt sich am 20., wenn der inzwischen nur mehr $0^{m},7$ helle Merkur um 19^h31^m untergeht (siehe auch Abb. 2.2 und 2.3 auf Seite 55).

Am 27. kehrt der flinke Planet seine Bewegungsrichtung um und wird rückläufig. Er nähert sich mit zunehmender Geschwindigkeit der Sonne, die ihm entgegenkommt. Nach dem 27. ist es aussichtslos, nach Merkur am Abendhimmel zu suchen. Der sonnennahe Planet hat sich von der Himmelsbühne verabschiedet.

Venus spielt ihre Rolle als Abendstern. Am 24. leuchtet sie mit $-4^{m},7$ in größtem Glanz. An diesem Tag ist sie 64,7 Millionen Kilometer von der Erde entfernt. Ein Lichtstrahl oder ein Funksignal benötigt 3^m36^s, um diese Distanz zu überbrücken.

Die Venusuntergänge bleiben während des Monats ziemlich konstant: Am 1. geht die Venus um 21^h36^m unter, am 15. um 21^h50^m und am 28. um 21^h46^m. Durch die nun immer später einsetzende Abenddämmerung verkürzt sich die Sichtbarkeit des Abendsterns um rund eine dreiviertel Stunde.

Im Fernrohr erkennt man das rasch größer werdende Venusscheibchen. Die Beleuchtungsphase nimmt ab, Venus zeigt eine immer schlanker werdende Sichel. Am 27. erscheint ein Viertel des Venusglobus beleuchtet, dessen scheinbarer Durchmesser auf knapp 41" angewachsen ist.

Am 24. steht gegen 20^h die zunehmende Mondsichel etwa 6° südwestlich von Venus (siehe Abb. 2.1 auf Seite 52). Am 25. kommt es zu einer Venusbedeckung (der ersten von drei in diesem Jahr, die aber alle von Mitteleuropa aus unbeobachtbar bleiben). Ihr Perihel durcheilt die Venus am 23., wobei sie von der Sonne 107,5 Millionen Kilometer entfernt ist. Da Venus auf einer fast kreisförmigen Bahn die Sonne umrundet, beträgt der Unterschied zu ihrer Apheldistanz, die sie am 15. Juni einnimmt, nur 1,4 Millionen Kilometer.

Mars stand im Vormonat in Opposition zur Sonne. Nach Einbruch der Dunkelheit ist der rote Planet als auffälliges Gestirn in den Zwillingen hoch am Himmel zu sehen. Seine Bewegung unter den Sternen ist fast zum Stillstand gekommen. Am 15. beendet er seine Rückläufigkeit und wird wieder rechtläufig. Die Bewegungsumkehr kann gut an Mebsuta (ε Geminorum) erkannt werden. Mars beendet seine Schleife nämlich knapp nördlich von ε in den Zwillingen (siehe Abb. 1.7 auf Seite 38).

Die Helligkeit des roten Planeten sinkt rapide. Ist Mars zu Monatsbeginn noch $-0^{m}{,}9$ hell, so leuchtet er zu Monatsende nur noch mit $-0^{m}{,}1$.

Am Abendhimmel steht er hoch im Süden. Am 1. kulminiert Mars um 22^h16^m und geht um 6^h53^m unter, am 28. geht er bereits um 20^h29^m durch den Meridian und um 5^h01^m unter.

Fernrohrbeobachter bemerken einen leichten Beleuchtungsdefekt. Zu Monatsende sind knapp 93 % des auf $10''{,}2$ geschrumpften Marsscheibchen beleuchtet.

Jupiter, rückläufig in der Jungfrau, steuert auf Porrima (γ Virginis) zu. Allerdings ist in diesem Monat seine Bewegung noch recht zögerlich (siehe auch Abb. 3.2 auf Seite 74). Der Riesenplanet taucht jetzt immer früher auf und wird – abgesehen von den frühen Abendstunden – zum Planeten der ganzen Nacht. Am 1. erfolgt der Jupiteraufgang um 22^h46^m, am 15. um 21^h48^m und am 28. bereits um 20^h51^m. Die Helligkeit des Riesenplaneten steigt weiter auf $-2^{m}{,}4$ an, die Opposition ist nicht mehr fern. Wenn Jupiter im Südosten auftaucht, verschwindet die Venus im Westen. Damit wird der Riesenplanet zum dominierenden Gestirn des Nachthimmels

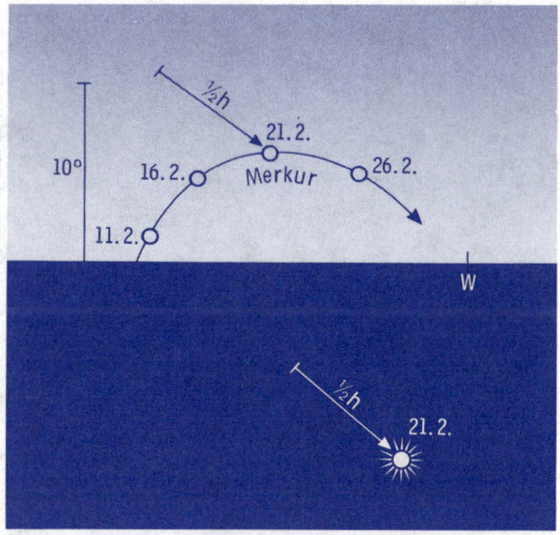

2.2: Stellung von Merkur über dem Westhorizont zu den angegebenen Daten jeweils eine Stunde nach Sonnenuntergang. Die Pfeile geben die Bewegung von Merkur und Sonne während der letzten halben Stunde an.

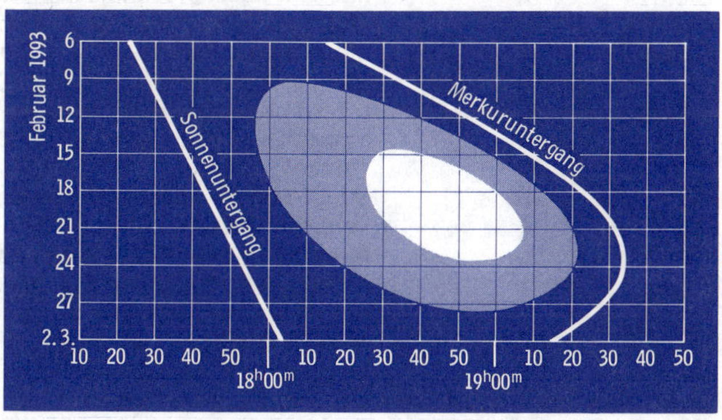

2.3: Sichtbarkeitsdiagramm für Merkur. Es gilt genau für 50° nördlicher Breite und 10° östlicher Länge. Dunkelblaue Fläche: Merkur ist unsichtbar; blaue Halbtonfläche: Merkur ist unter günstigen Verhältnissen sichtbar; weiße Fläche: Merkur kann gut gesehen werden.

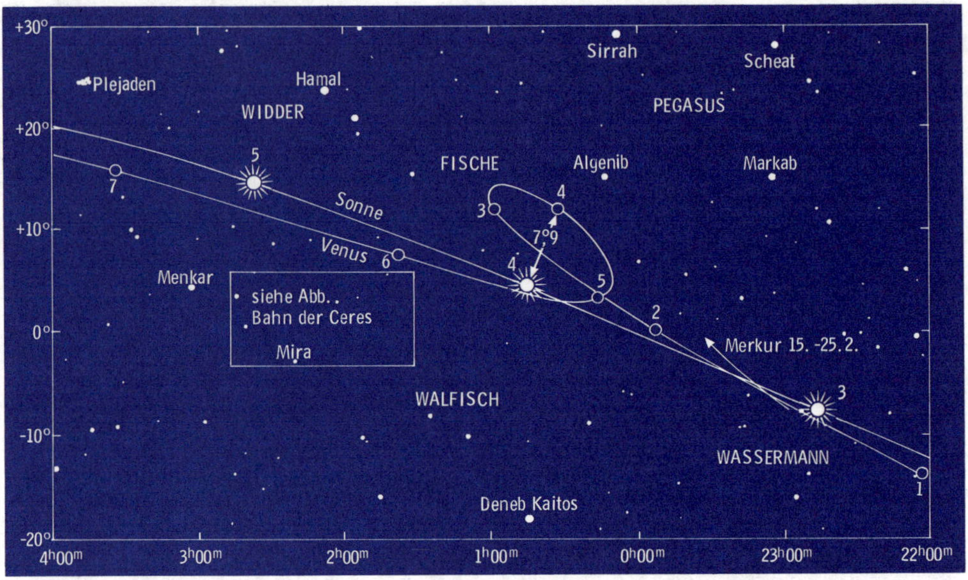

2. 4: Bahn der Venus im Gebiet Wassermann, Fische und Widder von März bis Juli 1993. Die Zahlen geben die Positionen der Venus am jeweiligen Monatsersten an. Zur unteren Konjunktion am 1. April steht die Venus 7°9 nördlich der Sonne. Eingetragen ist außerdem das Areal der Ceres-Bahn, die in Abb. 10.3 auf Seite 172 eingetragen ist.

Konstellationen und Ereignisse im Februar

Datum	MEZ	Ereignis
4.	11h	Mond bei Mars, Mond 6° südlich
9.	17	Saturn in Konjunktion mit der Sonne
10.	23	Mond bei Jupiter, Mond 6° südlich
15.	12	Mars im Stillstand, anschließend rechtläufig
18.	1	Mond bei Neptun, Mond 2° nördlich
18.	2	Mond bei Uranus, Mond 3° nördlich
20.	16	Merkur im Perihel
21.	10	Merkur in größter östlicher Elongation (18°)
23.	8	Mond bei Merkur, Mond 3° nördlich
23.	10	Venus im Perihel
23.	19	**Mond 6° nordöstlich von Merkur**
24.	11	Venus im größten Glanz (–4m7)
24.	20	**Mond 6° südwestlich von Venus**
25.	5	Mond bei Venus, Mond 0°5 südlich (Venusbedeckung – von Deutschland aus unbeobachtbar)
25.	20	**Mond 6° östlich von Venus**
27.	10	Merkur im Stillstand, anschließend rückläufig

Jupitermond-Erscheinungen

Datum	MEZ	Vorgang	
1.	0^h21^m	I	VA
	3 38	I	BE
	23 55	I	SE
2.	0 58	I	DE
3.	3 01	II	SA
	5 12	II	DA
	5 31	II	SE
	7 35	II	DE
	23 12	III	SE
4.	0 44	III	DA
	3 16	III	DE
5.	2 42	II	BE
7.	5 07	I	SA
	6 08	I	DA
	7 19	I	SE
8.	2 14	I	VA
	5 27	I	BE
	23 35	I	SA
9.	0 35	I	DA
	1 48	I	SE
	2 46	I	DE
	23 54	I	BE
10.	5 35	II	SA
	7 36	II	DA
11.	0 14	III	SA
	3 09	III	SE
	4 20	III	DA
	6 51	III	DE
12.	0 42	II	VA
	5 06	II	BE
13.	23 09	II	DE
14.	7 00	I	SA
15.	4 07	I	VA
	7 14	I	BE
16.	1^h29^m	I	SA
	2 23	I	DA
	3 41	I	SE
	4 33	I	DE
	22 36	I	VA
17.	1 41	I	BE
	22 09	I	SE
	23 00	I	DE
18.	4 11	III	SA
	7 05	III	SE
19.	3 17	II	VA
20.	23 07	II	DA
	23 56	II	SE
21.	1 30	II	DE
	21 41	III	BA
22.	0 11	III	BE
	6 01	I	VA
23.	3 22	I	SA
	4 09	I	DA
	5 34	I	SE
	6 20	I	DE
24.	0 29	I	VA
	3 27	I	BE
	21 50	I	SA
	22 35	I	DA
25.	0 03	I	SE
	0 46	I	DE
	21 53	I	BE
26.	5 52	II	VA
28.	0 00	II	SA
	1 26	II	DA
	2 31	II	SE
	3 49	II	DE
	22 12	III	VA

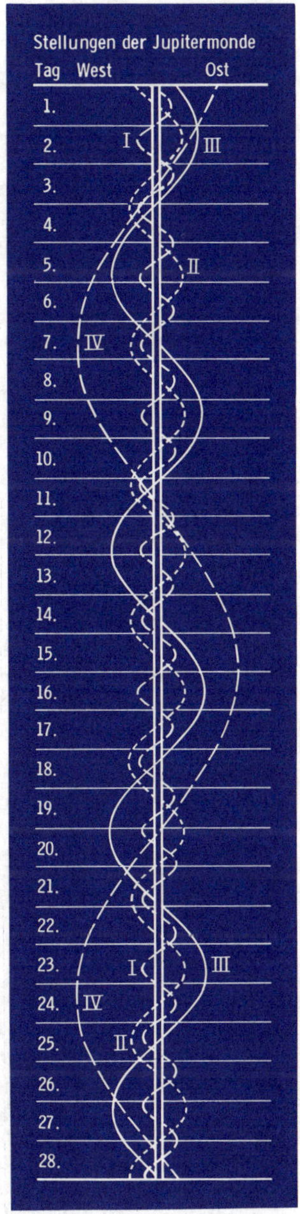

und übertrifft selbst Sirius, den hellsten Fixstern.

Der Äquatordurchmesser des Jupiterscheibchens nimmt von 40″,0 auf 42″,9 weiter zu.

Saturn im Steinbock wird am 9. von der Sonne eingeholt. Er steht in Konjunktion mit ihr am Taghimmel und bleibt unbeobachtbar. Am Tag der Konjunktion beträgt seine Entfernung von der Erde 1621,9 Millionen Kilometer.

Uranus, rechtläufig im Schützen, stand im Vormonat in Konjunktion mit der Sonne und bleibt weiterhin unbeobachtbar.

Neptun, der fast genau in gleicher Richtung wie Uranus im Schützen seinen Platz einnimmt, stand ebenfalls im Vormonat in Konjunktion mit der Sonne und kann nicht gesehen werden.

Planetoiden

Juno (3) kann noch am Abendhimmel aufgefunden werden, wenn auch ihre Helligkeit von $8\overset{m}{.}4$ auf $9\overset{m}{.}0$ absinkt. Am 3. wird Juno „stationär", was ihre Bewegung in Rektaszension betrifft. Anschließend wachsen ihre Rektaszensionswerte wieder an, Juno ist wieder rechtläufig. Juno eilt rasch nach Norden und erreicht zur Monatsmitte die Deklination von Beteigeuze (α Orionis) – siehe auch Abb. 1.8 auf Seite 39.
Zu Monatsanfang stört Mondlicht die Beobachtung, am Monatsende wird Juno zu einem schwierigen Objekt. Am 1. passiert Juno um 21^h36^m den Meridian, am 15. um 20^h43^m und am 28. schon um 19^h59^m. Am Monatsletzten geht Juno um 2^h50^m unter.

Periodische Sternschnuppenströme im Februar

Zwischen 6. und 9. Februar sind die **Alpha-Aurigiden** zu erwarten. Ihr Maximum ist nicht sehr ausgeprägt. Der Ausstrahlungspunkt liegt in der Nähe von Kapella. Nur wenige, aber helle und langsame Meteore tauchen auf. Die beste Beobachtungszeit ist um Mitternacht.
Die **Delta-Leoniden** erreichen ihr Maximum um den 26. Februar. Sie sind ein schwacher Strom, der sich zwischen dem 5. Februar und dem 19. März bemerkbar macht, wobei es sich um langsame Objekte handelt (um 25 Kilometer pro Sekunde).
Zu Monatsende erscheinen die ersten **Virginiden** am Morgenhimmel.

Der Fixsternhimmel im Februar

Gegenüber dem Vormonat hat sich nicht allzuviel verändert. Der Fixsternhimmel weist noch eindeutig winterlichen Charakter auf. Die ganze Szenerie hat sich allerdings inzwischen merkbar nach Westen verschoben. Zu unserer Standardbeobachtungszeit, nämlich 22^h zu Monatsbeginn bzw. 21^h zu Monatsmitte, hat Orion den Meridian schon überschritten; im Süden zieht nun Sirius die Blicke auf sich. Auch die Zwillinge kulminieren eben. Unter „kulminieren" versteht man „die höchste Stellung im Süden einnehmen"; das dazugehörige Substantiv heißt „die Kulmination". Ein Gestirn kulminiert, wenn es den Meridian (Mittagslinie) durchwandert.
Das Himmels-W, die Königin Kassiopeia, sinkt langsam im Nordwesten herunter, während sich der Große Wagen im Nordosten immer höher schiebt.
Im Westen erinnern nur noch Perseus und tiefer Andromeda an vergangene Herbsttage. Die übrigen Herbstbilder sind unter dem Horizont verschwunden.
Im Osten kündet der Löwe von kommenden Frühlingstagen. Sein hellster Stern, Regulus (lat., kleiner König), fällt als einziger Stern erster Größe in diesem Himmelsareal sofort auf.
Zwischen den Zwillingen im Meridian, in denen sich gerade Mars aufhält, und dem Löwen erkennt man einige schwache Sterne. Sie bilden den Krebs, dem Namen nach als Tierkreisbild wohl bekannt, aber am Firmament nur schwer auszumachen, weil er keine auffälligen, hellen Sterne besitzt.
Wer die helleren Sterne und Bilder schon gut kennt und auf Anhieb findet, sollte einmal versuchen, auch lichtschwächere und darum weniger bekannte Konstellationen zu identifizieren. Wie wär's mit dem Einhorn? Das Einhorn (Monoceros) liegt im Gebiet zwischen Großem, Kleinem Hund und Orion, mitten in der winterlichen Milchstraße.

Objekte für Feldstecher und Fernrohr

Für Feldstecher bietet der abendliche Winterhimmel eine Reihe von Leckerbissen: Die beiden offenen Sternhaufen Hyaden und Plejaden im Stier, der große Orionnebel (Katalogbezeichnung: M 42) südlich der drei Gürtelsterne des Himmelsjägers und der offene Haufen Krippe (M 44), lateinisch Praesepe, im Krebs gehören zu den beliebtesten Objekten für Feldstecher- oder Fernrohrbeobachter. Alle eben genannten Objekte sind schon mit bloßen Augen zu sehen, wenn man helles Stadtlicht meidet und nicht vom Mondlicht geblendet wird. Aber erst im Fernglas kommen diese Objekte so recht zur Geltung. Schon der beginnende Sternfreund oder der Gelegenheitsbeobachter findet ein

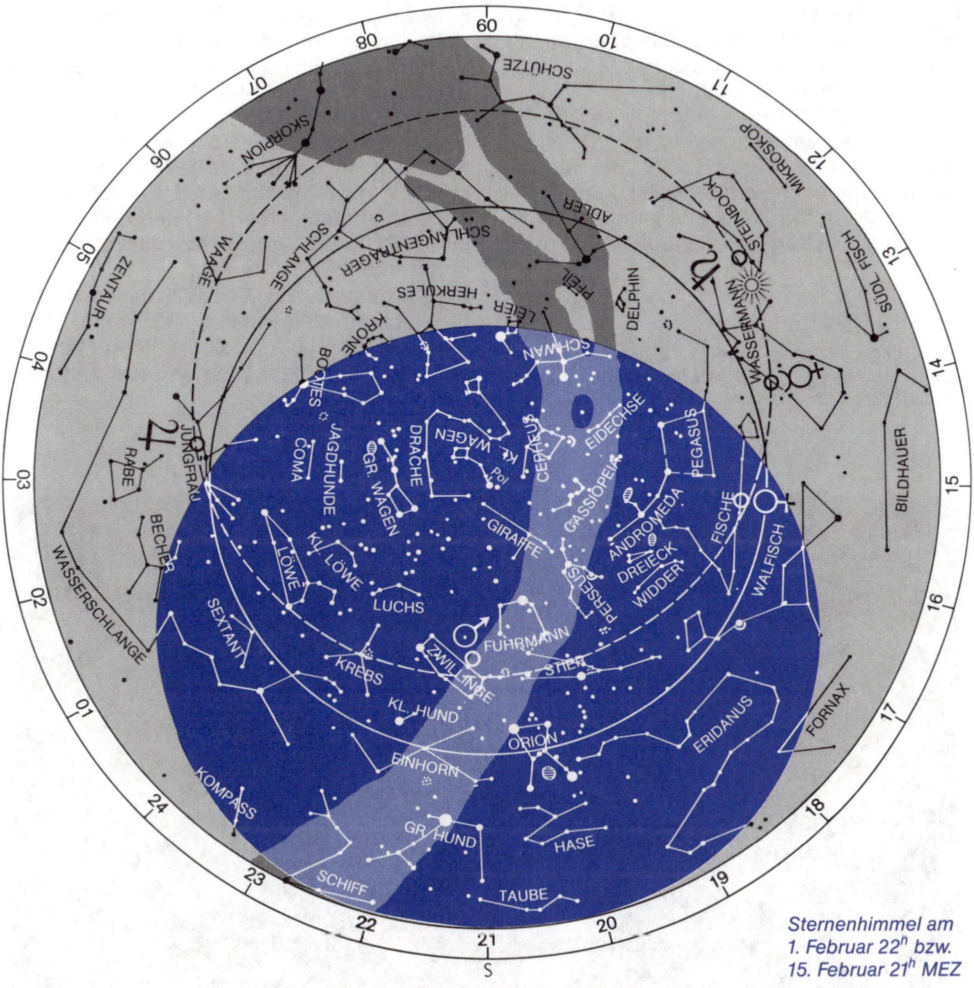

Sternenhimmel am 1. Februar 22^h bzw. 15. Februar 21^h MEZ

leicht. Sie gehören auch zum Beobachtungsprogramm jeder Führung auf einer Sternwarte.
Weniger bekannte, aber durchaus lohnenswerte offene Sternhaufen sind M 35 in den Zwillingen, M 50 im Einhorn (Monoceros) und M 41 im Großen Hund. Diese drei Haufen findet man zur Standardbeobachtungszeit (22^h MEZ) nahe ihrer Kulmination, also in größter Höhe über dem Horizont. M 35 kann leicht im Fernglas erkannt werden. Er liegt etwa 2,°5 nordwestlich von η Geminorum. Aber erst im Teleskop wird die wahre Pracht dieses offenen Haufens sichtbar, der rund 300 Mitgliedssterne besitzt und etwa 2200 Lichtjahre entfernt ist.
In einer relativ sternarmen Gegend im Sternbild Einhorn liegt M 50, auf der Linie Sirius – Prokyon, etwa 10° nördlich von Sirius. Mit 7^m Helligkeit kann man ihn ohne weiteres mit dem Fernglas aufspüren. M 35 und M 50 sind beide in der Monatssternkarte als kleine

Kringel markiert: M 35 liegt über dem E von ZWILLINGE, mitten auf der Ekliptik, die als strichlierte Linie eingetragen ist, M 50 findet man unter dem O von EINHORN.
M 41 schließlich liegt 4° südlich von Sirius, knapp unter dem H von GR. HUND. M 41 ist ein wunderschöner offener Haufen, der leicht in einem Fernglas gesehen werden kann. Er ist sternreich und relativ ausgedehnt. Seine Entfernung beträgt rund 2400 Lichtjahre.

Für fortgeschrittene Sternfreunde seien noch die beiden offenen Sternhaufen M 46 und M 47 im Sternbild Puppis (Hinterdeck des Schiffes) erwähnt. Beide Haufen liegen ziemlich genau südlich von Prokyon (α Canis Minoris), etwa auf der Höhe von Sirius. M 46 erscheint im Fernglas als helles Nebelfleckchen ($6\overset{m}{,}5$), im Teleskop wird er in zahlreiche Einzelsterne aufgelöst. Mit rund 6000 Lichtjahren Distanz gehört M 46 zu den relativ weit entfernten offenen Haufen.
Knapp westlich von M 46 stößt man auf M 47, der noch um einiges heller ($4\overset{m}{,}5$) als M 46 ist und bei sehr guten Sichtbedingungen als nebeliges Lichtfleckchen sogar mit bloßen Augen sichtbar ist.

2. 5: Der große Orion-Nebel (M 42), wie er mit einem guten Fernglas gesehen werden kann (Aufnahme GUTZEIT/IDLER, Stuttgart).

Im Fernglas wirkt M 47 als eindrucksvolle Sternengruppierung. Um M 46 und M 47 zu finden, benütze man am besten die Sternkarte E8 im Sternatlas zum HIMMELSJAHR von Erich KARKOSCHKA (*Atlas für Himmelsbeobachter*, erschienen bei FRANCKH-KOSMOS).

Für Doppelsternbeobachter sei zunächst Algieba, γ Leonis, der Halsstern des Löwen, genannt. Er gehört ebenfalls zu den Standardobjekten im Programm einer Führung auf einer Sternwarte. Zwei rötliche Sterne ($2^{m},4$ und $3^{m},6$) stehen in $4'',4$ Distanz. Schon ein Zweizöller (Fernrohr von 5 cm freier Öffnung) trennt Algieba spielend. Etwas enger stehen die Komponenten von Kastor (α Geminorum): Zwei weiße $1^{m},9$ und $2^{m},9$ helle Sterne in $3'',3$ Abstand. Mit einem Dreizöller ist das gut zu schaffen. In 73" Distanz stößt man auf einen nur $9^{m},0$ hellen Begleiter.

Schwieriger aufzulösen ist Tegmeni, ζ im Krebs. Tobias MAYER aus Marbach am Neckar fand 1756 in 6" Distanz einen $6^{m},1$ hellen Begleiter. Wilhelm HERSCHEL löste schließlich im Jahre 1781 die Hauptkomponente von ζ Cancri in zwei Einzelsterne auf: Zwei gelbe Sterne, mit $5^{m},6$ und $6^{m},0$ ähnlich hell, sind $0'',6$ voneinander entfernt. ζ Cancri hat eine Umlaufszeit von 60 Jahren. Die Distanz wird langsam größer und wird im Jahre 2020 schließlich $1'',2$ betragen. Da die Entfernung des Systems 70 Lichtjahre mißt, so sind beide Sterne zur Zeit etwa 19 Astronomische Einheiten voneinander entfernt, dies entspricht etwa der Strecke Sonne–Uranus.

Als ausgesprochen leichter Doppelstern sei noch δ Orionis empfohlen, der westliche der drei Gürtelsterne des Himmelsjägers. In einem guten Fernglas erkennt man neben dem $2^{m},2$ hellen, blauweißen Hauptstern in 53" Distanz einen $6^{m},9$ schwachen, ebenfalls bläulichen Begleiter.

Für besser ausgerüstete Amateurastronomen, die über einen Refraktor von mindestens 10 cm Öffnung, besser 15 cm oder ein Spiegelteleskop von 20 cm aufwärts verfügen, sei ein schwieriges Objekt genannt: die Galaxie NGC 2683 im Sternbild Luchs. Sie liegt an der Grenze zum Krebs. Man findet diese 10^{m} helle, einer länglichen Spindel ähnliche Galaxie, wenn man von σ_2 Cancri 2° nordwestlich schwenkt (siehe Abb. 2.6). Man sieht bei dieser Galaxie fast auf die Kante. NGC 2683 zeigt sich als länglicher Lichtfleck von 1'x 3'. Mit guter Optik erkennt man einen dunklen Streifen in der Längsrichtung – hier absorbiert interstellarer Staub in der Hauptebene der Galaxie das Sternenlicht. Aufnahmen mit Großteleskopen zeigen, daß NGC 2683 ein Spiralnebel vom Hubble-Typ Sb ist.

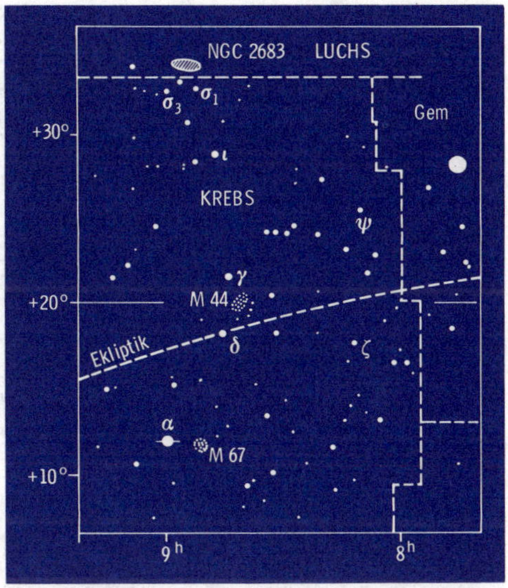

2. 6: Aufsuchkärtchen für den offenen Sternhaufen M 44 im Krebs, den Doppelstern Tegmeni (ζ Cancri) und die Galaxie NGC 2683 im Luchs.

Veränderlichenbeobachter seien auf den Stern S CMi aufmerksam gemacht. S im Kleinen Hund ist ein Variabler vom Mira-Typ, also langperiodisch, nicht völlig regelmäßig und mit relativ großer Amplitude, ein dankbares Beobachtungsobjekt also für den systematisch arbeitenden Amateur.

Selbst der Fernglasbesitzer kann noch mithalten, wenn er die Zeiten um das Maximum nutzt. S Canis Minoris ist leicht zu finden, er liegt etwas mehr als 1° östlich von β CMi (siehe Abb. 2.7, in der auch die Vergleichssterne mit ihren Helligkeiten eingetragen sind). Im

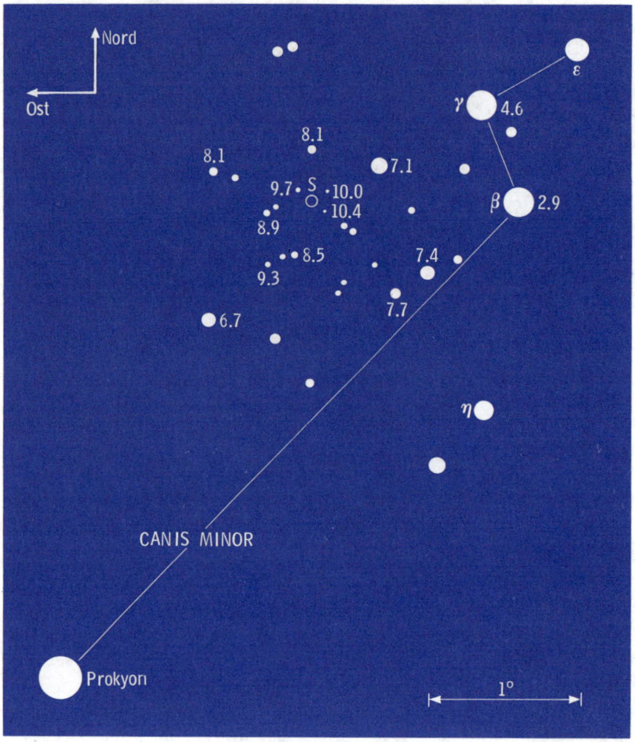

2.7: Aufsuchkärtchen für den Veränderlichen S im Kleinen Hund (Canis Minor). S CMi findet sich etwa ein Grad östlich von β Canis Minoris. Die Zahlen geben die V-Helligkeiten (z.B.: 8.1 = 8^{m}1) der Umgebungssterne an, die als Vergleichssterne herangezogen werden können.

Maximum ist S CMi im Mittel 7^{m}5 hell. Einige Wochen leuchtet er mit Maximalhelligkeit, dann sinkt seine Helligkeit in etwa fünf Monaten auf 13. Größe ab. Die mittlere Periode beträgt 333 Tage. Das letzte Maximum war Mitte September 1992. Die nächsten Maxima sind für Mitte August 1993 und für Mitte Juli 1994 zu erwarten.

Die Veränderlichkeit von S CMi wurde von dem englischen Planetoidenentdecker John Russel HIND im Jahre 1856 bemerkt.

Das Klima im Februar

Der Februar ist in der Regel nicht so kalt wie der Januar. Die Durchschnittstemperatur liegt bei 1,4 °C. Trotzdem ist mit Kälteperioden zu rechnen, in der Regel bei Nordost-Wetterlagen, wobei sibirische und arktische Kaltluft in unseren Raum strömt. Gelegentlich treten im Februar die tiefsten Temperaturen des ganzen Jahres auf. An extremen Temperaturen sind +20 °C (Föhntage in Bayern) und −26 °C registriert. Die mittlere Monatshöchsttemperatur wurde zu +11 °C, die mittlere Monatstiefsttemperatur zu −9 °C ermittelt. 16 Frosttage sind zu erwarten, davon fünf als Eistage (ganztägig Temperaturen unter dem Gefrierpunkt).

An 14 Tagen fällt Niederschlag, im Westen mehr als Regen, im Süden und Osten häufiger als Schnee.

Im Mittel scheint die Sonne 70 Stunden lang. 67% der Nächte sind bewölkt, fünf Nebeltage treffen ein.

Witterungsverlauf: Zu Monatsbeginn ist es meist etwas milder und bewölkt mit Niederschlagsneigung, im Westen und im Flachland meist als Regen.

Um den 10. muß mit erneuten Frosteinbrüchen gerechnet werden. Zu Monatsmitte tritt

Veränderliche Sterne im Februar

Algol-Minima	15. 2^h28^m	17. 23^h17^m	20. 20^h07^m		
β-Lyrae-Minima	10. 13^h	23. 11^h			
δ-Cephei-Maxima	5. 23^h	11. 8^h	16. 17^h	22. 2^h	27. 11^h
Mira-Helligkeit	10^m, im Minimum				

dann wieder Milderung ein. Gegen den 20. bis 23. kehrt der Winter nochmals mit klirrender Kälte zurück; der erneute Wintereinbruch wird manchmal von Schneestürmen begleitet.
Wenn es im Januar sehr kalt ist, dann wird auch der Februar kälter als im Durchschnitt.

Monatsthema: Magellan enthüllt die Venus

Nach Sonne und Mond ist die Venus das hellste Gestirn am irdischen Firmament. Mit ihrem Glanz übertrifft sie bei weitem andere helle Planeten wie Jupiter oder Mars und auch die hellsten Fixsterne wie beispielsweise Sirius, Kanopus, Arktur und Wega. Wenn sie als Abend- oder Morgenstern auftaucht, zieht sie die Blicke aller auf sich. So erstaunlich es klingen mag: Noch immer gibt es zahlreiche Zeitgenossen, die von der Brillanz des Planeten Venus so überrascht sind, daß sie gar nicht glauben können, ein Gestirn zu sehen, sondern etwas Exotisches vermuten, etwa ein „UFO“. Wegen ihrer Helligkeit hat die Venus auch die poetischen Namen Phosphoros (griech.: Φωσφόρος) und Lucifer erhalten, was nichts anders als „Lichtträger“ heißt. Diese Namen werden der Venus als Morgenstern gerecht, während sie als Hesperus angesprochen wird, wenn sie abends nach Sonnenuntergang im Westen erstrahlt. Verständlich, daß bald nach Erfindung des Fernrohres die Venus als eines der ersten Himmelsobjekte ins Visier genommen wurde. Der berühmte Physiker Galileo GALILEI entdeckte schon im Jahre 1610, daß Venus Lichtgestalten wie der Mond zeigt. Manchmal sieht man im Teleskop eine schmale Sichel, manchmal erscheint die Venus halb beleuchtet (Venusdichotomie), dann wieder sieht man sie kugelrund. GALILEI sah in den Venusphasen einen Nachweis dafür, daß Venus um die Sonne kreist und nicht um die Erde. Die Venusphasen sind eine der vielen Beweise für die Richtigkeit des heliozentrischen Weltbildes.
Trotz immer besser werdender Teleskope konnte man auf der Venusoberfläche keine Einzelheiten ausmachen. Während auf Mars helle und dunkle Gebiete sowie Polkappen zu sehen waren, Jupiter ein gestreiftes Aussehen zeigte und Saturn seinen berühmten Ring präsentierte, leuchtete die Venusoberfläche nur in einem grellweißen Licht, ohne irgendwelche Details zu zeigen. Obwohl Venus der Erde von allen Planeten am nächsten kommen kann (in unterer Konjunktion bis auf 39 Millionen Kilometer) und der hellste Planet ist, wußte man bis zu Beginn der 60er Jahre unseres Jahrhunderts recht wenig über unseren inneren Nachbarplaneten. Venus war bis dahin ein rätselhafter und geheimnisvoller Planet, über den zahlreiche Spekulationen kursierten.
Am 6. Juni 1761 beobachtete in den Vormittagsstunden der russische Universalgelehrte Michail Wassiljewitsch LOMONOSSOW (1711–1765) einen der sehr seltenen Venusvorübergänge vor der Sonnenscheibe (siehe auch HIMMELSJAHR 1986, Seite 137: *Merkur und Venus vor der Sonnenscheibe*). LOMONOSSOW bemerkte kurz nach Ende des Venusdurchgangs (bei Beginn stand die Venus für seinen Standort in St. Petersburg erst 6° hoch), als Venus sich bereits wieder vor dem gegenüber der gleißend hellen Sonnenscheibe dunklen Himmelshintergrund befand, einen Lichtsaum um die Planetenkugel. Dieses Phänomen, so schloß er richtig, wird durch eine dichte Atmosphäre hervorgerufen, die im Sonnenlicht aufleuchtet. Tatsächlich wird die Venus von einer Lufthülle umgeben, in der dichte Wolken den Blick auf ihre Oberfläche versperren.

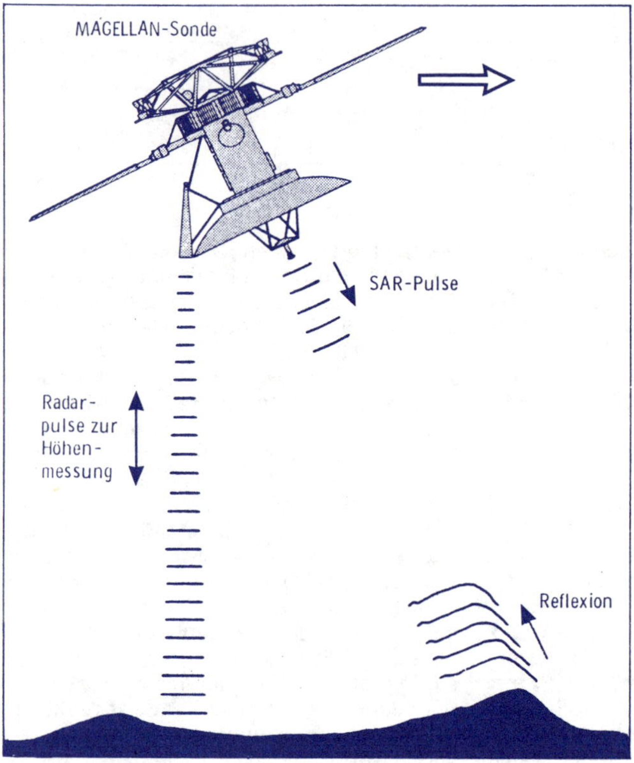

2.8: Schema der Venussonde MAGELLAN. Die SAR (= Synthetic-Apertur-Radar)-Pulse werden in leichtem Neigungswinkel nach vorne in Flugrichtung abgestrahlt. Die reflektierten Wellen enthalten Informationen über die Oberflächenbeschaffenheit. Zusätzliche, senkrecht zur Venusoberfläche abgestrahlte Radarpulse dienen zur Höhenmessung.

Nach Einführung der Spektroskopie in der Astronomie ermittelte man als Hauptbestandteil in der Venusatmosphäre Kohlendioxid (CO_2). Da Venus in einer fast kreisförmigen Bahn die Sonne in nur etwa 70% der Erddistanz umrundet und daher rund doppelt soviel Sonnenenergie pro Quadratmeter erhält, CO_2 außerdem einen starken Treibhauseffekt bewirkt, hat man bald zu recht vermutet, daß es auf der festen Venusoberfläche recht heiß sein müsse. Man dachte an eine Art tropischer Verhältnisse mit einem dichten Pflanzenwuchs, vielleicht sogar intelligenten Venusbewohnern. Je weniger Konkretes man wußte, umso mehr schmückte die Phantasie das Geschehen auf der Venus aus. Da die Venusier von ihrem Planeten aus weder Sonne noch Sterne sehen (einen Mond besitzt die Venus nicht), betreiben sie keine Astronomie und keine Raumfahrt.

Die Spekulationen über die Verhältnisse auf der Venusoberfläche wurden erst durch die Raumsondenmissionen durch gesichertes Wissen ersetzt (siehe Tabelle rechts). Nach ihren Beobachtungen und Meßergebnissen herrscht auf der Venus eine wahre Gluthölle. Die Temperaturen liegen noch weit höher, als die kühnsten Spekulationen vermuten ließen, nämlich bei 470 °C bis 510 °C. Der Luftdruck ist neunzigmal höher als auf der Erde in Meeresniveau. Dies entspricht dem Druck in 900 Meter Meerestiefe. Kein Wunder, wenn die Raumsonden, die auf Venus weich landeten, unter diesen höllischen Bedingungen schon bald ihren Dienst versagten.
Aus Fernrohrbeobachtungen war nicht einmal die Rotationszeit zu ermitteln. Die gleißend helle Wolkendecke läßt im sichtbaren Licht keinerlei Strukturen erkennen. Man sieht keine Flecken, die über die Scheibe

Die Venus in Zahlen

Bahndaten

	Millionen Kilometer	AE	Lichtlaufzeit in Minuten
Mittlere Entfernung von der Sonne:	108,2	0,723	6,01
Kleinste Entfernung von der Sonne:	107,5	0,72	5,97
Größte Entfernung von der Sonne:	108,9	0,73	6,05
Kleinste Entfernung von der Erde:	38,8	0,26	2,13
Größte Entfernung von der Erde:	260,9	1,74	14,49

Umlaufzeit um die Sonne (siderische Periode, „Venusjahr"): 224,70 Tage = 0,6152 Jahre
Synodische Periode (von unterer Konjunktion zu unt. Konj.): 583,92 Tage
Bahnneigung: $i = 3°23'40''$
Numerische Exzentrizität: $e = 0{,}0068$
Mittlere Bahngeschwindigkeit: $v = 35{,}0$ km/s

Planetenkugel

		Venus/Erde
Durchmesser:	12104 km	0,950
Abplattung:	0,0	–
Masse:	$4{,}869 \times 10^{24}$ kg	0,815
Mittlere Dichte:	5,27 g/cm^3	0,96
Oberflächenbeschleunigung:	8,87 m/s^2	0,91
Entweichgeschwindigkeit:	10,4 km/s	0,93
Siderische Rotation („Sterntag"):	243,01 Tage (retrograd!)	
Achsenneigung:	177°,4	
Zeit zwischen zwei aufeinanderfolgenden Meridianpassagen der mittleren Sonne („Sonnentag"):	117 Tage	
Scheinbare Helligkeit:	$-3^m{,}9$ bis $-4^m{,}7$ (V-Helligkeiten)	
Albedo (Rückstrahlungsvermögen):	0,65	
Scheinbarer Durchmesser:	10" bis 63"	

Atmosphäre:

Oberflächentemperatur: 470 °C
Druck an der Oberfläche: 90 atm

(Volumenprozent)		
96,4 %	CO_2	(Kohlendioxid)
3,4 %	N_2	(Stickstoff)
0,14 %	H_2O	(Wasserdampf)
0,02 %	SO_2	(Schwefeldioxid)

Ferner Spuren von O_2 (molekularem Sauerstoff), Ar (Argon), Ne (Neon), HCl (Salzsäure), HF (Flußsäure), H_2S (Schwefelwasserstoff), CO (Kohlenmonoxid), He (Helium), O (atomarem Sauerstoff). *Keine* Spuren von H_2 (molekularem Wasserstoff) und CH_4 (Methan).

wandern und uns die Umdrehungszeit der Planetenkugel verraten können. Erst 1962 gelang es mit Hilfe des größten Radioteleskops der Welt, dem 305-m-Reflektor von Arecibo in Puerto Rico, aus von der Venus reflektierten Radiosignalen die Rotationsdauer zu bestimmen: Venus dreht sich einmal in 243 Tagen um ihre Achse, und zwar retrograd, also entgegengesetzt dem allgemeinen Drehsinn im Sonnensystem. Eine Venusrotation dauert also länger als ein Venusjahr, denn Venus läuft in nur 225 Tagen um die Sonne. Mit Hilfe der Radarastronomie konnte jedoch nicht nur die Rotationszeit der Venus ermittelt werden, sondern man stellte auch fest, daß die Oberfläche gewaltige Gebirge aufweist, die an Höhe noch die irdischen übertreffen.

Leider ist wegen der gegenüber sichtbarem Licht großen Wellenlänge der Radarstrahlen die Auflösung trotz der großen „Objektivöffnung" von 305 m nur sehr gering, nämlich im Bereich von tausend Kilometer. Wesentlich besser gelingt es, aus einer Umlaufbahn um die Venus ihre feste Oberfläche mit Radarstrahlen abzutasten. Die bisher erfolgreichste Venusmission war der Flug der Magellan-Sonde zum Morgenstern.

Die 3½ Tonnen schwere Magellan-Sonde wurde am 5. Mai 1989 auf den Weg zur Venus gebracht, indem man sie aus der Ladebucht der Raumfähre Atlantis stieß und dann mit einem Triebwerk beschleunigte. Nach einem 15 Monate langen Flug zündeten für 1½ Minuten Brenndauer die Bremsraketen, womit Magellan am 10. August 1990 in eine Umlaufbahn um die Venus einschwenkte, also zu einem künstlichen Venustrabanten bzw. zu einem „Venusorbiter" wurde, wie der richtige Fachausdruck lautet.

Die Magellan-Sonde umrundet die Venus in einer langgestreckten Ellipsenbahn. Im venusnächsten Punkt ist sie nur 300 km von der Oberfläche entfernt, den größten Abstand erreicht sie mit 8500 km. Ein voller Umlauf dauert 3^h16^m, die Bahn ist 85° zum Äquator geneigt. Am 16. August 1990 begann Magellan mit den ersten probeweisen Abtastungen der Venusoberfläche, am 15. September wurde die systematische Erfassung der Venusoberfläche begonnen, die Venus somit vollständig enthüllt. Die Entschleierung der Venus geschah mittels Radar. Die 3,7 m große, schüsselförmige Parabolantenne von Magellan sendet Radiostrahlen von 12,5 cm Wellenlänge aus, die mühelos die dichte Wolkendecke in 40 bis 60 km Höhe durchdringen und von der festen Venusoberfläche reflektiert werden.

Die reflektierten Signale werden von der Parabolantenne wieder aufgefangen, die sich allerdings entsprechend der Laufzeit der Radiowellen ein Stück in ihrer Bahn weiterbewegt hat. Und dies ist der geniale Trick bei der Sache, um die Auflösung zu verbessern. Durch die rasche Lageveränderung der Parabolantenne wird die Apertur (Öffnung) des Reflektors virtuell (scheinbar) vergrößert. Der Empfangsapparatur wird eine viel größere, schüsselförmige Radioantenne vorgetäuscht als die real vorhandene von nur 3,7 m Durchmesser. Das Verfahren beruht auf dem Prinzip des Interferometers, wie es von erdgebundenen Radioobservatorien und auch in der optischen Astronomie schon lange erfolgreich benutzt wird. Man spricht vom „Synthetic Apertur Radar (SAR)", das im Falle der Magellan-Sonde eine Auflösung von 120 m erlaubt – zehnmal besser als alle vorhergehenden Erfassungen der Venusoberfläche mittels Radar.

In Venusnähe tastet der Radarstrahl der Magellan-Sonde etwa eine gute halbe Stunde lang die Oberfläche in einem schmalen, nur 23 km breiten, aber fast 16 000 km langen Streifen ab. Anschließend wird die Antennenschüssel in Richtung Erde geschwenkt, und die zwischengespeicherten Daten wer-

2.10: (rechts oben): Der Venuskrater Golubkina, benannt nach der russischen Bildhauerin Anna Golubkina (1864 – 1927). Der Durchmesser des Kraters beträgt ungefähr 34 km, die Auflösung durch das SAR-System von Magellan erreicht etwa 120 Meter.

2.11: (rechts unten): Aus den Daten der SAR-Messungen von Magellan kombiniert mit Höhenregistrierungen entstand dieses Computerbild des Danu-Gebirges. Das Danu-Gebirge erhebt sich rund ein bis drei Kilometer über der Lakshmi-Ebene, dessen südliche Grenze es bildet. Die Bezeichnung geht auf die alte irische Göttin Danu zurück.

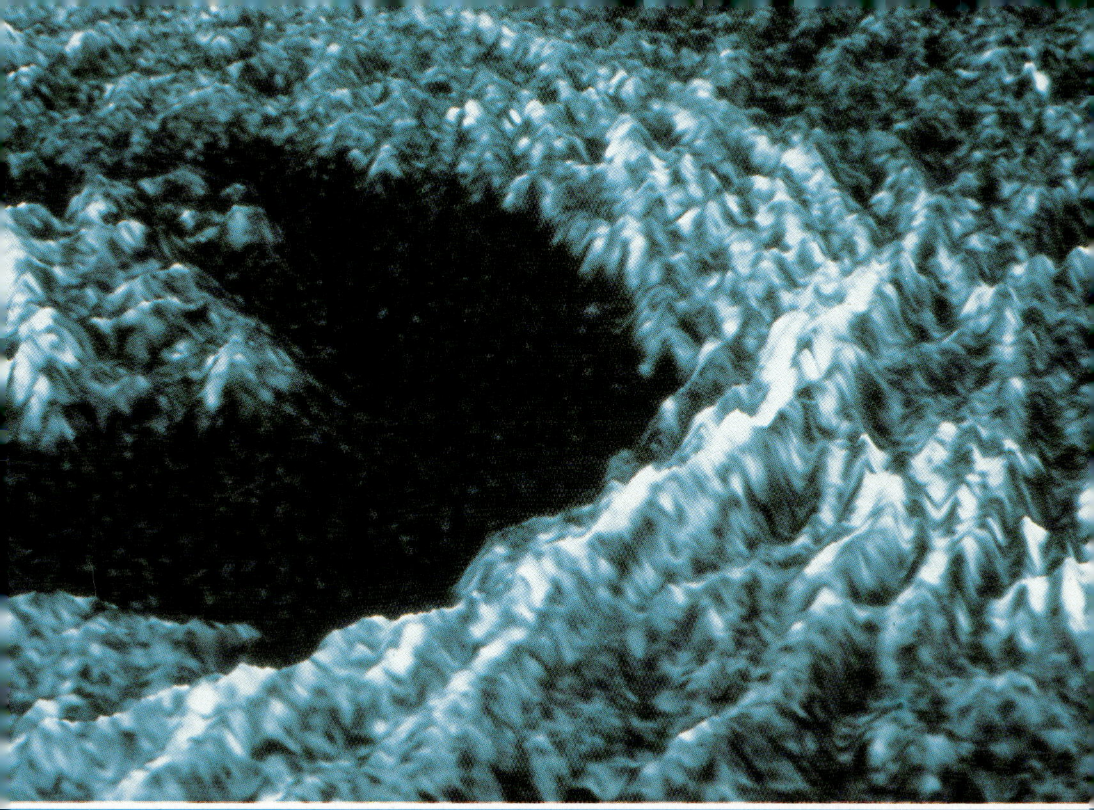

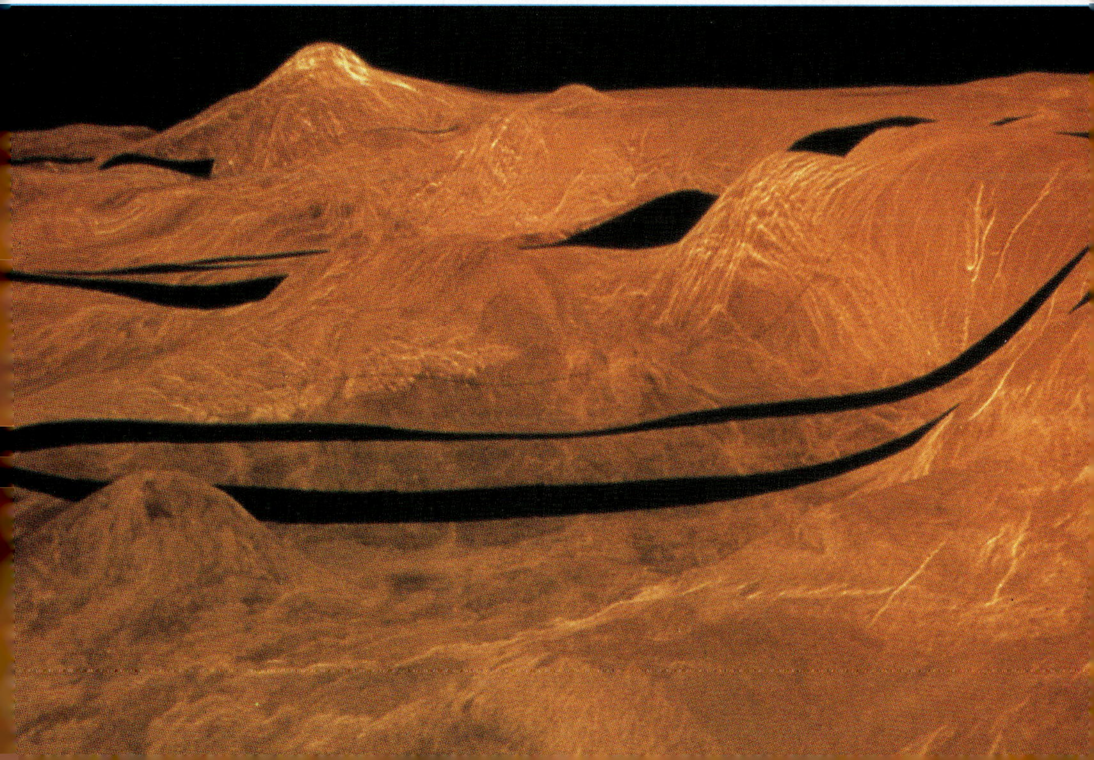

Erfolgreiche Venussonden

MARINER 2	USA	1962	Passage in 34000 km Distanz
MARINER 5	USA	1964	Passage in 3950 km Distanz
VENERA 7	USSR	1970	1. sanfte Landung auf Venus, 23 Min. lang Funksignale von Oberfläche
VENERA 8	USSR	1972	2. sanfte Landung, 50 Min. lang Datenübertragung
MARINER 10	USA	1974	Passage in 5870 km Distanz
VENERA 9	USSR	1975	sanfte Landung, 53 Min. lang Funkkontakt
VENERA 10	USSR	1975	Funkkontakt 65 Min.
PIONEER-VENUS 1	USA	1978	Venus-Satellit („Orbiter“)
PIONEER-VENUS 2	USA	1978	vier Meßsonden in Venusatmosphäre eingetaucht, harter Aufschlag
VENERA 11	USSR	1978	sanfte Landung, 110 Min. lang Datenübertragung
VENERA 12	USSR	1978	sanfte Landung, 95 Min. lang Datenübertragung
VENERA 13	USSR	1982	sanfte Landung, 127 Min. farbige Panorama-
VENERA 14	USSR	1982	sanfte Landung, 57 Min. aufnahmen
VENUS 15	USSR	Okt. 1983	Radarabtastung der Planetenoberfläche
VENUS 16	USSR	Okt. 1983	
VEGA 1	USSR	Juni 1985	Sonden zum HALLEYschen Kometen (März 86 Passage), Ballonsonden in Venusatmosphäre abgesetzt
VEGA 2	USSR	Juni 1985	
MAGELLAN	USA	Aug. 1990	Venus-RADAR-Mapper: vollständige Kartierung der Venusoberfläche mit 120 m Auflösung

den zu den Bodenstationen gefunkt. Im venusfernsten Bahnstück orientiert sich die Magellan-Sonde jeweils nach ausgesuchten Navigationssternen, um ihre Lage und Bahnparameter zu kontrollieren. Die Resultate dieser Navigationsphase werden anschließend ebenfalls zur Erde gesandt.
Bei der erneuten Annäherung an die Venus wird wieder ein schmaler Streifen abgetastet, und zwar ein parallel neben dem vorigen liegendes Stück, da sich der Venusglobus in der Zwischenzeit unter der Bahn von Magellan ein Stück weiter gedreht hat. Genaugenommen sendet Magellan zwei Radarstrahlen ab: Einen senkrecht nach unten, der zur exakten Höhenmessung der Sonde dient. Ein zweiter, leicht vorwärts gerichteter Strahl wird in kurzen, energiereichen Pulsen

4.5:. Vision einer ständig bewohnten Kolonie auf dem Mars.

ausgesandt. Je nach Oberflächenbeschaffenheit wird er verschieden reflektiert. Maßgebend für die Reflexion ist der Einfallswinkel, die Rauhigkeit der reflektierenden Oberflächenschicht und die sogenannte Dielektrizitätskonstante des getroffenen Materials sowie die Relativgeschwindigkeit Antenne – Oberfläche. Aus den gewonnenen Daten wird in einem ausgeklügelten Verfahren eine Bildsequenz erzeugt, die einen realistischen und räumlichen Eindruck der überflogenen Landschaft vermittelt.
Magellan hat auf diese Weise fast die gesamte Venusoberfläche entschleiert. Die Sonde hat die Venus enthüllt, wir kennen jetzt das Aussehen der Venus unter ihrer dichten Wolkenhülle. Raumfahrer, könnten sie das höllische Inferno überleben, würden eine düstere Landschaft voll pechschwarzer Lava vorfinden, die in ein schwaches rötlich-oranges Licht getaucht ist. Die Oberfläche zeigt sich vielgestaltig mit teilweise verwirrenden For-

mationen und zahlreichen Hinweisen auf starke geologische Kräfte. Riesige Calderen, also kesselförmige Vulkankrater, wurden von Magellan entdeckt. Lavakanäle durchziehen weite Landstriche und wirken wie ausgetrocknete Flußläufe (siehe auch H.-M. HAHN: Das neue Bild vom Sonnensystem, Franckh-Kosmos, 1992).

Gewaltige Gebirgszüge erheben sich über „Normalnull", die Referenzkugeloberfläche der Venus, denn einen Meeresspiegel gibt es nicht, dafür aber riesige Becken und Tiefebenen. Langgezogene Bergrücken erinnern an irdische Faltengebirge. Teilweise bizarre Strukturen wie lange, in regelmäßigen Abständen parallel verlaufende Linien geben den Planetologen noch manches Rätsel auf. Unbestritten ist, daß Venus an ihrer Oberfläche zahlreiche Spuren vulkanischen Ursprungs zeigt. Neben Calderen, Schildvulkanen und erstarrten Lavaflüssen findet man kuppelförmige Aufwölbungen, sogenannte Dome. Zahlreiche Ebenen und Kraterböden sind recht glatt, was auf jüngst erkaltete Lava hindeutet. Ob zur Zeit noch aktive Vulkane vorhanden sind, ist noch ungeklärt. Erst eine Mehrfachkartierung der Oberfläche wird zeigen, ob vulkanische Kräfte noch tätig sind. Denn die Magellan-Sonde kann Höhenunterschiede von nur wenigen Zentimetern einwandfrei registrieren. Außer Formationen, die durch Vulkanismus und tektonische Vorgänge entstanden sind, registrierte Magellan zahlreiche Krater und Ringwälle, die durch Einstürze von Meteoriten oder Kleinplaneten hervorgerufen wurden. Die Zahl der Krater pro Flächeneinheit ist aber wesentlich geringer als auf Mond oder Merkur. Selbst Mars zeigt eine deutlich höhere Kraterdichte. Krater unter drei Kilometer Durchmesser scheinen völlig auf Venus zu fehlen. Dies hat seine Ursache in der außerordentlich dichten Atmosphäre. Die kleineren Brocken verdampfen alle beim Eindringen in die Venusatmosphäre, nur große Impaktkörper gelangen zur Oberfläche und schlagen dort ein. Manche Kratersohlen sind von riesigen Lavafluten überströmt worden und zeigen glatte Böden. Der größte Einschlagkrater hat 275 km Durchmesser. Er ist ein Doppelringbassin und wurde auf den Namen Mead getauft nach der amerikanischen Anthropologin Margaret MEAD. Nach einem Beschluß der Internationalen Astronomischen Union (IAU) werden die Venusformationen nur mit weiblichen Namen belegt – bis auf wenige Ausnahmen wie die Maxwell-Region. Die Namen stammen von mythologischen Figuren oder von berühmten Wissenschaftlerinnen. Planetologisch gesehen ist die Venusoberfläche relativ jung, um die 400 Millionen Jahre. Eine Erosion durch Wind und Wasser wie auf der Erde gibt es nicht. In Bodennähe ist es nahezu windstill, während in 60 km Höhe ein Jetstream mit 470 km/h um den Venusglobus jagt, der die Wolken in vier Tagen einmal um die Venus herumfegt. Ein Magnetfeld ist kaum vorhanden, es ist jedenfalls schwächer als 1/1000 des irdischen Magnetfeldes. Da Venus mit 5,3 g/cm^3 fast die gleiche Dichte wie die Erde besitzt, so hat sie sicher auch einen Eisen-Nickel-Kern. Aber wegen der außerordentlich langsamen Rotation entfällt praktisch die Dynamowirkung, die der Erde zu ihrem Magnetfeld verhilft.

Zwar birgt die Venus noch viele Rätsel, die es zu lösen gilt, ihre Oberfläche aber ist inzwischen von Magellan enthüllt, so daß man einen Atlas mit allen Venusformationen herstellen konnte.

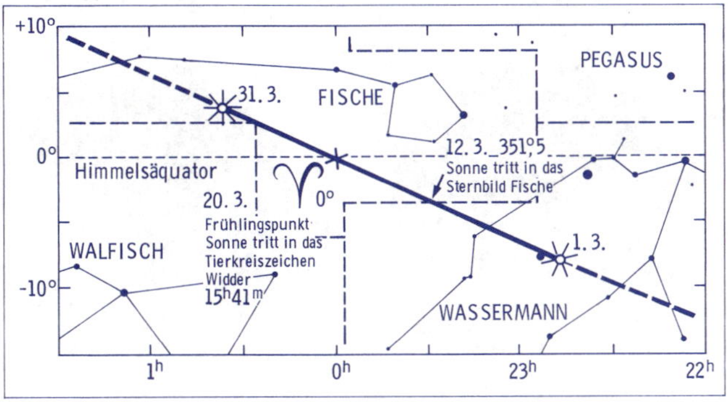

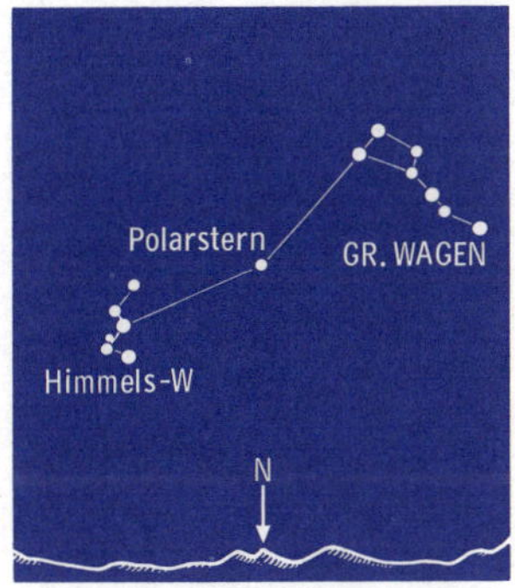

Großer Wagen und Himmels-W Anfang März 22^h MEZ

Sonnenlauf im März

Datum	Aufgang MEZ	Untergang MEZ	Kulmination	Zeitgleichung	Mittagshöhe	Rektaszension	Deklination	Sternzeit 1^h MEZ
2.	7^{h}02^m	18^{h}04^m	12^{h}32^m	–12^m	32°,9	22^{h}51^m	–7°,3	10^{h}39^m
7.	6 51	18 12	12 31	–11	34,8	23 10	–5,4	10 59
12.	6 40	18 20	12 30	–10	36,8	23 28	–3,4	11 19
17.	6 30	18 28	12 28	– 8	38,8	23 47	–1,4	11 38
22.	6 19	18 36	12 27	– 7	40,7	0 05	+0,5	11 58
27.	6 08	18 44	12 25	– 5	42,7	0 23	+2,5	12 18

Julianisches Datum am 1. März, 1^h MEZ: 2449047,5

Achtung: Ab Sonntag, 28.3., gilt die Sommerzeit. Zu allen Zeitangaben 1^h addieren!

3.1: Himmelsanblick am 24. März gegen 19^{h}30^m MEZ. Knapp über dem Westhorizont leuchtet der Abendstern, die helle Venus. Neben ihr ist die sehr schmale Sichel des zunehmenden Mondes zu sehen.

Tages- und Nachtstunden im März

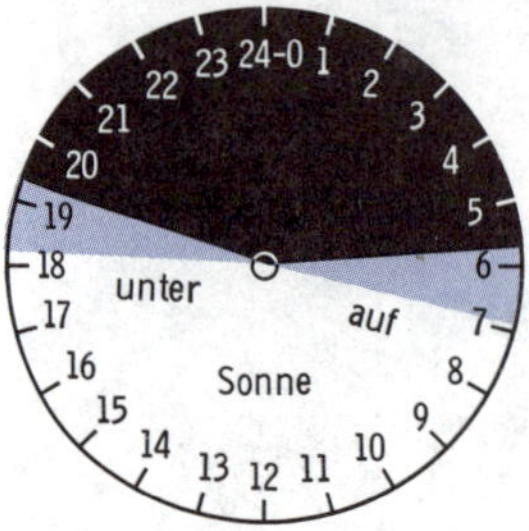

5. März

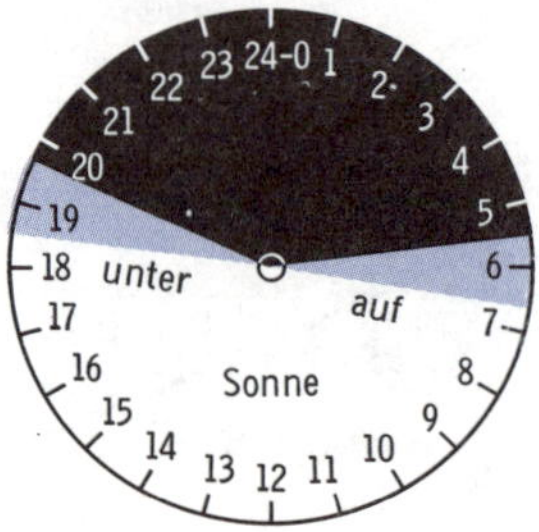

15. März

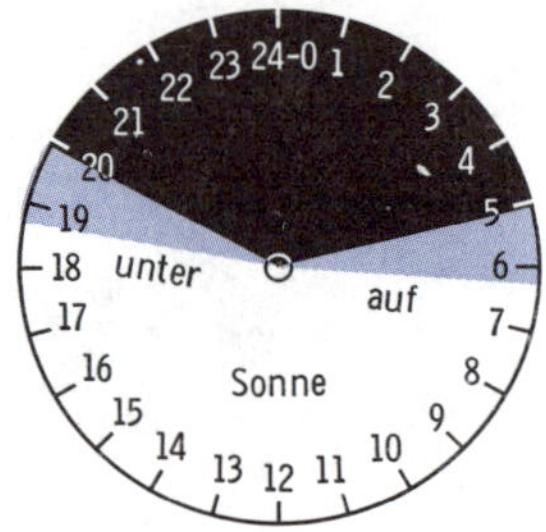

25. März

Mondlauf im März

Datum	Aufgang MEZ	Untergang MEZ	Rektaszension	Deklination	Sterne und Sternbilder	Phase	MEZ
Mo 1.	10^h09^m	1^h42^m	4^h01^m	+22°,0	Plejaden, Hyaden	**Erstes Viertel**	16^h47^m
Di 2.	11 01	2 41	4 57	+22,8	Stier, Al Nath	Libration Ost Absteigender Knoten	
Mi 3.	12 03	3 33	5 54	+22,4	Stier		
Do 4.	13 16	4 18	6 53	+20,7	*Zwillinge		
Fr 5.	14 36	4 55	7 52	+17,7	Kastor, Pollux		
Sa 6.	15 59	5 26	8 50	+13,5	Krebs, Krippe		
So 7.	17 25	5 53	9 48	+ 8,4	Regulus		
Mo 8.	18 50	6 18	10 44	+ 2,6	Sextant	**Vollmond** Erdnähe 357 Größte Südbreite	10^h46^m 10^h
Di 9.	20 16	6 43	11 41	− 3,3	Jungfrau		
Mi 10.	21 40	7 09	12 38	− 9,0	Jungfrau		
Do 11.	23 01	7 39	13 35	−14,0	Spica		
Fr 12.	–	8 13	14 33	−18,0	Waage		
Sa 13.	0 16	8 54	15 32	−20,9	Waage		
So 14.	1 23	9 42	16 30	−22,4	Antares	Libration West Aufsteigender Knoten	
Mo 15.	2 19	10 38	17 27	−22,7	Schlangenträger	**Letztes Viertel**	5^h17^m
Di 16.	3 05	11 40	18 21	−21,7	Schütze		
Mi 17.	3 41	12 44	19 14	−19,7	Schütze		
Do 18.	4 10	13 50	20 04	−16,9	Schütze		
Fr 19.	4 35	14 55	20 51	−13,3	Wassermann		
Sa 20.	4 56	16 00	21 37	− 9,3	Steinbock		
So 21.	5 15	17 04	22 21	− 5,0	Wassermann	Erdferne 407	20^h
Mo 22.	5 33	18 08	23 05	− 0,4	Fische	Größte Nordbreite	
Di 23.	5 52	19 13	23 49	+ 4,1	Fische	**Neumond**	8^h14^m
Mi 24.	6 11	20 18	0 33	+ 8,5	Fische		
Do 25.	6 33	21 24	1 19	+12,6	Fische		
Fr 26.	6 59	22 29	2 07	+16,2	Widder, Hamal		
Sa 27.	7 30	23 33	2 56	+19,2	Widder		
So 28.	8 09	–	3 48	+21,3	*Plejaden, Hyaden		
Mo 29.	8 56	0 33	4 42	+22,4	Aldebaran	Absteigender Knoten	
Di 30.	9 53	1 26	5 38	+22,4	*Stier, Al Nath	Libration Ost	
Mi 31.	11 00	2 12	6 35	+21,1	*Zwillinge	**Erstes Viertel**	5^h10^m

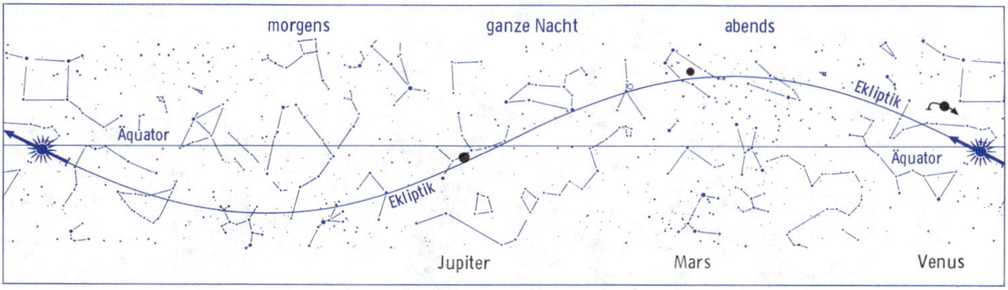

Planetenlauf im März

Merkur, der im Vormonat seine Vorstellung am Abendhimmel gegeben hat, nähert sich rasch rückläufig der Sonne, die ihm im Tierkreis entgegenläuft. Bereits am 9. steht er in unterer Konjunktion mit ihr. In unterer Konjunktion ist Merkur 93,3 Millionen Kilometer von der Erde entfernt – allerdings bleibt er unbeobachtbar. Von der Erde aus betrachtet, wandert er rückläufig nördlich der Sonnenscheibe vorbei. Erst im November dieses Jahres wird er genau zwischen Erde und Sonne stehen, es kommt dann zu einem sogenannten Merkurtransit.

Bis Monatsende wächst der westliche Winkelabstand des Merkurs von der Sonne auf 27° an. Trotz dieser beachtlichen westlichen Elongation reicht dies nicht für eine Morgensichtbarkeit. Fazit: Merkur bleibt im März unsichtbar.

Am 21. wird Merkur stationär und ist anschließend wieder rechtläufig.

Venus gibt ihre Abschiedsvorstellung am Abendhimmel. Am 9. wird sie stationär und bewegt sich anschließend rückläufig auf die Sonne zu, die ihr entgegenkommt. Ihre Sichtbarkeitsdauer schrumpft merkbar von Tag zu Tag. Die Sonne geht immer später, Venus jedoch immer früher unter. Sinkt der Abendstern am 1. noch um 21^h44^m unter die Horizontlinie, so geht er am 10. um 21^h24^m und am 20. bereits um 20^h37^m unter. Die Venushelligkeit geht um mehr als eine halbe Größenklasse von $-4^m\!.6$ auf $-4^m\!.0$ zurück.

Am 24. passiert die schmale Sichel des zunehmenden Mondes Venus etwa 5° südöstlich (siehe Abb. 3.1 auf Seite 71). Am 28. kann Venus letztmalig am Abendhimmel gesehen werden. Ihr Untergang erfolgt an diesem Tag um 19^h43^m (= 20^h43^m Sommerzeit). Bereits am 1. April kommt sie in untere Konjunktion zur Sonne. Trotzdem kann Venus zu Monatsende bereits am Morgenhimmel aufgefunden werden. Da sie über 8° nördlicher als die Sonne steht, so geht sie am 31. bereits um 5^h15^m (= 6^h15^m Sommerzeit) auf, während der Sonnenaufgang erst um 5^h59^m erfolgt.

Um die Zeit der unteren Konjunktion hat Venus fast 60" scheinbaren Durchmesser – so groß erscheint sonst kein anderer Planet im Teleskop. Für Fernrohrbeobachter bietet sich ein ganz besonderer Leckerbissen an: Die Phase „Neuvenus" wird wegen der extremen nördlichen Position der Venus nicht exakt erreicht. Venus zeigt eine extrem schmale Sichel mit übergreifenden Hörnerspitzen – eine Folge der dichten Venusatmosphäre. Kein Sternfreund sollte sich diesen seltenen Anblick entgehen lassen.

Mars, wieder rechtläufig in den Zwillingen, zieht sich allmählich vom Morgenhimmel zurück. Geht der rote Planet am 1. um 4^h57^m und am 15. um 4^h11^m unter, so erfolgt der Marsuntergang am 31. bereits um 3^h24^m (= 4^h24^m Sommerzeit).

Die Wanderung des Mars wird wieder schneller. Er entfernt sich von ε Geminorum (Mebsuta) und nähert sich Pollux (siehe Abb. 1.7 auf Seite 38). Die Marshelligkeit sinkt erheblich ab und beträgt zu Monatsende nur noch $0^m\!.6$. Damit ist seine Glanzzeit vorüber. Auch schrumpft der scheinbare Marsdurchmesser unter 8", was den roten Planeten für Fernrohrbeobachter wenig attraktiv werden läßt.

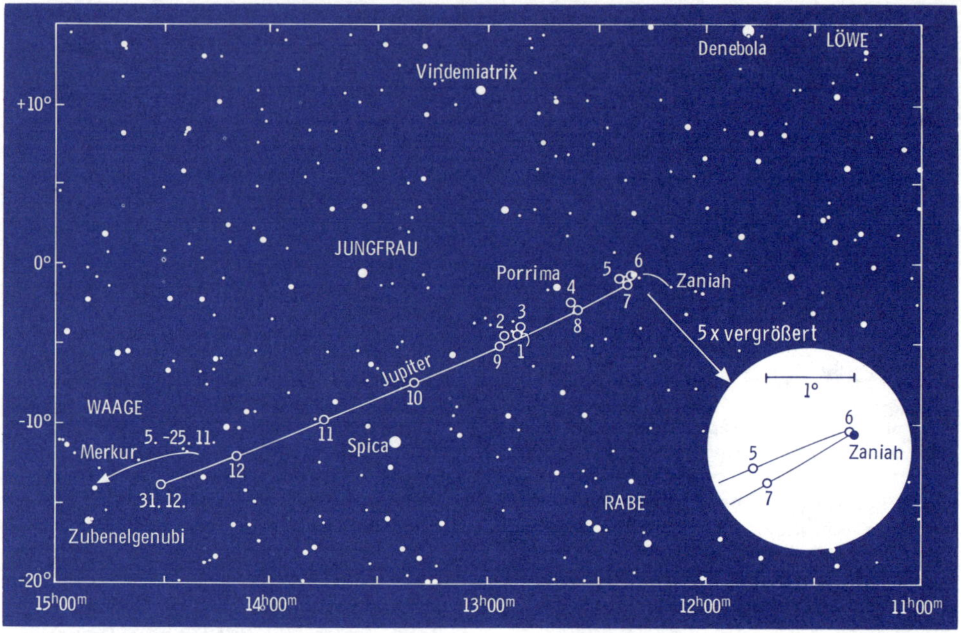

3.2: Bahn des Planeten Jupiter im Jahre 1993 im Gebiet der Sternbilder Jungfrau und Waage. Vergrößert dargestellt ist der Umkehrpunkt bei Zaniah (η Virginis). Die Zahlen markieren die Position des Jupiters am jeweiligen Monatsersten.

Am 31. passiert der zunehmende Halbmond 6° südlich den roten Planeten.

Am 19. März erreicht Mars mit 1°51' seine größte Nordbreite, befindet sich also heliozentrisch gesehen fast zwei Grad nördlich der Ekliptikebene.

Jupiter, rückläufig in der Jungfrau, steht am 30. in Opposition zur Sonne. Damit hat er den Höhepunkt seiner Glanzzeit erreicht. Am 1. geht der $-2{,}^m4$ helle Riesenplanet um 20^h47^m auf und kulminiert um 2^h36^m (kulminieren = höchste Stellung im Süden einnehmen). Bis zur Opposition am 30. nimmt seine Helligkeit noch ein wenig auf $-2{,}^m5$ zu. Am Tag der Opposition geht Jupiter um 18^h34^m auf, kulminiert um 0^h29^m, wobei seine Kulminationshöhe mit 39° mittelhoch ausfällt, und geht am folgenden Morgen um 6^h16^m (= 7^h16^m Sommerzeit) wieder unter.

Die rückläufige Jupiterbewegung kann man gut verfolgen, wenn man Porrima (γ Virginis) als Wegmarkierung zur Hilfe nimmt. Jupiter wandert kurz vor der Opposition etwa 1° südlich an Porrima vorbei (siehe auch Abb. 3.2 oben).

Der Fernrohrbeobachter erkennt deutlich die ovale Form des Jupiterscheibchens. Durch seine schnelle Rotation ist der Riesenplanet merkbar abgeplattet. Der scheinbare Äquatordurchmesser beträgt zur Opposition $44{,}''2$, der Poldurchmesser hingegen nur $41{,}''3$.

Am 31. erreicht um 8^h Jupiter seine geringste Entfernung von der Erde, die 666,3 Millionen Kilometer beträgt. Er ist damit 4,45mal so weit entfernt wie die Sonne. Die Sonnendistanz zur Opposition von Jupiter mißt 815,7 Millionen Kilometer, dies entspricht 5,45 Astronomische Einheiten (1 A.E. ist die mittlere Entfernung Erde–Sonne: 149,6 Millionen Kilometer).

Saturn im Steinbock stand im Vormonat in Konjunktion mit der Sonne. Der Ringplanet

Jupitermond-Erscheinungen

Datum	MEZ	Vorgang	
1.	3^h36^m	III	BE
	22 54	II	BE
2.	5 15	I	SA
	5 54	I	DA
3.	2 22	I	VA
	5 12	I	BE
	23 44	I	SA
4.	0 21	I	DA
	1 56	I	SE
	2 31	I	DE
	20 51	I	VA
	23 38	I	BE
5.	20 57	I	DE
7.	2 35	II	SA
	3 44	II	DA
	5 05	II	SE
	6 06	II	DE
8.	2 10	III	VA
	21 44	II	VA
9.	1 11	II	BE
10.	4 16	I	VA
11.	1 37	I	SA
	2 05	I	DA
	3 50	I	SE
	4 16	I	DE
	20 33	III	DE
	22 45	I	VA
12.	1 23	I	BE
	20 05	I	SA
	20 31	I	DA
	22 18	I	SE
	22 42	I	DE
14.	5 10	II	SA
	6 00	II	DA
15.	6 08	III	VA
16.	0 18	II	VA
	3 26	II	BE
17.	6 10	I	VA
	20 58	II	SE
	21 31	II	DE
18.	3^h31^m	I	SA
	3 49	I	DA
	5 43	I	SE
	6 00	I	DE
	20 03	III	SA
	21 21	III	DA
	22 55	III	SE
	23 52	III	DE
19.	0 38	I	VA
	3 07	I	BE
	21 59	I	SA
	22 15	I	DA
20.	0 12	I	SE
	0 26	I	DE
	21 33	I	BE
23.	2 53	II	VA
	5 41	II	BE
24.	21 03	II	SA
	21 23	II	DA
	23 33	II	SE
	23 46	II	DE
25.	5 24	I	SA
	5 33	I	DA
26.	0 01	III	SA
	0 36	III	DA
	2 32	I	VA
	2 52	III	SE
	3 08	III	DE
	4 51	I	BE
	23 53	I	SA
	23 59	I	DA
27.	2 05	I	SE
	2 10	I	DE
	21 01	I	VA
	23 17	I	BE
28.	20 34	I	SE
	20 35	I	DE
30.	5 28	II	VA
31.	23 37	II	DA
	23 39	II	SA

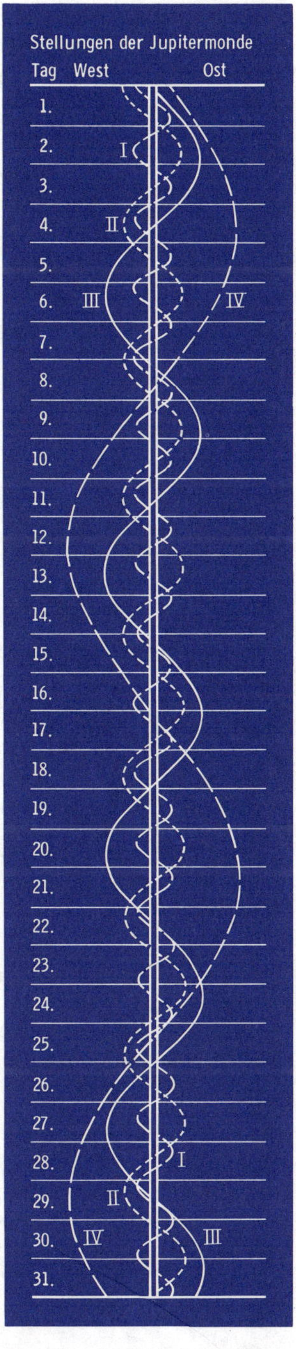

kann sich aus den Strahlen der Sonne noch nicht befreien und bleibt weiterhin unsichtbar.

Uranus, der rechtläufig im Schützen wandert, kann unter guten Sichtbedingungen zu Monatsende am Morgenhimmel tief im Südosten aufgefunden werden. Der $5^m\!,8$ helle, grünliche Planet geht am 20. um 3^h55^m auf. Etwa eine Stunde später kann man versuchen, den Planeten mit einem guten Fernglas aufzufinden. Durch seine südliche Position (Deklination: $-22^\circ\!,1$) beschreibt er einen flachen Tagbogen am Firmament und er-

Konstellationen und Ereignisse im März

Datum	MEZ	Ereignis
1.	14^h	Pluto im „Stillstand“, anschließend rückläufig
3.	19	**Mond 6° südlich von Mars**
3.	22	Mond bei Mars, Mond 5° südlich
9.	5	Merkur in unterer Konjunktion mit der Sonne
9.	22	Venus im Stillstand, anschließend rückläufig
10.	5	Mond bei Jupiter, Mond 6° südlich
17.	8	Mond bei Neptun, Mond 2° nördlich
17.	10	Mond bei Uranus, Mond 3° nördlich
20.	9	Mond bei Saturn, Mond 6° nördlich
20.	15^h41^m	**Sonne im Frühlingspunkt,** Tagundnachtgleiche
21.	14	Merkur im Stillstand, anschließend rechtläufig
21.	14	Mond bei Merkur, Mond 4° nördlich
24.	9	Mond bei Venus, Mond 4° südlich
24.	19	**Mond 5° südöstlich von Venus**
30.	13	**Jupiter** in **Opposition** zur Sonne
31.	20	**Mond bei Mars, Mond 6° südlich**

reicht nur bescheidene Höhen über dem Horizont.
Am 31. erfolgt der Uranusaufgang bereits um 3^h12^m (= 4^h12^m Sommerzeit).
Neptun hält sich in unmittelbarer Nachbarschaft von Uranus auf. Der sonnenferne Planet ist aber um mehr als zwei Größenklassen lichtschwächer als Uranus. Er kann sich aus den Strahlen der Sonne noch nicht befreien und bleibt unsichtbar.
Pluto wird am 1. stationär und bewegt sich anschließend rückläufig. „Stationär“ bezieht sich lediglich auf die Plutobewegung in Rektaszension. Wegen der erheblichen Neigung der Plutobahn ($i = 17°$) zeigt er auch um die Zeit der „Stillstände“ eine merkbare Wanderung in Deklination, so daß er eigentlich nicht „still steht“ (siehe auch Abb. 5.4 auf Seite 100).

Planetoiden

Ceres – Planetoid Nr. 1 – kommt am 5. in Konjunktion mit der Sonne. In Opposition zur Sonne steht sie am 22. Oktober dieses Jahres (siehe *Planetenlauf im Oktober,* Seite 172).

Periodische Sternschnuppenströme im März

In der Zeit um Mitternacht sind während des ganzen Monats die **Virginiden** zu beobachten. Ihr Radiant (Ausstrahlungspunkt) liegt in der Jungfrau. Die Häufigkeit ist nicht besonders groß. Das Maximum der Virginidenaktivität ist erst Anfang April zu erwarten.
Wenig bekannt ist der Strom der **Hydraïden**, die zwischen Mitte März und Anfang April auftauchen. Ihr Maximum ist wenig ausgeprägt – es sind nur einige wenige Sternschnuppen pro Stunde zu erwarten, die außerdem noch recht langsam sind. Der Radiant liegt im Sternbild Wasserschlange. Vermutlich sind die Hydraïden ein Zweigstrom der Virginiden.
Gegen Ende des Monats tauchen die ersten Exemplare der **Sigma-Leoniden** auf, ein schwacher, breit gestreuter Strom.

Der Fixsternhimmel im März

Noch ziehen die hellen und auffälligen Wintersternbilder die Blicke auf sich. Die stehen

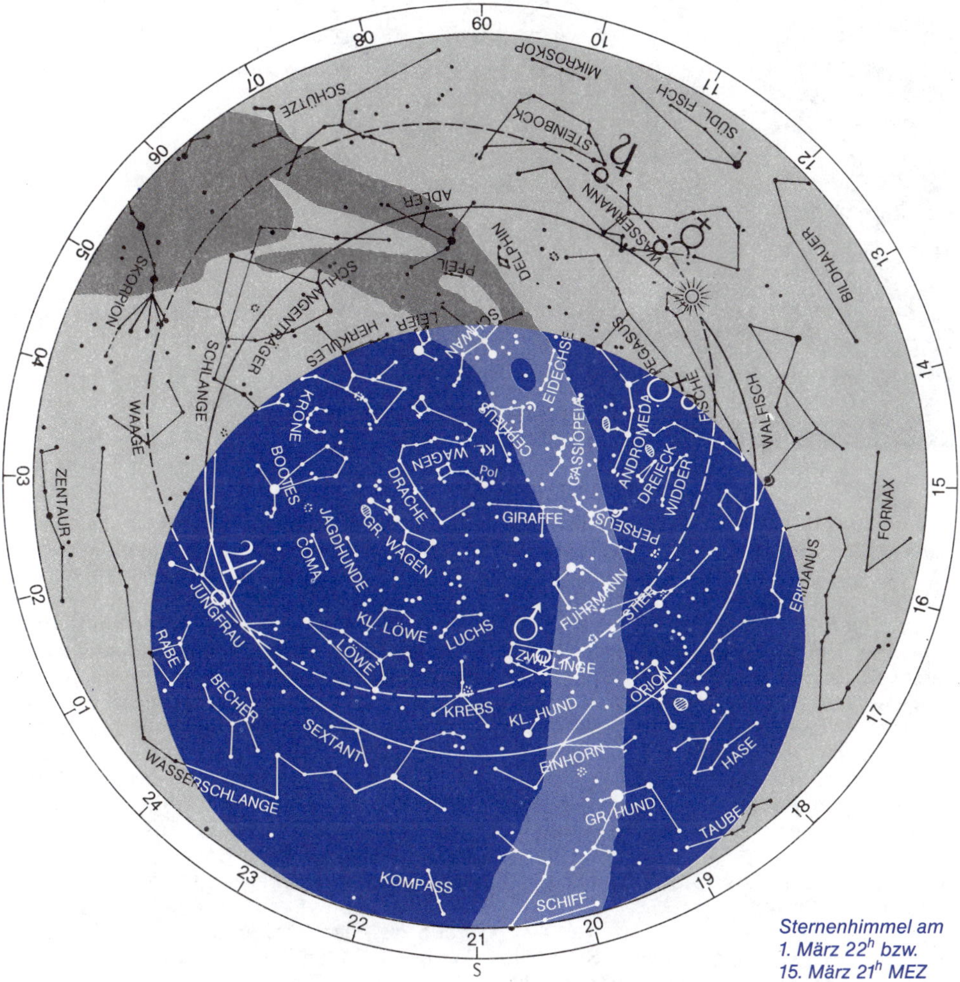

Sternenhimmel am 1. März 22^h bzw. 15. März 21^h MEZ

bereits allesamt in der westlichen Hemisphäre (= Himmelshälfte). Orion, der gewaltige Himmelsjäger, neigt sich schon zum Westhorizont. Im Südwesten funkelt unübersehbar Sirius im Großen Hund, ein wenig höher, noch in Meridiannähe steht Prokyon im Kleinen Hund. Der Stier im Westen schickt sich an unterzugehen, Aldebaran steht schon recht tief. Höher noch sind die Zwillinge mit Kastor und Pollux und der Fuhrmann mit Kapella zu finden. In den Zwillingen steht gerade Mars, der rote Planet.

Die Kassiopeia, das Himmels-W, ist herabgesunken, während hoch im Nordosten, fast schon im Zenit, der Große Wagen Anfängern hilft, den Polarstern zu finden.
Der Krebs hat den Gipfel erklommen und wandert eben durch den Meridian. Ihm folgt im Tierkreis der Löwe mit seinem Hauptstern Regulus, der die Ekliptik markiert. Leicht ist das steil aufgerichtete Sternentrapez des Löwenrumpfes mit dem hellen Regulus an der Spitze zu erkennen.
Tief im Osten leuchtet auffällig ein heller,

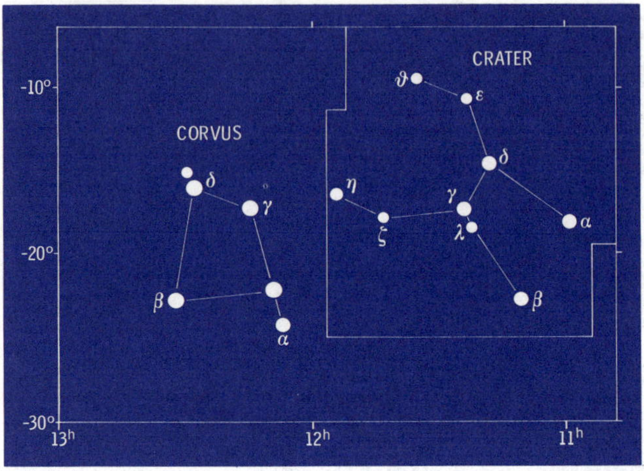

3.3: Skelett-Karte des Sternbildes Becher (Crater), das neben dem Sternbild Rabe (Corvus) liegt.

orange-rötlicher Stern: Arktur im Bild des Rinderhirten (Bootes).
Der Südosthorizont ist arm an hellen Sternen. Lediglich Alphard in der Wasserschlange dominiert hier. Obwohl sich die Wasserschlange vom Meridian (südlich des Krebses) weg bis zum Südosthorizont erstreckt, ist sie erst zur Hälfte aufgegangen – so ausgedehnt ist dieses Sternbild, das bis zur Waage reicht.
Sextant und Becher (lat.: Crater) sind ebenfalls in diesem Himmelsareal zu finden. Beide sind jedoch recht unauffällige Bilder.

Aus der Sagenwelt der Sternbilder: Der Becher (Crater)

Der Becher ist ein unscheinbares Sternbild, das weit südlich liegt und sich nur aus lichtschwachen Sternen 4. und 5. Größenklasse zusammensetzt. Der Becher liegt westlich des markanten Sternenvierecks des Raben und etwa dreißig Grad südlich von Denebola im Löwen. Mit bloßen Augen sind etwa zehn Sterne unter guten Sichtbedingungen zu erkennen, F. W. Argelander gibt vierzehn freisichtige Sterne an.
Der Becher steht auf dem Rücken der Hydra, der Wasserschlange. Die drei Bilder Wasserschlange, Rabe und Becher sind durch die griechische Mythologie miteinander verbunden. Die griechische Bezeichnung lautet denn: Κρατήρ, was Mischkrug, Kessel oder schlicht Krater bedeutet. Im übertragenen Sinne ist er auch ein Pokal. So findet man bei den Römern die Namen Urna (lat., Krug, Topf), Poculum (lat., Becher, Trinkgefäß), Scyphus (lat., Becher) und Calix (lat., Kelch, Becher, Topf). Der römischen Vorstellung nach war der Becher das Trinkgefäß vom Weingott Bacchus oder auch vom Helden Herkules. Bei den Juden hieß dieses Bild Cos, die (Trink-)Schale.
Der klassischen, griechischen Sage nach war der Becher das Trinkgefäß von Apoll, dem Gott des Lichtes und der Lieder. Apoll

Veränderliche Sterne im März

Algol-Minima	10. 1^h03^m	12. 21^h52^m	15. 18^h41^m			
β-Lyrae-Minima	8. 9^h	21. 8^h				
δ-Cephei-Maxima	4. 19^h	10. 4^h	15. 13^h	20. 22^h	26. 7^h	31. 15^h
Mira-Helligkeit	9^m, steigend					

wollte einst für Zeus, den Göttervater, Herrscher über Himmel und Erde, ein würdiges Dankopfer darbringen. Als er den Altar feierlich zurechtgemacht hatte, fehlte ihm noch Wasser. Da rief Apoll nach seinem Boten, einem silbrig-weiß glänzenden Raben, und trug ihm auf, frisches Wasser aus einer Quelle zu holen. Dafür gab ihm Apoll einen goldenen Becher. Sogleich machte sich der Rabe auf den Weg ins ferne Gebirge, wo die Quelle sprudelte. Als der Rabe die Quelle endlich nach langem Flug erreicht hatte, da plagte ihn großer Hunger. Vor Erfüllung seines Auftrages beschloß er, sich erst zu laben. Er suchte sich einen Baum voll süßer Feigen. Jedoch fand er nur Feigen, die hart und unreif waren. So ließ er sich nieder, um zu warten, bis die Feigen gereift waren. Als es endlich soweit war und er die süßen und weichen Feigen verspeist hatte, machte er sich schließlich auf den Rückweg. Inzwischen war viel Zeit verstrichen, und Apoll wartete voll Ungeduld und Zorn auf den säumigen Raben. Dieser packte unterwegs mit seinen scharfen Krallen eine Wasserschlange und brachte sie Apoll. Dreist behauptete er, die Wasserschlange hätte die Quelle leergesoffen, und sie wäre nun versiegt.

Apoll durchschaute die Lügengeschichte des Raben sofort. Er verfluchte zornbebend den Raben und ließ zur Strafe sein Gefieder pechschwarz werden. Außerdem verdonnerte Apoll den Raben dazu, ewig Durst zu leiden.

Damit er nie wieder Lügen aussprechen kann, werden alle Äußerungen des Raben zu einem häßlichen, unverständlichen Krächzen. Der Götterboß Zeus versetzte schließlich die Beteiligten zur ewigen Erinnerung unter die Gestirne, wo wir heute noch Rabe, Becher und Wasserschlange als Sternbilder beieinander stehend betrachten können.

Die Araber nannten dieses Bild Al Batiyah, das irdene Weingefäß. Im christlichen Sternbilderhimmel des Julius SCHILLER (gest. 1627) aus Augsburg ist das Sternbild Becher als Weinpokal des Noah dargestellt. Im 16. und 17. Jahrhundert wurde der Becher in England als „Two-handed Pot", als Topf mit zwei Henkeln bezeichnet.

α Crateris heißt Alker oder Alkes. Dieser Name leitet sich vom arabischen Al Kas, der Weinpokal, ab. Wie häufig wird auch hier der Hauptstern nach dem ganzen Sternbild benannt. Alkes hat eine scheinbare Helligkeit von $4\overset{m}{,}1$ und leuchtet orange (Spektraltyp: K0 III). Seine Entfernung beträgt 120 Lichtjahre.

3. 4: Figürliche Darstellung des Sternbildes Becher nach Johannes HEVELIUS aus dem Jahre 1690 (Globusansicht!).

Die Römer bezeichneten Alkes als Fundus Vasis, was eine gute Beschreibung für seine Position an der Basis des Bechers ist.
β Crateris wurde bei den Arabern Al Sharasif genannt und soll eine Rippe der Wasserschlange andeuten. Ein Eigenname für β Crt ist allerdings heute nicht mehr gebräuchlich.
β Crateris ist ein weißer Stern (A 2 III) mit $4^{m}\!.5$ scheinbarer Helligkeit. Er steht in 230 Lichtjahren Distanz.
γ Crt ist so hell wie α, jedoch ein weißer Hauptreihenstern (A 5 V) in 80 Lichtjahren Entfernung.
Der mit $3^{m}\!.6$ hellste Stern im Becher ist δ Crt, ein gelber Riesenstern (G 8 III) in 90 Lichtjahren Distanz.
Das Sternbild Becher enthält keine für Sternfreunde und Amateurastronomen besonders erwähnenswerten Objekte.

Das Klima im März

Der März ist der Monat des astronomischen Frühlingsbeginns (um den 21.). Trotzdem ist es häufig – vor allem zu Monatsbeginn – noch empfindlich kalt mit Temperaturen bis zu –10 °C. Die Monatsdurchschnittstemperatur wurde zu +4,4 °C ermittelt. Im zweiten Märzdrittel tritt deutlich Erwärmung auf mit Mittagstemperaturen bis +20 °C. Dennoch ist mit 15 Frosttagen, davon etwa zwei Eistagen, zu rechnen.
An 15 Tagen fällt Niederschlag, wovon ⅓ als Schnee in Erscheinung tritt – vor allem in den Hochlagen der Mittelgebirge.
Die Monatssonnenscheindauer wächst auf 140 Stunden an. 63 % der Nächte sind bewölkt, vier Tage zeigen Nebel. Im Alpenvorland ist verstärkter Föhneinbruch zu erwarten.
Witterungsverlauf: Im ersten Monatsdrittel wechseln Kälteeinbrüche mit Schneefällen schnell mit milderen Wetterlagen, die häufig mit Niederschlägen als Regen einhergehen. Gegen Monatsmitte steigen die Temperaturen deutlich an; erstes frühlingshaftes Schönwetter (*Hochdrucklage*) kann erwartet werden. In drei von vier Jahren tritt dieser Wetterverlauf ein.
Das Monatsende zeigt sich wieder wechselhaft mit Kälterückfall und Schneestürmen. Überhaupt herrscht windiges und unstetes Wetter.

Monatsthema: Gibt es Gravitationswellen?

Fast die gesamte Information aus dem Weltall dringt in Form elektromagnetischer Wellen zu uns. Sichtbares Licht, Radiowellen, Gamma- und Röntgenstrahlen, ultraviolettes sowie infrarotes Licht und Mikrowellen werden von verschiedenen Detektoren empfangen. Allen diesen Strahlen ist eines gemeinsam: Sie sind elektromagnetische Wellen, die sich nur durch ihre Frequenz voneinander unterscheiden. Daneben versucht man auch Neutrinos, diese geisterhaften Elementarteilchen, zu registrieren, die beispielsweise aus dem Sonneninneren kommen oder bei Supernovadetonationen in ungeheurer Zahl ins All entweichen.
Es gibt aber noch eine andere Strahlungsart, die aus dem Weltall kommt und uns vermutlich wichtige Erkenntnisse liefern kann, nämlich die Gravitationswellen. Sie können uns von kollabierenden Sternen, schnell umlaufenden, engen Doppelsternsystemen oder vom Beginn der Welt, vom sogenannten Urknall, berichten. Zur Zeit bemüht man sich mit noch recht geringem Erfolg, überhaupt Gravitationswellen nachzuweisen. Noch ist man von einer „Gravitationswellenastronomie“ weit entfernt. Dies liegt daran, daß selbst bei gewaltigen Ereignissen wie dem Zusammenbruch eines massereichen Sternes nur Gravitationswellen von recht geringer Energie ausgesandt werden.
Völlig ausgeschlossen ist es, im Labor Gravitationswellen zu erzeugen, die nachweisbar bzw. meßbar sind. Die Gravitation oder Schwerkraft ist nämlich die allerschwächste der vier bekannten Naturkräfte. Die elektromagnetische Kraft ist um etwa 38 Zehnerpotenzen (in Worten: hundert Sextillionen Mal) stärker als die Schwerkraft. Dies erscheint kaum glaublich, bewirkt doch die Gravitation, daß der Mond um die Erde kreist, die Planeten um die Sonne laufen und die Sterne das Milchstraßenzentrum umrunden. Wer einen schweren Koffer schleppt oder einen steilen Berg erklimmt, wird nachhaltig an das

Wirken der Gravitation erinnert. Die anderen drei Naturkräfte spüren wir im täglichen Leben hingegen kaum: Die Kernkraft (starke Wechselwirkung) und die elektroschwache Kraft (schwache Wechselwirkung) haben eine extrem kurze Reichweite von etwa einem Protonendurchmesser (10^{-13} cm), so daß sie sich in der makroskopischen Welt nur indirekt bemerkbar machen, indem sie beispielsweise den Zusammenhalt der Atomkerne oder die Radioaktivität bewirken. Im Unterschied zur Gravitation treten beim Elektromagnetismus positive wie negative Ladungen auf. Zwar ist die Reichweite der elektromagnetischen Wirkung wie die der Gravitation unendlich, da jedoch die normale Materie gleich viele positive wie negative Ladungsträger beherbergt, so heben sich die elektromagnetischen Kräfte auf: Nach außen ist die Materie elektrisch neutral.

Würden jedoch alle negativen Ladungen aus unserer Erde verschwinden und alle positiven aus unserem Körper, so drückten unsere Körper mit etwa 10^{38}facher Kraft auf die Erdoberfläche. Die zusätzlich verbleibende gravitative Anziehung spielte dann überhaupt keine Rolle mehr. Im atomaren Bereich dominiert die elektromagnetische Wechselwirkung: Sie hält die negativ geladenen Elektronen in ihren Bahnen um den positiv geladenen Atomkern. In diesem Bereich ist die Wirkung der Schwerkraft völlig vernachlässigbar.

Gravitationswellen entstehen analog der elektromagnetischen Strahlung. Wenn ein elektrisch geladenes Teilchen beschleunigt bewegt wird – zum Beispiel ein Elektron hin- und herschwingt oder eine Kreisbahn beschreibt –, so wird eine elektromagnetische Welle ausgesandt. Sie entfernt sich vom Sender mit Lichtgeschwindigkeit. Das aussendende System verliert an Energie, die von der Welle mitgenommen wird. Gemäß den Gesetzen der Quantenmechanik erfolgt die Energieübertragung einer Welle nicht kontinuierlich, sondern in einzelnen, wenn auch sehr kleinen Portionen, den sogenannten Quanten. Die Quanten der elektromagnetischen Strahlung heißen Photonen. Die Energie, die ein Photon überträgt, ist nur abhängig von der Frequenz der Strahlung. Photonen haben keine Ruhemasse, daher

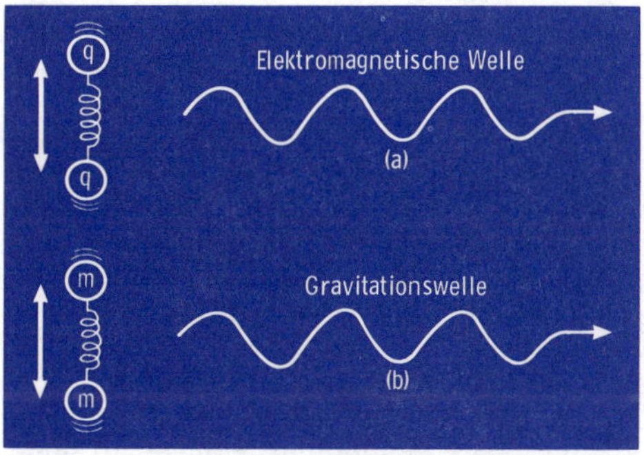

3.5: Eine schwingende elektrische Ladung (q) erzeugt eine elektromagnetische Welle (a), eine schwingende Masse (m) eine Gravitationswelle (b).

bewegen sie sich stets mit Lichtgeschwindigkeit. Sie besitzen auch keine elektrische Ladung, und ihr Spin (Eigendrehimpuls) ist gleich eins.

Beschleunigt bewegte Massen senden Gravitationsstrahlung aus. Wenn eine Masse oszilliert oder sich auf einer Kreisbahn bewegt, so sendet sie Gravitationswellen aus, die sich mit Lichtgeschwindigkeit ausbreiten (siehe Abb. 3.5). Die Energiequanten der Schwerkraftwellen sind die Gravitonen. Sie besitzen wie die Photonen keine Ruhemasse und keine elektrische Ladung. Ihr Spin hat den Wert 2. Gravitationswellen sind Schwingungen der Raum-Zeit, also des Kontinuums, in dem sich unser Weltgeschehen abspielt. Dies bedarf einer näheren Erläuterung. Zunächst ein Gedankenexperiment: Was passiert, wenn die Sonne, um die die Erde kreist, plötzlich verschwände? Ohne Sonnenmasse würde die Erde nicht mehr in eine Kreisbahn gezwungen, sie könnte „kräftefrei" geradlinig weiterlaufen. Doch wie lange dauert es, bis die Erde merkt, daß sie nicht mehr von der Sonne angezogen wird?

Die klassische NEWTONsche Gravitationstheorie beschreibt zwar recht gut die Bewegungen der Planeten um die Sonne, aber bei dieser Frage liefert sie keine Antwort. Prinzipiell sind zwei Lösungen denkbar: Die Erde spürt im gleichen Augenblick des Verschwindens der Sonne keine Gravitationswirkung mehr, oder das Fehlen der Sonne wird erst nach 8⅓ Minuten merkbar, entsprechend der Lichtlaufzeit Sonne–Erde. Die Natur lehrt uns aber, daß Wirkungen höchstens mit Lichtgeschwindigkeit übertragen werden können, nie mit einer höheren Geschwindigkeit. Also wird die zweite Lösung die richtige sein. Die exakte Beantwortung dieser Frage wird durch die Gravitationstheorie von Albert EINSTEIN (1879–1955) möglich, die unter der Bezeichnung „Allgemeine Relativitätstheorie (ART)" weithin bekannt ist – zumindest dem Namen nach. Nach der ART pflanzen sich Störungen in einem Gravitationsfeld mit Lichtgeschwindigkeit fort.

Beschleunigte Massen senden gemäß der ART Gravitationsstrahlung aus, wobei der Sender Energie verliert, freilich recht wenig aus den zuerst beschriebenen Gründen. EINSTEIN hat selbst zwei Jahre nach Veröffentlichung seiner ART in seinem Aufsatz „Kosmologische Überlegungen zur Allgemeinen Relativitätstheorie" im Jahre 1917 die Existenz von Gravitationswellen vorausgesagt. Auch fand er, daß diese Wellen so energiearm sind, daß sie unentdeckbar wären. Mit den damaligen experimentellen Möglichkeiten, hatte EINSTEIN völlig recht, gab es auch keine Chance, Gravitationswellen aufzuspüren. Doch mit der fortschreitenden Entwicklung der Technik scheint sich nun die Möglichkeit zu bieten, einen neuen Informationskanal ins Universum aufzutun. Seit Mitte der sechziger Jahre versuchen verschiedene Experimentatoren, Gravitationsstrahlung aus dem Weltall zu registrieren.

Nach der ART verändern anwesende Massen die Geometrie des Raumes. Die Bewegungen von Massenpunkten werden in einem vierdimensionalen Raum-Zeit-Kontinuum beschrieben. Jeder Massenpunkt legt dabei eine Weltlinie zurück. Vorhandene Massen krümmen den Raum, die Geometrie weicht von der euklidischen ab. Diese Raumkrümmung kann man sehr gut, wie von EINSTEIN vorhergesagt, an einem Lichtstrahl oder Radiosignal beobachten, der bzw. das knapp an der Sonne vorbeiläuft und dabei abgelenkt wird als Folge der Raumkrümmung durch die Sonnenmasse. Der Effekt der Lichtablenkung im Schwerefeld der Sonne ist oftmals und mit stets wachsender Genauigkeit experimentell bestätigt worden. Nach der ART bewegen sich die Planeten auf geodätischen Linien um die Sonne, also auf den „geradesten" Linien, die die Raumkrümmung durch die Sonne ermöglicht. Die Sonnenmasse verändert die Geometrie des Raumes, sie weicht von der euklidischen ab. Werden Massen nun beschleunigt, so verändert sich die Raumkrümmung in Abhängigkeit von der Zeit. Dies folgt direkt aus den Einsteinschen Feldgleichungen für ein orts- *und* zeitabhängiges Gravitationsfeld. Aus der Newtonschen Gravitationstheorie sind Gravitationswellen nicht ableitbar, sie beschreibt Gravitationsfelder lediglich statisch.

Störungen der Raumgeometrie pflanzen sich mit Lichtgeschwindigkeit fort. Der Raum selbst ist gewissermaßen gekräuselt, ähnlich wie wenn der Wind kleine Wellen über eine Wasseroberfläche treibt. Diese Raumkräuselungen sind allerdings recht schwach und darum schwer nachweisbar. Rein theoretisch müßten Gravitationswellen Probekörper zu Schwingungen anregen. Der Physiker Joseph WEBER (geb. 1919) von der Universität von Maryland (USA) hat Mitte der sechziger Jahre versucht, Gravitationsstrahlung mittels mehrerer Aluminiumzylinder zu empfangen. Die Zylinder sind 153 cm lang, einen halben Meter im Durchmesser und wiegen etwa eine Tonne. Am Zylindermantel sind Piezoquarze angebracht, die selbst bei winzig kleinen Längenänderungen ihren elektrischen Widerstand meßbar ändern.

Die Abmessungen der Zylinder wählte Weber so, daß sie eine Resonanzfrequenz von 1,66 kHz aufweisen, der Frequenz der zu erwartenden Gravitationsstrahlung. Die Bandbreite liegt allerdings bei nur 0,03 Hz. Fällt nun eine Gravitationswelle senkrecht zur Zylinderachse ein, die mindestens zehn Watt pro Quadratmeter in dieser Bandbreite an Leistung aufbringt, so sollte sie den Zylinder in meßbare Schwingungen versetzen. Die zu erwartende Amplitude (Auslenkung) ist denkbar gering, sie beträgt nur $1{:}10^{17}$; dies bedeutet auf einen Meter Distanz eine Längenänderung von weniger als einem Atomkerndurchmesser! Die Weberschen Experimente sind also sehr diffizil. Bereits das thermische Rauschen des Zylinders ist wesentlich größer als der zu erwartende Schwingungseffekt durch eine Gravitationsstrahlung. In späteren Versuchen wurden die Probekörper daher nahezu auf den absoluten Nullpunkt abgekühlt. Weber plazierte zwei der Zylinder in 2000 km Abstand voneinander, um sicherzustellen, daß örtliche Erschütterungen etwa durch kleine Erdstöße ausgeschaltet werden können. Nur wenn beide Zylinder nahezu zeitgleich in Schwingung versetzt werden, dann darf man vermuten, daß die auslösende Ursache eine Gravitationswelle ist. Die Beobachtungen von Weber und seinen Mitarbeitern ergaben nur wenige koinzidente Ereignisse, die auch per Zufall eingetreten sein können. Die Ergebnisse sind heute noch umstritten, ein eindeutiger experimenteller Beweis der Existenz von Gravitationswellen gelang jedenfalls nicht.

In den siebziger und achtziger Jahren hat man noch andere Versuchsanordnungen konstruiert; sie überwachen im Prinzip die Schwingungen von Probekörpern durch Laserstrahlen, die über genau justierte Spiegel reflektiert und miteinander zur Interferenz gebracht werden. Eine solche Anordnung wird LIGO genannt, das Acronym für „**L**aser **I**nterferometer **G**ravitational Wave **O**bservatory". Ein solches Gerät steht unter anderem im Max-Planck-Institut für Quantenoptik in Garching bei München. Obwohl solche Gravitationswellendetektoren eine wesentlich höhere Empfindlichkeit als die Weber-Zylinder aufweisen, konnten auch mit LIGOs noch keine eindeutigen Resultate erzielt werden.

Eines der noch nicht gelösten Probleme ist die Frage nach Herkunft und Art der Gravitationswellen. Denn erst wenn man die Quelle kennt, kann man auf Stärke und Frequenz der Gravitationsstrahlung schließen. Danach muß der Detektor ausgelegt werden. Es wäre sinnlos, ein Fischernetz für Lachse zu verwenden, wenn nur Sardellen im Fluß schwimmen.

Die größte Explosion in der Geschichte des Universums war der Urknall selbst, der die wohl energiereichsten Gravitationswellen produzierte. Sie mußten allerdings den irrsinnig langen Weg von nahezu zwanzig Milliarden Lichtjahren zurücklegen, um uns zu erreichen. Entsprechend geschwächt werden sie sein. Dennoch wäre mit den heutigen Detektoren ein „Gravitationswellenhintergrund" ähnlich der 3K-Hintergrundstrahlung im Radiobereich prinzipiell registrierbar.

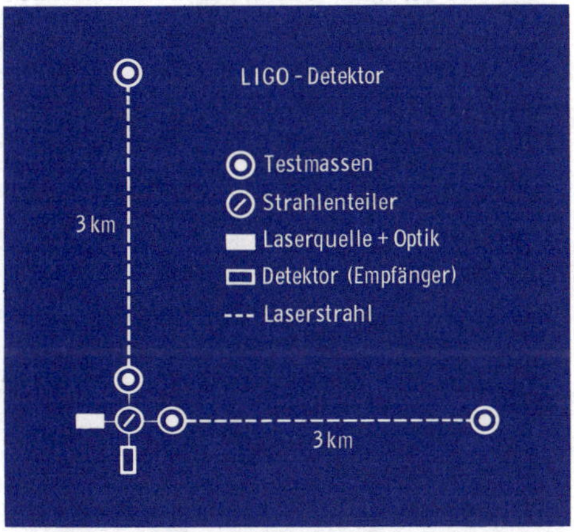

3.6: Funktionsschema des LIGO-Detektorsystems. Nähere Erläuterungen siehe Text.

Was aber, wenn andere Quellen der Gravitationsstrahlung diesen Gravitationswellenhintergrund überlagern? Am Tage können wir auch keine Sterne sehen, das gestreute Sonnenlicht in der irdischen Lufthülle überstrahlt das Sternenlicht. Die bei Supernovadetonationen zusammenbrechenden Sterne, rasch rotierende, enge Doppelsterne oder gar zusammenstoßende Schwarze Löcher müßten energiereiche Gravitationswellen aussenden. Stärke und Frequenz solcher Ereignisse zu kalkulieren ist nicht ganz simpel. Maßgebend ist das sogenannte Quadrupolmoment der schwingenden Masse. Das Quadrupolmoment gibt die Abweichung der Massenverteilung von der exakten Kugelsymmetrie an. Bei einem Sternenkollaps kommt es dabei nur auf die Asymmetrie beim Masseneinsturz an, die wegen der Sternrotation allerdings vorhanden ist. Abschätzungen ergeben, daß Gravitationswellen emittiert werden mit Wellenlängen um hundert Kilometer, was einer Frequenz von drei Kilohertz entspricht.

3.7: Gravitationswellen eines Doppelpulsars. Zwei Pulsare (Neutronensterne) kreisen um den gemeinsamen Schwerpunkt und senden dabei Schwerkraftwellen aus.

Einander umkreisende Himmelskörper senden ebenfalls Gravitationswellen aus. Betrachten wir das System Erde–Sonne. Da der Schwerpunkt dieses Systems fast mit dem Sonnenmittelpunkt zusammenfällt, trägt die Sonnenmasse praktisch nicht zum Quadrupolmoment des Systems bei; maßgebend ist allein die Masse der Erde. Die Leistung der Gravitationsstrahlung des Systems Erde–Sonne beträgt nur bescheidene zehn Watt.

Erst nach dreißig Trilliarden ($= 3 \times 10^{22}$) Jahren würde die Erde ein Prozent ihrer kinetischen Energie in Form von Gravitationswellen abgestrahlt haben. Verglichen mit dem heutigen Alter des Sonnensystems von fünf Milliarden Jahren hat die Erde somit kaum an Bewegungsenergie durch Abstrahlen von Gravitationswellen verloren.

Gravitationsstrahlung aus Planetenbewegungen messen zu wollen, ist illusorisch. Anders sieht die Sache jedoch bei engen und massereichen Doppelsternsystemen aus. Im Jahre 1974 wurde ein Pulsar im Sternbild Adler entdeckt, der eine Komponente eines engen Doppelsternpaares darstellt. Die Katalogbezeichnung dieses Pulsars lautet PSR 1913+16 entsprechend seiner (groben) Koordinaten von $\alpha = 19^h13^m$ und $\delta = +16°$. Der Pulsar und sein Begleitstern besitzen je 1,4 Sonnenmassen. Aus den Änderungen der Pulsarfrequenz infolge des Doppler-Effektes – hervorgerufen durch die radiale Geschwindigkeitskomponente der Umlaufsbewegung – konnten die Systemeigenschaften ermittelt werden. Beide Gestirne kommen sich im Periastron bis auf nur 1,1 Sonnenradien (!) nahe, im Apastron sind sie nur 4,8 Sonnenradien voneinander entfernt. Die Umlaufszeit um den gemeinsamen Schwerpunkt beträgt 7^h45^m. Die maximale Umlaufsgeschwindigkeit erreicht 400 km/s. Bei diesem engen Doppelsternsystem treten ungewöhnlich hohe Beschleunigungen auf, die entsprechend starke Gravitationswellen bewirken müssen.

In zehn Jahren hat die Umlaufszeit des Systems um knapp zwei Sekunden abgenommen. Dies entspricht dem kalkulierten Energieverlust aufgrund der Gravitationsstrahlung des Systems. Freilich sind auch andere Ursachen für eine Verkürzung der Umlaufszeit denkbar, wie Massenverlust infolge starken Sternwindes. Direkt sind Gravitationswellen mit Detektoren im Labor noch nicht eindeutig nachgewiesen worden. Aber die Abnahme der Umlaufszeit von PSR 1913+16 ist ein starkes Indiz für die Existenz von Gravitationswellen. Noch steckt die Gravitationswellenastronomie in den Kinderschuhen, aber sie ist ein faszinierender und zukunftsträchtiger Forschungszweig. Vielleicht hilft die Erforschung der Gravitationsstrahlung mit, die alte Einstein-Frage zu lösen: Hatte Gott bei der Erschaffung des Universums Auswahlmöglichkeiten, oder gab es nur einen Weg zur Realisierung des Universums?

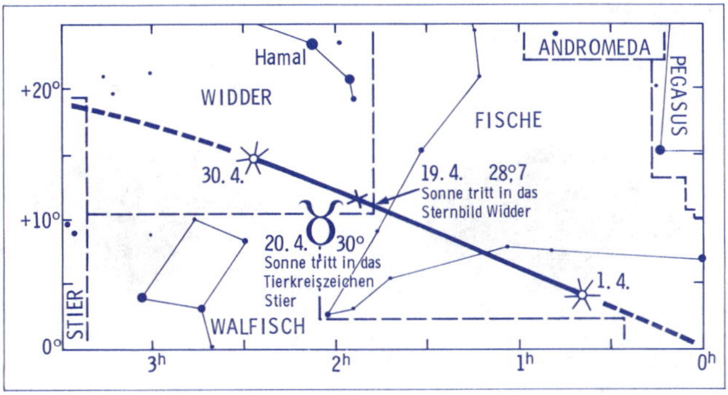

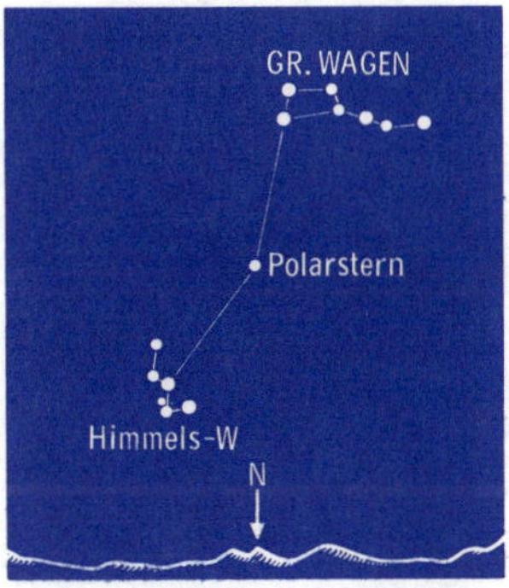

Großer Wagen und Himmels-W Anfang April 22ʰ MEZ

Sonnenlauf im April

Datum	Aufgang MEZ	Untergang MEZ	Kulmination	Zeitgleichung	Mittagshöhe	Rektaszension	Deklination	Sternzeit 1ʰ MEZ
1.	5ʰ57ᵐ	18ʰ52ᵐ	12ʰ24ᵐ	–4ᵐ	44°,6	0ʰ41ᵐ	+ 4°,5	12ʰ37ᵐ
6.	5 46	19 00	12 22	–2	46,6	1 00	+ 6,4	12 57
11.	5 36	19 07	12 21	–1	48,4	1 18	+ 8,2	13 17
16.	5 25	19 15	12 20	0	50,2	1 36	+10,0	13 37
21.	5 15	19 23	12 19	+1	51,9	1 55	+11,8	13 56
26.	5 06	19 31	12 18	+2	53,6	2 14	+13,4	14 16

Julianisches Datum am 1. April, 1ʰ MEZ: 2 449 078,5

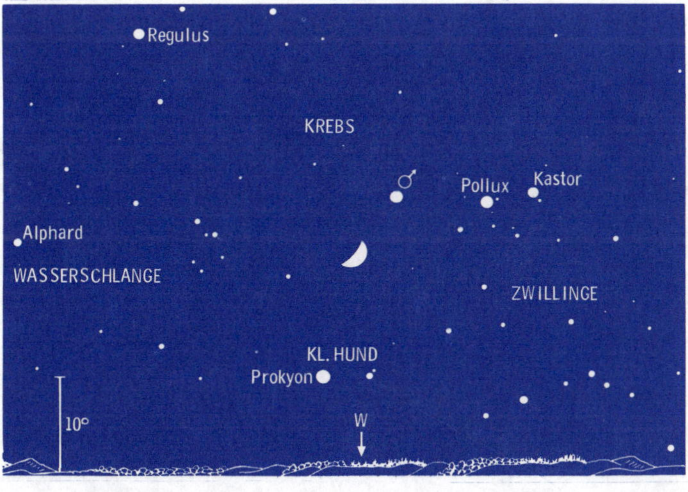

4.1: Anblick des Sternenhimmels am 28. April gegen 23ʰ MEZ (=24ʰ MESZ). In westlicher Richtung erkennt man den zunehmenden Mond sowie Mars, Pollux und Kastor in den Zwillingen.

Tages- und Nachtstunden im April

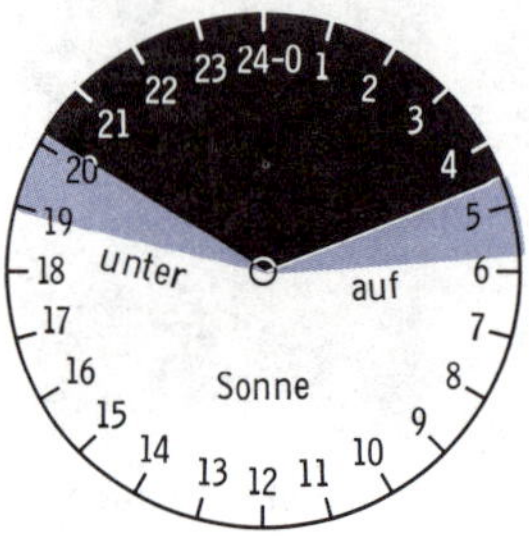

5. April

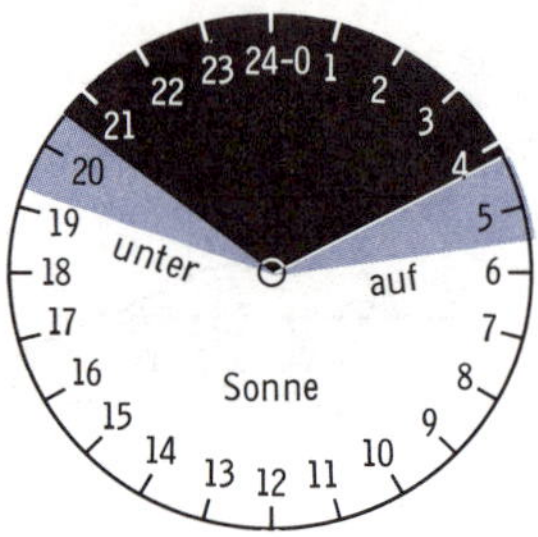

15. April

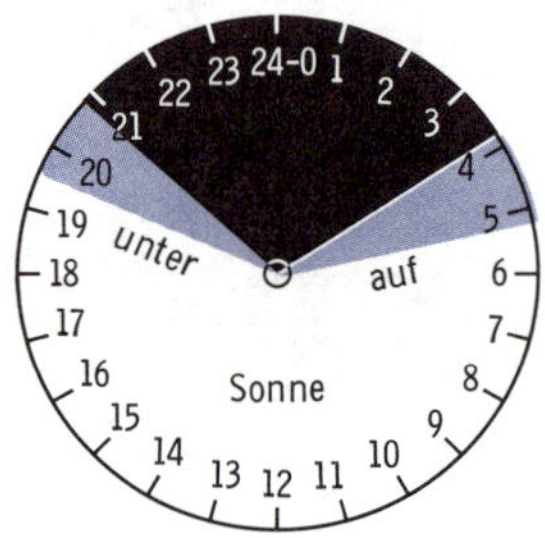

25. April

Mondlauf im April

Datum	Aufgang MEZ	Untergang MEZ	Rektaszension	Deklination	Sterne und Sternbilder	Phase	MEZ
Do 1.	12^h14^m	2^h51^m	7^h32^m	+18°6	Kastor, Pollux		
Fr 2.	13 33	3 23	8 28	+15,0	*Krebs, Krippe		
Sa 3.	14 54	3 51	9 24	+10,4	Löwe		
So 4.	16 17	4 17	10 19	+ 5,1	Regulus		
Mo 5.	17 41	4 41	11 15	– 0,6	Löwe	Erdnähe 358 Größte Südbreite	20^h
Di 6.	19 06	5 07	12 11	– 6,4	Jungfrau	**Vollmond**	19^h43^m
Mi 7.	20 30	5 35	13 09	–11,7	Spica		
Do 8.	21 51	6 07	14 07	–16,2	Jungfrau		
Fr 9.	23 04	6 46	15 07	–19,7	Waage		
Sa 10.	–	7 33	16 07	–21,8	Skorpion	Aufsteigender Knoten	
So 11.	0 07	8 28	17 07	–22,5	Schlangenträger	Libration West	
Mo 12.	0 58	9 29	18 04	–21,9	Schütze		
Di 13.	1 39	10 34	18 58	–20,2	Nunki	**Letztes Viertel**	20^h39^m
Mi 14.	2 11	11 40	19 50	–17,5	Schütze		
Do 15.	2 38	12 46	20 38	–14,1	Steinbock		
Fr 16.	3 00	13 51	21 25	–10,2	Wassermann		
Sa 17.	3 20	14 55	22 10	– 6,0	Wassermann		
So 18.	3 39	15 59	22 53	– 1,5	Fische	Erdferne 406 Größte Nordbreite	6^h
Mo 19.	3 57	17 03	23 37	+ 3,0	Fische		
Di 20.	4 17	18 08	0 21	+ 7,4	Fische		
Mi 21.	4 38	19 14	1 07	+11,6	Fische		
Do 22.	5 03	20 21	1 54	+15,3	Widder, Hamal	**Neumond**	0^h49^m
Fr 23.	5 33	21 26	2 44	+18,5	Widder		
Sa 24.	6 09	22 27	3 36	+20,8	*Plejaden		
So 25.	6 54	23 23	4 30	+22,1	Aldebaran, Hyaden	Absteigender Knoten	
Mo 26.	7 49	–	5 25	+22,3	*Stier, Al Nath	Libration Ost	
Di 27.	8 52	0 10	6 22	+21,4	Zwillinge		
Mi 28.	10 03	0 50	7 18	+19,2	Kastor, Pollux		
Do 29.	11 18	1 24	8 13	+15,9	*Krebs, Krippe	**Erstes Viertel**	13^h41^m
Fr 30.	12 36	1 53	9 07	+11,7	Krebs		

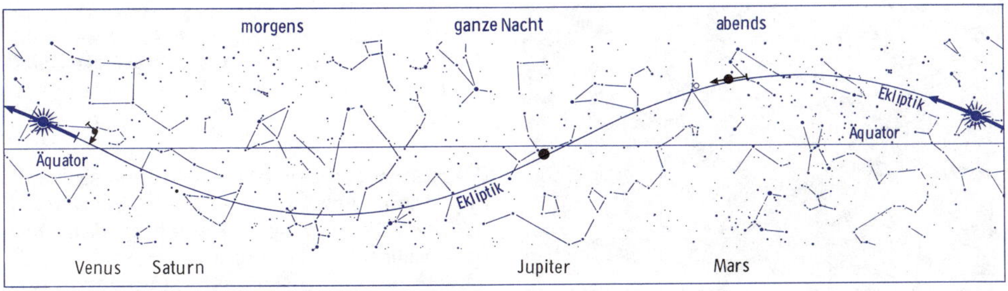

Planetenlauf im April

Merkur erreicht am 5. seine größte westliche Elongation von der Sonne. Am gleichen Tag passiert der flinke Planet sein Aphel (sonnenfernster Bahnpunkt). Daher kommt es zu einer extremen Elongation von 27°48'. Trotz dieses beachtlichen westlichen Winkelabstandes kann Merkur in unseren Breiten nicht gesehen werden – Merkur bietet uns keine Morgensichtbarkeit. Die morgendliche Ekliptik verläuft flach zum Südosthorizont, die Merkurdeklination ist über 12° südlicher als die der Sonne. Am 5. geht der $0^{m}\!,4$ helle Planet um $5^{h}11^{m}$ auf, die Sonne folgt bereits um $5^{h}48^{m}$. Noch ehe sich Merkur über die ärgsten Dunstschichten am Horizont erhoben hat, hat die Morgenhelle so weit zugenommen, daß Merkur sich nicht durchsetzen kann.

Am Tag der größten westlichen Elongation ist Merkur 130,0 Millionen Kilometer von der Erde entfernt.

Die Begegnung mit Venus am 16. bleibt ebenfalls unbeobachtbar.

Venus steht am 1. in unterer Konjunktion mit

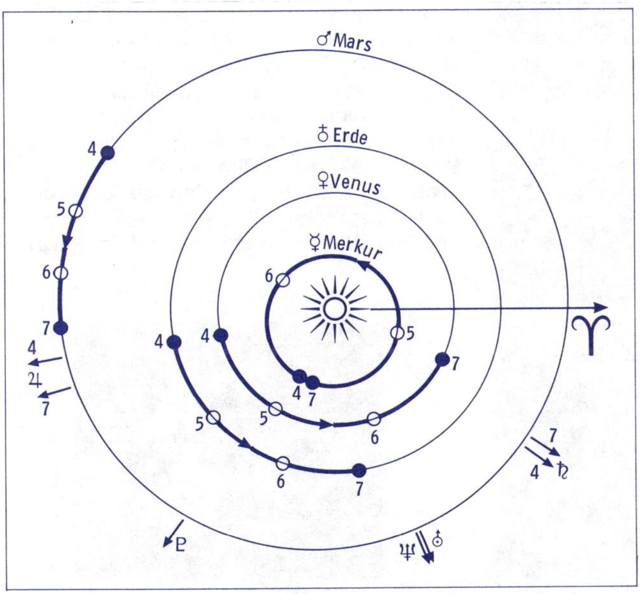

4.2: Das innere Planetensystem im zweiten Jahresviertel 1993. Eingezeichnet sind die Positionen der Planeten für den 1. April (4), 1. Mai (5) sowie 1. (6) und 30. Juni (7). Die Pfeile deuten die Richtungen zu den ferneren Planeten sowie zum Frühlingspunkt an.

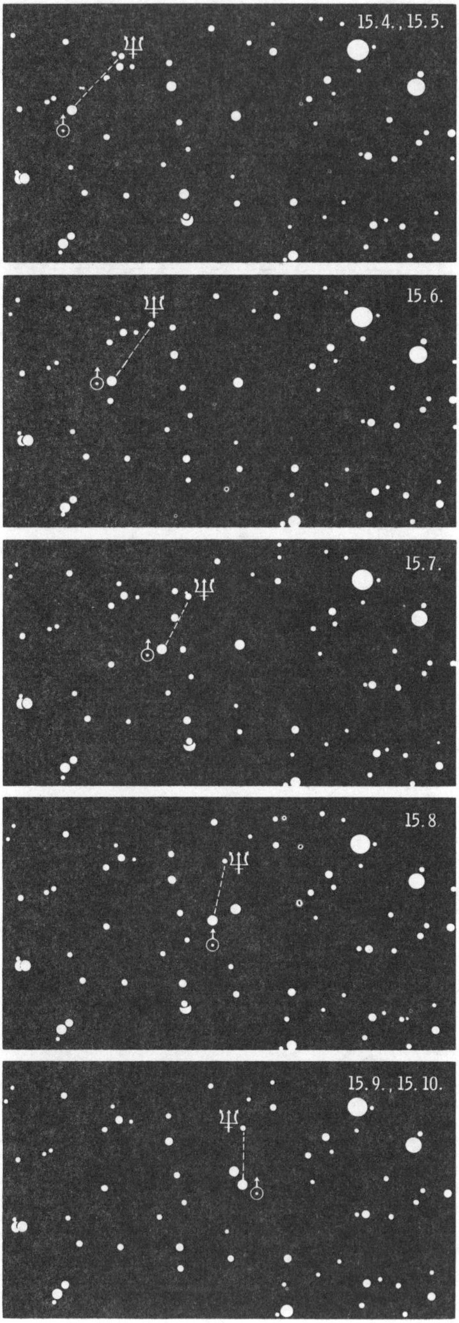

4.3: Die Bewegungen der sonnenfernen Planeten Uranus und Neptun im Sternbild Schütze vom 15. April bis 15. Oktober 1993. Der Himmelsausschnitt ist in der Sternkarte rechts unten eingezeichnet.

der Sonne. Am gleichen Tag kommt sie auch in Erdnähe. Ihre Entfernung von uns beträgt 0,2822 Astronomische Einheiten, das sind 42,2 Millionen Kilometer.

Obwohl Venus zu Monatsbeginn sich in unterer Konjunktion befindet, kann sie dennoch schon am Morgenhimmel gesehen werden. Denn sie hält sich 8° nördlicher als die Sonne auf, so daß sie bereits vor ihr aufgeht. Am 1. erfolgt der Venusaufgang um 5^h11^m, die Sonne folgt um 5^h57^m (= 6^h57^m Sommerzeit). Es verbleibt eine genügend lange Zeitspanne, um die $-4^m,0$ helle Venus am Morgenhimmel sichtbar werden zu lassen (siehe auch Abb. 2.4 auf Seite 56).

Im Fernrohr erkennt man eine extrem schmale Sichel von fast 60" scheinbarem Durchmesser. Auf die übergreifenden Hörnerspitzen wurde schon im März unter *Venus* hingewiesen. Die Venusaufgänge verfrühen sich während des Monats. Am 10. geht Venus um 4^h36^m, am 20. um 4^h05^m und am 30. bereits um 3^h40^m auf. Die Helligkeit nimmt um eine halbe Größenklasse auf $-4^m,5$ zu.

Am 19. kann man gegen 5^h (= 6^h Sommerzeit) die schmale Sichel des abnehmenden Mondes 6° westsüdwestlich von Venus erblicken. Am 20. beendet Venus ihre Rückläufigkeit und wird wieder rechtläufig.

Mars verläßt die Zwillinge und dringt in den Krebs ein. Seine rechtläufige Bewegung wird zunehmend schneller. Die Wanderung des roten Planeten kann gut verfolgt werden,

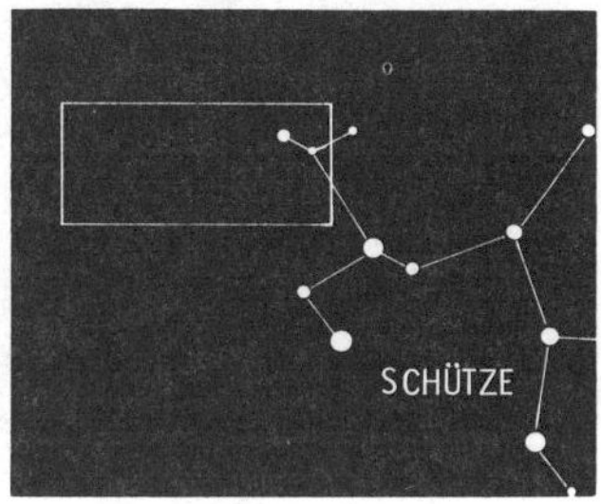

Jupitermond-Erscheinungen

Datum	MEZ	Vorgang	
1.	2^h01^m	II	DE
	2 09	II	SE
2.	3 51	III	DA
	3 59	III	SA
	4 23	I	BA
	21 14	II	VE
3.	1 42	I	DA
	1 47	I	SA
	3 53	I	DE
	3 59	I	SE
	22 49	I	BA
4.	1 08	I	VE
	20 08	I	DA
	20 15	I	SA
	22 19	I	DE
	22 28	I	SE
5.	19 37	I	VE
	20 54	III	VE
8.	1 52	II	DA
	2 15	II	SA
	4 17	II	DE
	4 45	II	SE
9.	20 52	II	BA
	23 48	II	VE
10.	3 26	I	DA
	3 41	I	SA
11.	0 33	I	BA
	3 02	I	VE
	21 52	I	DA
	22 09	I	SA
12.	0 03	I	DE
	0 21	I	SE
	20 51	III	BA
	21 31	I	VE
13.	0 52	III	VE
15.	4 08	II	DA
15.	4^h51^m	II	SA
16.	23 06	II	BA
17.	2 23	II	VE
18.	2 18	I	BA
	19 42	II	DE
	20 38	II	SE
	23 37	I	DA
19.	0 03	I	SA
	1 48	I	DE
	2 15	I	SE
	20 44	I	BA
	23 26	I	VE
20.	0 08	III	BA
	20 14	I	DE
	20 44	I	SE
24.	1 22	II	BA
25.	4 03	I	BA
	19 33	II	DA
	20 46	II	SA
	22 00	II	DE
	23 15	II	SE
26.	1 22	I	DA
	1 58	I	SA
	3 33	I	DE
	4 09	I	SE
	22 30	I	BA
27.	1 20	I	VE
	3 28	III	BA
	19 48	I	DA
	20 26	I	SA
	21 59	I	DE
	22 38	I	SE
28.	19 49	I	VE
30.	19 48	III	DE
	19 54	III	SA
	22 40	III	SE

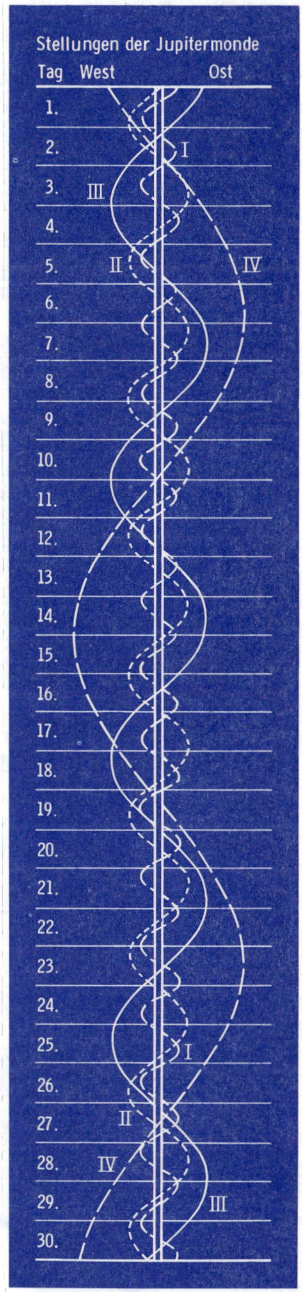

wenn man Kastor und Pollux in den Zwillingen als Orientierungsmarken nimmt.
Wer ein kleines Fernglas benutzt, kann sich auch an ϰ Geminorum halten, an dem Mars noch vor Monatsmitte knapp südlich vorbeizieht (siehe auch Abb. 1.7 auf Seite 38).
Die Helligkeit nimmt weiter um eine halbe Größenklasse ab. Zu Monatsende ist Mars nur noch $1\overset{m}{,}1$ hell. Als Vergleichssterne bieten sich Pollux ($1\overset{m}{,}1$), Prokyon ($0\overset{m}{,}4$) und Regulus ($1\overset{m}{,}4$) an.
Die Marsuntergänge verfrühen sich von 3^h21^m (= 4^h21^m Sommerzeit) am 1. auf 2^h01^m am 30. Wenn Mars in der Abenddämmerung sichtbar wird, hat er seinen Meridiandurchgang bereits hinter sich.

Am späten Abend des 28. passiert der zunehmende Mond den roten Planeten etwa 6° südlich (siehe Abb. 4.1 auf Seite 85).
Am 25. steht Mars um Mitternacht in Sonnenferne. Seine Apheldistanz beträgt 248,4 Millionen Kilometer. Am 4. April 19**94** wird er sein Perihel erreichen, wobei er dann nur mehr 206,6 Millionen Kilometer von der Sonne entfernt sein wird.
Zu Monatsende ist Mars bereits 222 Millionen Kilometer von der Erde entfernt.
Jupiter hat eben seine Opposition hinter sich und ist glanzvoller Planet der gesamten Nacht. Abgesehen von Venus, die erst knapp vor Tagesanbruch im Osten auftaucht, ist Jupiter das weitaus hellste Gestirn der Nacht (außer dem Mond natürlich).
Jupiter wandert rückläufig in der Jungfrau, entfernt sich von Porrima und steuert auf Zaniah (η Virginis) zu, den er zu Monatsende fast erreicht. Während des Monats sinkt die Jupiterhelligkeit leicht von $-2^m{,}5$ auf $-2^m{,}4$ ab. Nach Einbruch der Dunkelheit steht Jupiter bereits über dem Südosthorizont als auffälliges Gestirn. Am 1. durchschreitet der hell glänzende Planet um 0^h20^m (= 1^h20^m Sommerzeit) den Meridian, am 15. um 23^h15^m und am 30. bereits um 22^h10^m. Der Untergang des Riesenplaneten erfolgt am 30. um 4^h12^m, also etwa eine dreiviertel Stunde vor Sonnenaufgang.
Am 7. erreicht Jupiter mit +1°18' seine größte heliozentrische ekliptikale Nordbreite.
Saturn taucht im Laufe des Monats am Morgenhimmel auf. Zu Monatsbeginn verläßt er den Steinbock und dringt in den Wassermann ein. Gute Sichtbedingungen vorausgesetzt, kann der Ringplanet ab 10. vor Sonnenaufgang tief am Südosthorizont aufgesucht werden. Der Saturnaufgang erfolgt am 10. um 4^h09^m (= 5^h09^m Sommerzeit). Ab etwa 4^h30^m macht sich der $0^m{,}9$ helle Ringplanet am Horizont bemerkbar. Seine Aufgänge verfrühen sich auf 3^h32^m am 20. und auf 2^h54^m am 30.
Im Fernrohr zeigt Saturn einen 11° geöffneten Ring, dessen scheinbarer Längsdurchmesser $35''{,}7$ beträgt. Der Äquatordurchmesser des Saturnscheibchens mißt $15''{,}7$.
Uranus bremst seine ohnehin recht langsame Bewegung im Schützen ganz ab und wird am 26. stationär. Er setzt zu seiner Oppositionsschleife an und wird rückläufig.
Die Aufgänge des grünlichen Planeten ver-

Konstellationen und Ereignisse im April

Datum	MEZ	Ereignis
1.	14^h	Venus in unterer Konjunktion mit der Sonne
5.	16	Merkur im Aphel
5.	19	Merkur in größter westlicher Elongation (28°)
6.	11	Mond bei Jupiter, Mond 7° südlich
13.	16	Mond bei Neptun, Mond 3° nördlich
13.	19	Mond bei Uranus, Mond 4° nördlich
16.	12	Merkur bei Venus, Merkur $8^\circ{,}4$ südlich
16.	21	Mond bei Saturn, Saturn 7° nördlich
19.	5	**Mond 6° westsüdwestlich von Venus**
19.	18	Mond bei Venus, Mond $0^\circ{,}5$ nördlich (Venusbedeckung – von Deutschland aus unbeobachtbar)
20.	3	Venus im Stillstand, anschließend rechtläufig
20.	5	Mond bei Merkur, Mond 8° nördlich
22.	22	Neptun im Stillstand, anschließend rückläufig
26.	0	Mars im Aphel (248,4 Millionen km)
26.	13	Uranus im Stillstand, anschließend rückläufig
29.	1	Mond bei Mars, Mond 6° südlich

frühen sich von 3^h09^m (= 4^h09^m Sommerzeit) am 1. auf 2^h14^m am 15. und auf 1^h16^m am 30. Frühestens eine Stunde nach seinem Aufgang lohnt es sich, nach Uranus Ausschau zu halten. Störendes Mondlicht (um den 10.) sollte vermieden werden. Die Helligkeit von Uranus nimmt leicht von $5\overset{m}{.}8$ auf $5\overset{m}{.}7$ während des Monats zu.
Am 21. erfolgt die heliozentrische Konjunktion mit Neptun: Von der Sonne aus gesehen überholt der langsam laufende Uranus den noch langsamer laufenden Neptun. Das letzte Mal war dies im Jahre 1821 der Fall. Die nächste heliozentrische Konjunktion von Uranus und Neptun wird erst wieder im Jahre 2164 stattfinden.
Uranus bewegt sich südlich der Ekliptik, Neptun hingegen nördlich. Am 21. Dezember 1984 passierte Uranus den absteigenden Knoten seiner um $0\overset{\circ}{.}77$ geneigten Bahn. Neptun hatte am 19. Dezember 1961 seine größte heliozentrische Nordbreite von $1\overset{\circ}{.}8$ und wird erst am 10. August 2003 durch seinen absteigenden Knoten wandern (siehe auch Abb. 4.3).
Neptun im Schützen kann ab dem letzten Monatsdrittel am Morgenhimmel mit lichtstarker Optik aufgespürt werden. Der mit $7\overset{m}{.}9$ recht lichtschwache und sonnenferne Planet geht am 1. um 2^h58^m (= 3^h58^m Sommerzeit) auf, am 20. bereits um 1^h44^m und am 30. schon um 1^h04^m. Ab dem 20. kann man erfolgversprechend nach Neptun suchen. Die Suche soll aber frühestens 1 ½ Stunden nach seinem Aufgang beginnen.
Am 22. wird der lichtschwache, bläuliche Planet stationär und setzt zu seiner Oppositionsschleife an. Auf die heliozentrische Konjunktion mit Uranus am 21. wurde schon unter *Uranus* hingewiesen (siehe auch Abb. 4.3 sowie Aufsuchkärtchen Abb. 7.4 auf Seite 132).

Periodische Sternschnuppenströme im April

Um den 3. April erreichen die **Virginiden** ihr wenig ausgeprägtes Maximum. Einzelne Virginiden-Meteore sind bis ins erste Maidrittel zu verfolgen.
In der Zeit vom 12. bis 24. April werden die **Lyriden** aktiv. Ihr Ausstrahlungspunkt liegt in der Leier, etwa 7° südwestlich von Wega. Manche Beobachter vermuten mehrere Radianten.
Die Lyriden-Objekte sind schnell – im Mittel liegt die Geschwindigkeit um 50 Kilometer pro Sekunde. Günstigste Beobachtungszeit: 22^h bis 4^h. Das Maximum am 22. April ist nicht sehr ausgeprägt. Rund zehn bis zwanzig Meteore, darunter einige helle Exemplare, leuchten dann pro Stunde auf.
Um den 17. April erreichen die **Sigma-Leoniden** ihr Maximum. Vereinzelte Objekte dieses schwachen Stromes sind noch bis Mitte Mai nachweisbar.

Der Fixsternhimmel im April

Der Wintersternenhimmel hat nun endgültig Abschied genommen und den Frühlingsbildern Platz gemacht. Zwar sind tief im Westen noch die hellen Sterne Aldebaran im Stier, Beteigeuze im Orion und Sirius im Großen Hund zu sehen, doch den Schwerpunkt der Himmelsszene bilden sie nicht mehr. Auch die Zwillinge und den Kleinen Hund findet man noch halbhoch am Westhimmel. In den Zwillingen hält sich gerade der rote Planet Mars auf.
Blickt man steil empor, so erkennt man den Himmelswagen, der fast im Zenit (= Scheitelpunkt) steht. Folgt man mit den Augen dem Schwung der Wagendeichsel, so trifft man hoch im Osten auf den orangeroten Arktus, den Hauptstern des Bootes. Das Sternbild Bootes ist recht markant und läßt sich leicht einprägen; es hat die Form eines Papierdrachens, den man an windigen Frühlingstagen gerne steigen läßt. Die Amerikaner glauben, im Bootes eine Eistüte zu erkennen. Arktur selbst gehört zu den sechs hellsten Fixsternen des Himmels (Sirius, Kanopus, Toliman, Wega und Kapella). Der Name „Arktur" stammt aus dem Griechischen und bedeutet Bärenhüter oder -wächter. Diese Benennung rührt daher, daß Arktur dem Großen Bären auf einer äußeren Bahn bei seinem Weg um den Himmelsnordpol beständig folgt wie der Wärter eines Tieres. Bootes wieder bedeutet Rinderhirt. Nach der römischen Mythologie sind die sieben Wagensterne

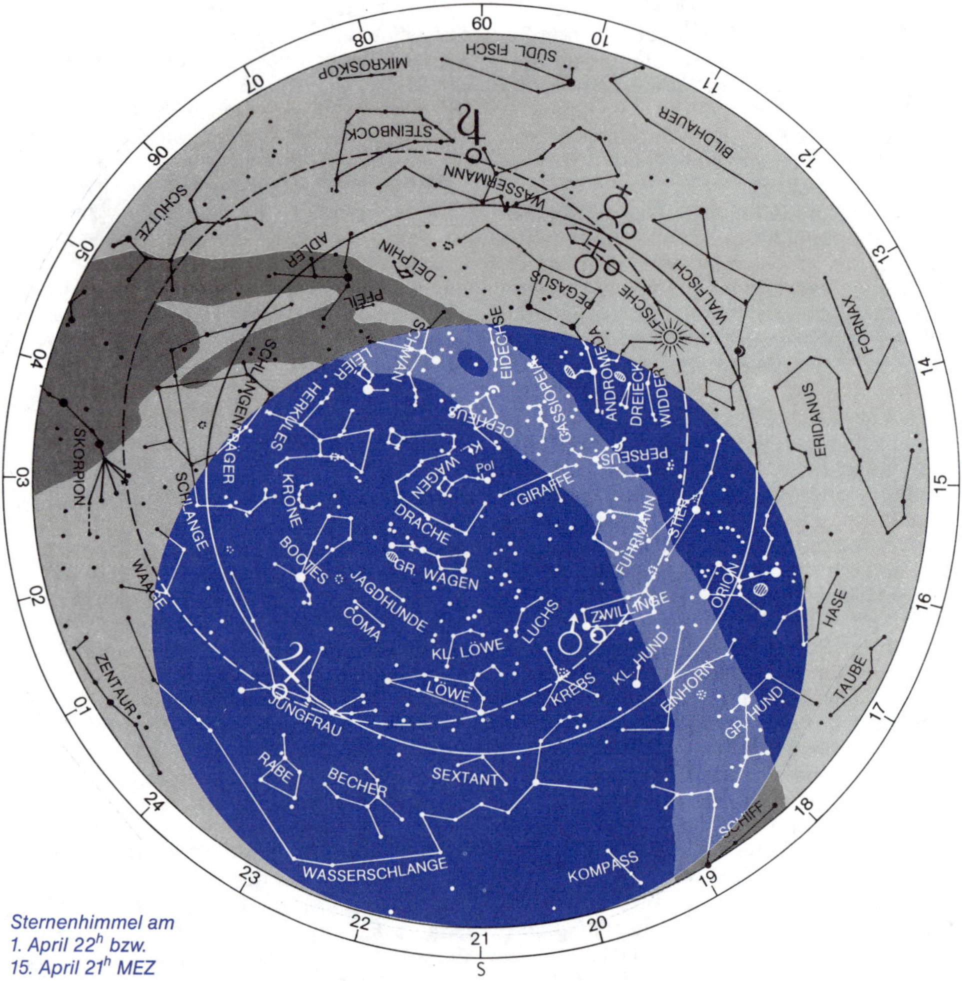

Sternenhimmel am 1. April 22h bzw. 15. April 21h MEZ

sieben Dreschochsen (Septemtriones), die von Bootes beständig angetrieben werden. Der Blick nach Süden läßt den frühlingshaften Charakter des Sternenhimmels sogleich erkennen. Der Löwe, *das* Frühlingssternbild schlechthin, passiert gerade den Meridian. Die Grundlinie des Löwentrapezes verläuft nun parallel zum Südhorizont. Die beiden Sterne an den Enden der Basis heißen Regulus und Denebola (arab: Schwänzchen des Löwen). Regulus, der westliche und hellere der beiden, steht fast genau auf der Ekliptik, also der scheinbaren Sonnenbahn. Mond und Planeten bedecken daher gelegentlich Regulus.

Im Südosten finden wir nun die Jungfrau (lat.: Virgo), die wie der Löwe Mitglied des Tierkreises ist. Tierkreissternbilder werden von Sonne, Mond und Planeten aufgesucht. Gegenwärtig hält sich gerade Jupiter in der Jungfrau auf. Der hellste Stern in der Jungfrau ist die bläulich strahlende Spica (lat.:

4.4: Vom Großen Wagen ausgehend findet man leicht den Polarstern, Arktur im Bootes und Regulus im Löwen.

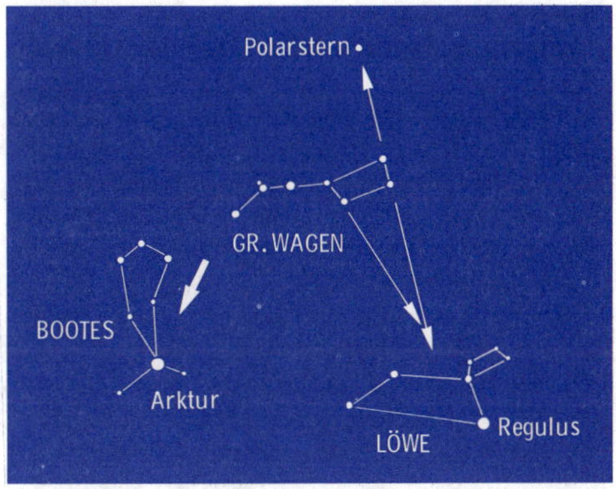

Kornähre). Sie ist das Symbol der Fruchtbarkeit. Südlich der Jungfrau entdeckt man ein auffälliges Sternentrapez. Es bildet im wesentlichen den Raben (lat.: Corvus), dessen Sterne zwar nicht übermäßig hell sind und der bei uns nur geringe Höhen über dem Horizont erreicht, dessen markante Form aber sehr einprägsam ist.
Tief im Nordosten flackert die Wega im Horizontdunst. Die Wega im Sternbild Leier kündet den kommenden Sommer an. Zieht man in Gedanken von der Wega bis zu Arktur eine Linie, so geht diese durch zwei Sternbilder: Herkules und Nördliche Krone. Die Krone liegt näher bei Bootes und ist leicht zu entdecken, da ihr Sternenhalbkreis leicht auffällt. Ein Stern namens Gemma (lat., Edelstein) übertrifft die anderen Sterne in der Krone an Helligkeit.
Die ausgedehnte Figur des Herkules zu erfassen, ist schon schwieriger und erfordert Geduld sowie gute Sichtverhältnisse.

Das Klima im April

Der April bringt das sprichwörtlich launenhafte Wetter (*Aprilwetter*). Wirbelnde Schneestürme und peitschender Regen wechseln innerhalb von Minuten mit strahlendem Sonnenschein. Die Temperaturen steigen an, es wird merkbar wärmer. Die Monatsdurchschnittstemperatur klettert auf 8,5 °C. Die mittlere Monatshöchsttemperatur erreicht schon 25 °C. Mit fünf Frosttagen ist dennoch zu rechnen. In Einzelfällen treten nach Aufklaren Nachtfröste von unter −10 °C auf. Stabile Wettersituationen (Hochdrucklagen) sind im April selten. Häufig bilden sich Tiefdruckrinnen mit Nord-Südrichtung aus. Das Wetter gestaltet sich allgemein windig und wechselhaft, oft treten Stürme auf.
Der April bringt an rund 15 Tagen mehr Niederschläge (Regenmenge) als der März, die oft als schauerartiger Regen niedergehen. An zwei bis fünf Tagen fällt noch Schnee.
Die mittlere Monatssonnenscheindauer steigt auf 170 Stunden an. 55 % der Nächte sind bewölkt. Nebel tritt nur sehr selten auf.
Witterungsverlauf: Den ganzen Monat über herrscht unbeständiges Wetter, häufig mit stürmischen Winden. Jeweils um den 10. und um den 22. ist mit Kälterückfällen zu rechnen. Eine stabile Wetterlage (Hochdruck) mit Sonnenschein und Erwärmung ist am ehesten um den 17. bis 20. zu erwarten.
Ende April tritt Eintrübung mit stärkeren Regenfällen auf.

Veränderliche Sterne im April

Algol-Minima	1. 23^h56^m	4. 20^h26^m	24. 22^h07^m		
β-Lyrae-Minima	3. 6^h	16. 5^h	29. 3^h		
δ-Cephei-Maxima	6. 0^h	11. 9^h	16. 18^h	22. 2^h	27. 11^h

Monatsthema: Bemannte Raumfahrt – ja oder nein?

„Nichts kann eine Unterstützung für ein solches Projekt rechtfertigen, das auf äußerst schwachen Argumenten beruht und dessen Realisierung jedem unmöglich erscheint, der auch nur ein wenig über diese Probleme informiert ist." So lautete der Rat der Expertenkommission an den spanischen Königshof, als Christoph Kolumbus vor gut 500 Jahren mit seinem Projekt vorstellig wurde, den westlichen Seeweg nach Indien zu suchen. Um ein Haar wäre das große Vorhaben von Kolumbus gescheitert, zu ehrgeizig erschienen seine Pläne. Auch wenn Kolumbus seine Expedition nicht durchführen hätte können: Amerika wäre doch entdeckt worden! Über kurz oder lang wäre ein Schiff so weit nach Westen vorgestoßen, daß es die Ostküste der Neuen Welt erreicht hätte.

Zur Zeit stehen wir vor einem ähnlichen Problem. Soll die Menschheit bemannte Raumfahrt betreiben oder sollte man nicht lieber die riesigen Geldsummen sparen und mit einem Bruchteil davon die unbemannte Erforschung des Alls vorantreiben? Angesehene Wissenschaftler und renommierte Fachleute plädieren leidenschaftlich dafür, auf die Anwesenheit von Menschen im Weltraum zu verzichten und lieber unbemannte Satelliten und Raumsonden für die Erforschung des Kosmos einzusetzen.

Nicht minder heftig legen sich jene Experten ins Zeug, die in der bemannten Raumfahrt ein Gebot der Zukunft sehen und die die gewaltigen Aufwendungen für bemannte Raumfahrtprojekte engagiert verteidigen.

Vor nicht allzu langer Zeit stand jegliche Raumfahrtaktivität im Kreuzfeuer heftiger Kritik. Der Nutzen der Raumfahrt schien vielen die gewaltigen Kosten nicht zu rechtfertigen. Inzwischen gibt es bei der Beurteilung der unbemannten Raumfahrt kaum mehr kontroverse Meinungen. Die bisher erzielten wissenschaftlichen, technischen und kommerziellen Erfolge der unbemannten Raumfahrt haben selbst hartnäckige Skeptiker von ihrem Nutzen überzeugt. Kommunikations- und Navigationssatelliten, Beobachtung der Erde aus dem Weltall zur Lösung von Umweltproblemen wie Ozonloch, Treibhauseffekt, Vernichtung tropischer Regenwälder, Verschmutzung der Meere etc., Erforschung der Sonne und ihrer Planeten samt Monden, Beobachtung des Weltalls in fast der gesamten Bandbreite des elektromagnetischen Spektrums von außerhalb der irdischen Lufthülle haben die Anwendungsmöglichkeiten und die Erfolge der unbemannten Raumfahrt im Bewußtsein der Öffentlichkeit verankert. Die wichtige Rolle, die die unbemannte Raumfahrt bei der Bewältigung existentieller Menschheitsprobleme spielt, ist längst unbestritten. Wie steht es aber um die Akzeptanz der bemannten Raumfahrt?

Die Kritik hierzulande entzündet sich vor allem an Projekten wie HERMES und COLUMBUS. Mit HERMES plant die europäische Raumfahrtagentur ESA einen Raumgleiter zu entwickeln, der wiederverwendbar einsetzbar ist und Astronauten ins All und wieder zurücktransportieren kann.

COLUMBUS soll ein bemanntes Weltraumlabor werden, das modular an die amerikanische Raumstation FREEDOM angekoppelt werden kann. Beide Projekte erfordern Summen, die weit über das hinausgehen, was selbst die teuersten unbemannten Raumfahrtprojekte kosten. Zusammen mit der europäischen Trägerrakete ARIANE V für den Transport von HERMES werden allein für die Bundesrepublik Deutschland die anteiligen Kosten auf acht bis zehn Milliarden DM geschätzt – für Entwicklung und Bau. Hinzu kommen dann jährlich rund eine Milliarde DM an Betriebskosten für diese Systeme. Viele Wissenschaftler sehen diese Summen als vergeudet an, zumindest wird ihre Effizienz für die Forschung als sehr gering eingestuft. Hauptsächlich folgende Argumente führen sie gegen die bemannte Raumfahrt an:

Von wissenschaftlicher Seite wurde die bemannte Raumfahrt kaum gefordert. Vielmehr hat politischer und militärischer Wettbewerb dazu geführt, die bemannten Raumfahrtprojekte voranzutreiben. Die technischen Anforderungen an bemannte Missionen sind jedoch wesentlich höher als an automatische Raumsonden, muß doch das sogenannte Restrisiko auf ein absolutes Minimum herabgedrückt werden. Die Zuverlässigkeit und die Sicherheit solch komplexer Systeme wie

bemannter Raumfahrzeuge muß ein extrem hohes Niveau erreichen, um zu vermeiden, daß eine solche Mission mit einer Katastrophe endet.
Mit Ausnahme von raumfahrtmedizinischen Untersuchungen gibt es aber keine Forschungsbereiche, die sich nicht prinzipiell von automatischen Systemen durchführen lassen. Automatisch arbeitende Raumfahrtroboter kosten aber nur einen Bruchteil dessen, was eine vergleichbare bemannte Raumfahrtmission kostet.
Ein unbemanntes Raumfahrzeug kann nach erfolgreicher Mission aufgegeben werden, bemannte Missionen erfordern ein aufwendiges Rückholmanöver.
Der technologische Nutzen für andere Bereiche, gewissermaßen der verwertbare „Abfall" neuer technischer Entwicklungen bei der bemannten Raumfahrt, ist schwer abzuschätzen, hält sich aber aller Voraussicht nach in engen Grenzen. Selbst die sogenannte Mikrogravitationsforschung, die Experimente unter fast vollkommener Schwerelosigkeit bedarf, liefert keine stichhaltige Begründung für die Notwendigkeit, bemannt ins All zu fliegen.
Die Befürworter bemannter Missionen führen dagegen ins Treffen, daß der Mensch vor Ort grundsätzlich durch kein noch so hochentwickeltes Robotersystem ersetzt werden kann. Die Fähigkeiten des Menschen, bei unerwarteten Ereignissen sinnvolle Entscheidungen zu treffen, wird von Automaten noch lange nicht oder vielleicht überhaupt nie erreicht.
Auf lange Sicht werden sich nur solche Länder in der Spitze der Industrienationen behaupten können, die sich in solch anspruchsvollen Technologien wie die bemannte Raumfahrt engagieren. Man lernt bei der bemannten Raumfahrt mit hochkomplexen Systemen umzugehen, das Zusammenspiel von Menschen und Apparaten optimal zu koordinieren und sammelt schließlich Erfahrungen, die sich auch im Management eines globalen Ökosystems – wie die Erde eines ist – sinnvoll anwenden lassen.
Noch so viele hervorragende und erfolgreiche unbemannte Forschungsmissionen mögen nie die Begeisterung und Faszination hervorrufen wie beispielsweise das herausfordernde Projekt einer bemannten Expedition zum Mars. Schließlich und endlich sei die bemannte Raumfahrt immer noch ein billiges Unterfangen im Vergleich mit den Kosten, die die militärische Hochtechnologie seit vielen Jahren verschlingt. Der kulturelle Beitrag, den die bemannte Raumfahrt für die gesamte Menschheit zu leisten vermag, sowie der technologische Fortschritt, der mit ihr erzielt werden kann, ist kaum in Mark und Pfennig auszudrücken.
Doch das ganze Für und Wider der Raumfahrtenthusiasten und ihrer Gegner ist im Grunde genommen eine rein akademische Diskussionsübung und beeinflußt wahrscheinlich die Entscheidung für die bemannte Raumfahrt kaum. Denn menschliches Handeln und der Ablauf der Geschichte unterliegen nicht rational getroffenen Entscheidungen, sondern den biologischen Evolutionsgesetzen. Letztendlich ist die bemannte Raumfahrt rational nicht begründbar. Der Erstbezwinger des Mt. Everest, Sir Edmund HILLARY, wurde einst gefragt, warum er den höchsten Berg der Erde bezwungen habe. Seine Antwort war ebenso verblüffend wie einfach: „Weil er da ist!" Es scheint ein Gesetz der Evolution zu sein, daß der Mensch sich immer neue Freiräume erobert. Eines Tages werden Erdenbewohner den Mars betreten. Mögen sie noch so viele Argumente über Sinn und Zweck ihrer Expedition anführen, der wahre Grund ist schlicht: Sie werden den roten Planeten betreten, weil er da ist. So betrachtet sind die akademisch gelehrten Gegner der bemannten Raumfahrt heute bereits die Wissenschaftler von gestern.

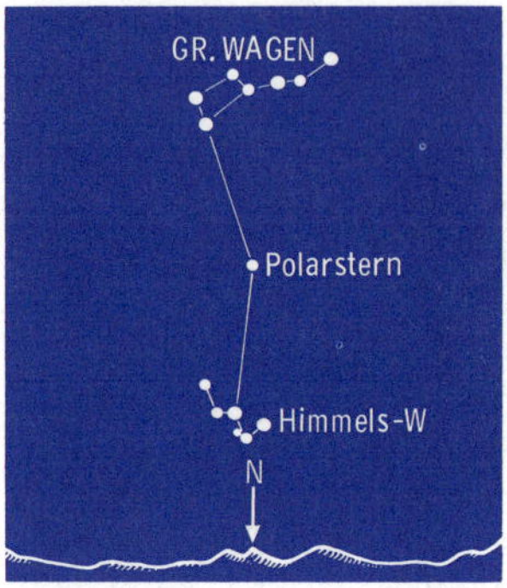

Großer Wagen und Himmels-W
Anfang Mai 22^h MEZ

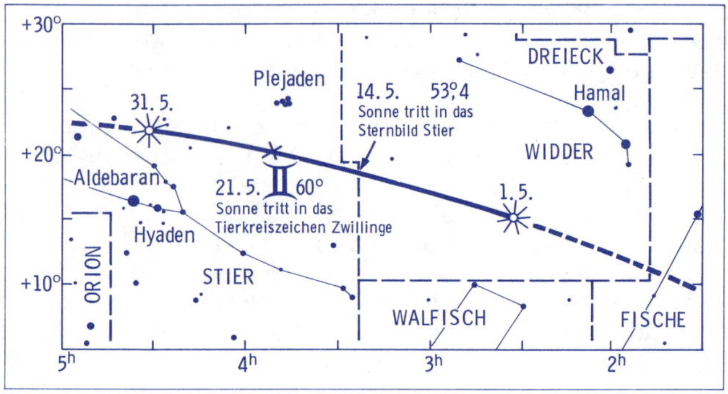

Sonnenlauf im Mai

Datum	Aufgang MEZ	Untergang MEZ	Kulmination	Zeitgleichung	Mittagshöhe	Rektaszension	Deklination	Sternzeit 1^h MEZ
1.	4^{h}57^m	19^{h}39^m	12^{h}17^m	+3^m	55°,2	2^{h}33^m	+15°,0	14^{h}36^m
6.	4 48	19 46	12 17	+3	56,6	2 52	+16,5	14 55
11.	4 40	19 54	12 16	+4	57,9	3 11	+17,8	15 15
16.	4 33	20 01	12 16	+4	59,2	3 31	+19,1	15 35
21.	4 27	20 07	12 17	+3	60,2	3 51	+20,1	15 55
26.	4 21	20 14	12 17	+3	61,2	4 11	+21,1	16 14
31.	4 17	20 19	12 18	+2	62,0	4 32	+21,9	16 34

Julianisches Datum am 1. Mai, 1^h MEZ: 2 449 108,5

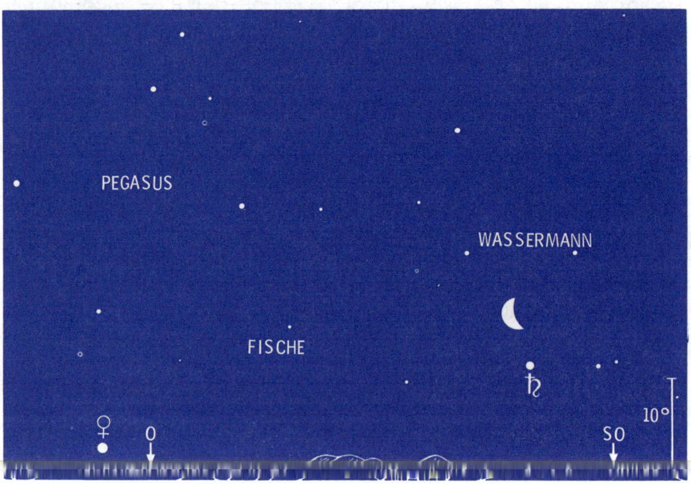

5.1: Anblick des morgendlichen Sternenhimmels am 14. Mai gegen 3^{h}30^m MEZ (= 4^{h}30^m MESZ). Tief am Osthorizont leuchtet die Venus als Morgenstern. Im Südosten erkennt man den Ringplaneten Saturn knapp unterhalb des abnehmenden Halbmondes.

Tages- und Nachtstunden im Mai

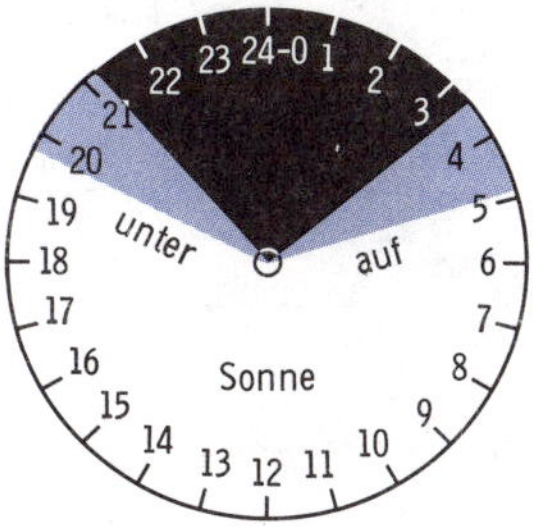

5. Mai

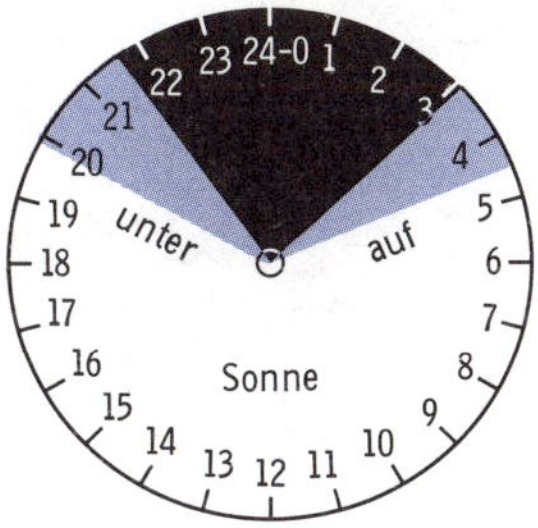

15. Mai

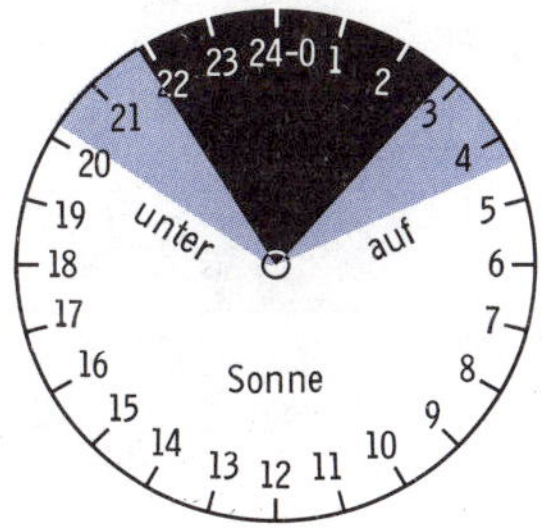

25. Mai

Mondlauf im Mai

Datum	Aufgang MEZ	Untergang MEZ	Rektaszension	Deklination	Sterne und Sternbilder	Phase	MEZ
Sa 1.	13^h55^m	2^h18^m	10^h01^m	+ 6°,7	Regulus		
So 2.	15 15	2 42	10 55	+ 1,3	Löwe	Größte Südbreite	
Mo 3.	16 37	3 06	11 49	– 4,2	Jungfrau		
Di 4.	18 00	3 32	12 45	– 9,6	Spica	Erdnähe 363	1^h
Mi 5.	19 22	4 02	13 42	–14,4	Jungfrau		
Do 6.	20 39	4 37	14 41	–18,3	Waage	**Vollmond**	4^h34^m
Fr 7.	21 48	5 20	15 41	–21,0	Waage		
Sa 8.	22 46	6 12	16 42	–22,2	Antares	Aufsteigender Knoten	
So 9.	23 33	7 12	17 41	–22,2	Schlangenträger	Libration West	
Mo 10.	–	8 18	18 38	–20,8	Nunki		
Di 11.	0 10	9 25	19 32	–18,4	Schütze		
Mi 12.	0 39	10 33	20 22	–15,2	Steinbock		
Do 13.	1 03	11 39	21 10	–11,4	Wassermann	**Letztes Viertel**	13^h20^m
Fr 14.	1 24	12 44	21 56	– 7,2	Wassermann		
Sa 15.	1 43	13 48	22 40	– 2,8	Wassermann	Erdferne 405 Größte Nordbreite	23^h
So 16.	2 02	14 52	23 24	+ 1,7	Fische		
Mo 17.	2 21	15 57	0 08	+ 6,2	Fische		
Di 18.	2 42	17 02	0 53	+10,4	Fische		
Mi 19.	3 05	18 09	1 40	+14,3	Fische		
Do 20.	3 33	19 15	2 29	+17,6	Widder, Hamal		
Fr 21.	4 08	20 18	3 21	+20,2	Plejaden	**Neumond**	15^h07^m
Sa 22.	4 51	21 17	4 15	+21,8	Aldebaran, Hyaden	Absteigender Knoten	
So 23.	5 43	22 08	5 11	+22,4	Stier, Al Nath	Libration Ost	
Mo 24.	6 45	22 51	6 08	+21,6	Zwillinge		
Di 25.	7 54	23 27	7 05	+19,7	Kastor, Pollux		
Mi 26.	9 08	23 57	8 01	+16,6	*Krebs		
Do 27.	10 25	–	8 55	+12,6	Krippe		
Fr 28.	11 42	0 23	9 48	+ 7,9	*Regulus	**Erstes Viertel**	19^h21^m
Sa 29.	13 00	0 46	10 41	+ 2,6	Sextant	Größte Südbreite	
So 30.	14 19	1 10	11 34	– 2,8	Löwe		
Mo 31.	15 39	1 34	12 27	– 8,0	Jungfrau	Erdnähe 368	12^h

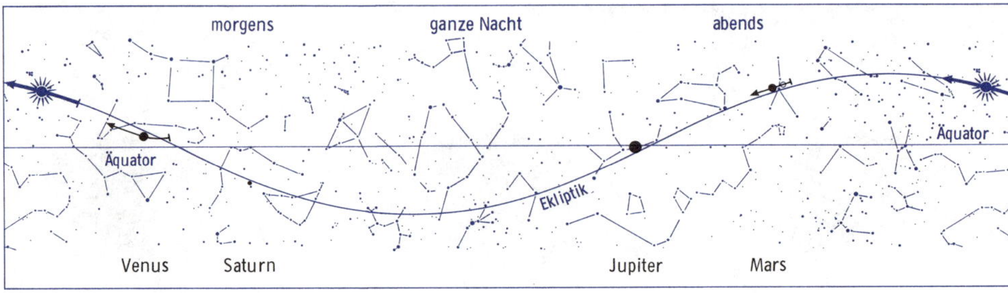

Planetenlauf im Mai

Merkur eilt der Sonne nach, die ihm im Tierkreis voranmarschiert. Am 16. holt der schnelle Planet die Sonne ein und steht in oberer Konjunktion mit ihr. Von der Erde aus betrachtet, verschwindet Merkur hinter der Sonnenscheibe. Die Sonne bedeckt somit Merkur, ein Ereignis, das mit den Mitteln des Sternfreundes unbeobachtbar bleibt.
Bis Monatsende wächst der östliche Winkelabstand des Merkurs von der Sonne auf 17° an. Da die abendliche Ekliptik steil zum Westhorizont steht und Merkur recht hell ist, so kann – gute Sichtbedingungen vorausgesetzt – der sonnennahe Planet zu Monatsende am Abendhimmel aufgespürt werden. Am 28. geht der $-0^m{,}9$ helle Merkur um 21^h40^m (= 22^h40^m Sommerzeit) unter. Gegen 21^h (bzw. 22^h MESZ) ist die Abenddämmerung so weit fortgeschritten, daß Merkur tief im Nordwesten erkannt werden kann.
Am 31. erfolgt der Untergang des inzwischen $-0^m{,}7$ hellen Merkur um 21^h56^m. Im Fernrohr zeigt sich Merkur noch rundlich mit $5''{,}9$ Scheibchendurchmesser.
Am 19. passiert Merkur sein Perihel, wobei ihn 46,0 Millionen Kilometer von der Sonne trennen.
Venus baut ihre Rolle als Morgenstern nur zögerlich aus. Sie wandert durch die Fische und läuft der Sonne nach. Die Sonne, die sich ohnehin schon nördlicher im Tierkreis aufhält, ist schneller als Venus, so daß der nördliche Abstand der Sonne sich noch vergrößert. Daher nimmt die Dauer der Morgensichtbarkeit in diesem und im nächsten Monat zunächst nur langsam zu (siehe auch Abb. 8.4 auf Seite 147).
Am 1. geht der $-4^m{,}5$ helle innere Nachbarplanet um 3^h38^m (= 4^h38^m Sommerzeit) auf, die Sonne folgt um 4^h57^m. Während des Monats verfrühen sich die Venusaufgänge um eine Stunde, am 31. überschreitet die Venus die Horizontlinie bereits um 2^h39^m. Allerdings geht die Sonne zu Monatsende auch vierzig Minuten früher auf als zu Monatsbeginn, so daß der Sichtbarkeitsgewinn nur 20 Minuten beträgt. Auch sinkt die Venushelligkeit leicht um $0^m{,}1$ ab. Ihren größten Glanz erreicht Venus im übrigen am 7. mit $-4^m{,}5$ Helligkeit.
Am 18. kann gegen 4^h (= 5^h Sommerzeit) morgens die schmale Sichel des abnehmenden Mondes etwa 6° nordöstlich der Venus gesehen werden.
Im Fernrohr bemerkt man, daß die Venussichel kleiner und dicker wird. Am 6. ist das $39''{,}4$ große Venusscheibchen zu einem Viertel beleuchtet. Bis Monatsende schrumpft der Venusdurchmesser auf 27".
Auch wer noch keine große Beobachtungserfahrung hat, wird die schnelle Abnahme der scheinbaren Venusgröße leicht selbst feststellen. Am 6. beträgt die Entfernung der Venus von der Erde 63,9 Millionen Kilometer.

5.2: Das Bewegungsspiel von Jupiter und seinen vier hellen Monden vom 26. Mai bis 8. Juni 1993. Eingetragen ist außerdem der relativ helle Stern Zaniah (=η Vir), bei dem Jupiter seine Oppositionsschleife beendet und wieder rechtläufig wird.

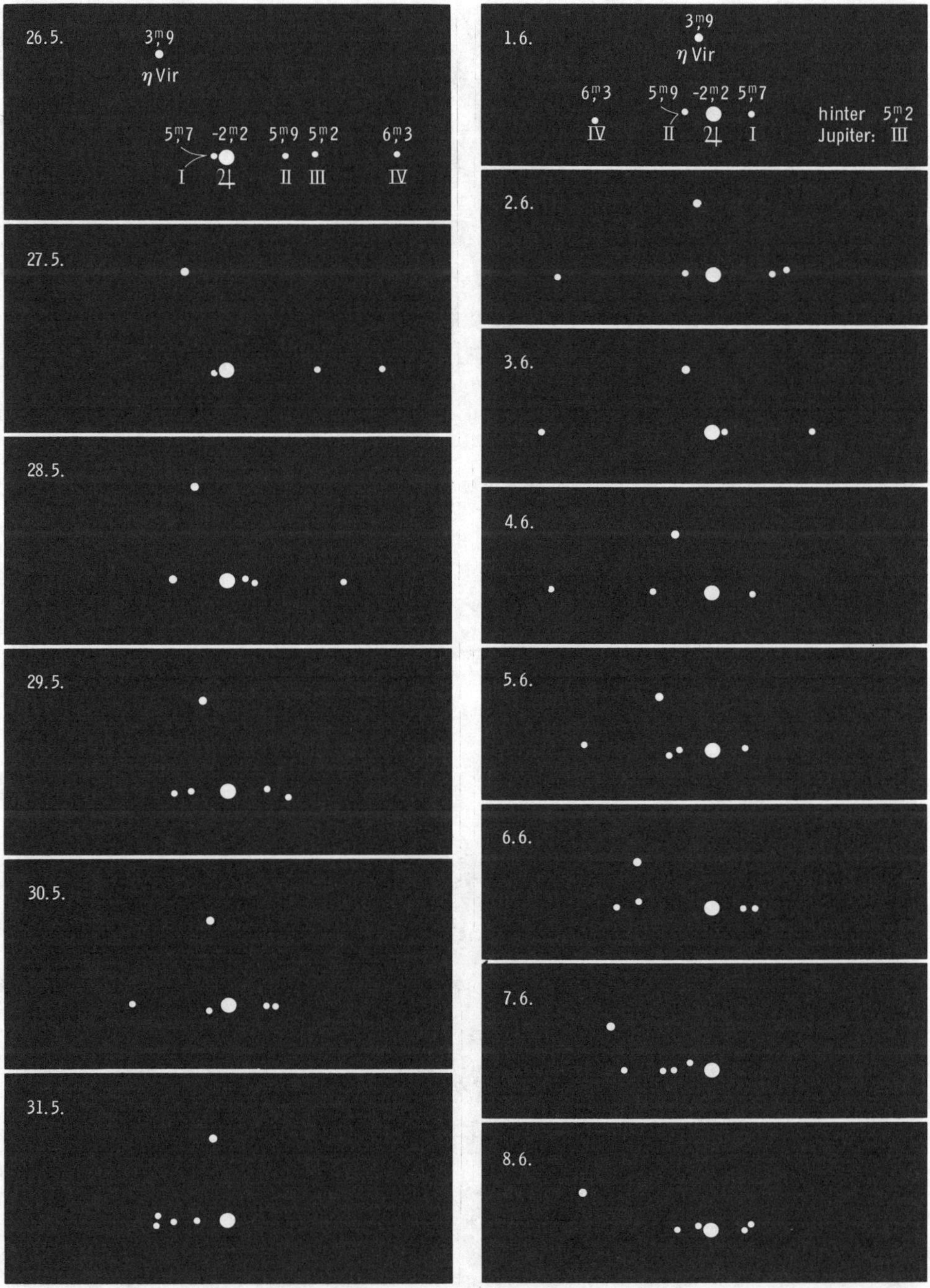
26.5.
3,m9
η Vir
5,m7 -2,m2 5,m9 5,m2 6,m3
I ♃ II III IV
27.5.
28.5.
29.5.
30.5.
31.5.
1.6.
3,m9
η Vir
6,m3 5,m9 -2,m2 5,m7
IV II ♃ I
hinter Jupiter: 5,m2 III
2.6.
3.6.
4.6.
5.6.
6.6.
7.6.
8.6.

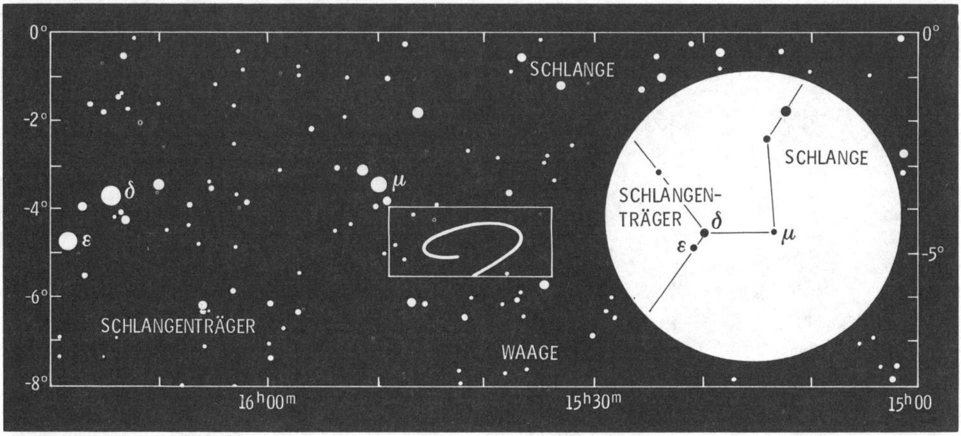

5.3: Orientierungskarte zum Aufsuchkärtchen „Pluto". Das rechteckige Feld zeigt den Himmelsausschnitt der Abb. 5.4.

Mars ist Planet der ersten Nachthälfte. Nach Einbruch der Dunkelheit kann man ihn hoch im Südwesten als Objekt erster Größe erkennen. Der rote Planet wandert rechtläufig durch den Krebs, wobei er vom 11. bis 13. den offenen Sternhaufen M 44, Praesepe beziehungsweise Krippe genannt, passiert. Für Fernglasbesitzer ist es besonders reizvoll, die Passage von Mars an der Krippe zu verfolgen.

Im Laufe des Monats nimmt die Marshelligkeit von $1^m_{,}1$ auf $1^m_{,}4$ ab. Die Untergänge des roten Planeten verfrühen sich von 1^h59^m ($=2^h59^m$ Sommerzeit) am 1. auf 1^h20^m am 15. und 0^h36^m am 31.

Fernrohrbeobachter seien darauf hingewiesen, daß der Durchmesser des Marsscheibchens im Mai von 6,"3 auf 5,"3 abnimmt. Damit sind auch in besseren Amateurteleskopen

5.4: Bahn des Planeten Pluto 1993. Die Zahlen geben die Position von Pluto am jeweiligen Monatsersten an.

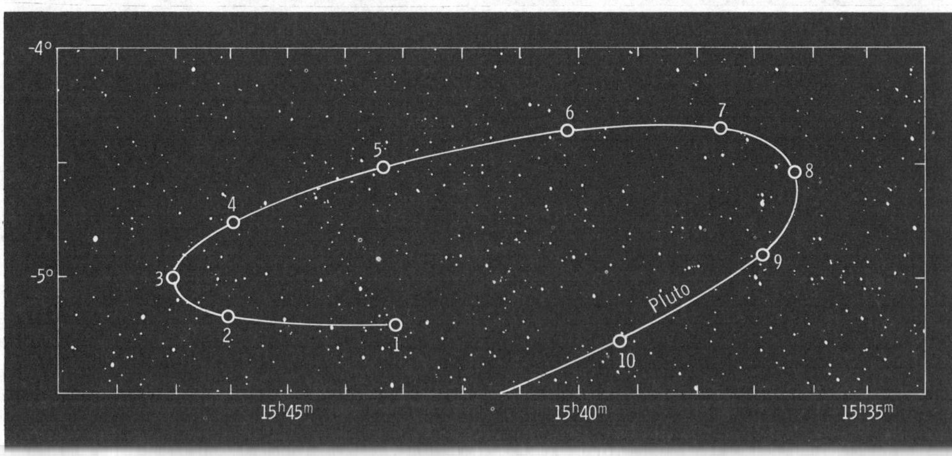

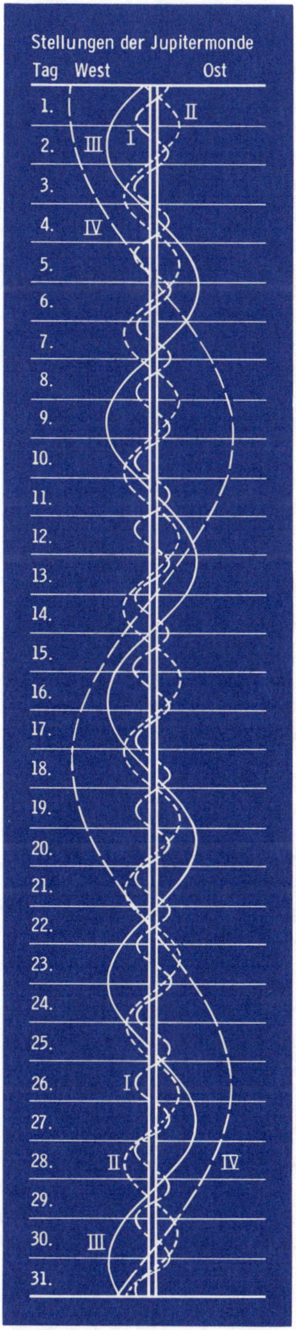

Jupitermond-Erscheinungen

Datum	MEZ	Vorgang	
1.	3h39m	II	BA
2.	21 53	II	DA
	23 23	II	SA
3.	0 20	II	DE
	1 51	II	SE
	3 08	I	DA
4.	0 16	I	BA
	3 15	I	VE
	20 48	II	VE
	21 34	I	DA
	22 21	I	SA
	23 46	I	DE
5.	0 32	I	SE
	21 44	I	VE
7.	20 31	III	DA
	23 16	III	DE
	23 53	III	SA
8.	2 38	III	SE
10.	0 14	II	DA
	2 00	II	SA
	2 42	II	DE
11.	2 03	I	BA
	23 22	I	DA
	23 22	II	VE
12.	0 15	I	SA
	1 33	I	DE
	2 26	I	SE
	20 30	I	BA
	23 39	I	VE
13.	20h00m	I	DE
	20 55	I	SE
15.	0 01	III	DA
	2 47	III	DE
17.	2 37	II	DA
18.	20 43	III	VE
	21 30	II	BA
19.	1 10	I	DA
	1 57	II	VE
	2 09	I	SA
	22 19	I	BA

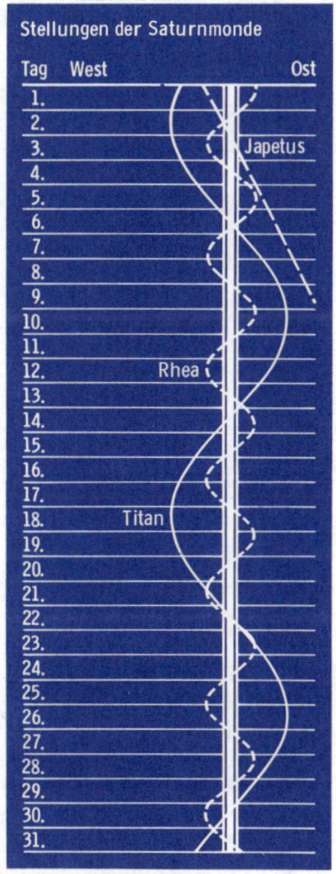

Datum	MEZ	Vorgang	
20.	1 34	I	VE
	20 24	II	SE
	20 38	I	SA
	21 49	I	DE
	22 49	I	SE
25.	20 20	III	BE
	21 57	III	VA
	23 53	II	BA
26.	0 41	III	VE
27.	0 09	I	BA
	20 34	II	SA
	20 47	II	DE
	21 27	I	DA
	22 33	I	SA
	23 01	II	SE
	23 38	I	DE
28.	0 43	I	SE
29.	21 57	I	VE

Konstellationen und Ereignisse im Mai

Datum	MEZ	Ereignis
3.	16^h	Mond bei Jupiter, Mond 7° südlich
7.	5	**Venus** im **größten Glanz** ($-4^m\!,5$)
11.	0	Mond bei Neptun, Mond 3° nördlich
11.	3	Mond bei Uranus, Mond 4° nördlich
14.	3	**Mond 5° nordnordwestlich von Saturn**
14.	8	Mond bei Saturn, Mond 7° nördlich
15.	0	**Pluto** in **Opposition** zur Sonne
16.	4	Merkur in oberer Konjunktion mit der Sonne
18.	1	Mond bei Venus, Mond 6° nördlich
18.	4	**Mond 6° nordnordöstlich von Venus**
19.	16	Merkur im Perihel
21.	15	**Partielle Sonnenfinsternis –** in Teilen Deutschlands beobachtbar (siehe Seite 28)
27.	8	Mond bei Mars, Mond 7° südlich
30.	22	Mond bei Jupiter, Mond 7° südlich

kaum mehr Details auf dem roten Planeten erkennbar.

Jupiter in der Jungfrau bremst merkbar seine rückläufige Bewegung ab. Zum Stillstand kommt er aber erst Anfang nächsten Monats. Gegen Ende des Monats pirscht er sich nahe an η Virginis (Zaniah) heran, ein Vorgang, der besonders reizvoll mit einem Fernglas zu verfolgen ist.

Zaniah ist ein Stern mit $3^m\!,9$ scheinbarer Helligkeit, also deutlich heller als die Jupitermonde, die ebenfalls im Gesichtsfeld des Fernglases beziehungsweise kleinen Teleskops erkennbar sind. Das Vorbeiwandern von Jupiter an Zaniah einschließlich der Stellungen der vier galileischen Jupitermonde zu Monatsende ist in Abb. 5.2 auf Seite 99 dargestellt. Die Position von Jupiter und seinen Monden gilt jeweils für 23^h (= 24^h Sommerzeit). Man berücksichtige, daß die Darstellung der Sichtweise im *umkehrenden* Fernrohr entspricht. Wer mit aufrecht abbildendem Fernglas beobachtet, drehe die Zeichnung um 180°!

Jupiter zieht sich vom Morgenhimmel zurück. Der Riesenplanet verfrüht seine Untergänge von 4^h07^m (= 5^h07^m Sommerzeit) am Monatsersten um über zwei Stunden auf 2^h06^m am Monatsletzten. Zu Monatsende hat er zu Sonnenuntergang seine Kulmination bereits hinter sich, die am 31. um 20^h03^m (= 21^h03^m Sommerzeit) erfolgt. Die Jupiterhelligkeit geht auf $-2^m\!,2$ zurück, der Äquatordurchmeser des Jupiterscheibchens auf $39''\!,7$.

Saturn baut seine Morgensichtbarkeit aus. Der Ringplanet geht nun immer früher auf, allerdings taucht auch die Sonne am Morgenhimmel immer eher auf. Am 1. geht Saturn um 2^h50^m (= 3^h50^m Sommerzeit) auf, am 15. um 1^h57^m und am 31. schon um 0^h55^m. Die Saturnhelligkeit steigt leicht um $0^m\!,1$ auf $0^m\!,8$ an.

Der Ringplanet bremst merkbar seine rechtläufige Bewegung im Wassermann ab, sein Stillstand ist nicht mehr allzu ferne (siehe Abb. 7.3 auf Seite 131).

In den Morgenstunden des 14. kann man gegen 3^h30^m (= 4^h30^m Sommerzeit) den abnehmenden Halbmond etwa 5° nördlich von Saturn tief am Südosthorizont sehen (siehe Abb. 5.1 auf Seite 96).

Am 1. ist Saturn 1512,1 Millionen Kilometer von der Erde entfernt.

Uranus, rückläufig im Schützen, verlagert seine Aufgänge in die Zeit vor Mitternacht.

Geht der grünliche Planet am 1. noch um 1^h12^m (= 2^h12^m Sommerzeit) auf, so erfolgt der Uranusaufgang am 15. um 0^h16^m und am 31. schon um 23^h08^m. Frühestens eine Stunde nach Aufgang lohnt es sich, mit einem lichtstarken Fernglas – möglichst auf Stativ montiert – nach Uranus zu suchen.

Die Helligkeit steigt weiter leicht an. Zu Monatsende beträgt die Uranushelligkeit $5\overset{m}{,}6$. Dies ist auch die endgültige Oppositionshelligkeit.

Neptun, rückläufig im Schützen, kann am Morgenhimmel beobachtet werden. Seine Aufgänge verlagert der sonnenferne, bläuliche Planet in die Zeit weit vor Mitternacht. Am 1. geht Neptun um 1^h00^m (= 2^h00^m Sommerzeit) auf, am 15. um 0^h05^m und am 31. bereits um 22^h57^m. Entsprechend verfrühen sich auch die Kulminationszeiten: Am 1. erfolgt der Meridiandurchgang des Neptuns um 5^h14^m, am 15. um 4^h19^m und am 31. schon um 3^h15^m.

Wegen seiner ausgesprochen südlichen Position (Deklination: $-21\overset{\circ}{,}1$) ist der mit $7\overset{m}{,}9$ recht lichtschwache Neptun nicht leicht zu entdecken. Frühestens eineinhalb Stunden nach Neptunaufgang sollte man nach dem zur Zeit sonnenfernsten Planeten suchen – eine lichtstarke Optik ist dafür unerläßlich.

Pluto kommt am 15. in Opposition zur Sonne. Er hält sich im Sternbild Waage, an der Grenze zum Vorderteil der Schlange auf. Seine Oppositionsschleife zieht Pluto ein wenig südwestlich von η Serpentis (siehe Abb. 5.5 und Abb. 5.6 auf Seite 105 f.). Im September 1989 durchlief Pluto das Perihel seiner von allen großen Planeten am stärksten exzentrischen Bahn. Damit ist er zur Zeit der Sonne und der Erde noch relativ nahe, weswegen seine Oppositionshelligkeit mit $13\overset{m}{,}7$ vergleichsweise groß ist. Im Aphel ist Pluto nur ein Objekt 16. Größe. Die Oppositionsentfernung von der Erde beträgt 28,8 A.E., das entspricht 4302 Millionen Kilometer. Das Licht von Pluto ist somit zur Opposition 3 Stunden und 59 Minuten zur Erde unterwegs.

Von der Sonne ist der Planet der Unterwelt zur Opposition 29,73 A. E., der 4448 Millionen Kilometer entfernt. Damit ist Pluto uns gegenwärtig näher als Neptun, dessen Sonnendistanz 4515 Millionen Kilometer mißt.

Gute Amateurteleskope können Pluto schon erjagen – man kann ihn allerdings bestenfalls als Sternpünktchen erkennen. Mit nur $0\overset{''}{,}14$ scheinbarem Durchmesser ist auch bei starker Vergrößerung kein Plutoscheibchen auszumachen.

Periodische Sternschnuppenströme im Mai

Die **Eta-Aquariden**, auch **Mai-Aquariden** genannt, tauchen vom 1. bis 8. Mai auf. Ihr Radiant liegt bei η Aquarii. Das ausgeprägte Maximum wird am 4. Mai erreicht. Im Durchschnitt sind etwa 20 Sternschnuppen pro Stunde zu registrieren, um die Zeit des Maximums sogar bis zu 60. Es handelt sich bei diesem Meteorstrom um schnelle Objekte (um 65 Kilometer pro Sekunde), die auffallend lange Leuchtspuren hinterlassen. Die beste Beobachtungszeit ist ab etwa 3^h am Morgenhimmel, wo man nach Südosten blikken sollte. Vereinzelte Mai-Aquariden führen ihren Ursprung auf den Kometen HALLEY zurück.

Ferner sind noch die **Scorpius-Sagittarius**-Meteore zu erwarten, die von Mitternacht bis 4^h morgens günstig zu beobachten sind. Ihr Ausstrahlungspunkt liegt rund 1° nördlich von β Scorpii.

Der Fixsternhimmel im Mai

Hoch über unseren Köpfen kulminiert eben der Große Wagen, dessen sieben Sterne bekanntlich nur ein Teil des viel umfangreicheren Bildes Großer Bär ausmachen.

Der Löwe hat seinen Meridiandurchgang schon hinter sich. Das große Löwentrapez neigt sich leicht zum Horizont. Zwischen dem Löwen und dem Großen Wagen liegt das weniger bekannte Bild des Kleinen Löwen (lat.: Leo Minor).

Die östliche Himmelshälfte wird nun von Bootes mit dem hellen Arktur, der Nördlichen Krone, Herkules und der noch horizontnahen Wega in der Leier beherrscht. Auch Deneb im Schwan ist im Nordosten schon auszumachen.

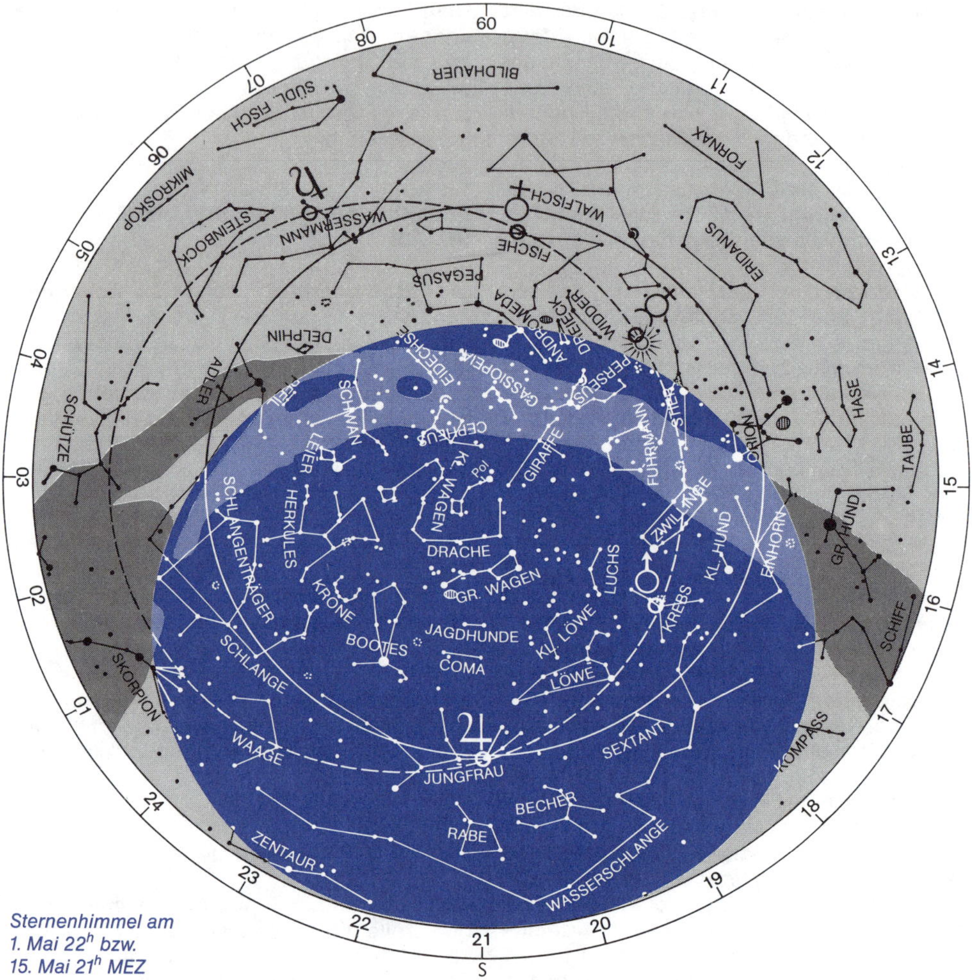

Sternenhimmel am 1. Mai 22^h bzw. 15. Mai 21^h MEZ

Im Süden schreitet eben die Jungfrau durch die Mittagslinie. Auffallend leuchtet zur Zeit ein helles Gestirn in der Jungfrau: der Riesenplanet Jupiter.
Südlich von der Jungfrau steht gerade der Rabe im Meridian.
Tief im Westen sind noch der Kleine Hund mit Prokyon und die Zwillinge mit Kastor und Pollux zu erspähen, gewissermaßen die Relikte des Winterhimmels.

Im Nordwesten funkelt die Kapella im Fuhrmann. Sie ist der hellste Stern, der bei uns noch zirkumpolar ist.
Der Südosthimmel macht einen recht sternenarmen Eindruck. Das Sternbild Waage ist nicht besonders auffällig – man muß es schon bewußt suchen. Der Skorpion schickt sich erst an aufzugehen. Sein heller Hauptstern Antares ist noch unter dem Horizont.
Im Osten steigt der Schlangenträger

Veränderliche Sterne im Mai

Algol-Minima	12. 3^h06^m					
β-Lyrae-Minima	12. 2^h	25. 0^h				
δ-Cephei-Maxima	2. 20^h	8. 5^h	13. 14^h	18. 22^h	24. 7^h	29. 16^h

(griech.-lat.: Ophiuchus) mit der Schlange empor. Von der Schlange, deren Kopf bis an die Nördliche Krone heranreicht, ist allerdings nur das Vorderteil (lat.: Serpens Caput) schon über dem Horizont. Es sind schon gute Beobachtungsbedingungen vonnöten, um diese großflächige Sternenfigur zu erkennen.

Objekte für Feldstecher und Fernrohr

Wer erstmals mit seinem neuerworbenen Amateurfernrohr beobachtet und noch keine große Erfahrung hat, sollte vielleicht zunächst mit einem leicht zu findenden Doppelstern seine Himmelsbeobachtungen beginnen: Fast senkrecht über unseren Köpfen steht jetzt der Große Wagen. Man knöpfe sich den mittleren Deichselstern vor, der den arabischen Namen Mizar trägt. Schon mit bloßen Augen ist neben Mizar ein lichtschwaches Sternchen zu erkennen, Alkor, das Reiterlein genannt. Alkor steht in 705" Distanz von Mizar und ist $4\overset{m}{,}0$ hell. Es ist ein sogenannter optischer Begleiter von Mizar. Mizar (ζ Ursae Maioris) selbst erscheint im Teleskop doppelt: Neben einem helleren ($2\overset{m}{,}3$) Stern steht in $14\overset{''}{,}4$ Entfernung ein schwächerer ($4\overset{m}{,}1$). Beide Sterne erscheinen weiß. Jedes Fernrohr ab 5 cm freier Öffnung trennt Mizar spielend. Wenn man nicht zu stark vergrößert, dann kann man auch noch Alkor ins Gesichtsfeld bringen. Zwischen Mizar, der doppelt erscheint, und Alkor ist noch ein schwaches Sternchen 9. Größe auszumachen, das ziemlich genau in der Mitte des Gesichtsfelds steht.

Auch der Polarstern erscheint doppelt. Allerdings ist der Helligkeitskontrast hier viel ausgeprägter als bei Mizar. In 18" Distanz von dem $2\overset{m}{,}1$ gelblichen Hauptstern findet sich

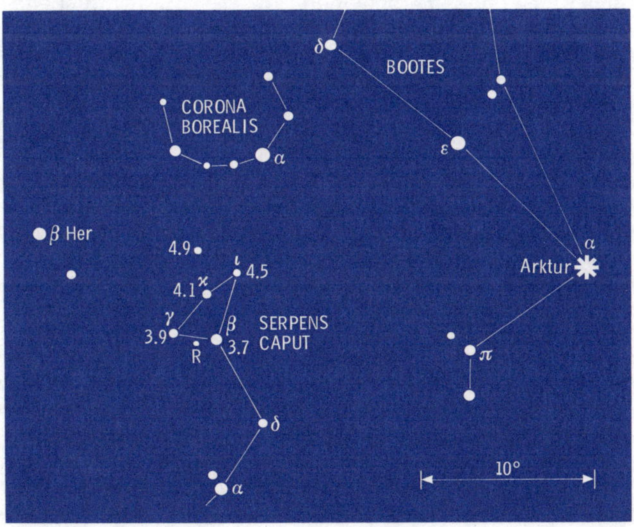

5.5: Orientierungskarte zum Aufsuchen des Veränderlichen R Serpentis, der zwischen β und γ Serpentis liegt.

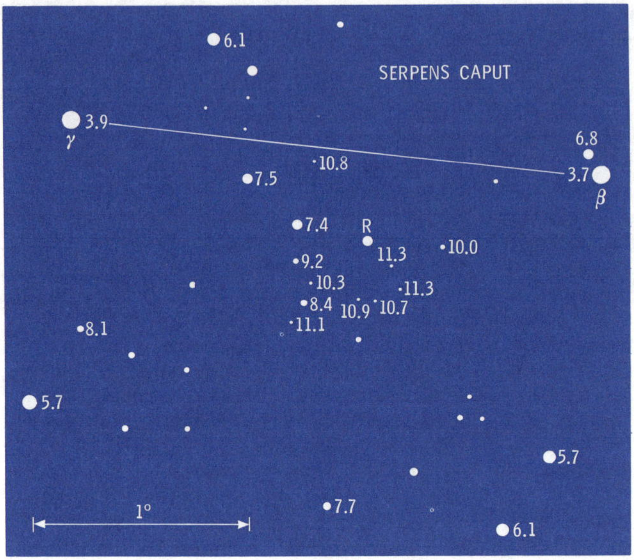

5.6: Umgebungskarte von R Serpentis mit Vergleichssternen. R Serpentis befindet sich zwischen β und γ Serpentis. Die Zahlen geben die V-Helligkeiten der Umgebungssterne an (z. B.: 7.4 = 7ᵐ,4).

ein nur 9ᵐ heller, weißlicher Begleiter. Bei so schwachen Sternen ist allerdings die Farbe nur in großen Instrumenten erkennbar.

Wenn man schon in Polnähe ist: ein sehr leichter Doppelstern ist $\nu_{1,2}$ Draconis, Kuma mit Eigennamen. Zwei weiße, 4ᵐ,9 helle Sterne stehen in 62" Distanz. Jedes Fernglas läßt somit Kuma doppelt erscheinen.

In der Schlange seien zwei Doppelsterne empfohlen: β und δ Serpentis. β Ser, ein weißer, 3ᵐ,5 heller A2-Stern hat in 31" Distanz einen nur 9ᵐ hellen Begleiter (Positionswinkel 265°). In 201" Entfernung steht noch die Komponente C mit 10ᵐ,5 Helligkeit (Positionswinkel 210°).

δ Serpentis ist ein wesentlich engeres Paar, der Helligkeitsunterschied ist allerdings nicht so groß: zwei weißlich-gelbe Sterne, 4ᵐ,2 und 5ᵐ,2 hell, sind 4" voneinander getrennt. Ein Zweizöller kann δ Serpentis einwandfrei doppelt zeigen.

In der Schlange findet sich noch ein weiteres Objekt, das für den regelmäßig beobachtenden Sternfreund eine lohnenswerte Aufgabe darstellt: Der Veränderliche R Serpentis. Er steht im Kopf der Schlange, in etwa zwischen β und γ Serpentis (siehe Abb. 5.5 und 5.6). R Serpentis ist ein langperiodischer Veränderlicher vom Mira-Typ. Seine mittlere Periode ist nur neun Tage kürzer als ein ganzes Jahr, nämlich 356,4 Tage. Seine Maximalhelligkeit beträgt im Mittel 6ᵐ,5. In manchen Jahren wurde R Ser aber bis 5ᵐ,2 hell, also leicht für kleine Feldstecher sichtbar.

Die Minimalhelligkeit liegt zwischen 13ᵐ und 14ᵐ, manchmal sogar noch etwas darunter. Im Minimum ist R Ser nur größeren Instrumenten zugänglich. Die nächsten Maxima sind für den 8. April 1993 und den 30. März 1994 sowie den 21. März 1995 zu erwarten. R Ser ist ein tiefroter Riesenstern vom Spektraltyp M 6 III. Um den Kopf der Schlange zu finden, gehe man am besten von Gemma, α in der Nördlichen Krone, aus und lasse den Blick südwärts gleiten. Etwa auf der Höhe von Arktur (α Bootis) trifft man auf ein kleines Viereck von Sternen 4. Größe, das den Kopf der Schlange andeuten soll.

Veränderliche zu beobachten erfordert Geduld, ist aber bei sorgfältigem und regelmäßigem Vorgehen für die astronomische Forschung von bleibendem Wert. Für den ästhetischen Genuß am Fernrohr oder mit dem Fernglas sind jedoch kugelförmige Sternhaufen, salopp auch „Kugelhaufen“ genannt, hervorragend geeignet. Der hellste

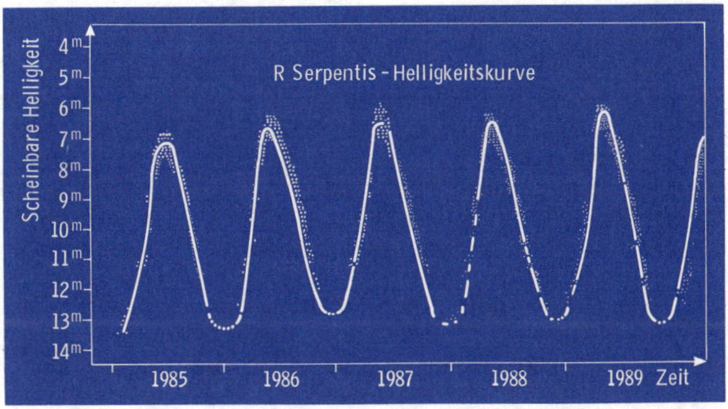

5.7: Die Helligkeitskurve des Veränderlichen R Serpentis.

und schönste Kugelhaufen des Nordhimmels liegt im Herkules und trägt die MESSIER-Nummer 13. Bei guten Sichtbedingungen kann man M13 im Herkules schon mit bloßen Augen sehen. In jedem Fernglas kann man ihn leicht als diffuses Lichtfleckchen ausmachen. In der Monatssternkarte ist er als kleiner, punktierter Kringel im Zentrum des Herkules eingezeichnet. Aber erst in größeren Instrumenten, die seine Randpartien in einzelne Sterne auflösen, wirkt M13 richtig beeindruckend.

Weit weniger auffallend und schwerer zu entdecken ist ein anderer Kugelhaufen im Herkules, nämlich M92. Er erscheint im Durchmesser nur halb so groß wie sein hellerer Kollege M13. Aber ab vier Zoll Öffnung kann man auch ihn in den Randpartien in einzelne Sterne auflösen. Wenn man Geschmack an Kugelhaufen gefunden hat, sollte man sich noch folgende Kandidaten ansehen: M3 im Bootes und M5 in der Schlange. M3 liegt unter dem J von JAGDHUNDE in der Monatssternkarte. Mit Großteleskopen konnten allein in den Randpartien 45000 (!) Sterne einzeln aufgelöst werden. M5 findet man in der Monatssternkarte über dem E von SCHLANGE (knapp nördlich des Äquators) als Kringel eingetragen. Von dem sternarmen Hintergrund hebt sich M5 gut ab.

Wen es nach fremden Milchstraßensystemen gelüstet, der suche einmal die bekannte Galaxis M51 in den Jagdhunden auf. Der Spiralnebel M51 ist relativ gut zu entdecken, wenn man vom Großen Wagen ausgeht. Er befindet sich ein wenig südwestlich des ersten Deichselsterns im Großen Wagen, etwa beim G von GR. WAGEN in der Monatssternkarte. Wegen seiner Form wird M51 gerne „Strudel-Galaxie“ (engl.: „Whirlpool-Galaxy“) genannt. Sie gehört zu den ersten Galaxien, deren Spiralform man erkannt hat. Dieses Milchstraßensystem ist rund zwölf Millionen Lichtjahre von uns entfernt. M51

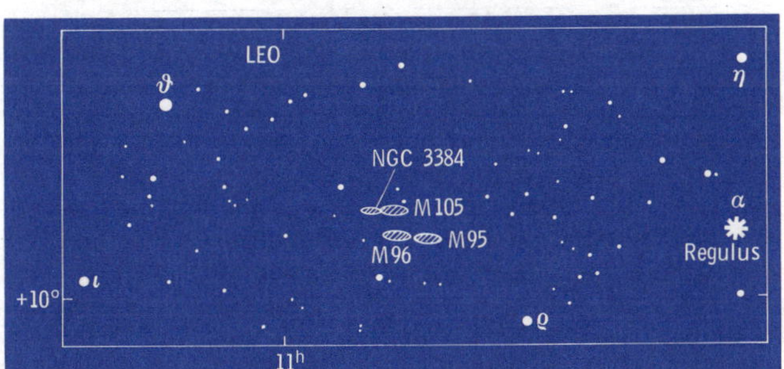

5.8: Aufsuchkärtchen für die drei Galaxien M95, M96 und M105. Knapp östlich (nur 8') von M105 liegt die Galaxie NGC 3384.

gehört zu den nach dem Andromedanebel am häufigsten abgebildeten Galaxien. So toll wie in Büchern erscheint er freilich im Amateurteleskop nicht. Trotzdem ist es ein schönes Erlebnis, M 51 einmal selbst in natura zu erblicken und nicht nur in einem Buch gelangweilt anzusehen.

Drei lohnenswerte Galaxien liegen im Gebiet des Sternendreiecks, das aus ρ, ι und ρ Leonis gebildet wird (siehe Abb. 5.8). Die drei Galaxien tragen die Katalogbezeichnungen M 95, M 96 und M 105. Das Milchstraßensystem M 95 ist vom Typ her eine Balkenspirale mit einem hellen, sternförmigen Kern. Die 10^m helle Galaxie zeigt sich allerdings in Amateurteleskopen nicht als Balkenspirale: Man erkennt nur einen helleren Lichtpunkt, der von einem schwachen, diffusen Lichtsaum umgeben wird. Die Entfernung von M 95 beträgt rund 30 Millionen Lichtjahre.

M 96 liegt etwa ¾° östlich von M 95 und erscheint als längliches Gebilde, das ebenfalls einen sternartigen Kern aufweist.

Am besten sichtbar von diesen drei Milchstaßensystemen ist M 105, eine riesige elliptische Galaxie vom HUBBLE-Typ E1. E1 bedeutet, daß die Galaxie nur wenig von der Kreisform abweicht. Der Kern von M 105 erscheint ebenfalls sternförmig. Nur 8' östlich von M 105 trifft man auf die Galaxie NGC 3384, die als Kern mit einem länglichen, strukturlosen Nebel erscheint. M 96 und M 105 sind beide rund 9^m hell und etwa 30 Millionen Lichtjahre von uns entfernt.

Das Klima im Mai

Der Mai ist der Frühlingsmonat schlechthin. Er bringt kräftige Erwärmung mit Mittagstemperaturen über 25 °C an einigen Tagen. Aber auch noch Kälteeinbrüche mit letzten Schneefällen sind zu erwarten. Die mittlere Monatsdurchschnittstemperatur erreicht 13,3 °C. Die mittlere Tageshöchsttemperatur beträgt 19 °C, die mittlere Monatstiefsttemperatur –5 °C. An ein bis zwei Tagen sinken die Nachttemperaturen unter den Gefrierpunkt. Mit ersten Gewittern ist an fünf Tagen zu rechnen (*Maigewitter*). Die Niederschlagsmengen sind von Jahr zu Jahr sehr unterschiedlich. Regenreiche Maimonate wechseln mit trockenen. Hohe Luftdrucklagen verschieben sich vom Festland zum Meer.

Die mittlere Sonnenscheindauer liegt bei 210 Stunden. 54 % der Nächte sind bewölkt. Etwa drei Nebeltage treten auf.

Witterungsverlauf: Unbeständiges Wetter, allerdings nicht so extrem wie im April. Zu Monatsbeginn tritt meist kräftige Erwärmung ein. Um den 8. und den 16. gibt es Kälterückfälle durch Einströmen nordpolarer Kaltluft. Dazwischen liegen die sogenannten *Eisheiligen.*

Die Nächte sind nach Aufklaren oft noch empfindlich kalt mit Bodenfrost und Glatteisbildung. Gegen Monatsende kommt es oft noch zu einem zweiten oder dritten Kälterückfall.

Monatsthema: Der Tod der Dinosaurier – ein kosmischer Treffer?

Zu den großen Rätseln in der fünf Miliarden Jahre langen Erdgeschichte gehört das plötzliche Verschwinden zahlreicher Pflanzen- und Tierarten vor ziemlich genau 65 Millionen Jahren. Damals, am Ende der Kreidezeit im Übergang zum Tertiär, wurden die meisten Planktonsorten, Ammoniten und die Riesenechsen oder Dinosaurier in kürzester Zeit ausgelöscht. Nur wenige Arten kleiner Säugetiere sowie einige Vögel überlebten ein offensichtlich weltweit katastrophales Ereignis. Was geschah vor 65 Millionen Jahren und führte zum Tod der Dinosaurier, dem sicher spektakulärsten Ergebnis dieser Katastrophe? Was führte zum Massensterben am Ende der Kreidezeit? Verschiedene Hypothesen wurden oft und ausgiebig diskutiert. Plötzliche Klimaänderungen sollten das Aussterben der Dinosaurier verursacht haben. Eine andere Erklärung spricht von Verdauungsstörungen. Kollektive Blähungen und Verstopfungen sollten ihnen den Garaus gemacht haben. Auch saurer Regen wird ins Feld geführt.

Die wohl populärste, aber auch heftig umstrittene Hypothese geht davon aus, daß damals ein gewaltiger Einschlag eines kosmi-

schen Kleinkörpers – etwa eines Kometenkerns oder eines Planetoiden – erfolgte.
Die Wirkungen dieses kosmischen Treffers waren sicher für die damaligen Erdenbewohner katastrophal. Der tödliche Schlag aus dem All war in seiner Wirkung nicht lokal auf das Gebiet des Impakts beschränkt, sondern führte zu einer weltweiten Katastrophe. Der Einsturz ließ eine gewaltige Bebenwelle mehrmals um den Globus laufen, orkanartige Stürme fegten um die Erde, und noch tausende Kilometer vom Einschlagsort entfernt versengte der Explosionsfeuerball die Landschaften. Riesige Mengen an Gestein und Staub wurden in und teilweise über die Atmosphäre geschleudert und verdunkelten monatelang das Sonnenlicht. Die Temperaturen sanken weltweit ab, weite Landstriche vereisten, das Ökosystem kam aus dem Gleichgewicht. Kälte und Dunkelheit ließen viele Spezies aussterben. Ein solches Szenarium wird heute oft als „nuklearer Winter" bezeichnet, da bei Zündung vieler Kernwaffen innerhalb kürzester Zeit, beispielsweise in einem Atomkrieg, ähnliche Zustände eintreten würden.

Solch kosmische Kollisionen sind keineswegs allzu selten, wie ein Blick im Fernglas auf den Mond beweist, der von Einschlagkratern und Ringwällen übersät ist. Doch nicht nur die Mondoberfläche zeigt Spuren zahlreicher kosmischer Treffer. Raumsondenaufnahmen lassen erkennen, daß auch Merkur, Mars und Venus Narben von kosmischen Einschlägen in großer Zahl aufweisen, ebenso die meisten Monde der Planeten. Auf der Erde hingegen findet man vergleichsweise wenige Einschlagkrater. So sind nur etwa 130 Einschlagkrater mit Durchmessern über hundert Kilometer bekannt.

Dies bedeutet nun nicht, daß unser Planet besonders wenige Treffer abbekommen hat. Wegen seines größeren Durchmessers ergibt sich gegenüber dem Mond auch ein größerer Wirkungsquerschnitt. Rund 16mal häufiger stößt die Erde mit Himmelskörpern zusammen als der Mond. Die meisten Einschläge erfolgten in der Frühzeit des Sonnensystems. Die Trefferrate ist inzwischen erheblich zurückgegangen, die Planeten und ihre Monde haben ihre Bahnkorridore weitgehend leergefegt. Während aber auf Mond oder Merkur die Krater und Ringwälle sich sehr lange halten und höchstens durch neue Einschläge verändert oder durch austretende Lava überflutet werden, ist den Einschlagkratern auf der Erde keine lange Existenz beschieden. Sie werden durch die Erosion relativ schnell zerstört und unkenntlich gemacht. Wind, Regen, Eis sowie geologische Prozesse (Plattentektonik) sorgen für den Abbau der Krater. Die Ränder verwittern, teilweise werden sie unter Ablagerungen begraben. Moderne geologische Verfahren, wie sie von den großen Ölgesellschaften angewandt werden, haben Krater erkennen lassen, die vollständig unter Sedimenten versteckt sind. Statistisch gesehen ist die Mehrzahl der Einschlagkrater am Meeresgrund zu erwarten, denn Dreiviertel der Erde sind von Ozeanen bedeckt. Die meisten Krater am Ozeanboden sind aber wieder im Erdmantel verschwunden.

Gab es überhaupt zu Ende der Kreidezeit im Übergang zum Tertiär einen so gewaltigen kosmischen Treffer auf der Erde, der zur weltweiten Auslöschung vieler Arten von Tieren und Pflanzen führte? Grobe Abschätzungen ergeben, daß das Projektil aus dem All mindestens etwa zehn Kilometer Durchmesser gehabt haben muß, um eine globale Katastrophe hervorzurufen. Die Relativgeschwindigkeit beim Zusammenprall mit der Erde dürfte etwa vierzig Kilometer pro Sekunde, das sind 144000 km pro Stunde, betragen haben. Ein Einschlag dieser Dimensionen ruft einen Krater von 150 bis 200 km Durchmesser hervor. Wo aber ist der Riesenkrater zu finden?

Ein starkes Indiz für einen Einschlag vor 65 Millionen Jahren stellt der sogenannte Iridium-Exzeß dar, auch als Iridium-Anomalie bekannt. Iridium ist ein seltenes Element aus der Gruppe der Platinmetalle. Iridium heißt soviel wie Regenbogen. Diese Bezeichnung erhielt das kubische Mineral wegen der schillernden Farben seiner Oxide. Iridium, dessen Ordnungszahl 77 ist, kommt in zwei stabilen Isotopen vor mit der Massenzahl 191 bzw. 193. Iridium zeigt sich als silberweißes, hartes aber sprödes Metall. Eine wesentliche Eigenschaft von Iridium ist seine geringe Häufigkeit auf der Erde. In meteoritischem Material kommt es jedoch mehr als tausend-

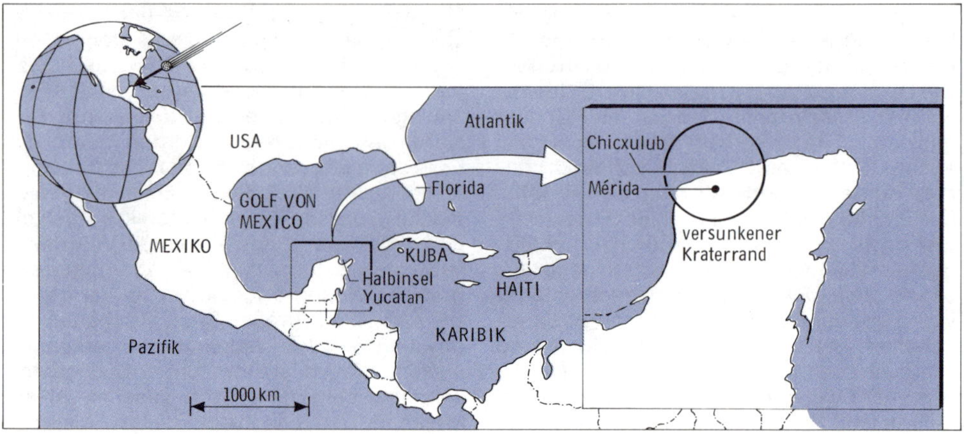

5.9: Vermutete Lage des Einschlagkraters, der vor 65 Millionen Jahren von einem mit der Erde kollidierenden Planetoiden erzeugt wurde.

mal häufiger vor. In einer dünnen Tonschicht, von nur einigen Zentimetern Dicke, die präzise den Übergang von der Kreide zum Tertiär markiert, ist Iridium jedoch über tausendmal häufiger als in sonstigen Ablagerungen, wo es nur in Spuren zu finden ist.

Dieser Iridium-Exzeß wurde in über hundert Bohrkernen entdeckt, die über die gesamte Erde verstreut gewonnen wurden. Ein kosmischer Körper muß also beim Aufschlag auf der Erde sein Material rund um den Globus verstreut haben. Nach der geologischen Sedimentdatierung muß dieses Ereignis ziemlich genau vor 65 Millionen Jahren eingetreten sein – eben zum Zeitpunkt des großen Massensterbens auf unserem Planeten.

Die Entdeckung des Iridium-Exzesses führte zu Beginn der 80er Jahre zu einer fieberhaften Suche nach dem Einschlagkrater. Wo ging die kosmische Kanonenkugel nieder, die den Großteil der irdischen Fauna auslöschte?

Verschiedene Anzeichen deuteten darauf hin, daß der lange gesuchte Einschlagkrater im Golf von Mexiko oder in der Karibik liegen könnte. Man glaubt nun den Platz des kosmischen Treffers gefunden zu haben. An der Nordküste der mexikanischen Halbinsel Yucatan liegt direkt unter dem Ort Chicxulub (was „Teufelshorn" oder „Teufelsschwanz" heißt), verborgen unter einer dicken Schicht von Kalkstein, ein riesiger Einschlagkrater. Der mit 180 km Durchmesser versunkene Ringwall dürfte den Platz des kosmischen Treffers markieren, der vor 65 Millionen Jahren das Massensterben auslöste und auch das Schicksal der Dinosaurier besiegelte. Die Aufschlagsenergie, die zur Bildung dieses Riesenkraters notwendig war, entspricht etwa einer Milliarde Megatonnen TNT. Trinitrotoluol (TNT) ist der stärkste bekannte chemische Sprengstoff. Eine größere Wasserstoffbombe setzt die Energie von etwa zwanzig Megatonnnen (= Millionen Tonnen) TNT frei.

Somit wurde der Chicxulub-Krater mit der Energiemenge von rund 50 Millionen Wasserstoffbomben geschaffen – ein wahrhaft kosmisches Ereignis. Die Entdeckung des Chicxulub-Kraters gelang mit Hilfe der fachkundigen Geologen einer mexikanischen Ölgesellschaft. Sie überflogen das Gebiet mehrfach und stellten eine „Gravitationskarte" her. Die ungleiche Massenverteilung im Boden bewirkt geringe Variationen der örtlichen Schwerebeschleunigung. Die Gravimeter, mit denen die lokalen Schwerebeschleunigungen gemessen werden, sind heute so empfindlich, daß z.B. von einem rund fünfhundert Meter über der Meeresoberfläche dahinfliegenden Hubschrauber aus Unterseeboote in hundert Meter Meerestiefe geortet werden können. Aus der Schwerkraftkarte um Chicxulub konnte ein großer, unterirdischer Bogen erkannt werden. Zusätzlich paßten die magnetischen Signaturen zur Schwerkraftkarte: Die örtlichen magnetischen Abweichungen ließen ebenfalls ein großes, kreisförmiges Gebilde ausmachen. Einen vulkanischen Ursprung des Kraters von Chicxulub kann man ausschließen. Die Quarzsandkörnchen, die man in den Sedimenten fand, zeigen mikroskopisch kleine, parallele Bruchlinien, die nur von einer gewaltigen Schockwelle, wie sie bei Meteoriteneinschlägen entstehen, hervorgerufen werden können. Dieser Stoßfronteffekt ist ein sicheres Indiz für einen kosmischen Zusammenprall. Hinzu kommen Tektite, die man weit verstreut teilweise auf Kuba und Haiti fand. Tektite sind kleine Glaskügelchen, die entstehen, wenn Gestein beim Aufprall durch die ungeheure Hitze geschmolzen wird und in hohem Bogen hunderte Kilometer wegspritzt.

Dabei bilden sich Tröpfchen von flüssigem Gestein, die zu kleinen, glasigen Kügelchen erstarren. Im westlichen Kuba und nahe der Stadt Beloc auf Haiti wurden grobe Gesteinsfragmente entdeckt, die durch eine mehrere Kilometer hohe Meereswellenfront aufgeschichtet wurden. Sie deuten darauf hin, daß der gewaltige Einschlag im Wasser erfolgte, was eine kilometerhohe Flutwelle hervorrief, die sich weit über tausend Kilometer von der Einschlagstelle entfernt auslief. Von Satelliten aus wurden im Halbkreis angeordnete, kreisförmige Vertiefungen entdeckt. Diese Senkungen liegen auf dem Cenote-Ring, einer ringförmigen Anordnung unterirdischer Seen, die sich im Kalkplateau der Halbinsel Yucatan gebildet haben. Der Kraterrand selbst liegt nur etwa 400 m tief unter den Kalksedimenten.

Ein ähnliches Alter wie der versunkene Krater unter der Nordküste von Yucatan hat auch der hundert Kilometer im Durchmesser große Popigai-Krater in Nordzentralsibirien sowie der Manson-Krater in Iowa (USA), der allerdings nur 35 km Durchmesser aufweist. Möglicherweise sind alle drei bei nahezu gleichzeitigen Einschlägen entstanden, gewissermaßen ein simultanes kosmisches Bombardement, das für die Dinosaurier und viele ihrer Zeitgenossen das Ende bedeutete.

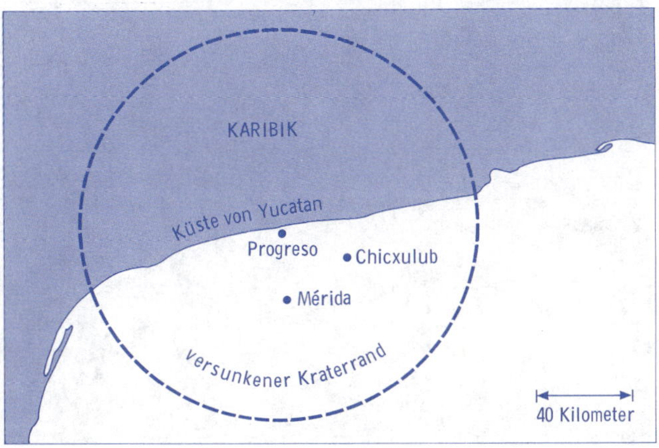

5.10: Der Kreis markiert den versunkenen und verschütteten Einschlagkrater von Chicxulub an der Nordküste der Halbinsel Yucatan.

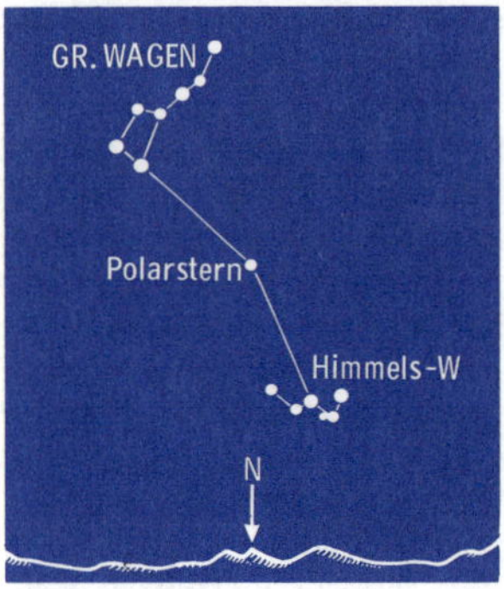

Großer Wagen und Himmels-W
Anfang Juni 22^h MEZ

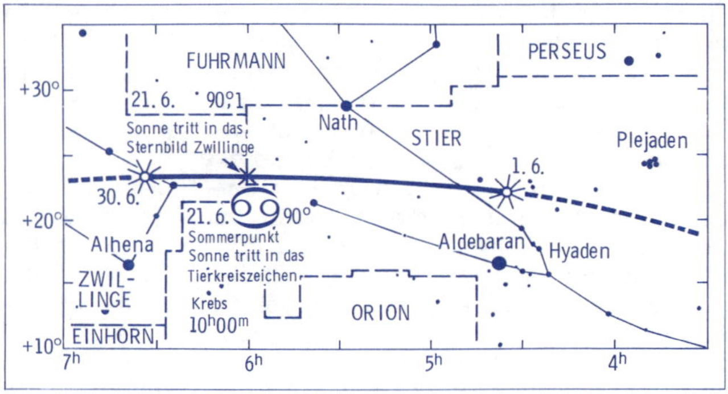

Sonnenlauf im Juni

Datum	Aufgang MEZ	Untergang MEZ	Kulmination	Zeitgleichung	Mittagshöhe	Rektaszension	Deklination	Sternzeit 1^h MEZ
5.	4^h13^m	20^h24^m	12^h18^m	$+2^m$	62°,6	4^h52^m	+22°,5	16^h54^m
10.	4 11	20 28	12 19	+1	63,0	5 13	+23,0	17 13
15.	4 10	20 31	12 20	0	63,3	5 33	+23,3	17 33
20.	4 10	20 33	12 22	–2	63,4	5 54	+23,4	17 53
25.	4 12	20 33	12 23	–3	63,4	6 15	+23,4	18 13
30.	4 14	20 33	12 24	–4	63,2	6 36	+23,2	18 32

Julianisches Datum am 1. Juni, 1^h MEZ: 2 449 139,5

6.1: Himmelsanblick am 26. Juni gegen 22^h30^m MEZ (= 23^h30^m MESZ). Über dem Westhorizont sind die Planeten Mars und Jupiter zu finden. Mars steht nahe Regulus, Jupiter in der Jungfrau. Südlich („unterhalb“) von Jupiter hält sich der zunehmende Halbmond auf.

Tages- und Nachtstunden im Juni

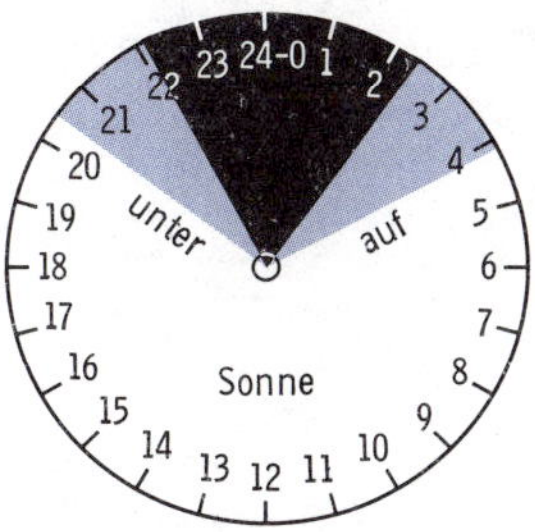

5. Juni

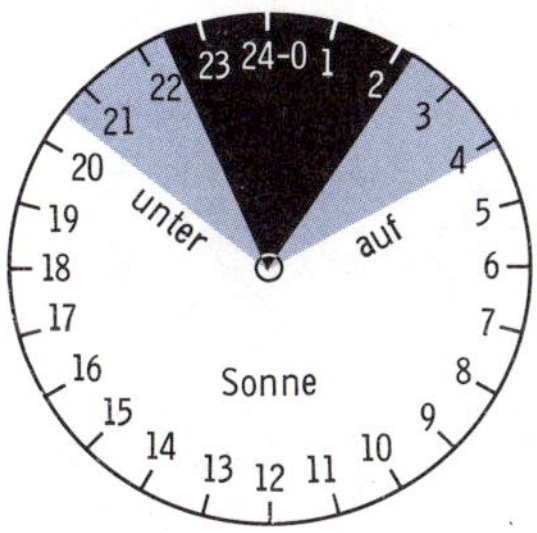

15. Juni

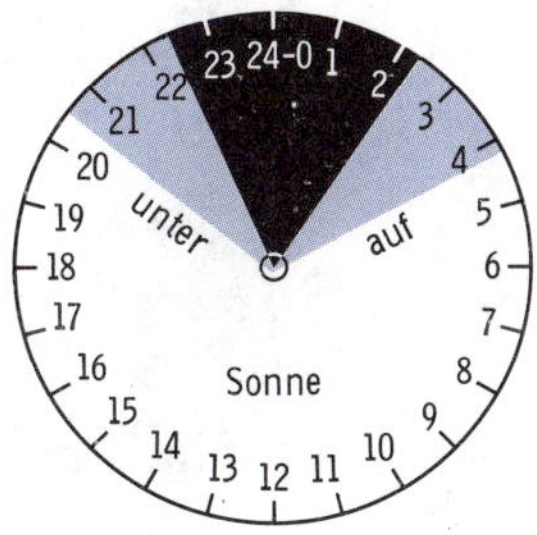

25. Juni

Mondlauf im Juni

Datum	Aufgang MEZ	Untergang MEZ	Rektaszension	Deklination	Sterne und Sternbilder	Phase	MEZ
Di 1.	16^h59^m	2^h01^m	13^h22^m	−12°,9	Spica		
Mi 2.	18 17	2 33	14 19	−17,0	Jungfrau		
Do 3.	19 29	3 11	15 18	−20,1	Waage		
Fr 4.	20 32	3 58	16 18	−21,9	Antares	**Vollmond** Aufsteigender Knoten	14^h02^m
Sa 5.	21 24	4 55	17 18	−22,3	Schlangenträger		
So 6.	22 06	5 58	18 16	−21,5	Schütze	Libration West	
Mo 7.	22 38	7 06	19 11	−19,4	Schütze		
Di 8.	23 05	8 15	20 04	−16,4	Schütze		
Mi 9.	23 28	9 23	20 53	−12,7	Wassermann		
Do 10.	23 48	10 30	21 40	− 8,6	*Wassermann		
Fr 11.	–	11 35	22 25	− 4,2	Wassermann	Größte Nordbreite	
Sa 12.	0 07	12 39	23 09	+ 0,3	Fische	**Letztes Viertel** Erdferne 404	6^h36^m 17^h
So 13.	0 26	13 43	23 53	+ 4,7	Fische		
Mo 14.	0 45	14 48	0 38	+ 9,1	Fische		
Di 15.	1 07	15 54	1 24	+13,1	Fische		
Mi 16.	1 33	17 00	2 12	+16,6	Widder, Hamal		
Do 17.	2 05	18 05	3 03	+19,4	Widder		
Fr 18.	2 44	19 06	3 57	+21,4	Plejaden, Hyaden	Absteigender Knoten	
Sa 19.	3 33	20 01	4 53	+22,3	Stier	Libration Ost	
So 20.	4 32	20 48	5 50	+22,0	Al Nath	**Neumond**	2^h52^m
Mo 21.	5 40	21 27	6 48	+20,4	Zwillinge		
Di 22.	6 55	22 00	7 45	+17,6	Kastor, Pollux		
Mi 23.	8 12	22 27	8 41	+13,7	Krebs, Krippe		
Do 24.	9 31	22 52	9 36	+ 9,1	Regulus		
Fr 25.	10 49	23 15	10 29	+ 3,9	Sextant	Erdnähe 369 Größte Südbreite	18^h
Sa 26.	12 08	23 39	11 22	− 1,5	Löwe	**Erstes Viertel**	23^h43^m
So 27.	13 26	–	12 15	− 6,8	Jungfrau		
Mo 28.	14 45	0 05	13 08	−11,7	Spica		
Di 29.	16 01	0 34	14 04	−16,0	Jungfrau		
Mi 30.	17 14	1 09	15 01	−19,3	Waage		

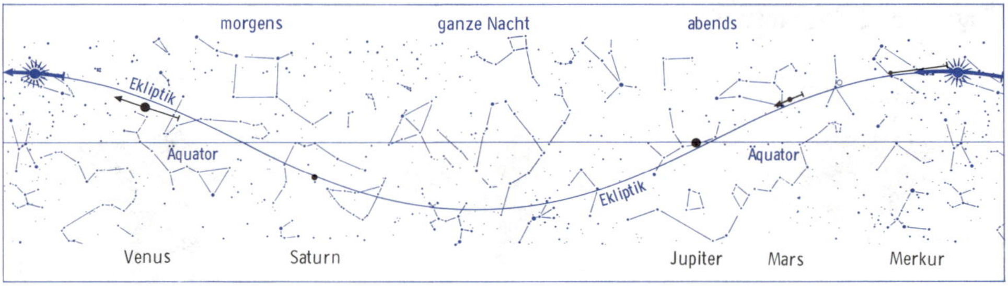

Planetenlauf im Juni

Merkur bietet im Juni eine Abendsichtbarkeit, wenn auch eine bescheidene. Am 17. steht Merkur mit 24°43' Winkelabstand in größter östlicher Elongation. Bereits zu Monatsbeginn kann der sonnennahe Planet am Abendhimmel aufgestöbert werden. Am 1. geht der $-0^{m}{,}6$ helle Merkur um 22^h00^m (= 23^h00^m Sommerzeit) unter. Gegen 21^h (= 22^h MESZ) macht er sich tief im Nordwesten als Lichtpunkt bemerkbar. Kurz nach 21^h30^m wird er von den dichten Horizontdunstschichten verschluckt. Die Merkurhelligkeit nimmt im Verlauf des Monats rapide ab, die Untergangszeiten verschieben sich nur unwesentlich. Am 6. ist Merkur nur noch $-0^{m}{,}2$ hell und geht um 22^h15^m unter, bis 12. ist die Merkurhelligkeit auf $0^{m}{,}2$ weiter abgesunken, sein Untergang erfolgt um 22^h18^m. Die letzte Sichtbarkeitschance ergibt sich am Tag der größten östlichen Elongation: Am 17. geht der nur noch $0^{m}{,}6$ helle Merkur um 22^h12^m (= 23^h12^m Sommerzeit) unter. Nach dem 17. kann Merkur als Beobachtungsobjekt gestrichen werden.

Der Fernrohrbeobachter sieht am 12. das $7''{,}2$ große Merkurscheibchen halb beleuchtet. An diesem Tag tritt die Dichotomie ein („Halbmerkur"). Danach wird das Merkurscheibchen größer und etwas schlanker.

Venus kann am Morgenhimmel als hell strahlender Lichtpunkt vor Sonnenaufgang tief am Osthorizont gesehen werden. Sie verläßt die Fische, wandert durch den Widder und steuert auf das Goldene Tor der Ekliptik zu. Am 10. erreicht sie mit 45°49' ihre größte westliche Elongation zur Sonne, die ihr im Tierkreis voranschreitet und noch erheblich nördlicher ist als Venus.

Venus geht nun immer früher auf: Am Monatsersten erfolgt der Aufgang des strahlenden Morgensterns um 2^h37^m (= 3^h37^m Sommerzeit), zur Monatsmitte um 2^h13^m und am Monatsletzten schon um 1^h52^m.

Die Venushelligkeit sinkt um $0^{m}{,}2$ auf $-4^{m}{,}2$ etwas ab. Im Fernrohr zeigt sich das Venusscheibchen am 11. halb beleuchtet (Dichotomie), mit einem scheinbaren Durchmesser von $23''{,}8$.

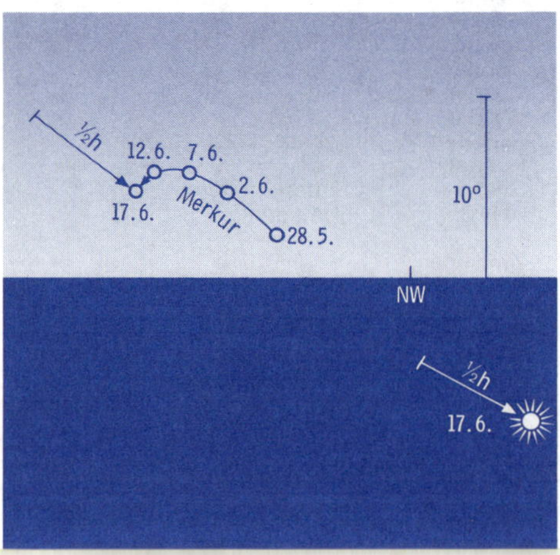

6.2: Stellung von Merkur über dem Nordwesthorizont zu den angegebenen Daten, jeweils eine Stunde nach Sonnenuntergang. Die Pfeile geben die Bewegung von Merkur und Sonne während der letzten halben Stunde an.

6.3: Sichtbarkeitsdiagramm für Merkur (Erklärung siehe Seite 55, Abb. 2.3).

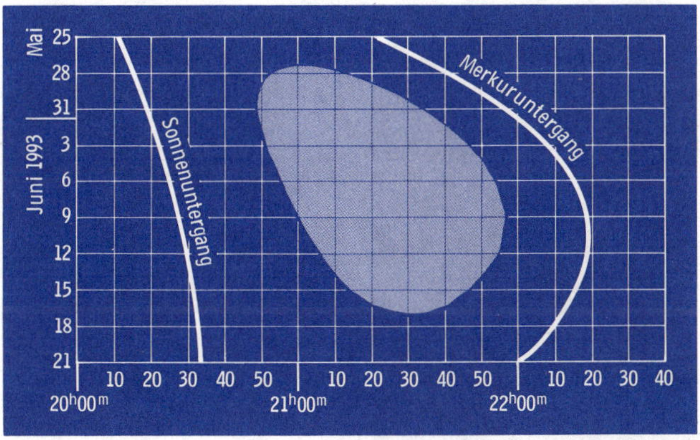

Am 15. durchwandert Venus des Aphel ihrer Bahn, wobei sie 108,9 Millionen Kilometer von der Sonne trennen.

Mars kann noch am Abendhimmel gesehen werden. Er hat den Krebs verlassen und wandert durch den Löwen. Am 21. zieht er nur 0,°9 nördlich an Regulus (α Leonis) vorbei. Mars ist inzwischen nur mehr $1^m\!,5$ hell, was man gut an Regulus, der $1^m\!,4$ hell ist, prüfen kann.

Der rote Planet verlagert seine Untergänge in die Zeit vor Mitternacht. Sinkt Mars am 1. noch um 0^h33^m (= 1^h33^m Sommerzeit) unter die Horizontlinie, so geht er am 30. schon um 23^h07^m unter. Da die Dunkelheit jetzt recht spät einsetzt, wird es zu Monatsende schwierig, den roten Planeten zu sehen.

Am Abend des 26. ergibt sich ein netter Himmelsanblick: Zu Mars nahe bei Regulus und Jupiter in der Jungfrau gesellt sich der zunehmende Mond (siehe Abb. 6.1 auf Seite 112).

Am 8. Juni beginnt für die Nordhalbkugel des Mars der Sommer. Das Marsscheibchen mißt an diesem Tag nur noch 5,"1.

Jupiter ist Planet der ersten Nachthälfte. Am 1. kommt er zum Stillstand und beendet damit seine Oppositionsperiode. Anschließend bewegt er sich wieder rückläufig durch die Jungfrau. Zunächst erfolgt seine Wanderung nur sehr zögerlich. Dennoch kann man die tägliche Änderung der Jupiterposition gut am Fixstern Zaniah (η Virginis) studieren. Der Umkehrpunkt von Jupiter liegt, wie schon im Vormonat erwähnt, nahe bei Zaniah ($3^m\!,9$). Am 3. befindet sich Jupiter nur 3,'7 (!) nordöstlich von Zaniah. So nahe pirscht sich der Riesenplanet selten an einen hellen Fixstern heran. Nur einmal in rund dreitausend Jahren kommt er am Umkehrpunkt näher als 4' an einen Stern heller als 4^m heran.

Die Bewegungsverhältnisse in den ersten acht Tagen des Monats sind aus Abb. 5.2 auf Seite 99 zu ersehen, in der auch die Stellungen der vier hellen Jupitertrabanten eingetragen sind. Man beachte, daß die Graphik den Anblick im umkehrenden Fernrohr zeigt.

Die Untergänge des Riesenplaneten verlagern sich von 2^h02^m (= 3^h02^m Sommerzeit) am 1. auf 0^h10^m am 30. Juni. Die Jupiterhelligkeit nimmt abermals um $0^m\!,2$ ab und beträgt zu Monatsende $-2^m\!,0$. Damit ist Jupiter immer noch das hellste Objekt der ersten Nachthälfte. Wenn die hellere Venus aufgeht, ist Jupiter schon im Westen verschwunden.

Am 26. kann man gegen 22^h30^m Jupiter und Mars mit dem zunehmenden Halbmond tief am Westhorizont sehen (siehe Abb. 6.1).

Am 14. passiert Jupiter das Aphel seiner Bahn. An diesem Tag trennen ihn 815,9 Millionen Kilometer (= 5,45 A. E.) von der Sonne. Im Perihel wird Jupiter am 20. Mai 1999 stehen, wo er dann nur 740,5 Millionen Kilometer (= 4,95 A. E.) von der Sonne entfernt sein wird.

Saturn im Wassermann ist Planet der zweiten Nachthälfte. Am 11. wird der Ringplanet stationär und setzt zu seiner Oppositionsschlei-

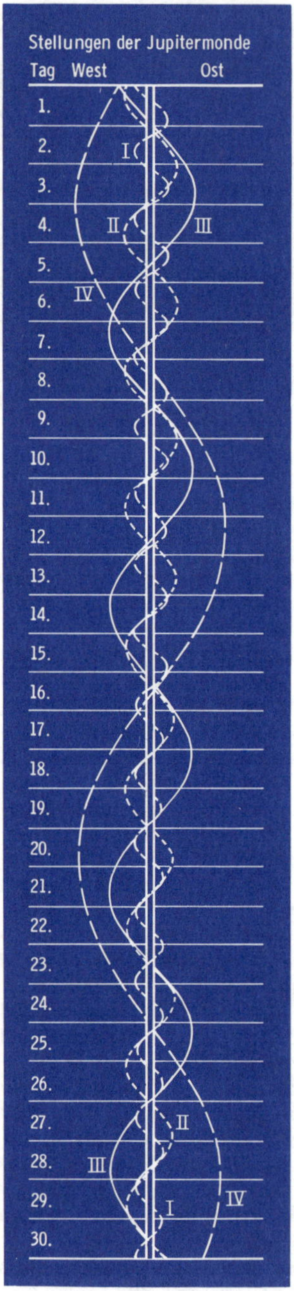

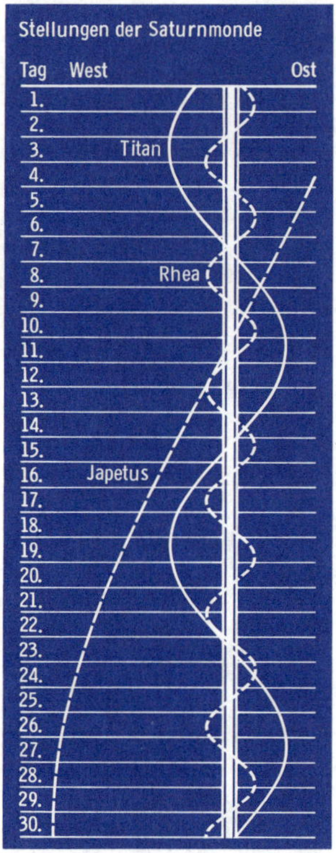

Jupitermond-Erscheinungen

Datum	MEZ	Vorgang	
1.	21h10m	III	BA
2.	0 03	III	BE
3.	20 46	II	DA
	23 11	II	SA
	23 16	II	DE
	23 18	I	DA
4.	0 27	I	SA
	1 29	I	DE
	1 38	II	SE
	20 28	I	BA
	23 53	I	VE
5.	21 06	I	SE
9.	0 56	III	BA
10.	23 18	II	DA
11.	1 09	I	DA
	22 20	I	BA
12.	20 50	I	SA
	21 49	I	DE
	22 28	III	SE

Datum	MEZ	Vorgang	
12.	22h57m	II	VE
	23 01	I	SE
19.	0 14	I	BA
	20 34	II	BA
	21 29	III	DE
	21 31	I	DA
	22 45	I	SA
	23 04	II	BE
	23 05	II	VA
	23 42	I	DE
	23 48	III	SA
20.	22 12	I	VE
26.	22 32	III	DA
	23 07	II	BA
	23 25	I	DA
27.	20 37	I	BA
28.	21 18	I	SE
	22 48	II	SE
30.	20 34	III	VE

fe an. Nach dem 11. bewegt er sich rückläufig im Wassermann, wobei seine Bewegung bis Monatsende kaum feststellbar ist. Er scheint auf der Stelle zu treten (siehe auch Abb. 7.3 auf Seite 131).
Die Aufgänge des Saturn erfolgen am 1. um $0^{h}51^{m}$, am 15. um $23^{h}53^{m}$ und am 30. bereits um $22^{h}53^{m}$ (= $23^{h}53^{m}$ Sommerzeit). Die Helligkeit des Ringplaneten steigt leicht von $0\overset{m}{.}8$ auf $0\overset{m}{.}7$ an.
Uranus im Schützen nähert sich seiner Oppositionsstellung, die er aber erst im nächsten Monat erreicht. Deutlich merkt man seine beschleunigte rückläufige Bewegung (siehe Abb. 7.4 auf Seite 132). Uranus wird zum Planeten der ganzen Nacht, was seine Auf- und Untergangszeiten betrifft. Die beste Zeit, um den sonnenfernen, grünlichen Planeten zu beobachten, sind seine Kulminationstermine. Durch seine südliche Position (Deklination: −22°) beschreibt Uranus einen flachen Tagbogen und erreicht selbst in Meridiannähe nur bescheidene Höhen über dem Horizont (für 50° nördliche Breite kulminiert Uranus in knapp 18° Höhe).
Am 1. geht der $5\overset{m}{.}6$ helle Uranus um $23^{h}04^{m}$ auf und kulminiert um $3^{h}16^{m}$ (= $4^{h}16^{m}$ Sommerzeit). Am 15. überschreitet der grünliche Planet um $22^{h}08^{m}$ die Horizontlinie und geht um $2^{h}19^{m}$ durch den Meridian. Am 30. schließlich erfolgt der Uranusaufgang um $21^{h}07^{m}$, die Uranuskulmination um $1^{h}18^{m}$ und der Uranusuntergang um $5^{h}24^{m}$.
Neptun strebt seiner Opposition mit der Sonne entgegen, zu der es aber erst im nächsten Monat kommt. Seine rückläufige Bewegung wird nun deutlicher (siehe Abb. 7.4 auf Seite 132).
Seine Aufgangszeiten verfrüht der $7\overset{m}{.}9$ helle Neptun von $22^{h}53^{m}$ (= $23^{h}53^{m}$ Sommerzeit) am 1. auf $21^{h}57^{m}$ am 15. und auf $20^{h}57^{m}$ am 30. Die Kulminationszeiten lauten: 1.: $3^{h}11^{m}$ (= $4^{h}11^{m}$ Sommerzeit), 15.: $2^{h}15^{m}$ und 30.: $1^{h}14^{m}$.

Planetoiden

Vesta – Planetoid Nr. 4 – wird ab der Monatsmitte für Sternfreunde interessant, da die Vestahelligkeit die 7^{m}-Grenze nach oben übersteigt. Vesta wandert rechtläufig durch den Wassermann. Um die Monatsmitte ist sie nördlich von τ_2 Aquarii zu finden (siehe Abb.

Konstellationen und Ereignisse im Juni

Datum	MEZ	Ereignis
1.	17^{h}	Jupiter im Stillstand, anschließend rechtläufig
4.	14	Totale Mondfinsternis – in Deutschland unbeobachtbar (siehe Seite 30)
7.	9	Mond bei Neptun, Mond 3° nördlich
7.	11	Mond bei Uranus, Mond 4° nördlich
10.	14	**Venus** in **größter westlicher Elongation** (46°)
10.	18	Mond bei Saturn, Mond 7° nördlich
11.	1	Saturn im Stillstand, anschließend rückläufig
15.	0	Jupiter im Aphel (Sonnenabstand: 815,9 Millionen Kilometer)
15.	15	Venus im Aphel
16.	3	**Mond 5° nordwestlich von Venus**
16.	11	Mond bei Venus, Mond 6° nördlich
17.	18	Merkur in größter östlicher Elongation (25°)
21.	$10^{h}00^{m}$	**Sonne im Sommerpunkt,** Sonnenwende
22.	2	Mond bei Merkur, Mond 4° südlich
24.	18	Mond bei Mars, Mond 7° südlich
27.	5	Mond bei Jupiter, Mond 7° südlich

7.3 auf Seite 131). Als Aufsuchhilfe kann auch Saturn dienen, der sich ebenfalls im Wassermann ein Stück östlich von Vesta aufhält und gerade zur Oppositionsschleife ansetzt. Die Helligkeit des Planetoiden Nr. 4 beträgt am 1.: $7\overset{m}{.}3$, am 15.: $7\overset{m}{.}1$ und am 30. immerhin schon $6\overset{m}{.}8$. In der zweiten Monatshälfte kann Vesta am Morgenhimmel mit lichtstarker Optik gefunden werden. Am 15. geht Vesta um 0^h34^m (= 1^h34^m Sommerzeit) auf und kulminiert um 5^h37^m. Am 30. erfolgt der Vestaaufgang um 23^h42^m und ihre Kulmination um 4^h48^m.

Periodische Sternschnuppenströme im Juni

Das schwache Maximum des **Scorpius-Sagittarius-Stromes** ist um den 14. Juni zu erwarten. Der Ausstrahlungspunkt oder Radiant liegt bei γ Sagittarii. Der Strom ist während des ganzen Monats aktiv. Wegen der geringen Höhe des Radianten sind Beobachtungen in unseren Breiten schwierig. Die beste Beobachtungszeit sind die Stunden um Mitternacht. Bei diesem Strom sind langsam fliegende Meteore (um 26 Kilometer pro Sekunde) zu registrieren.

Am 3. Juni erreichen die **Tau-Herkuliden** ihr Maximum. Dieser wenig bekannte und unauffällige Strom ist vom 19. Mai bis 14. Juni aktiv.

Am 8. und 9. Juni kann man nach den **Libriden** Ausschau halten. Der Radiant dieses Stromes liegt in der Waage.

Seit etwa 20 Jahren werden die **Juni-Lyriden** in der Zeit vom 10. bis 20. Juni beobachtet. Ihr Ausstrahlungspunkt liegt in der Leier. Ein Ursprungskomet ist noch nicht bekannt.

Zwischen dem 25. Juni und dem 2. Juli tauchen die **Corviden** auf, deren Radiant im Sternbild Rabe liegt. Am 27. Juni erreicht die Corvidenaktivität ihr Maximum.

Um den 28. Juni sind die **Juni-Draconiden** zu erwarten. Der Radiant liegt im Sternbild des Drachen. Die Draconiden sind ein kometarischer Strom, der seinen Ursprung auf den Kometen PONS-WINNECKE zurückführt.

Der Fixsternhimmel im Juni

Noch bestimmen die Frühlingsbilder den Charakter des Fixsternhimmels, wenn auch im Osten schon die Sommerbilder im Anmarsch sind.

Die Dunkelheit setzt jetzt recht spät ein – in nördlichen Breiten wird es überhaupt nicht vollständig finster – wir haben die Zeit der hellen Nächte. Auch muß man die Sommerzeit berücksichtigen. So zeigt die Monatssternkarte die Situation zu Monatsbeginn um 23^h MESZ (Mitteleuropäische Sommerzeit).

In der langsam hereinbrechenden Dämmerung taucht als einer der ersten Sterne hoch im Süden der orangerote Arktur auf. Auch die blauweiße Wega – schon ziemlich hoch im Osten – wird gleichzeitig mit Arktur erkennbar. Bald sieht man im Südosten Antares im Skorpion und im Südwesten Spica in der Jungfrau. Als hellstes Gestirn strahlt in weißem Licht Jupiter, der gerade in der Jungfrau steht und sich als allererster in der Dämmerung bemerkbar macht.

Nach und nach sind die Sterne zweiter und dritter Größe bequem auszumachen, so daß die bekannteren Bilder gut zu erkennen sind. Gerade in lauen Sommernächten entdeckt so mancher sein Interesse für den gestirnten Himmel. Es regt sich dann der Wunsch, wenigstens die wichtigsten Sternbilder kennenzulernen und selbst zu finden.

Als Anfänger der Sternkunde wird man seinen Streifzug am Himmel am besten „klassisch" beginnen, nachdem man die Sterne erster Größe schon „abgegrast" hat. Man orientiere sich zunächst nach dem Großen

Veränderliche Sterne im Juni

Algol-Minima	4. 1^h36^m	24. 3^h17^m	27. 0^h06^m			
β-Lyrae-Minima	6. 22^h	19. 21^h				
δ-Cephei-Maxima	4. 1^h	9. 10^h	14. 18^h	20. 3^h	25. 12^h	30. 21^h

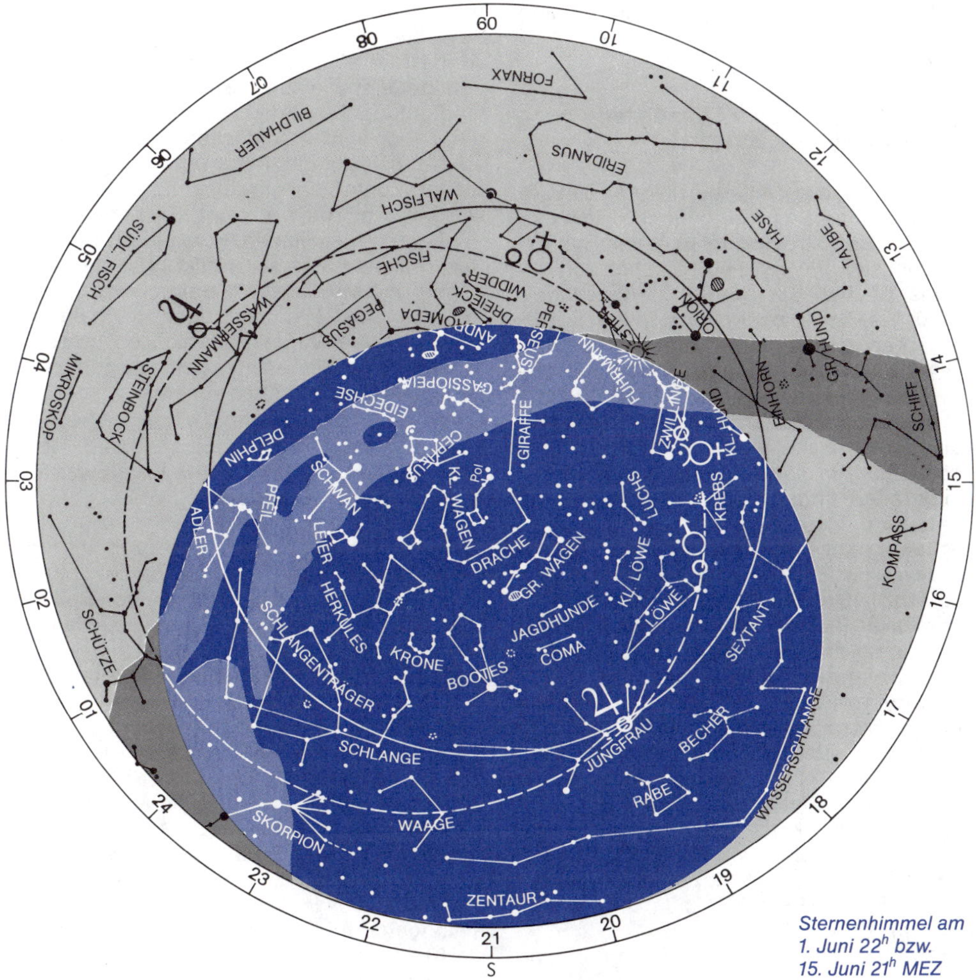

Sternenhimmel am 1. Juni 22^h bzw. 15. Juni 21^h MEZ

Wagen, der steil über dem Beobachter knapp nordwestlich des Zenits leicht zu entdecken ist. Von ihm ausgehend findet man schnell den Löwen mit Regulus, der den Eindruck erweckt, als möchte er sich auf den Westhorizont stürzen, wo er eine Beute vermutet. An Regulus wandert gerade der rote Planet Mars vorbei.

Im Osten ist inzwischen das Sommerdreieck vollständig aufgegangen. Am höchsten steht dabei die schon erwähnte Wega; in nordöstlicher Richtung findet man Deneb, den hellsten Stern im Schwan, und tief im Osten Atair im Adler. Fortgeschrittene Sternenliebhaber sollten einmal versuchen, den Schlangenträger samt Schlange zu identifizieren. Diese umfangreiche Sternenfigur nimmt nun das Areal im Südosten ein und liegt auf der Verbindungslinie Wega – Antares.

Auch der Drache (lat.: Draco) ist ein gutes Übungsobjekt. Sein Kopf liegt nördlich der Wega. Er schlängelt sich um den Nordpol der

Ekliptik und zwischen Großem und Kleinem Wagen hindurch.

Aus der Sagenwelt der Sternbilder: Der Zentaur (Centaurus)

Das Sternbild des Zentauren liegt weit im Süden und nimmt ein umfangreiches Himmelsareal ein. Er erstreckt sich über vier Rektaszensionsstunden, also 60°, nämlich von $\alpha = 11^h$ bis 15^h sowie von der Deklinationszone $\delta = -30°$ bis $-65°$. Die nördlichsten Sterne des Zentauren gehen somit auch in unseren Breiten auf. Allerdings sind es lichtschwache Sterne, die wegen ihrer extremen Südlage bei uns kaum zu sehen sind (siehe auch Monatssternkarte Juni auf Seite 119, in der man den Zentauren knapp über dem Südpunkt eingetragen findet). Berühmte Objekte im Zentauren, wie der helle Stern Toliman (α Centauri) oder der Kugelhaufen ω Centauri bleiben allerdings bei uns stets unter dem Horizont. In Griechenland war vor 3000 Jahren dieses Bild noch etwas besser beobachtbar, da es durch die Präzession höher stand als heute.
Im Norden wird der Zentaur vom Sternbild Wasserschlange begrenzt (Hydra), im Osten vom Wolf (Lupus), im Westen von den Bildern Luftpumpe (Antlia), Segel (Vela) sowie Schiffskiel (Carina). Im Süden umschließt der Zentaur das Kreuz des Südens, die prominenteste Konstellation des südlichen Firmaments. Ferner stößt der Zentaur im Süden an die Bilder Zirkel (Circinus) und Fliege (Musca).
Der Zentaur stellt ein Fabelwesen dar, eine Mischung aus einer Menschengestalt und einem Pferdeleib. Brust und Kopf sind menschlich, während der Unterleib samt vier hufbewehrten Beinen und einem Schweif vom Pferde stammen. Das Geschlecht der Zentauren war im alten Griechenland wohlbekannt. Sie waren unbeherrschte, wilde, trunksüchtige und triebhafte Bewohner des Peliongebirges. Sie jagten alle Frauen und nahmen sie mit Gewalt. Streitsüchtig wie sie waren, griffen sie zu Felsblöcken und dicken Ästen, um ihre Meinungsverschiedenheiten handgreiflich auszutragen. Eine Ausnahme unter den Zentauren war Cheiron (griech.) oder Chiron (röm.), der überhaupt nicht zu den übrigen Spießgesellen paßte und abgesondert lebte. Cheiron war ein weiser und gebildeter sowie außerordentlich geschickter Zentaur. Der Name Cheiron leitet sich denn auch vom griechischen χείρ, die Hand, ab und soll auf das handwerkliche Können dieses Zentauren hinweisen. Der liebenswürdige Cheiron war nicht nur Lehrer und Ausbilder vieler Helden, er war auch Meister der Heilkunst, der alle Heilkräuter bestens kannte und wirkungsvolle Salben zuzubereiten verstand. Manche sahen deshalb in Cheiron den König aller Zentauren, obwohl er niemals im Sinne hatte, seine ungebärdigen Genossen zu beherrschen.
Cheiron war göttlicher Abstammung. Der Vater des Zeus, Kronos, fraß bekanntlich alle seine Kinder auf, da ihm geweissagt wurde, er werde einst von seinem Sohn besiegt werden.
Doch seine Gemahlin Rhea verbarg sich in der Dikti-Höhle auf Kreta und gebar Zeus. Kronos, auf der Suche nach seiner Gattin, nimmt zur Tarnung die Gestalt eines Hengstes an und durchstreift die pelasgischen Gefilde. Dort trifft er auf Philyra, Tochter des Okeanos und der Thetys, die sich Kronos hingibt. Bald darauf wird Cheiron geboren, halb Pferd, halb Mensch. Im Gegensatz zu den anderen Zentauren war er jedoch göttlicher Abstammung und hatte die Weisheit der Titanen geerbt. Von seiner Mutter wieder stammte sein Verständnis und seine Liebe zur Musik, speziell zum Spiel mit der Leier.
Cheiron wuchs in den dichten Wäldern des Peliongebirges heran. Er verstand es meisterhaft auf seiner goldenen Leier zu spielen. Dazu sang er Lieder von der Entstehung der Mutter Erde und von den unsterblichen Göttern. Er kannte alle Heilkräuter und galt als Urvater der Heilkunst. Apoll wurde von ihm ebenso unterwiesen wie Asklepios. Während Apoll speziell die Leier spielen lernte und damit die Göttergesellschaft auf dem Olymp erfreute, wurde Asklepios besonders in der Heilkunst ausgebildet. Asklepios wurde so zum Ahnherr aller Pharmazeuten.
Viele Helden, unter ihnen auch Söhne des Zeus, wurden von Cheiron unterrichtet, unter anderem auch im Bogenschießen. Cheiron erzog seine Schützlinge zu Fairneß, Mut und

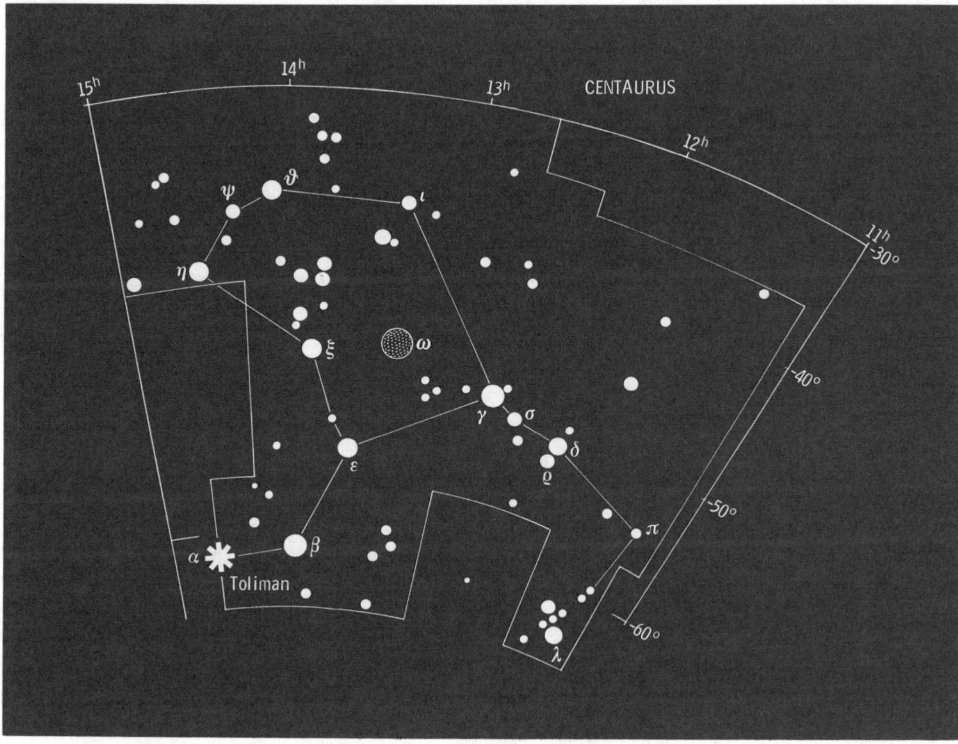

6.4: Skelett-Karte des Sternbildes Zentaur (Centaurus).

Tapferkeit. Zu seinen Schülern zählten auch Herakles, Peleus und Orpheus. Einmal mehr bewies Cheiron seine sprichwörtliche Gastfreundschaft, als er lason und seine Argonautenmannschaft bewirtete.
lason hatte die Fahrt der Argonauten zum Goldenen Vlies organisiert. Auf dem Weg nach Kolchis besuchte lason mit seinen Mannen seinen ehemaligen Lehrmeister Cheiron im Peliongebirge. Hocherfreut über den lieben Besuch richtet Cheiron eine reiche Tafel an und sorgt für Schläuche voll edlen Weines. Nach dem Festgelage erhob sich Orpheus und begann die Tafelrunde mit seinen Liedern zu erfreuen. Weithin durchs Peliongebirge drangen die Klänge seiner Leier und der Schall seiner Lieder. Wohlgelaunt machten sich schließlich die Argonauten auf den Weg, um das Goldene Vlies zu holen.
Als Cheiron einmal für seinen Schüler Herakles vergiftete Pfeile vorbereitete, passierte ihm ein Mißgeschick. Ein Pfeil drang in einen seiner Hufe und hinterließ eine schmerzhafte Wunde. Trotz bester Salben gelang es Cheiron nicht, die Wunde zu heilen. Das Gift fraß sich in seinen Körper und bereitete ihm unsägliche Schmerzen. Da er aber göttlicher Abstammung war, so hatte er von Kronos die Unsterblichkeit geerbt.
Herakles erzählte dem gequälten Cheiron von Prometheus, den er von seinen Fesseln befreit hatte. Nur dann könne Prometheus, der für seine Untaten schreckliche Strafen erleiden mußte, gerettet werden, wenn ein Unsterblicher bereit wäre zu sterben. Um von seinen Qualen befreit zu werden, verzichtete

6. 5: Figürliche Darstellung des Sternbildes Zentaur in dem Sternatlas Uranometria von Johannes Bayer aus dem Jahre 1603.

Cheiron auf die Unsterblichkeit, indem er für Prometheus den Tod auf sich nahm. Zur ewigen Erinnerung an seinen heldenhaften Großmut, seine edle Gesinnung und seine Wohltaten wurde Cheiron schließlich nach seinem Tode von Zeus unter die Sterne versetzt.

Bei Ptolemaios hält Cheiron in einer Hand einen Wolf. Der Wolf (Lupus) ist ebenfalls als Sternbild neben dem Zentauren verewigt. Auch Asklepios ist als Bild des Schlangenträgers unter den Sternen zu finden. Manchmal wird Cheiron auch als Sternbild Schütze angesehen, der ursprünglich ebenfalls ein Zentaur war. Bei den Arabern ist der Hinterteil des Zentauren nicht ein Pferdeleib, sondern stammt von einem Bären. Bei den Römern sprach man von Semi Vir, dem halben Mann. Auch die Bezeichnung Acris Venator, der mutige Jäger, wurde für das Bild des Zentauren verwendet.

In dem Sternatlas Coelum Stellatum Christianum, den Julius Schiller aus Augsburg in seinem Todesjahr 1627 herausbrachte, stellt diese Sternenfigur Abraham und Isaac dar.

α Centauri ist mit $-0^{m}\!\!,3$ scheinbarer Helligkeit nicht nur der hellste Stern im Zentauren, sondern nach Sirius und Kanopus der dritthellste Stern des Himmels. Er wird Rigel Kent (von Centaurus) oder auch Toliman genannt. Rigel Kent bedeutet soviel wie Fuß des Zentauren. Toliman stammt vom Arabischen Al Zulman, der (Vogel) Strauß. Eine seltene Bezeichnung für α Centauri ist Bungula, die sich vermutlich aus Beta und Ungula (lat.) zusammensetzt und der zweite Huf bedeutet. Mit nur 4,3 Lichtjahren Entfernung ist Toliman

der nächste der mit freien Augen sichtbaren Sterne. Toliman ist außerdem ein Doppelstern: Zwei gelbe Sonnen umkreisen einander in 80 Jahren.
Nur etwa zwei Grad von Toliman entfernt steht Proxima Centauri, der „Allernächste im Zentauren". Diese rote Minisonne ist der unserem Sonnensystem nächste Stern. Proxima Centauri ist mit 4,2 Lichtjahren Distanz nur wenig näher als Toliman, bleibt allerdings mit nur 11^m scheinbarer Helligkeit für bloße Augen unbeobachtbar.
β Centauri, auch Hadar genannt, ist mit $0^m\!.6$ der zweithellste Stern im Zentauren, allerdings über hundertmal weiter als Toliman entfernt, nämlich rund 450 Lichtjahre. Hadar leitet sich vom arabischen Hadari ab, ein weiter nicht übersetzbarer Eigenname. Gelegentlich findet man auch den Namen Agena für β Centauri. Dieser Name setzt sich aus Alpha und Genu (lat.), das Knie, zusammen und bedeutet soviel wie das erste Knie. Man beachte, daß bei den letztgenannten Namen Bungula und Agena für α und β Centauri die griechischen Buchstaben β und α bei diesen Eigennamen vertauscht sind. Im Zentauren findet sich der hellste Kugelhaufen des Himmels ($3^m\!.6$), nämlich ω Centauri, NGC 5139 mit der Katalogbezeichnung. Die Entfernung von ω Centauri beträgt 17000 Lichtjahre, sein Durchmesser rund 160 Lichtjahre. Mit den Randpartien hat er rund Vollmonddurchmesser. Im Gegensatz zu fast allen anderen Kugelhaufen zeigt ω Centauri eine deutliche Abweichung von der Kreisform, er erscheint merkbar elliptisch.
Acht Sterne im Bild des Zentauren sind heller als 3^m. In mondlosen Nächten sind etwa 55 Sterne mit bloßen Augen zu sehen. Der amerikanische Astronom Benjamin A. GOULD (1824–1896) gibt sogar 389 Sterne an, die – zumindest theoretisch – ohne optische Hilfsmittel im Sternbild Centaurus ausgemacht werden können.

Das Klima im Juni

Im Juni beginnt der astronomische Sommer (um den 21.), die Meteorologen bezeichnen den Juni daher als ersten Sommermonat. Der sommerliche Temperaturanstieg wird allerdings von Vorstößen kühlerer Meeresluft mehrmals unterbrochen. Die mittlere Monatsdurchschnittstemperatur steigt auf 16,4 °C. Die mittlere Tageshöchsttemperatur mißt 21 °C, die mittlere Monatstiefsttemperatur 0 °C. Normalerweise gibt es keine Frosttage mehr. An einigen Tagen liegen die Mittagstemperaturen über 30 °C. Durchschnittlich acht Gewittertage sind zu vermerken. Die Niederschlagstage liegen zwischen zehn und zwanzig. Hier treten von Jahr zu Jahr krasse Unterschiede auf. Manche Junimonate sind außerordentlich regenreich.
Die mittlere Sonnenscheindauer beläuft sich auf 230 Stunden. Häufig gibt es gute und klare Sicht für Sternbeobachtungen. 52% der Nächte sind bewölkt. Nebeltage treten so gut wie nicht mehr auf.
Witterungsverlauf: Schönwetterlagen, die meist von kurzer Dauer sind, werden durch Einbrüche kühlerer Meeresluft (*Schafskälte*) um den 3., den 13. und den 25. unterbrochen. Gegen Monatsende bilden sich Hochdrucksituationen aus (*Schönwetter*), die meist den Beginn der heißen Jahreszeit einleiten. Regnet es jedoch in den letzten Junitagen permanent (*Landregen*), so ist häufig auch der Juli verregnet.

Monatsthema: Die Suche nach fremden Planetensystemen

Eine der spannendsten Fragen der Astronomie lautet: Werden auch andere Sterne von Planeten umrundet? Unsere Sonne wird von neun Planeten umkreist, von denen einer unsere Erde ist. Von den Planeten unserer Sonne ist offenbar nur die Erde bewohnt. Die Suche nach außerirdischem Leben macht aber nur Sinn, wenn man davon ausgehen kann, daß viele andere Sterne ebenfalls ein Planetensystem besitzen. Auf den Sternen selbst kann selbstverständlich kein organisches Material existieren, denn Sterne sind bekanntlich Sonnen, also selbstleuchtende, glühende Gasbälle mit einigen tausend Grad Oberflächentemperatur. Bei diesen hohen Temperaturen können sich komplizierte Molekülverbindungen, wie sie für Organismen Voraussetzung sind, weder bilden noch hal-

ten. Auf Planeten hingegen, die von ihren Muttersternen beschienen werden, können sich passable Bedingungen für die Lebensentstehung einstellen.
Schon lange vermutet man, daß auch andere Sonnen von Trabanten umlaufen werden. Die Hälfte der vielen Lichtpünktchen am Himmel sind Doppelsterne. Damit gehören zwei Drittel aller Sonnen im Weltall einem Doppel- oder Mehrfachsternsystem an.
Ein Drittel aller Sterne sind Einzelsonnen wie unsere Sonne auch. Computersimulationen lassen erkennen, daß die Bildung eines Doppelsternpaares aus einer kollabierenden interstellaren Gaswolke durchaus kein seltenes, ausgefallenes Ereignis ist, sondern eher einen „Normalfall" darstellt. Bei der Bildung von Sternen entstehen bei der Kontraktion der interstellaren Materiewolke infolge des vorhandenen Drehimpulses gewaltige, rotierende Gas- und Staubscheiben um die im Zentrum liegenden Protosterne. Durch Fraktionierung können solche Staubscheiben in einzelne Ringe zerfallen, aus denen sich durch Kondensation und Akkretion („Aufsammeln") relativ kalte Körper bilden, die den Zentralstern umrunden. Soweit die Theorie. Nach ihr müßten also zahlreiche Sterne ein Planetensystem besitzen. Kann man diese Planeten auch beobachten?
Wie man sich leicht klarmachen kann, müssen Planeten anderer Sonnen uns außerordentlich lichtschwach erscheinen. Der nächste Stern ist Toliman (α Centauri), nur 4,3 Lichtjahre entfernt. Würden wir den Riesenplaneten Jupiter, der an unserem Firmament zu den hellsten Gestirnen zählt, aus der Toliman-Distanz sehen, so wäre er nur ein winziger Lichtpunkt mit 21^m scheinbarer Helligkeit. Mit großen Teleskopen sind solche lichtschwachen Objekte durchaus noch zu erfassen.
Aber unbeobachtbar wird ein so lichtschwaches Sternchen, wenn es in unmittelbarer Nähe eines hellen Sternes steht. Und Planeten sind auf große Distanz gesehen praktisch immer knapp neben ihrer Muttersonne angesiedelt. Würden wir von Sirius aus, der knapp neun Lichtjahre entfernt ist, unsere Sonne betrachten, so erschiene sie uns als Stern mit $1{,}^m8$ Helligkeit, also etwa so hell wie Dubhe (α UMa). Jupiter wäre dann nur noch $22{,}^m5$ hell, sein scheinbarer Winkelabstand von der Sonne betrüge nur 2"! Selbst in Riesenteleskopen würde er in den Strahlen der Sonne verborgen bleiben. Von der Erde aus ist es hoffnungslos zu versuchen, fremde Planeten mit Teleskopen zu beobachten. Lediglich das außerhalb der Erdatmosphäre operierende HUBBLE-Weltraumteleskop ist mindestens theoretisch in der Lage, Planeten anderer Sterne zu sehen. Verschiedene Beobachtungskampagnen wurden diesbezüglich bereits durchgezogen, allerdings bisher noch ohne konkrete Ergebnisse.
Es gibt jedoch indirekte Methoden, Planeten anderer Sterne zu entdecken. Sie können sich durch ihre Schwerkraft bemerkbar machen. So wurde bereits 1844 von Friedrich Wilhelm BESSEL ein dunkler Begleiter von Sirius gefunden. BESSEL fand, daß Sirius keine geradlinige Eigenbewegung zeigt, sondern eine Schlangenlinie erzeugt. Man interpretierte die Bildung dieser Schlangenlinie richtig so, daß Sirius und ein unsichtbarer Begleiter um einen gemeinsamen Schwerpunkt laufen. Tatsächlich wurde dann im Jahre 1862 der Sirius-Begleiter erstmals gesehen. Es handelt sich bei ihm um einen weißen Zwergstern mit etwa einer Sonnenmasse. Der Siriusbegleiter ist somit eine Sonne und kein Planet.
Da Planeten aber wesentlich weniger Masse als Sterne besitzen, werden sie in viel geringerem Ausmaß die Eigenbewegung der Sterne beeinflussen (zum Thema „Eigenbewegung" siehe auch HIMMELSJAHR 19**92**, Seite 151). So weist Jupiter nur rund ein Tausendstel der Sonnenmasse auf. Die zu erwartenden Schwankungen der Eigenbewegungen werden also gering ausfallen. Die Abweichungen von einer geradlinigen Bewegung werden umso kleiner sein, je kleiner das Massenverhältnis Planet/Stern ausfällt. Trotz dieser ungünstigen Prognose hat man versucht, bei einigen sonnennahen Sternen solche Eigenbewegungsschwankungen zu finden, die einen indirekten Beweis für die Existenz eines extrasolaren Planeten darstellen. Sonnennahe Sterne zeigen in der Regel eine relativ große Eigenbewegung. Die meisten Nachbarsterne der Sonne sind außerdem Zwergsterne mit geringer Masse, deren Bahnschwankungen daher eher meß-

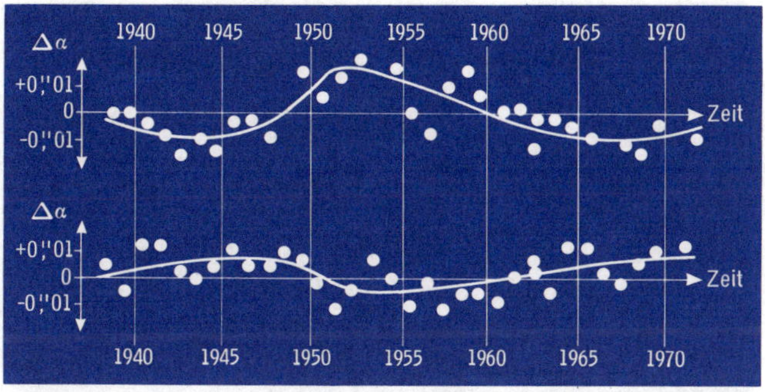

6. 6: Winzige Abweichungen von der geradlinigen Eigenbewegung lassen bei BARNARDS Pfeilstern einen dunklen Begleiter vermuten – sie können aber auch auf systematischen Meßfehlern beruhen (nach Peter van de KAMP).

bar groß ausfallen. Auf diese Weise wurde etwa ein Dutzend Sterne mit dunklen Begleitern gefunden, deren Massen relativ klein sind. „Relativ klein" bedeutet aber immer noch etwa eine Zehntel Sonnenmasse. Dies ist wiederum zuviel für einen anständigen Planeten. Vermutlich stellen diese Himmelskörper ein Übergangsstadium zwischen Planeten und Sternen dar. Sie sind zu massereich, um als Planet zu gelten. Sie haben aber andererseits nicht genügend Masse, um im Zentrum so hohen Druck und so hohe Temperatur zu erreichen, wie sie zur Kernfusion notwendig sind. Sie haben nie ein Atomfeuer gezündet und sind somit keine echten Sterne. Man nennt diese Klasse von Himmelskörpern auch gerne „Braune Zwerge".
Bei zwei sonnennahen Sternen glaubt man jedoch, planetenähnliche Begleiter gefunden zu haben, nämlich bei Barnards Pfeilstern und bei ε Eridani. Barnards Pfeilstern liegt im Ophiuchus (Schlangenträger) und ist ein Objekt 9. Größenklasse, also mit bloßen Augen überhaupt nicht zu sehen. Mit nur 5,9 Lichtjahren Entfernung gehört er zu den sonnennächsten Sternen. Er ist ein roter Zwergstern mit knapp einem Sechstel des Sonnendurchmessers und 3000° Oberflächentemperatur. Seine Masse beträgt nur fünfzehn Prozent der Sonnenmasse. Was BARNARDS Pfeilstern hervorhebt, ist seine große Eigenbewegung von 10,"3 pro Jahr. Auch die Radialgeschwindigkeit von –108 km/s ist beachtlich – in jeder Sekunde nähert sich uns diese Zwergsonne also um über hundert Kilometer. Die große Eigenbewegung bewirkt eine Verschiebung des Sternortes von einer Vollmondbreite in 180 Jahren. So ist BARNARDS Pfeilstern der ideale Kandidat für die Suche nach periodischen Eigenbewegungsschwankungen. Aus einer großen Zahl von photographischen Aufnahmen, verteilt über viele Jahre, hat man tatsächlich eine wellenförmige Eigenbewegung abgeleitet (siehe Abb. 6.6). Die Analyse der Eigenbewegungskurven ließ sogar zwei Planeten vermuten: Einer soll 0,8 Jupitermassen besitzen und in zwölf Jahren in 420 Millionen Kilometer mittlerer Entfernung seinen Mutterstern umlaufen, der zweite soll 1,1 Jupitermassen haben und in 28 Jahren bei einer mittleren Distanz von 705 Millionen km seine Zentralsonne umkreisen. Bei ε Eridani wieder glaubte man, einen sechs Jupitermassen schweren Begleiter aus Eigenbewegungsabweichungen ableiten zu können.
Neuere Untersuchungen dämpften jedoch die Hoffnungen der Astronomen. Sie lassen erkennen, daß die so schön periodischen Eigenbewegungsschwankungen wohl auf systematische Meßfehler zurückzuführen sind. Solche Fehler werden verständlich, wenn man berücksichtigt, daß die periodischen Auslenkungen der Sternbildpunkte auf der photographischen Schicht nur 0,0013 mm betragen. Mit Hilfe optischer Eigenbewegungsmessungen ist somit noch kein extrasolarer Planet sicher nachgewiesen worden.
In den letzten Jahren hat jedoch die Beobachtungstechnik gewaltige Fortschritte gemacht. So ist es gelungen, von Satelliten aus im infraroten Licht Staubscheiben um die Sterne Wega, Fomalhaut, ε Eridani und

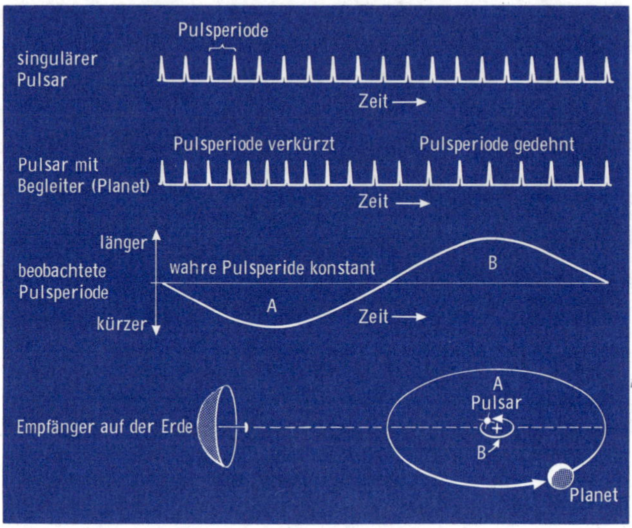

6.7: Prinzip der Planetenentdekkung bei Pulsaren. Ein Pulsar sendet sehr regelmäßig Strahlungspulse aus. Besitzt er einen Begleiter (Planet), so verändert sich die Pulsfrequenz periodisch. Nähert sich der Pulsar bei seinem Lauf um den gemeinsamen Schwerpunkt mit dem Begleiter der Erde, so verkürzt sich die Pulsperiode (A). Entfernt sich der Pulsar von der Erde, so treffen die Pulse seltener ein, die Pulsperiode wird länger (B).

β Pictoris zu beobachten. Durch eine ausgeklügelte Ausblendtechnik ist es sogar möglich geworden, um β Pictoris einen schwachen Lichtschein zu registrieren, und zwar im sichtbaren Bereich des Spektrums. Damit erfährt die Theorie der Planetenentstehung eine gewaltige Unterstützung. Die Materiescheiben um die vier genannten Sterne kann man gewissermaßen als Protoplanetensysteme bezeichnen.

Im Jahre 1990 schien es geglückt zu sein, erstmals einen extrasolaren Planeten nachzuweisen. Er umkreist allerdings keinen gewöhnlichen Stern, sondern einen Pulsar. Pulsare sind rasch rotierende Neutronensterne. Solche Neutronensterne sind winzig klein – ihre Durchmesser betragen nur einige Dutzend Kilometer, also nur etwa ein Tausendstel eines Planetendurchmessers.

Ihre Massen liegen hingegen bei einigen Sonnenmassen, so daß sich enorme Dichten von Millionen Tonnen pro Kubikzentimeter ergeben. Solche rasch rotierenden Neutronensterne senden in fast allen Frequenzen des elektromagnetischen Spektrums Blitze aus, ähnlich den Lichtsignalen eines Leuchtturms.

Mit dem 76 m großen Radioteleskop von Jodrell Bank bei Manchester wurde im Jahre 1985 ein Pulsar entdeckt, der sich ungewöhnlich zu verhalten schien. Er erhielt die Katalogbezeichnung PSR 1829-10. Die von PSR 1829-10 ankommenden Radioimpulse zeigen periodische Variationen: Einmal kommen sie ein paar Millisekunden früher an, dann haben sie wieder eine entsprechende Verzögerung. Man schloß nun daraus, daß der Pulsar wohl um den Schwerpunkt eines Doppelsternsystems wandert und es durch die Doppler-Verschiebung zu Schwankungen in der Radiofrequenz kommt. Nähert sich der Pulsar, so steigt die Frequenz an, entfernt er sich, so sinkt sie ab. Abschätzungen ergaben, daß es sich um einen Begleiter von etwa zehn Erdmassen handeln müsse, der in 184 Tagen um den Pulsar läuft. Schon glaubte man, den ersten extrasolaren Planeten gefunden zu haben. Doch bald folgte eine kalte Dusche für die stolzen Planetenentdecker. Sie hatten bei der Interpretation der Meßdaten einen kleinen, aber entscheidenden Fehler gemacht. Sie ließen unberücksichtigt, daß die Erde nicht mit gleichförmiger Geschwindigkeit die Sonne umrundet: Wegen ihrer elliptischen Bahn ist die Erde im Perihel schneller als im Aphel. Die Variation der Pulsarfrequenz ist durch die unterschiedliche Bahngeschwin-

digkeit der Erde zu erklären und nicht durch einen Begleiter des Pulsars. Doch das Prinzip der Entdeckung von Pulsarbegleitern ist im Grunde genommen richtig. Man muß nur eben auch die exakte Erdbewegung berücksichtigen. Inzwischen wurden weitere Pulsare gefunden, von denen man glaubt, daß sie von Planeten umrundet werden. So sollen um den Pulsar PSR 1257+12 im Sternbild der Jungfrau sogar zwei Planeten laufen, einer in einem Abstand von 55 Millionen Kilometer (=0,37 A. E.), der mindestens 3,4 Erdmassen besitzt und einer mit 2,8 oder mehr Erdmassen, der den Pulsar in 70 Millionen Kilometern (= 0,47 A. E.) umrundet. Die Umlaufzeiten betragen dabei 66,6 und 98,2 Tage.
Eine der heiß diskutierten Fragen lautet: Wie können Planeten überhaupt eine Supernovadetonation überstehen? Der gängigen Vorstellung nach sind Pulsare respektive Neutronensterne die Reste (Sternkerne) von Supernovaausbrüchen, bei denen ein großer Teil der Materie des ursprünglichen Sternes ins All geschleudert wird. Manche Astronomen vermuten deshalb, daß Planeten von Neutronensternen Objekte sind, die sich erst nach der Detonation des ursprünglichen Sternes gebildet haben. Wie dem auch sei: Sollte sich die Entdeckung von extrasolaren Planeten, die Neutronensterne umkreisen, bestätigen, so darf man getrost von einem Meilenstein in der Geschichte der Astronomie sprechen.
Die enorme Bedeutung des Themenkreises „Extrasolare Planeten“ für die Forschung zeigt sich auch daran, daß der Nationale Forschungsrat der Vereinigten Staaten von Amerika ein Dokument publiziert hat, in dem die Strategien für die Entdeckung und das Studium von fremden Planetensystemen und extrasolarem planetarischen Material für den Zeitraum 1990 bis 2000 ausführlich diskutiert werden. Die Suche nach Planeten anderer Sterne genießt höchste Priorität.

11.12: Die der Sonne zugewandte Erdhälfte zu Beginn des Merkurtransits am 6. November 1993 um 4^h06^m MEZ. Man erkennt, daß der Transit am günstigsten von Ostasien, Japan, Polynesien, Australien und Neuseeland aus beobachtbar ist. Siehe hierzu Monatsthema November auf Seite 191 ff.

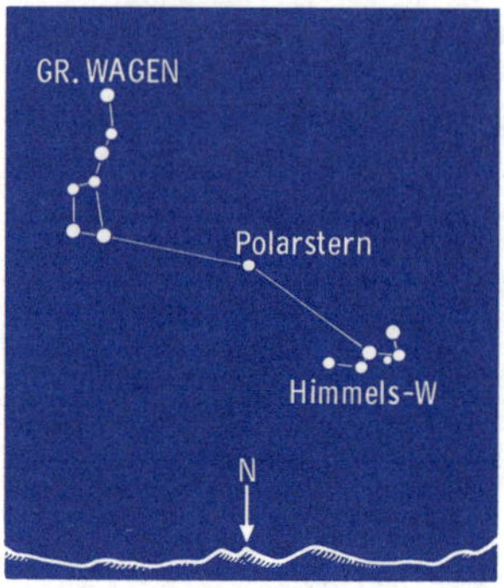

Großer Wagen und Himmels-W Anfang Juli 22^h MEZ

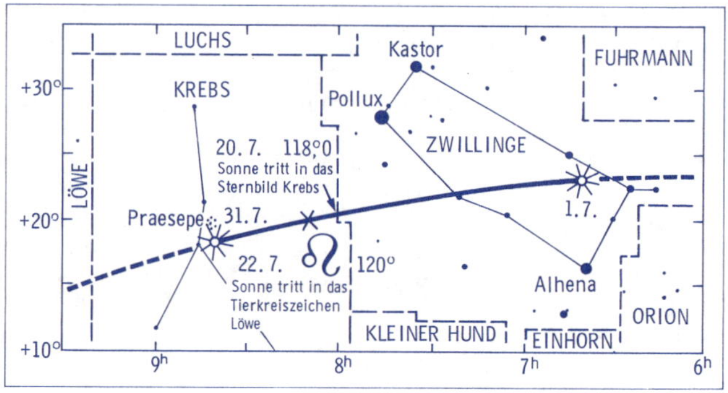

Sonnenlauf im Juli

Datum	Aufgang MEZ	Untergang MEZ	Kulmination	Zeitgleichung	Mittagshöhe	Rektaszension	Deklination	Sternzeit 1^h MEZ
5.	4^h18^m	20^h31^m	12^h25^m	-5^m	62°,8	6^h56^m	+22°,8	18^h52^m
10.	4 22	20 28	12 25	−5	62,2	7 17	+22,3	19 12
15.	4 27	20 24	12 26	−6	61,5	7 37	+21,6	19 31
20.	4 33	20 19	12 26	−6	60,6	7 57	+20,7	19 51
25.	4 40	20 13	12 26	−6	59,6	8 17	+19,7	20 11
30.	4 46	20 06	12 26	−6	58,4	8 37	+18,6	20 31

Julianisches Datum am 1. Juli, 1^h MEZ: 2 449 169,5

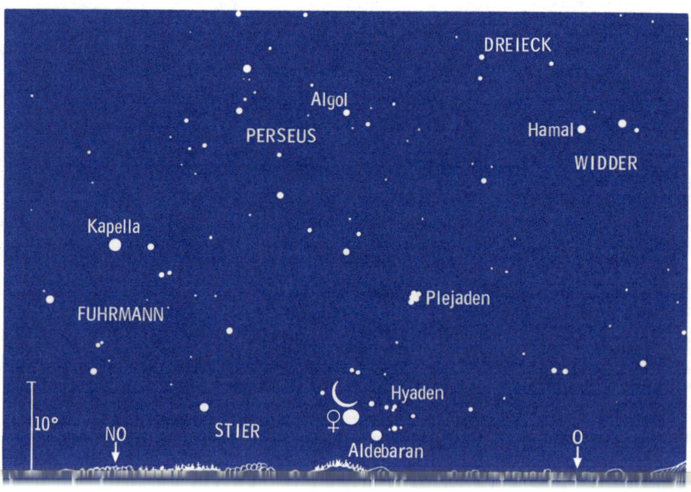

7.1: Himmelsanblick am 16. Juli gegen 2^h30^m MEZ (= 3^h30^m MESZ). Knapp über dem Osthorizont strahlt Venus im Stier nahe Aldebaran und den Hyaden. Ein wenig nördlich der Venus steht die Sichel des abnehmenden Mondes.

Tages- und Nachtstunden im Juli

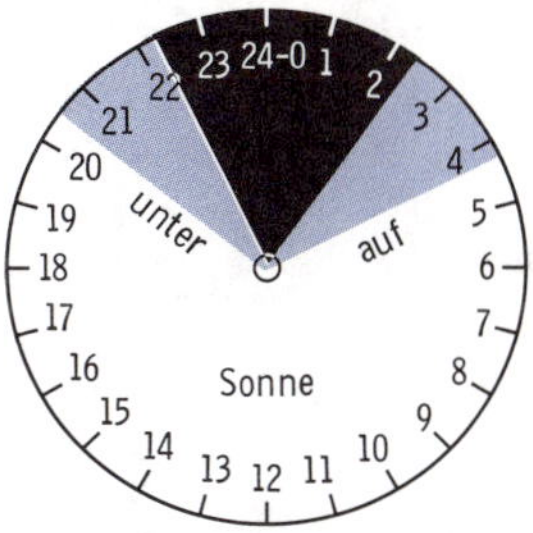

5. Juli

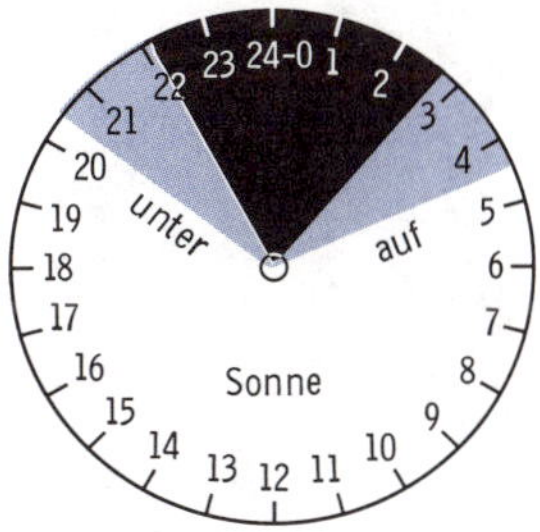

15. Juli

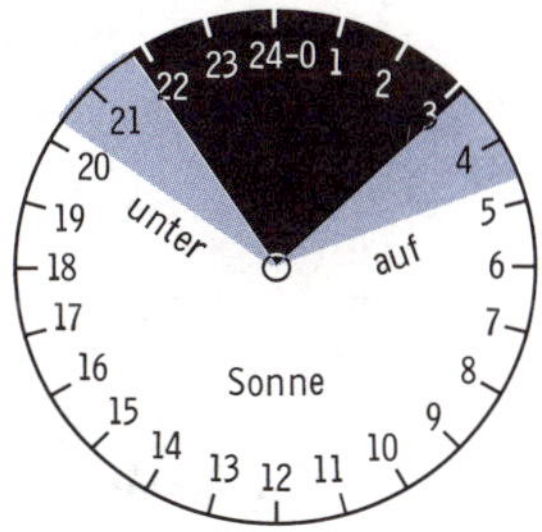

25. Juli

Mondlauf im Juli

Datum	Aufgang MEZ	Untergang MEZ	Rektaszension	Deklination	Sterne und Sternbilder	Phase	MEZ
Do 1.	18^h20^m	1^h51^m	15^h59^m	–21°,5	Skorpion	Aufsteigender Knoten	
Fr 2.	19 16	2 43	16 58	–22,3	Schlangenträger		
Sa 3.	20 01	3 43	17 56	–21,9	Schütze	Libration West	
So 4.	20 38	4 49	18 52	–20,3	Nunki	**Vollmond**	0^h45^m
Mo 5.	21 07	5 57	19 45	–17,6	Schütze		
Di 6.	21 31	7 06	20 36	–14,2	Steinbock		
Mi 7.	21 52	8 14	21 24	–10,2	Wassermann		
Do 8.	22 12	9 20	22 10	– 5,8	Wassermann		
Fr 9.	22 31	10 25	22 55	– 1,3	Fische	Größte Nordbreite	
Sa 10.	22 50	11 29	23 39	+ 3,2	Fische	Erdferne 404	12^h
So 11.	23 11	12 33	0 23	+ 7,6	Fische	**Letztes Viertel**	23^h49^m
Mo 12.	23 35	13 38	1 08	+11,6	Fische		
Di 13.	–	14 43	1 55	+15,3	Widder, Hamal		
Mi 14.	0 03	15 48	2 45	+18,4	Widder		
Do 15.	0 38	16 51	3 37	+20,7	Plejaden		
Fr 16.	1 22	17 49	4 31	+22,1	Aldebaran, Hyaden	Libration Ost Absteigender Knoten	
Sa 17.	2 16	18 40	5 28	+22,2	Stier, Al Nath		
So 18.	3 21	19 23	6 26	+21,1	Zwillinge		
Mo 19.	4 34	19 59	7 25	+18,8	Kastor, Pollux	**Neumond**	12^h24^m
Di 20.	5 52	20 30	8 23	+15,2	Krebs, Krippe		
Mi 21.	7 13	20 56	9 19	+10,7	Krebs		
Do 22.	8 34	21 21	10 14	+ 5,5	Regulus	Erdnähe 365	9^h
Fr 23.	9 54	21 45	11 08	0,0	*Löwe	Größte Südbreite	
Sa 24.	11 14	22 10	12 02	– 5,4	Jungfrau		
So 25.	12 33	22 38	12 56	–10,5	Spica		
Mo 26.	13 51	23 11	13 51	–14,9	Jungfrau	**Erstes Viertel**	4^h25^m
Di 27.	15 05	23 51	14 48	–18,5	Waage		
Mi 28.	16 12	–	15 45	–20,9	Waage	Aufsteigender Knoten	
Do 29.	17 10	0 38	16 43	–22,1	Antares	Libration West	
Fr 30.	17 58	1 34	17 40	–22,1	Schlangenträger		
Sa 31.	18 37	2 37	18 36	–20,8	Nunki		

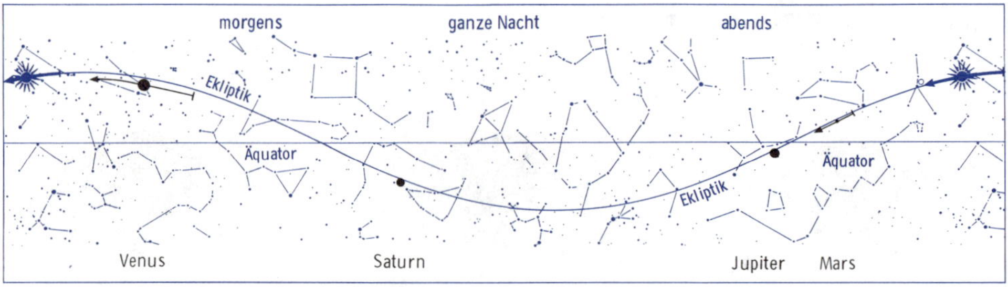

Planetenlauf im Juli

Merkur kommt am 1. zum Stillstand und nähert sich anschließend rückläufig der Sonne. Am 15. steht er in unterer Konjunktion mit ihr. Bis Monatsende wächst der westliche Winkelabstand von der Sonne auf 18° an, zu einer Morgensichtbarkeit reicht dies nicht, da Merkur nur $0{,}^{m}8$ hell ist.
Merkur bleibt im Juli unsichtbar. Am 25. kehrt Merkur seine Bewegungsrichtung um und wird wieder rechtläufig.
Am 2. durcheilt er das Aphel seiner Bahn, wobei er 69,8 Millionen Kilometer von der Sonne entfernt ist.
Venus hát ihre größte westliche Elongation zur Sonne hinter sich und ist als strahlender Morgenstern im Nordosten vor Sonnenaufgang beobachtbar. Sie wandert durch das Goldene Tor der Ekliptik, das von den beiden offenen Sternhaufen Plejaden und Hyaden im Stier gebildet wird, und steuert auf den höchsten Punkt der Ekliptik zu, den Sommerpunkt nämlich. Ihre Aufgangszeiten verla-

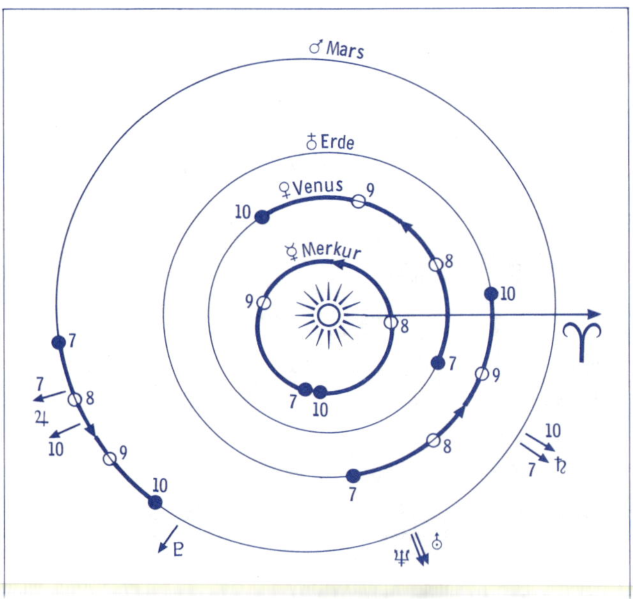

7.2: Das innere Planetensystem im dritten Jahresviertel 1993. Eingezeichnet sind die Positionen der Planeten für den 1. Juli (7), 1. August (8) sowie 1. (9) und 30. September (10). Die Pfeile deuten die Richtungen zu den ferneren Planeten sowie zum Frühlingspunkt an.

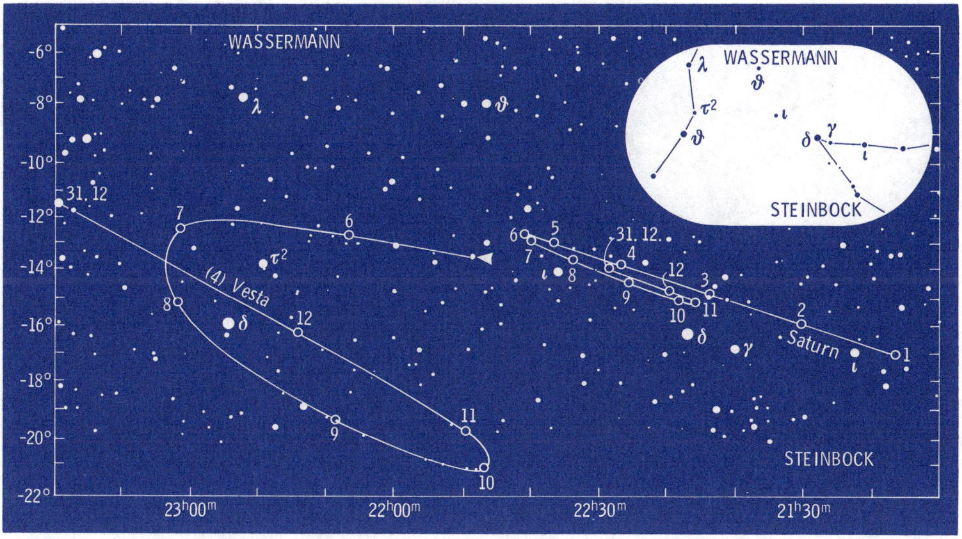

7.3: Die Bahnen des Planeten Saturn im Jahre 1993 und des Kleinplaneten Vesta (4) von Juni bis Jahresende 1993 im Gebiet Steinbock/Wassermann. Die Zahlen geben die Positionen von Saturn und Vesta jeweils zum Monatsersten an.

gern sich nur wenig. Geht der Morgenstern am 1. um 1^h51^m (= 2^h51^m Sommerzeit) auf, so erfolgt sein Aufgang am 15. schon um 1^h39^m, am 31. ebenfalls um 1^h39^m. Die Venushelligkeit sinkt ein wenig während des Monats von $-4^m,2$ auf $-4^m,0$ ab.

Am 16. steht die Sichel des abnehmenden Mondes $1^\circ,7$ nördlich von Venus, die sich ihrerseits nahe Aldebaran im Stier aufhält – ein netter Himmelsanblick gegen 2^h30^m (= 3^h30^m Sommerzeit; siehe auch Abb. 7.1 auf Seite 128).

Fernrohrbeobachter registrieren, daß das Venusscheibchen immer kleiner und rundlicher erscheint. Der scheinbare Venusdurchmesser geht von $19'',5$ auf $15'',3$ zurück.

Mars im Löwen verabschiedet sich vom Abendhimmel. Um die Monatsmitte wird der rote Planet unsichtbar. Am 1. geht Mars um 23^h05^m (= 0^h05^m Sommerzeit) unter. Am 10. erfolgt der Untergang des $1^m,6$ hellen Mars um 22^h39^m, am 20. bereits um 22^h09^m. Erst nach 21^h (= 22^h Sommerzeit) ist es jedoch dunkel genug, um Mars sichtbar werden zu lassen. Kurz nach 21^h30^m verblaßt Mars in den horizontnahen Dunstschichten. Bis Monatsende verfrühen sich die Marsuntergänge auf 21^h37^m.

Jupiter, rechtläufig in der Jungfrau, kann am Abendhimmel im Westen gesehen werden. Seine Sichtbarkeitsdauer schrumpft allerdings auf eineinhalb Stunden zusammen. Geht der Riesenplanet am 1. noch um 0^h06^m (= 1^h06^m Sommerzeit) unter, so erfolgt sein Untergang am 15. um 23^h09^m und am 31. bereits um 22^h10^m. Aber erst gegen 20^h30^m ist es dunkel genug, um den Riesenplaneten ausmachen zu können.

Jupiter büßt weiterhin etwas an Helligkeit ein: Sie sinkt im Laufe des Monats von $-2^m,0$ auf $-1^m,8$ ab. Der Äquatordurchmesser des Jupiterscheibchens geht auf $33'',5$ zurück.

Zu Monatsbeginn ist Jupiter 809,9 Millionen Kilometer, zu Monatsende 878,5 Millionen Kilometer von der Erde entfernt.

Saturn, rückläufig im Wassermann, wird allmählich zum Planeten der ganzen Nacht. Am 1. überschreitet der Ringplanet um 22^h50^m (= 23^h50^m Sommerzeit) die Horizontlinie im Südosten. Am 15. geht er um 21^h53^m auf und am 31. schon um 20^h49^m. Berücksichtigt

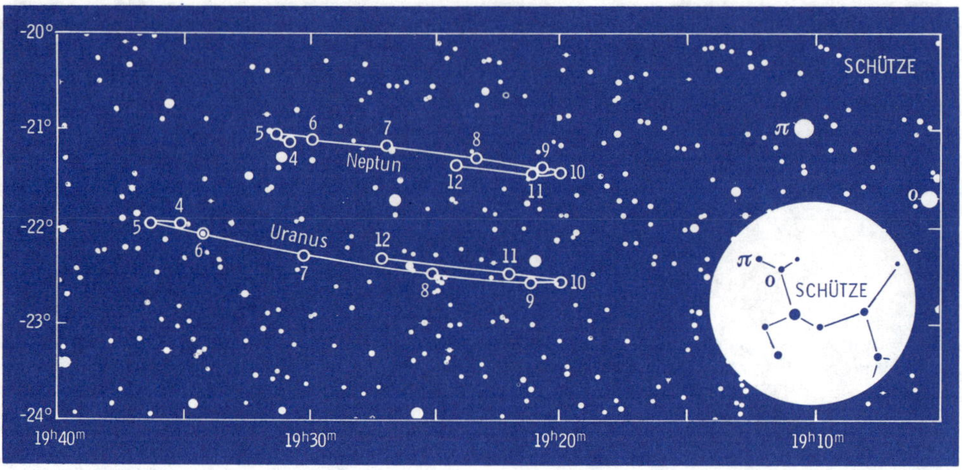

7.4: Die fast parallel verlaufenden Bahnen der Planeten Uranus und Neptun 1993 im Sternbild Schütze. Die Zahlen geben die Planetenpositionen zum jeweiligen Monatsersten an.

man, daß es um diese Uhrzeit erst richtig dunkel wird, so ist Saturn die ganze Nacht über sichtbar. Die Helligkeit des Saturn nimmt von $0^m\!.7$ auf $0^m\!.5$ zu – die Opposition ist nicht mehr ferne.
In der Nacht vom 7. auf 8. zieht der abnehmende Mond rund 6° nördlich am Ringplaneten vorbei.
Am 1. beträgt die Saturnentfernung von der Erde 1368,6 Millionen Kilometer.
Uranus im Schützen kommt am 12. in Opposition zur Sonne. Am Oppositionstag erfolgt der Uranusaufgang um 20^h18^m (= 21^h18^m Sommerzeit). Durch den Meridian geht Uranus in der Nacht vom 12. auf 13. um 0^h24^m und sein Untergang findet am Morgen des 13. um 4^h30^m statt. Die Oppositionshelligkeit von Uranus beträgt $5^m\!.6$.
Um Uranus mit einem lichtstarken Fernglas oder kleinen Teleskop zu finden, benütze man die Abb. 7.4 oben auf Seite 132.
Im Fernrohr erkennt man bei stärkerer Vergrößerung ein winziges, grünliches Scheibchen von knapp $3''\!.8$ Durchmesser.
Die Oppositionsentfernung von der Erde mißt 18,59 Astronomische Einheiten (A.E.). Damit trennen uns 2781 Millionen Kilometer von Uranus, eine Strecke, die das Licht in zwei Stunden und 35 Minuten zurücklegt.
Von der Sonne ist Uranus am Tag der Opposition 2933 Millionen Kilometer (19,60 A.E.) entfernt.
Neptun, rückläufig im Schützen, erreicht am gleichen Tag wie Uranus, nur elf Stunden früher, seine Opposition zur Sonne. Am 12. steht er der Sonne genau gegenüber. Neptun befindet sich nur etwas mehr als 1° nördlich von Uranus im östlichen Teil des Schützen (siehe Abb. 7.4 oben). Jetzt lohnt es sich, nach den beiden sonnenfernen Riesenplaneten Ausschau zu halten.
Am Tag der Opposition erfolgt der Neptunaufgang um 20^h09^m (= 21^h09^m Sommerzeit), die Kulmination in der Nacht vom 12. auf 13. um 0^h22^m und der Untergang in den Morgenstunden des 13. um 4^h34^m. Bis Monatsende verfrüht sich die Kulminationszeit auf 23^h05^m, die Untergangszeit auf 3^h21^m (= 4^h21^m Sommerzeit).
Im Fernrohr zeigt der nur $7^m\!.9$ helle Neptun ein winziges, bläuliches Scheibchen von $2''\!.3$ Durchmesser, auf dem auch in guten Amateurteleskopen keine Details erkannt werden. Die Entdeckung des Großen Dunklen Flecks auf Neptun, der größten „Oberflächen"struktur in der Neptunatmosphäre,

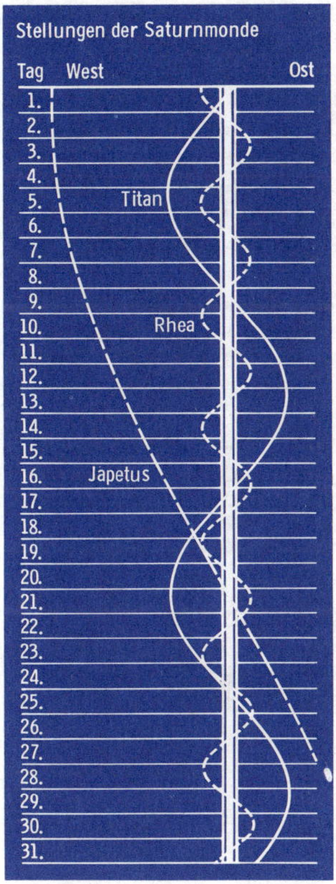

Jupitermond-Erscheinungen

Datum	MEZ	Vorgang	
4.	22^h33^m	I	BA
5.	21 03	I	SA
	22 00	I	DE
	22 55	II	DE
	23 00	II	SA
	23 13	I	SE
6.	20 31	I	VE
7.	21 55	III	VA
12.	21 44	I	DA
	22 57	I	SA
	23 04	II	DA
13.	22 26	I	VE
14.	20 47	III	BA
	22 31	II	VE
20.	20 56	I	BA
21.	21 31	I	SE
25.	22 17	III	SE
28.	21 15	I	SA
29.	20 45	I	VE
30.	20 24	II	DE

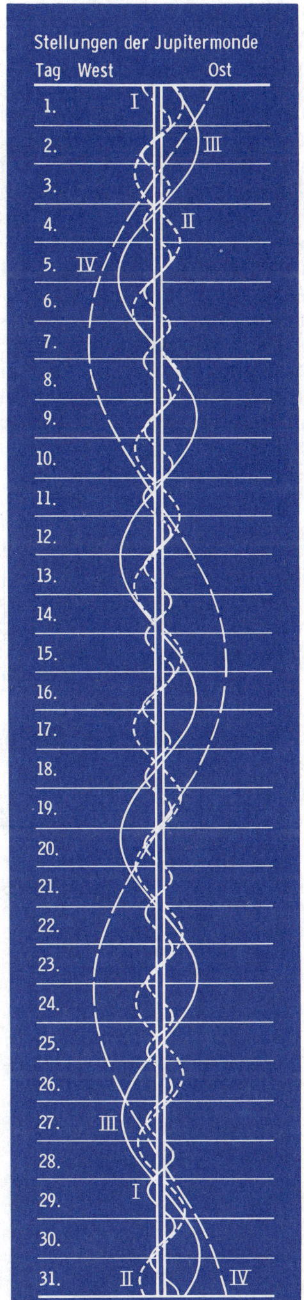

gelang erst der Raumsonde VOYAGER 2, die im August 1989 Neptun in geringem Abstand passierte.

Die Neptunentfernung von der Erde mißt am Tag der Opposition 4363 Millionen Kilometer, das sind 29,2 A.E. Die Oppositionsdistanz von der Sonne beträgt 4515 Millionen Kilometer (= 30,18 A.E.), während Pluto 4448 Millionen Kilometer (= 29,73 A.E.) zu seiner diesjährigen Opposition von der Sonne entfernt ist.

Damit ist Neptun gegenwärtig der sonnenfernste Planet. Die Lichtlaufzeit beträgt zur Opposition von Neptun zur Erde 4^h02^m.

Planetoiden

Vesta (4) zieht ihre Oppositionsschleife im Wassermann. Am 17. wird sie stationär, was ihre Bewegung in Rektaszension betrifft. Gleichzeitig eilt sie aber schnell nach Süden, ihre Deklinationen nehmen ab (siehe Abb. 7.3 auf Seite 131). Die Vestahelligkeit nimmt kräftig zu, nämlich von $6^{m}_{,}8$ auf $6^{m}_{,}2$. Damit wird Planetoid Nr. 4 zu einem ausgesprochen leichten Fernglasobjekt, das auch von Anfängern ohne große Schwierigkeiten gefunden werden kann.
Am 1. geht Vesta um $23^{h}39^{m}$ (= $0^{h}39^{m}$ Sommerzeit) auf und kulminiert um $4^{h}44^{m}$. Am 15. erfolgt der Vestaaufgang um $22^{h}52^{m}$, ihre Kulmination um $3^{h}53^{m}$, und am 31. geht Vesta schon um $21^{h}55^{m}$ auf und passiert bereits um $2^{h}47^{m}$ den Meridian.

Periodische Sternschnuppenströme im Juli

Vom 20. bis 30. Juli leuchten die **Delta-Aquariden** auf, die zwischen 3^{m} und 5^{m} hell sind, also nicht besonders auffällig. Sie heißen auch **Juli-Aquariden.** Ihr Radiant liegt etwa 3° westlich von δ Aquarii. Das Maximum ist nicht in jedem Jahr am selben Tag zu erwarten. Für 1993 dürfte es in den Stunden nach Mitternacht am 28. Juli auftreten. Dies zu überprüfen ist sicher eine reizvolle Aufgabe für Amateurastronomen und Sternfreunde. Im Maximum sind etwa 30 Sternschnuppen pro Stunde zu erwarten.
Vom 15. Juli bis 10. August treten die **Alpha-Capricorniden** (Radiant im Steinbock) auf. Sie sind die ganze Nacht über beobachtbar. Der Ursprungskomet ist 1948 XII Honda-Mrkoš-Pajdusáková. Um das Maximum am 30. Juli sind nur etwa zwölf Objekte pro Stunde zu erwarten. Es handelt sich um recht langsame Meteore (im Mittel 23 Kilometer pro Sekunde).

Der Fixsternhimmel im Juli

Nun hat sich der Szenenwechsel zum Sommerhimmel vollzogen. Alle Sternbilder des Sommers stehen über dem Horizont.

Konstellationen und Ereignisse im Juli

Datum	MEZ	Ereignis
1.	0^{h}	Merkur im Stillstand, anschließend rückläufig
2.	15	Merkur im Aphel
4.	16	Mond bei Neptun, Mond 3° nördlich
4.	18	Mond bei Uranus, Mond 4° nördlich
4.	23	Erde im Aphel (Sonnenferne) Abstand Erde – Sonne 152,1 Millionen Kilometer
7.	23	**Mond 6° nördlich von Saturn**
8.	0	Mond bei Saturn, Mond 7° nördlich
12.	4	**Neptun** in **Opposition** zur Sonne
12.	15	**Uranus** in **Opposition** zur Sonne
15.	2	Merkur in unterer Konjunktion mit der Sonne
16.	3	**Mond $1^{\circ}_{,}7$ nördlich von Venus**
16.	4	Mond bei Venus, Mond 2° nördlich
23.	4	Mond bei Mars, Mond 6° südlich
24.	15	Mond bei Jupiter, Mond 6° südlich
25.	15	Merkur im Stillstand, anschließend rechtläufig
31.	22	Mond bei Neptun, Mond 3° nördlich
31.	23	Mond bei Uranus, Mond 4° nördlich

7.5: Das Sommerdreieck setzt sich aus Wega in der Leier, Deneb im Schwan und Atair im Adler zusammen. Eingetragen sind zahlreiche interessante Objekte für Feldstecher- oder Fernrohrbeobachter, die im Text näher beschrieben sind.

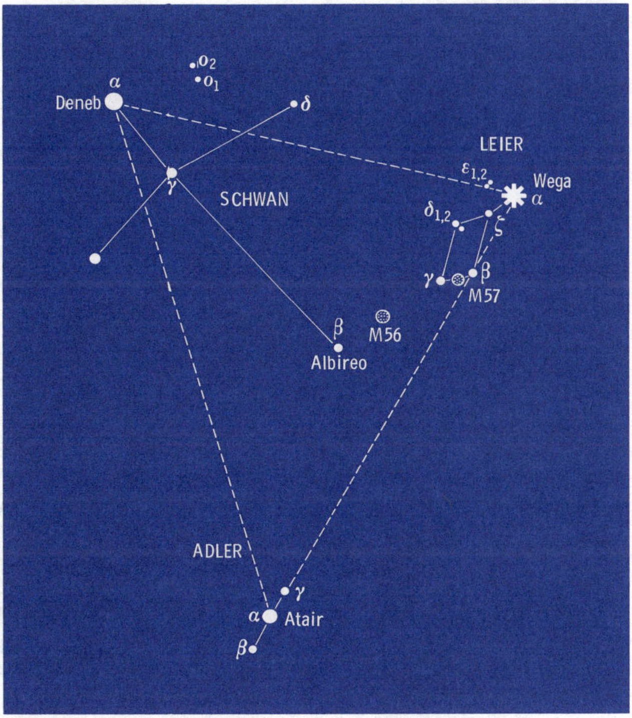

Hoch im Südwesten strahlt in oranger Farbe Arktur im Sternbild Bootes. Tief im Westen verabschiedet sich der Löwe, im Südwesten ist noch die Jungfrau mit der hellen Spica zu erspähen.

Die Frühlingsbilder sind somit alle nach Westen gewandert. Der Große Wagen beginnt seinen Abstieg, die Deichsel zeigt nach oben, der Wagenkasten hängt nach unten.

Im Meridian stehen gerade die Bilder Herkules, Schlangenträger (lat.: Ophiuchus) und tief im Süden der Skorpion. Herkules und Schlangenträger sind nicht sehr auffällig. Neben guten Beobachtungsbedingungen (weitab von künstlicher Straßenbeleuchtung!) gehört schon einige Übung dazu, dieses Sternenpuzzle zu Herkules und Schlangenträger zusammenzufügen. Wer wirklich eine klare Nacht im Gebirge ohne Störung durch irdische Lichtquellen einmal genießt, sollte den Kugelhaufen M13 im Herkules ohne optische Hilfsmittel, also mit bloßen Augen erkennen. M13 ist ein gutes Testobjekt für die zunehmende Luftverschmutzung. Regelmäßige Himmelsbeobachter werden bemerken, daß der Kugelhaufen im Herkules immer seltener mit freiem Auge beobachtet werden kann.

Im Gegensatz zum Herkules und dem Schlangenträger mit der Schlange ist der Skorpion ein leicht zu erkennendes Bild. Seine Form ist sehr markant, zudem ist der rot leuchtende Antares ein Stern erster Größe, also auch bei mäßigen Sichtbedingungen zu erkennen.

Antares, α Scorpii, bedeutet soviel wie „marsähnlicher Stern“ (und nicht, wie manchmal fälschlich behauptet „Gegenmars“), weil er dem roten Planeten auffallend in Helligkeit und Farbe gleicht und außerdem

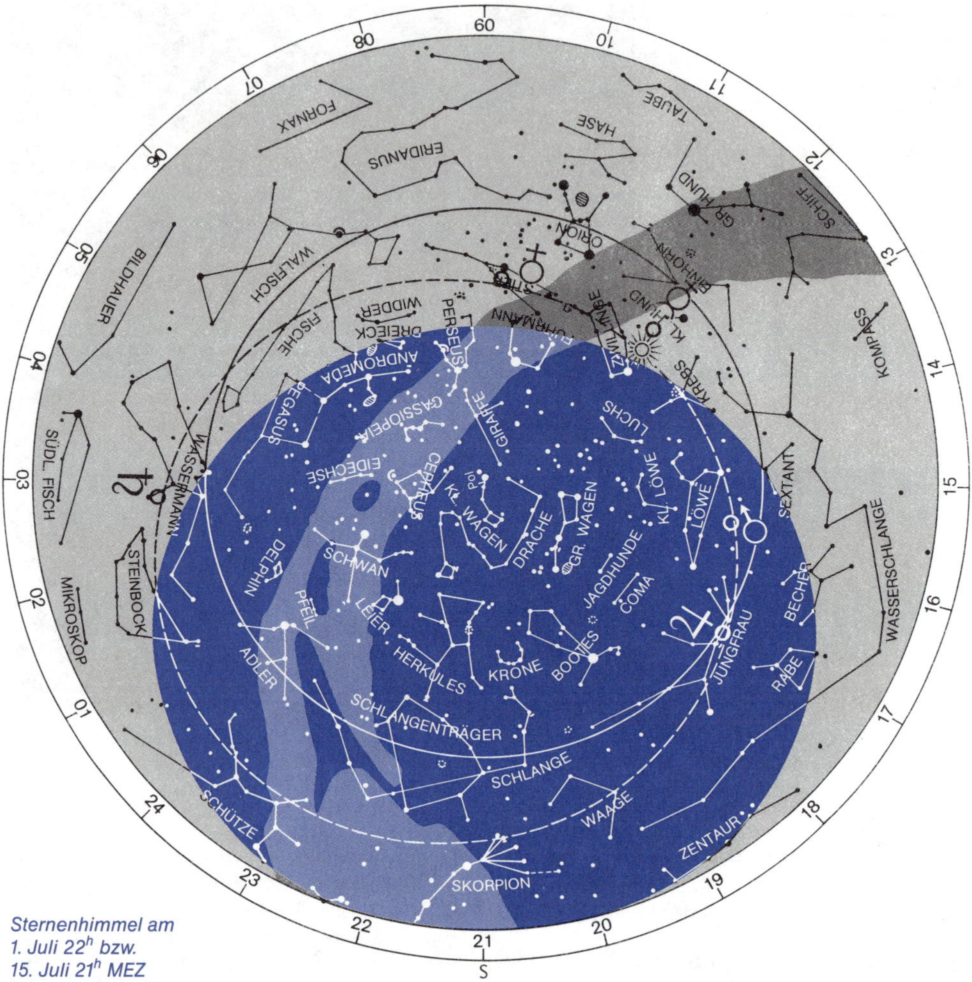

Sternenhimmel am 1. Juli 22^h bzw. 15. Juli 21^h MEZ

nahe der Ekliptik steht. Manchmal hat man auch den Eindruck, im oberen Teil des Skorpion eine menschliche Hand zu sehen: Antares markiert die Handwurzel, und die Sterne ν, β, δ, π und ρ Scorpii deuten die fünf Finger an.

Der Skorpion ist von unseren Breiten aus nie vollständig sichtbar, da sein langer, gekrümmter Schwanz mit dem Stachel stets unter dem Horizont bleibt. Aber im Zeitalter des Ferntourismus hat mancher die Gelegenheit, den Skorpion ganz zu sehen, ein eindrucksvolles Sternbild.

Das Sommerdreieck bestimmt nun den Osthimmel. Jeweils die hellsten Sterne dreier Sternbilder bilden ein großes, auffälliges Dreieck: Wega in der Leier – der hellste Stern im Dreieck –, Deneb im Schwan, und Atair im Adler.

Neben der Wega findet man einen kleinen,

aber einprägsamen Sternenrhombus, der die Leier bildet. Dazu gehört noch nahe der Wega der Stern $\varepsilon_{1,2}$ Lyrae. Epsilon in der Leier ist für gute Augen als Doppelstern (Distanz: 208") erkennbar, zumindest erscheint er länglich. In jedem noch so kleinen Fernglas erkennt man ihn einwandfrei doppelt. Im Teleskop entpuppt sich ε Lyr als Vierfachsystem – man spricht von dem berühmten Vierfachstern in der Leier.
Ein großes Sternenkreuz bildet den Schwan. Man nennt es auch gelegentlich „Kreuz des Nordens", als Pendant zum wesentlich berühmteren, aber kleineren „Kreuz des Südens". Der Schwan fliegt mit ausgebreiteten Schwingen in südliche Richtung durch die Milchstraße. Sein Hauptstern Deneb, α Cygni, bildet das Ende dieser Figur. Deneb bedeutet arabisch soviel wie Schwanz (des Schwans). Der Adler wieder stürzt sich auf seine Beute herab. Atair, α Aquilae, heißt denn auch „der Fliegende". Neben dem Adler entdeckt man das kleine, aber sehr markante Bild des Delphin. Der Delphin sieht aus wie ein kleiner Drachen, den man im Herbst steigen läßt.
Tief im Südosten ist der Schütze aufgegangen. Der Schütze ist ein schwieriges Sternbild, was das Erkennen betrifft – zumindest für unsere geographische Breite.
Zwischen Schütze und Skorpion steigt die Milchstraße empor, zieht sich durch Adler, Schwan und Kassiopeia zum Nordhorizont, wo tief die zirkumpolare Kapella leuchtet.
Einen ästhetischen Genuß bereitet es, die Milchstraße mit einem guten Fernglas abzusuchen. Die vermeintlich unzähligen Sterne, die durch das Gesichtsfeld ziehen, lassen den Sternenreichtum unserer Galaxis erahnen.

Das Klima im Juli

Der Juli gilt als der typische Hochsommermonat mit kräftiger Erwärmung der kontinentalen Landmassen. Er ist der wärmste Monat des Jahres. Im langjährigen Mittel ist der 15. Juli der heißeste Tag des Jahres – im vorigen Jahrhundert war es noch der 22.
Die mittlere Monatsdurchschnittstemperatur klettert auf 18,0 °C. Die mittlere Tageshöchsttemperatur beträgt 23 °C, die durchschnittliche Maximaltemperatur zu Mittag 40 °C, die mittlere Monatstiefsttemperatur 2 °C.
Im Durchschnitt ist mit drei Tropentagen zu rechnen; Tropentage sind Tage mit Temperaturen über 30 °C. Rund sieben Gewittertage sind zu erwarten. Etwa alle vier Jahre ist der Juli der niederschlagsreichste Monat des ganzen Jahres.
Die mittlere Monatssonnenscheindauer beträgt 210 Stunden. 65% der Nächte sind bewölkt. Dunst bei Hochdrucklagen verschlechtert die Sicht für Sternbeobachtungen in den Abendstunden und morgens vor Sonnenaufgang. Um Mitternacht sind die Sichtbedingungen am günstigsten.
Witterungsverlauf: Der Juli beginnt meist mit einer stabilen Hochdrucklage (*Azorenhoch*), die sommerliches Schönwetter garantiert. Etwa ab dem 7. tritt wechselhaftes Wetter mit Einbrüchen von Westfronten auf. Regen setzt ein, frische Meeresluft strömt nach Mitteleuropa und bringt Abkühlung.
Vom 12. bis 19. ist wieder mit Schönwetter zu rechnen, bedingt durch ein Azorenhoch. Vom 20. bis 24. setzt erneut Eintrübung ein, gefolgt von einem Witterungsumschwung mit Niederschlägen. Die letzten Tage bringen wieder hochsommerliches, warmes und trockenes Klima mit Haufenwolken.

Veränderliche Sterne im Juli

Algol-Minima	17. 1^h47^m	19. 22^h36^m			
β-Lyrae-Minima	2. 19^h	15. 18^h	28. 16^h		
δ-Cephei-Maxima	6. 6^h	11. 14^h	16. 23^h	22. 8^h	27. 17^h
Mira-Helligkeit	$3^m - 4^m$, kurz nach dem Maximum				

Monatsthema: Saturn, der Herr der tausend Ringe

Auch in Laienkreisen ist inzwischen weithin bekannt, daß Saturn der berühmte, ringgeschmückte Planet ist. Für Sternfreunde gehört er zu den dankbarsten Objekten, um Verwandten, Freunden und Bekannten einmal etwas von den Wundern des Weltalls vorzuführen. Schon in einem kleinen Teleskop oder leistungsstarken Fernglas kann man ab etwa dreißigfacher Vergrößerung die Ringnatur des Saturn einwandfrei erkennen. Wirklich beeindruckend wird der um den Saturnglobus majestätisch schwebende Ring aber erst bei rund zweihundertfacher Vergrößerung in einem Teleskop von mindestens 20 cm freier Objektivöffnung.
Zwar wurden inzwischen auch um die anderen Riesenplaneten Jupiter, Uranus und Neptun Ringe entdeckt. Sie sind aber so lichtschwach und unscheinbar, daß sie nur auf indirektem Wege zu registrieren sind bzw. von Raumsonden aufgezeichnet wurden. Selbst in großen Teleskopen sind sie von der Erde aus nicht sichtbar. Was Größe, Helligkeit und damit Sichtbarkeit betrifft, ist der Saturnring einzigartig in unserem Sonnensystem. Niemand sollte es sich entgehen lassen, einmal mit eigenen Augen diesen prächtigen Planeten durch ein leistungsstarkes Teleskop zu betrachten.
Selbst nüchterne Zeitgenossen geraten dabei bisweilen ins Schwärmen. So bezeichnet Joseph F. BAUGHER, Autor des modernen Buches „The Space-Age Solar System", den Ringplaneten als „Juwel des Sonnensystems".
Saturn ist der fernste mit bloßen Augen noch sichtbare Planet. Bis zur Entdeckung des Planeten Uranus im Jahre 1781 galt die Saturnbahn als Grenze des Sonnensystems. Saturn wandert in 29,5 Jahren einmal um die Sonne. Er wechselt somit im Mittel alle zweieinhalb Jahre in ein neues Tierkreissternbild. Zur Zeit befindet er sich im Wassermann. Alle 378 Tage steht er in Opposition zur Sonne. Mit 1 432 000 000 km mittlerer Sonnendistanz ist er fast zehnmal weiter als die Erde von der Sonne entfernt, nämlich 9,567 A.E. (Astronomische Einheiten).
Der mittlere Durchmesser des Saturnglobus beträgt 115 630 km, dies entspricht dem Neunfachen des Erddurchmessers. Damit wird Saturn nur noch von Jupiter an Größe übertroffen. Der Ringplanet ist der zweitgrößte Planet in unserem Sonnensystem. Wegen seiner raschen Rotation – ein Saturntag dauert nur 10½ Stunden – und seiner geringen mittleren Dichte von nur 0,70 g/cm^3 ist die Saturnkugel stark abgeplattet. Der Poldurchmesser ist um ein Neuntel kürzer als der Äquatordurchmesser von 120 000 km. Saturn ist von allen Planeten am stärksten abgeplattet.
Als Galileo GALILEI erstmals im Jahre 1610 sein Fernrohr auf Saturn richtete, glaubte er drei nebeneinander schwebende Kugeln zu sehen. Andere Beobachter berichteten von Henkeln, wieder andere meinten, eine brezelartige Gestalt zu erkennen. Erst Christian HUYGENS erkannte 1656 die wahre Gestalt des Saturnrings. Er entdeckte auch, daß der Ring von Zeit zu Zeit, nämlich etwa alle fünfzehn Jahre, unsichtbar wird. HUYGENS gab auch die richtige Erklärung für dieses Phänomen: Der Saturnring ist um 27° zur Saturnbahnebene geneigt. Die Lage des Saturnringes bleibt raumfest, sie ändert sich nicht. So kommt es, daß wir von der Erde aus einmal von Norden, nach einem halben Saturnumlauf dann von Süden her auf den Ring sehen. Immer, wenn die Erde die Ringebene des Saturns passiert, verschwindet er im irdischen Fernrohr, da wir dann auf die Kante blicken. HUYGENS schloß aus dem Verschwinden des Saturnringes bei Kantenstellung richtig, daß der Ring außerordentlich dünn sein müsse im Vergleich zu seinem gigantischen Durchmesser von rund 270 000 km, was etwa zwei Drittel der Strecke Erde–Mond entspricht.
Bald nach der Entdeckung von HUYGENS setzte eine heftige Diskussion ein, woraus wohl der Saturnring bestehe. Man rätselte über die Natur des Ringes: Ist er gasförmig, flüssig oder gar fest? Keiner der drei Aggregatzustände schien jedoch in Frage zu kommen.
Ein Gasring würde sich sofort auflösen, denn das Gas würde durch nichts zusammengehalten und in Ringform gepreßt. Aufgrund des Weltraumvakuums würde das Gas sofort entweichen und sich im All verflüchtigen.
Ähnlich würde es einem flüssigen Ring erge-

7.6: Rotation eines starren Ringes um Saturn: Bei gleichförmiger Winkelgeschwindigkeit ist die lineare Geschwindigkeit an der Außenkante größer als an der Innenkante. Aus himmelsmechanischen Gründen kann ein solcher Ring nicht stabil sein.

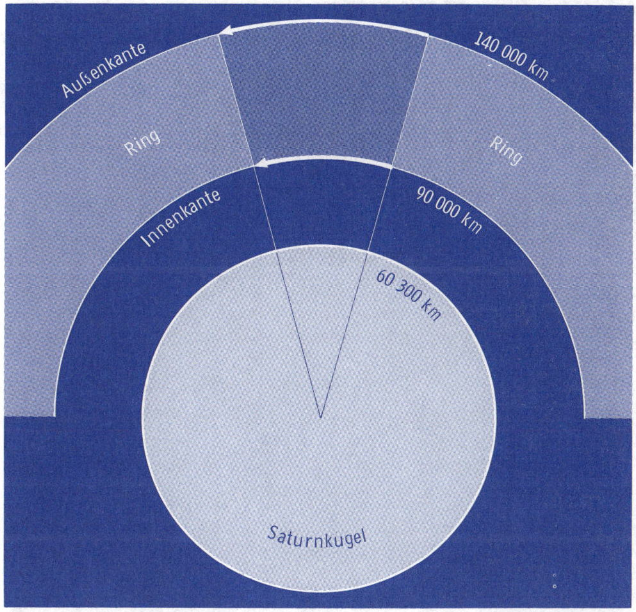

hen. Bei dem verschwindenden Oberflächendruck würde die Ringflüssigkeit sofort verdampfen und in den Weltraum diffundieren. Bleibt nur ein fester Ring. Aber hier beginnen die Schwierigkeiten erst recht. Stellt man sich einen festen Kreisring vor, ähnlich einer Hutkrempe oder den Ringen einer Herdplatte, dessen Mittelpunkt mit dem Saturnkugelzentrum zusammenfällt, dessen Lage also symmetrisch zum Saturnglobus ist, so ist diese Anordnung instabil. Jede noch so kleine Störung, wie sie durch den Umlauf der Saturnmonde auf alle Fälle bewirkt wird, brächte den Ring aus seiner symmetrischen Lage und ließe ihn mit der Innenkante auf der Saturnoberfläche aufschlagen. Selbst ein Stahlring hielte eine solche Kollision nicht aus und zerschellte. Man muß also annehmen, daß der Saturnring rotiert, um seine Lage zu stabilisieren. Dann bereitet ein starres Ringgebilde aber ebenfalls Probleme. Bei einem festen Kreisring ähnlich einer Hutkrempe rotieren alle Teile mit der gleichen Winkelgeschwindigkeit, was zur Folge hat, daß die Teile an der Außenkante die höchste Geschwindigkeit aufweisen, die an der Innenkante jedoch die geringste (siehe Abb. 7.7). Dies widerspricht aber den Gesetzen der Himmelsmechanik: Je weiter ein Trabant von seinem Zentralgestirn entfernt ist, um so langsamer muß er laufen, um eine Kreisbahn zu beschreiben. Gemäß dem 3. Keplerschen Gesetz verhalten sich die Quadrate der Umlaufszeiten wie die Kuben der mittleren Entfernungen; U^2/a^3 ist also eine konstante Größe, die von der Masse des Systems abhängt.

Gemäß dem 3. Keplerschen Gesetz muß ein Teilchen an der Innenkante des Saturnringes mit der Geschwindigkeit von 21 km/s laufen, wenn es eine Kreisbahn zurücklegen soll, was eine Umlaufszeit von 7,5 Stunden ergibt. An der Außenkante beträgt die Kreisbahngeschwindigkeit aber nur 16 km/s, was der doppelten Umlaufszeit von 15 Stunden entspricht (siehe Abb. 7.7). In einem starren, festen Saturnring würden somit gewaltige Spannungen auftreten, die ihn über kurz oder lang zum Zerreißen brächten. So schloß man allein aus theoretischen Erwägungen,

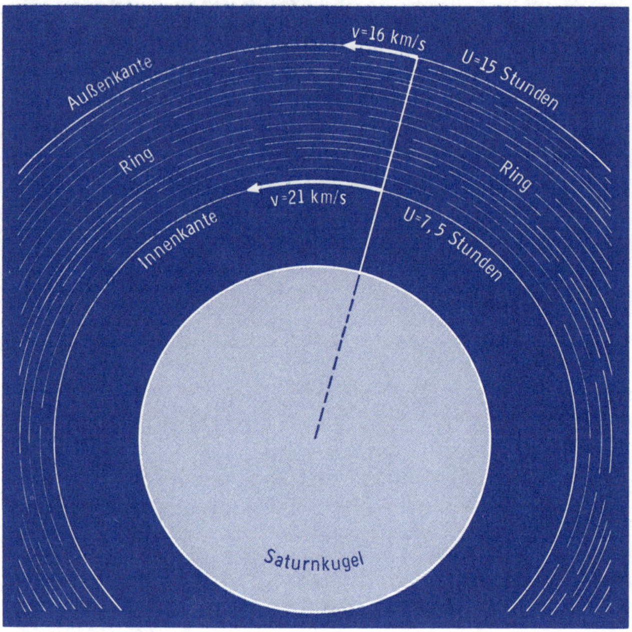

7.7: Differentielle Rotation der Saturnringe: Gemäß dem dritten KEPLERschen Gesetz laufen die Ringpartikel an der Innenkante schneller als an der Außenkante.

daß der Saturnring kein festes Gebilde sein kann, sondern aus einer riesigen Zahl von einzelnen meteoritischen Partikeln bestehen muß, die in dichtem Reigen den Saturnglobus umrunden. Den elegantesten und vollständigen himmelsmechanischen Beweis dafür erbrachte im Jahre 1857 James Clerk MAXWELL, der berühmte Schöpfer der Theorie des Elektromagnetismus. Vor ihm hatten bereits 1848 Edouard A. ROCHE und später Pierre Simon de LAPLACE ähnliche Rechnungen durchgeführt. Schließlich konnte dann 1895 James KEELER den spektroskopischen Nachweis der differentiellen Rotation des Saturnringes führen. Aufgrund des Doppler-Effekts sind die Linien im Saturnringspektrum geneigt, was erkennen läßt, daß die äußeren Ringpartien langsamer rotieren als die inneren.

Schon 1675 entdeckte Giovanni Domenico CASSINI, erster Direktor der Pariser Sternwarte, daß der Saturnring aus zwei Teilen besteht, einem äußeren und einem inneren Ring.

Im Fernrohr ab zehn Zentimeter Öffnung und rund hundertfacher Vergrößerung erkennt man eine dunkle Linie, die man CASSINI-Teilung oder -Trennung nennt. Die Cassini-Teilung trennt den Saturnring also in einen äußeren (A-) und einen inneren (B-Ring). Der Berliner Astronom Johann Franz ENCKE fand im Jahre 1837 eine dünne, dunkle Linie nahe des äußeren Randes im A-Ring. Er nannte sie den „Bleistiftstrich", heute spricht man von der ENCKE-Teilung. Ein Jahr später sah Johann Gottfried GALLE, der Entdecker des Neptun, ebenfalls von der Berliner Sternwarte noch innerhalb des B-Ringes einen recht lichtschwachen Ring. Dieser C-Ring ist schwer beobachtbar und reicht fast bis zur Wolkenobergrenze des Saturn. Seine Innenkante ist nur 14000 km von der Saturnkugel entfernt. Der C-Ring wird auch als Krepp- oder Florring bezeichnet. Schließlich entdeckte man 1969 auf photographischem Wege den innersten Ring (D-Ring), dessen Innenkante nur knapp 7000 km von der Wolkenobergrenze des Saturns entfernt ist.

Die Lücke zwischen D- und C-Ring wird GUERIN-Trennung genannt. Der D-Ring ist außerordentlich lichtschwach und am besten im vorwärtsgestreuten Sonnenlicht zu registrieren. Selbst in großen Teleskopen kann man ihn von der Erde aus nicht sehen.

Dreimal erhielt Saturn bisher Besuch von irdischen Spähern: Am 1. September 1979 passierte PIONEER 11 den Ringplaneten in nur 20930 km Distanz, am 12. November 1980 und am 25. August 1981 folgten VOYAGER 1 und 2. Die Raumsonden lieferten phantastische Bilder von Saturn und seinem Ringsystem zur Erde (siehe hierzu auch H.-M. HAHN, Das neue Bild vom Sonnensystem, erschienen bei Franckh-Kosmos, Stuttgart).

Die Aufnahmen lassen erkennen, daß das Ringsystem aus Hunderten von Einzelringen besteht. Der Saturnring sieht aus wie eine überdimensionale Schallplatte. Die zahlreichen Ringe setzen sich ihrerseits wieder aus Dutzenden von Einzelringkomponenten zusammen, so daß Saturn heute gerne als „Herr der tausend Ringe" bezeichnet wird. Die Raumsonden entdeckten außer der Aufspaltung der primären Ringe A, B und C in Hunderte von Einzelringen noch etliche neue Ringe. So zeigte es sich, daß die fast 5000 km breite CASSINI-Lücke nicht vollständig leer ist. Über hundert dünne Einzelringe fand man in ihr.

PIONEER 11 registrierte 3700 km außerhalb der Außenkante des A-Ringes einen schmalen, nur 500 km breiten Ring, der die Bezeichnung F-Ring erhielt. Die mit höherer Auflösung arbeitenden Kameras von VOYAGER 1 ließen erkennen, daß der F-Ring aus fünf Komponenten von 70 bis 100 km Breite besteht. Sternbedeckungen haben gezeigt, daß die Komponenten sich ihrerseits wieder aus Dutzenden von einzelnen Streifen zusammensetzen. Zudem zeigt der F-Ring zeitliche Variationen in Form von Verdrehungen, Verflechtungen und Verdickungen. Noch zwei weitere schwache Ringe wurden von den Raumsonden gefunden, der E- und der G-Ring. Der G-Ring hat einen Radius von 170000 km und liegt somit noch weit außerhalb des F-Ringes. Er ist ein dünner Ring mit nur etwa 100 km Breite, der nur im vorwärtsgestreuten Sonnenlicht beobachtbar ist.

Ähnlich schwach ist der E-Ring, der alleräußerste Ring, der sich in 210000 bis 300000 km Distanz vom Saturnzentrum erstreckt. Der E-Ring liegt noch jenseits der Mimas-Bahn und schließt die Bahn vom Enceladus ein. Mimas und Enceladus sind Monde des Saturn. Mit 90000 km ist er im Vergleich zum G-Ring ein recht breites Gebilde.

Schon radioastronomische Beobachtungen deuteten darauf hin, daß die Partikel, aus denen sich die Ringe zusammensetzen, höchstens einige Meter im Durchmesser groß sein können. Zwar war die Auflösung der VOYAGER-Kameras nicht hoch genug, um einzelne Brocken erkennen zu lassen, aber verschiedene indirekte Methoden erlaubten es, die Größe der Teilchen abzuschätzen. Sie reicht von mikroskopisch kleinen Körnchen bis Blöcken von etwa zehn Meter Durchmesser. Die größten Brocken kommen in den Ringen A und B vor, während in den lichtschwachen Ringen E, F und G nur Teilchen von weit unter einem Millimeter Größe vorkommen. Vor allem die Hauptringe A und B reflektieren gut, sie tragen erheblich zur Gesamthelligkeit des Saturn bei. Das Material in den Ringen besteht aus Wassereis, Kohlenstoffverbindungen, aber auch aus Eisenoxiden, die für die rötliche Färbung verantwortlich sind. Die Temperaturen liegen für die sonnenbeschienenen Ringteilchen bei –190 °C, im Saturnschatten sinkt die Temperatur auf –220 °C ab.

Mit 400 m ist der B-Ring noch am dicksten. Die Dicke des A-Ringes mißt nur rund 50 m, der C-Ring hat nur zehn Meter (!) an senkrechter Ausdehnung. Im Verhältnis zu seiner riesigen Ausdehnung ist das Saturnringsystem ein außerordentlich dünnes Gebilde. Am ausgedehntesten ist noch die außerordentlich dünne „Atmosphäre" aus neutralem Wasserstoffgas, die sich bis rund 60000 km nördlich und südlich der Ringebene erstreckt und durch Photodissoziation der Wassermoleküle entsteht.

Ein besonderes Phänomen sind die sogenannten Speichen, die sich radial und kreisförmig vom Saturn weg erstrecken. Sie erscheinen im vorwärtsgestreuten Licht hell, im rückwärtsgestreuten aber dunkel. Die Speichen weisen Längen von etlichen Tausend Kilometern auf und haben eine relativ kurze Lebensdauer von nur einigen Stunden. Es handelt sich bei den Speichen um eine elektromagnetisch bewirkte Erscheinung. Diese radialen Strukturen entstehen durch elektrische Aufladung der mikroskopisch kleinen Staubteilchen, die nach oberhalb und unterhalb der Ringebene angehoben werden und nach Entladung wieder absinken. Solche elektrischen Entladungen wurden im Radiobereich in großer Zahl registriert. Zwischen den Ringen schießen Blitze hin und her, es gewittert dort.

Die Entstehung des komplizierten Ringsystems ist noch nicht restlos geklärt. Man führt die Aufspaltung in Hunderte von Einzelringen auf die Gravitationswirkungen sowohl der äußeren Saturnmonde als auch der neuentdeckten Minimonde zurück, die Resonanzschwingungen verursachen. So ist beispielsweise Mimas für die Cassini-Lücke verantwortlich. Die Umlaufszeiten für Mimas und ein Teilchen in der Cassini-Lücke verhalten sich wie 2:1. Bei ganzzahligen Verhältnissen sind die gravitativen Störungen besonders groß, die Ringteilchen werden aus solchen Bahnen herausgetrieben. Ähnliches kennt man vom Planetoiden-Gürtel, wo ebenfalls solche Kommensurabilitäts-Lükken auftreten. Allerdings sind die größeren Saturnmonde nicht für alle Lücken und Aufspaltungen im Ringsystem verantwortlich. Die neuentdeckten Minimonde, die an den Rändern und teilweise innerhalb der Ringe kreisen, fokussieren gewissermaßen einzelne Ringe. Man spricht daher von Hirten- oder Schäferhundmonden. Die beiden prominentesten heißen Pandora und Prometheus. Sicher sind die meisten im Ringsystem umlaufenden Monde noch gar nicht entdeckt. Das gravitative Zusammenspiel aller Monde, Minisatelliten, großer und kleiner Ringpartikel führt im Ergebnis zu der komplizierten Struktur des Saturnringsystems, von dessen beeindruckender Schönheit wir erst seit den Raumsondenpassagen Kenntnis erhalten haben.

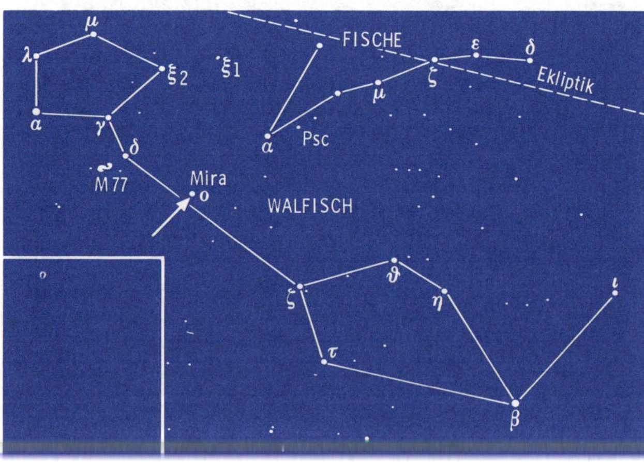

T. 5: Aufsuchkärtchen für Mira Ceti (o Ceti). Der Pfeil deutet auf

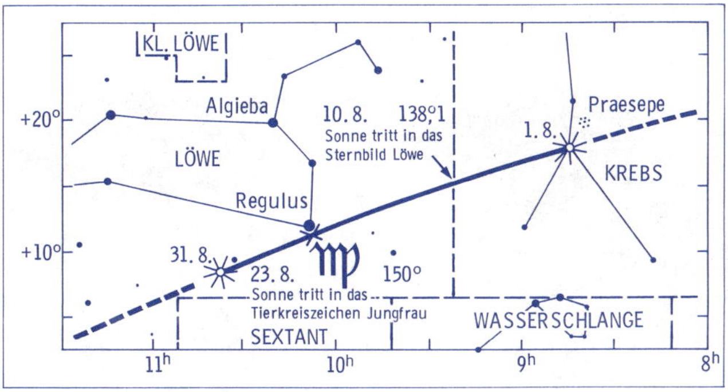

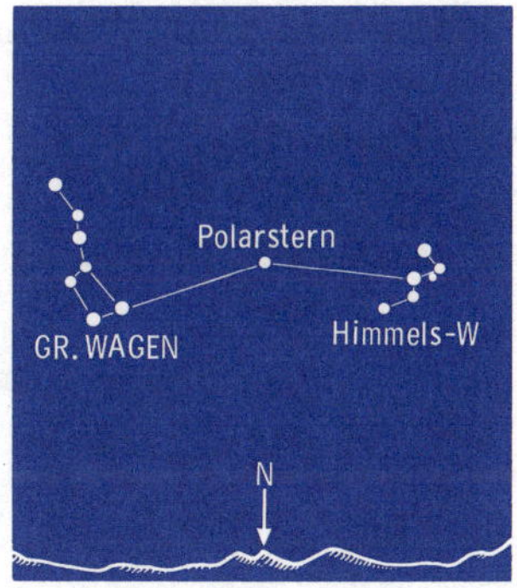

Großer Wagen und Himmels-W Anfang August 22^h MEZ

Sonnenlauf im August

Datum	Aufgang MEZ	Untergang MEZ	Kulmination	Zeitgleichung	Mittagshöhe	Rektaszension	Deklination	Sternzeit 1^h MEZ
4.	4^h53^m	19^h58^m	12^h26^m	-6^m	57,°2	8^h56^m	+17,°3	20^h50^m
9.	5 01	19 49	12 25	–5	55,8	9 15	+15,9	21 10
14.	5 08	19 40	12 25	–5	54,3	9 34	+14,4	21 30
19.	5 15	19 31	12 24	–4	52,7	9 53	+12,8	21 49
24.	5 23	19 21	12 22	–2	51,0	10 12	+11,2	22 09
29.	5 30	19 11	12 21	–1	49,3	10 30	+ 9,4	22 29

Julianisches Datum am 1. August, 1^h MEZ: 2 449 200,5

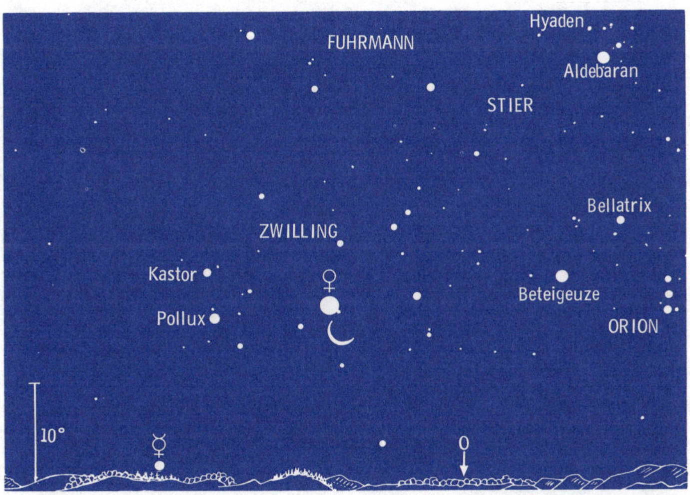

8.1: Anblick des Sternenhimmels am 15. August gegen 4^h MEZ (= 5^h MESZ). Über dem Osthorizont strahlt der Morgenstern, die Venus, in den Zwillingen. Knapp südlich („unterhalb“) der Venus steht die schmale Sichel des abnehmenden Mondes. Tief im Nordosten erkennt man noch den flinken Merkur.

Tages- und Nachtstunden im August

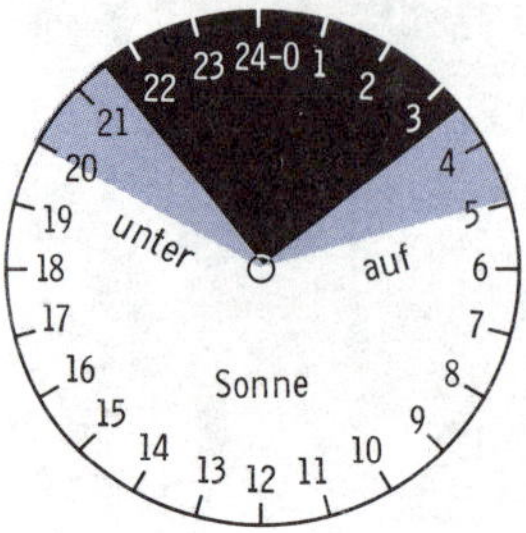

5. August

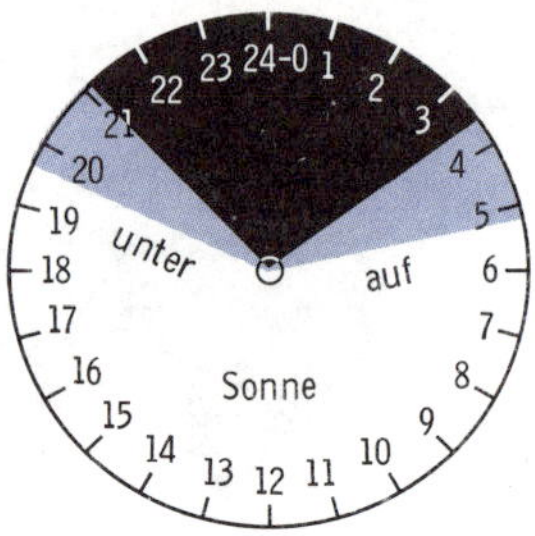

15. August

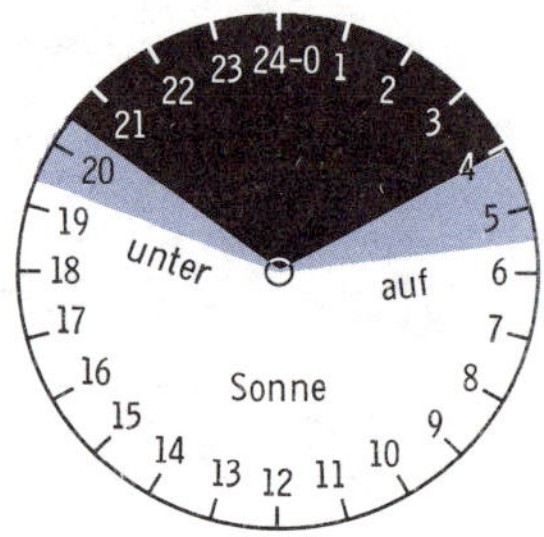

25. August

Mondlauf im August

Datum	Aufgang MEZ	Untergang MEZ	Rektaszension	Deklination	Sterne und Sternbilder	Phase	MEZ
So 1.	19^h09^m	3^h44^m	19^h30^m	−18°,5	Schütze		
Mo 2.	19 35	4 52	20 21	−15,3	Steinbock	**Vollmond**	13^h10^m
Di 3.	19 57	6 00	21 09	−11,5	Wassermann		
Mi 4.	20 18	7 06	21 56	− 7,3	Wassermann		
Do 5.	20 37	8 11	22 41	− 2,9	Wassermann	Größte Nordbreite	
Fr 6.	20 56	9 16	23 25	+ 1,6	*Fische		
Sa 7.	21 16	10 20	0 10	+ 6,0	Fische	Erdferne 405	5^h
So 8.	21 38	11 24	0 54	+10,2	Fische		
Mo 9.	22 05	12 28	1 40	+14,0	Hamal		
Di 10.	22 36	13 33	2 28	+17,3	Widder	**Letztes Viertel**	16^h19^m
Mi 11.	23 15	14 35	3 18	+19,8	Plejaden		
Do 12.	–	15 34	4 11	+21,5	*Aldebaran, Hyaden	Absteigender Knoten	
Fr 13.	0 03	16 28	5 06	+22,2	Stier, Al Nath	Libration Ost	
Sa 14.	1 02	17 15	6 03	+21,6	Zwillinge		
So 15.	2 10	17 54	7 01	+19,8	Kastor, Pollux		
Mo 16.	3 26	18 27	7 59	+16,8	Krebs		
Di 17.	4 46	18 56	8 56	+12,6	Krippe	**Neumond**	20^h28^m
Mi 18.	6 08	19 23	9 53	+ 7,6	Regulus		
Do 19.	7 31	19 48	10 49	+ 2,2	Sextant	Erdnähe 360	8^h
						Größte Südbreite	
Fr 20.	8 54	20 14	11 44	− 3,5	Jungfrau		
Sa 21.	10 16	20 42	12 40	− 8,8	Jungfrau		
So 22.	11 37	21 14	13 37	−13,6	Spica		
Mo 23.	12 53	21 52	14 34	−17,5	Waage		
Di 24.	14 04	22 37	15 32	−20,3	Waage	**Erstes Viertel**	10^h57^m
						Aufsteigender Knoten	
Mi 25.	15 05	23 31	16 30	−21,8	Antares	Libration West	
Do 26.	15 56	–	17 27	−22,0	Schlangenträger		
Fr 27.	16 37	0 31	18 23	−21,0	Schütze		
Sa 28.	17 11	1 36	19 17	−19,0	Schütze		
So 29.	17 39	2 42	20 08	−16,1	Steinbock		
Mo 30.	18 02	3 49	20 57	−12,5	Wassermann		
Di 31.	18 23	4 56	21 44	− 8,5	Wassermann		

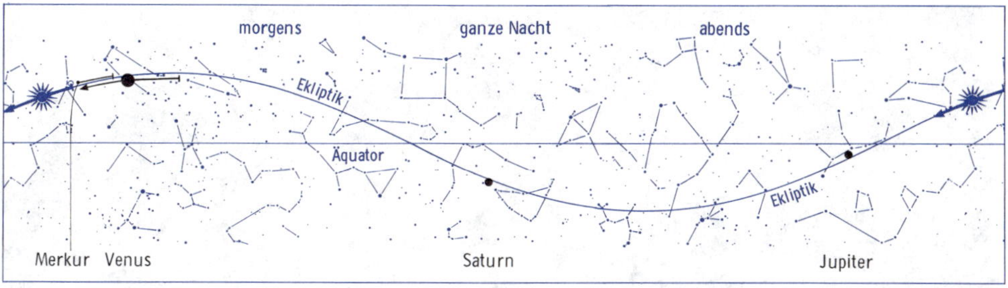

Planetenlauf im August

Merkur erreicht am 4. seine größte westliche Elongation von der Sonne. Da er am 15. sein Perihel durchwandert, ist er relativ sonnennah, so daß sein maximaler Elongationswinkel nur 19°20' beträgt. Dennoch kommt es zu einer Morgensichtbarkeit, da die Ekliptik steil zum Horizont steht und Merkur auch eine um rund 3° nördlichere Deklination aufweist als die Sonne.

Ab dem 3. lohnt es sich, nach Merkur Ausschau zu halten. An diesem Tag geht der $0^m,3$ helle Planet um 3^h20^m (= 4^h20^m Sommerzeit) auf. Gegen 3^h45^m kann man den flinken Planeten tief im Nordosten erkennen. Kurz nach 4^h (= 5^h Sommerzeit) verblaßt er in der zunehmenden Morgenhelle.

Merkur nimmt kräftig an Helligkeit zu. Allerdings verspäten sich auch seine Aufgänge, da er der Sonne rasch im Tierkreis folgt. Am 10. geht der inzwischen $-0^m,6$ helle Merkur um 3^h26^m auf, am 17. erfolgt der Merkuraufgang erst um 4^h00^m, wobei die Merkurhelligkeit inzwischen auf $-1^m,2$ geklettert ist.

Nach dem 17. wird man vergeblich nach dem flinken Planeten Ausschau halten. Die Sonnenvorsprünge werden immer kleiner, bereits am 29. hat Merkur die Sonne eingeholt – Merkur steht an diesem Tag in oberer Konjunktion mit ihr.

Am 7. tritt die Dichotomie ein: Im Fernrohr zeigt sich das $7'',0$ große Merkurscheibchen halb beleuchtet. Die Entfernung des Merkur von der Erde beträgt an diesem Tag 143,5 Millionen Kilometer.

Ein netter Himmelsanblick ergibt sich am 15., wenn gegen 4^h morgens (= 5^h Sommerzeit) die schmale Sichel des abnehmenden Mondes neben Venus in den Zwillingen zu sehen ist und Merkur tief am Nordosthorizont als Lichtpunkt erkennbar ist. Seine Helligkeit beträgt an diesem Tag $-1^m,1$, wobei die in Horizontnähe erhebliche Extinktion zu berücksichtigen ist. Am 15. eilt Merkur durch sein Perihel (Sonnendistanz = 46,0 Millionen Kilometer).

Venus kann als strahlender Morgenstern vor Sonnenaufgang über dem Nordosthorizont gesehen werden. Sie wandert durch die Zwillinge in den Krebs und steuert auf Mer-

8.2: Stellung von Merkur über dem Osthorizont zu den angegebenen Daten jeweils eine Stunde vor Sonnenaufgang. Die Pfeile deuten die Bewegungen von Merkur und Sonne in der folgenden halben Stunde an.

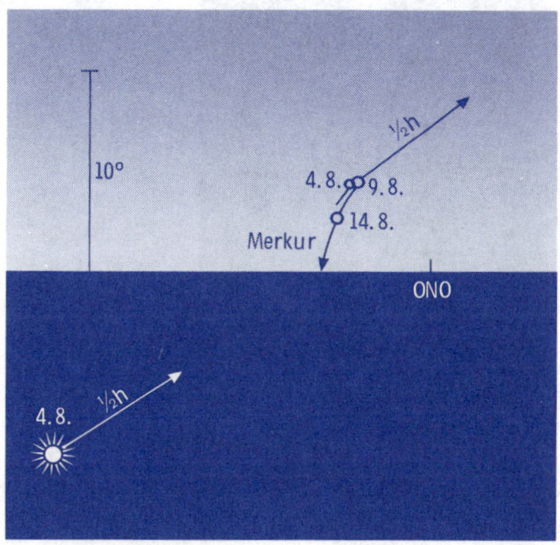

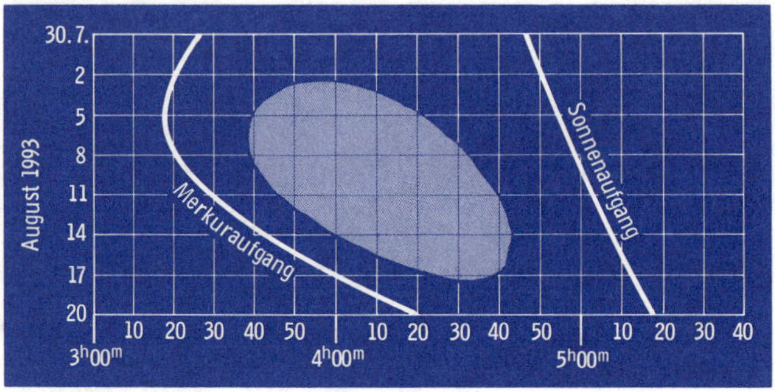

8. 3: Sichtbarkeitsdiagramm für Merkur (Erklärung siehe Abb. 2. 3 auf Seite 55).

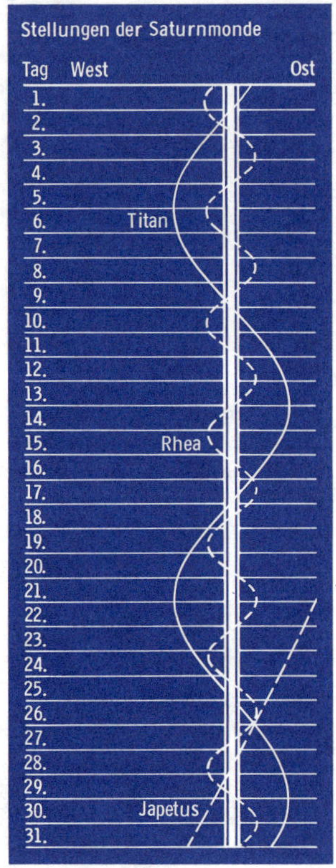

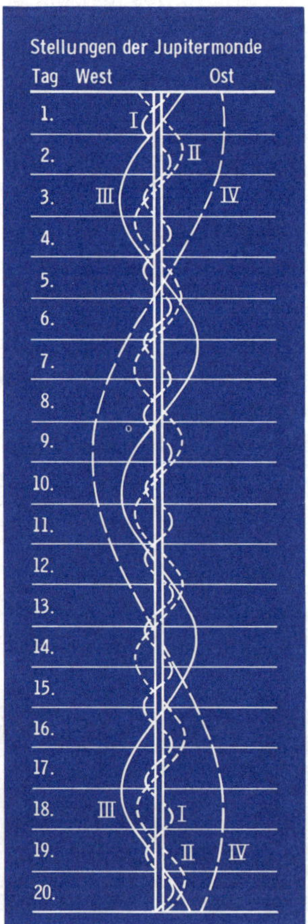

Konstellationen und Ereignisse im August

Datum	MEZ	Ereignis
3.	23^h	**Mond 6° nördlich von Saturn**
4.	3	Merkur in größter westlicher Elongation (19°)
4.	5	Mond bei Saturn, Mond 7° nördlich
7.	2	Pluto im „Stillstand“, anschließend rechtläufig
15.	3	Mond bei Venus, **Mond 3° südlich**
15.	15	Merkur in Perihel
20.	0	**Saturn** in **Opposition** zur Sonne
20.	17	Mond bei Mars, Mond 5° südlich
20.	–	**Uranus 1°15 südlich von Neptun**
21.	5	Mond bei Jupiter, Mond 6° südlich
28.	3	Mond bei Uranus, Mond 4° nördlich
28.	3	Mond bei Neptun, Mond 3° nördlich
29.	9	Merkur in oberer Konjunktion mit der Sonne
31.	2	**Mond 6° nordnordwestlich von Saturn**
31.	7	Mond bei Saturn, Mond 7° nördlich

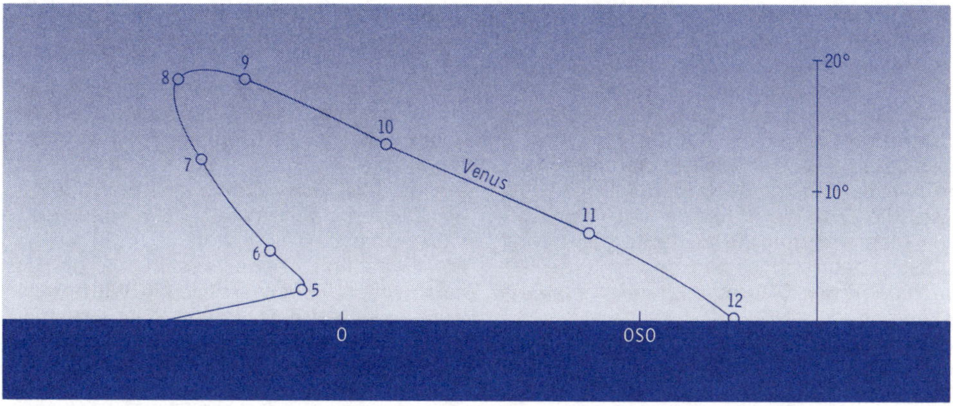

8.4: Stellung der Venus über dem Osthorizont jeweils eine Stunde vor Sonnenaufgang von Mai bis Dezember 1993. Die Zahlen geben die Venusposition jeweils zum Monatsersten an.

kur zu, den sie jedoch nicht erreicht. Am 15. passiert der Mond Venus rund 3° südlich (siehe Abb. 8.1 auf Seite 143). Die Aufgänge der Venus verspäten sich um eine dreiviertel Stunde. Da auch die Sonne ihre Aufgänge um etwa den gleichen Betrag verzögert, bleibt die Sichtbarkeitsdauer etwa konstant drei Stunden. Auch die scheinbare Helligkeit von $-4^{m},0$ ändert sich nicht.

Am 10. ist das nur mehr $14'',5$ große Venusscheibchen zu 75% beleuchtet.

Am 1. geht Venus um 1^h40^m (= 2^h40^m Sommerzeit) auf, am 15. um 1^h55^m und am 31. erst um 2^h27^m.

Mars ist von der Himmelsbühne abgetreten und kann nicht mehr beobachtet werden. Da Mars fast gleich schnell wie die Sonne durch den Tierkreis eilt, nimmt sein östlicher Winkelabstand nur langsam ab. Ende August steht Mars noch knapp 35° östlich der Sonne. Erst kurz vor Jahresende wird ihn die Sonne einholen.

Jupiter bleibt noch am Abendhimmel sichtbar. Die Beobachtungsverhältnisse werden allerdings zunehmend schwieriger. Der Riesenplanet wandert rechtläufig durch die Jungfrau und steuert auf Spica zu.

Am 1. erfolgt der Jupiteruntergang um 22^h06^m (= 23^h06^m Sommerzeit). Am 15. geht Jupiter um 21^h15^m und am 31. schon um 20^h18^m unter. Nur durch die jetzt wieder früher einsetzende Abenddämmerung bleibt dem Riesenplanet noch eine Sichtbarkeitsdauer von einer knappen halben Stunde. Am 31. kann man den $-1^{m},7$ hellen Jupiter ab etwa 19^h30^m am dunkler werdenden Firmament erkennen. Noch vor 20^h wird er von horizontnahen Dunstschichten verschluckt.

Saturn, rückläufig im Wassermann, kommt in der Nacht vom 19. auf 20. um Mitternacht in Opposition zur Sonne. Die Saturnhelligkeit wächst von $0^{m},4$ zu Monatsbeginn bis zur Opposition auf $0^{m},3$ an. Am Tag der Opposition geht Saturn um 19^h32^m (= 20^h32^m Sommerzeit) auf. Um 0^h26^m kulminiert der Ringplanet 26° hoch über dem Südpunkt am Horizont. Sein Untergang erfolgt schließlich um 5^h19^m im Südwesten.

Am Tag der Opposition erreicht Saturn seine geringste Entfernung von der Erde. Am 20. trennen ihn 1316 Millionen Kilometer von uns, das sind 8,80 Astronomische Einheiten (1 A.E. = mittlere Entfernung Erde-Sonne). Ein Lichtstrahl braucht somit von Saturn zu uns eine Stunde und 13 Minuten.

Die Oppositionsdistanz des Saturn von der Sonne mißt 9,81 A.E., das sind 1467,7 Millionen Kilometer.

Im Teleskop zeigt sich die stark abgeplattete

Saturnkugel (Abplattung 1:10) mit einem scheinbaren Äquatordurchmesser von 18″,8 und einem Poldurchmesser von 16″,7. Der nur mehr 11°,7 geöffnete Ring weist eine scheinbare Längsausdehnung von 42″,7 und einen Querdurchmesser von 8″,7 auf. Die Öffnung des Saturnringes nimmt in diesen Jahren ab. In zwei Jahren, im Mai und im August 1995, wird die Erde die Saturnringebene passieren. Man wird dann auf die Kante des äußerst dünnen Saturnringes blicken. Für kurze Zeit wird dann der Saturnglobus ohne Ring erscheinen.
In der Nacht vom 3. auf 4. passiert der noch fast volle Mond 6° nördlich den Ringplaneten.
Durch seine rückläufige Bewegung während der Oppositiosperiode überschreitet der Ringplanet abermals die Grenze zwischen Wassermann und Steinbock und steuert auf δ Capricorni zu. An den beiden Sternen ι Aquarii und δ Capricorni kann man gut die Wanderung des Saturn verfolgen.
Uranus, rückläufig im Schützen, hat seine Opposition gerade hinter sich. Aus der zweiten Nachthälfte beginnt sich der grünliche Planet zurückzuziehen, seine Kulminationszeiten verlagert er in die Abendstunden. Am 1. geht Uranus um 23^h02^m (= 0^h02^m Sommerzeit) durch den Meridian, sein Untergang erfolgt um 3^h12^m. Am 15. kulminiert Uranus um 22^h05^m und geht um 2^h14^m unter. Am 31. erfolgt schließlich die Kulmination von Uranus schon um 21^h00^m, sein Untergang um 1^h09^m. Nach Einbruch der Dunkelheit findet man somit Uranus bereits in Meridiannähe.
Die Helligkeit des grünlichen Planeten sinkt etwas ab und beträgt gegen Monatsende $5^m,7$. Am 20. erfolgt die Konjunktion bezüglich der Ekliptik mit Neptun, wobei Uranus 1°,15 südlicher als Neptun anzutreffen ist.
Neptun stand wie Uranus im Vormonat in Opposition zur Sonne. Er wandert rückläufig im Schützen und bewegt sich parallel zu Uranus, allerdings etwas langsamer (siehe Abb. 7.4 auf Seite 132).
Vom Morgenhimmel beginnt sich der $7^m,9$ lichtschwache, bläuliche Planet zurückzuziehen. Die Untergangszeiten von Neptun verfrühen sich von 3^h17^m (= 4^h17^m Sommerzeit) am 1. auf 2^h20^m am 15. und auf 1^h16^m am [illegible] sich auch die

Neptunkulminationen: Am 1. geht Neptun noch um 23^h01^m durch den Meridian, am 15. um 22^h04^m und am 31. schon um 21^h00^m (= 22^h00^m Sommerzeit). Zu Monatsbeginn und zu Monatsende stört Mondlicht die Beobachtung des zur Zeit sonnenfernsten Planeten.
Auf die ekliptikale Konjunktion mit Uranus am 20. wurde schon unter *Uranus* aufmerksam gemacht.
Pluto wird am 7. abermals „stationär" und ist anschließend wieder rechtläufig. Wie bereits im *Planetenlauf im März* unter *Pluto* vermerkt, bezieht sich die Bezeichnung „stationär" lediglich auf die Bewegung in Rektaszension.

Planetoiden

Ceres – Planetoid Nr. 1 – wandert rechtläufig im Gebiet Fische/Walfisch, wobei sie heller als 9^m wird und damit interessant für den Planetoidenjäger. Bis Monatsende steigt ihre Helligkeit auf $8^m,4$ an. Im ersten Monatsdrittel stört der Mond mit seinem Licht, aber ab der Monatsmitte kann man sich in den Morgenstunden vor Beginn der Dämmerung auf die Suche nach Ceres machen (siehe auch Aufsuchkärtchen Ceres, Abb. 10.3 auf Seite 172 sowie Übersichtskarte Abb. 2.4 auf Seite 56).
Am 1. geht Ceres um 23^h43^m (= 0^h43^m Sommerzeit) auf und kulminiert um 6^h01^m. Am 15. erfolgt der Ceresaufgang um 22^h55^m, die Kulmination um 5^h14^m, und am 31. geht Ceres bereits um 21^h58^m auf und um 4^h15^m durch den Meridian.
Pallas – Planetoid Nr. 2 – steht am 25. in Opposition zur Sonne. Sie wandert rasch in Richtung Südwesten im Gebiet Pegasus/Wassermann (siehe Seite 149, Abb. 8.5). Ihre Oppositionshelligkeit beträgt diesmal nur $9^m,1$, so daß schon einige Erfahrung dazu gehört, Pallas zu finden. Ihre Oppositionsentfernung von der Erde mißt 352,9 Millionen Kilometer. Von der Sonne ist sie zur Opposition 497,6 Millionen Kilometer entfernt, dies sind 3,33 A. E.
Am ehesten ist Pallas noch um die Zeit ihrer Kulmination zu finden. Am 1. passiert sie um 1^h46^m den Meridian, am 15. um 0^h41^m (= 1^h41^m Sommerzeit) und am 31. bereits um 23^h22^m.
Vesta (4) kommt am 28., also fast gleichzeitig

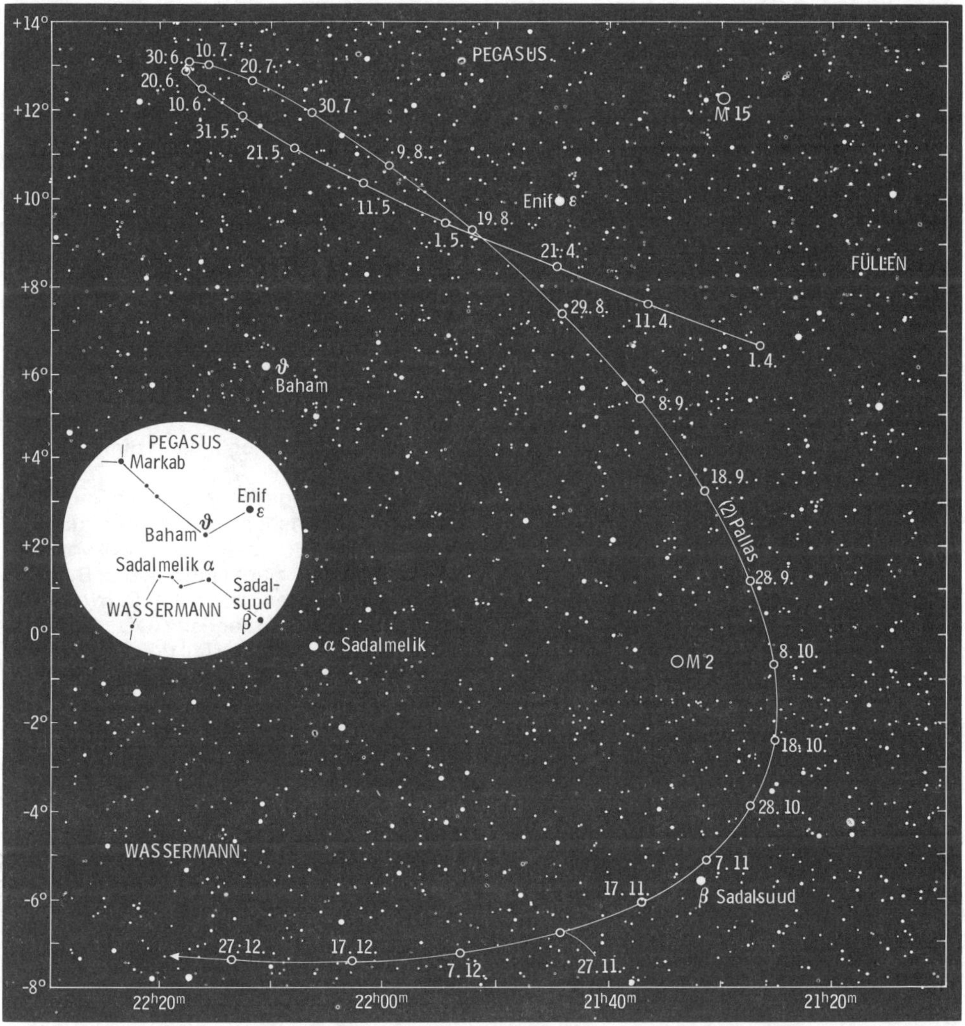

8.5: Bahn des Kleinplaneten Pallas (2) im Gebiet Pegasus/Wassermann von April bis Dezember 1993.

wie Pallas, in Opposition zur Sonne. Mit 5ᵐ,9 Oppositionshelligkeit ist Vesta im Gegensatz zu Pallas ein ausgesprochen leichtes Fernglasobjekt. Vesta wandert rückläufig im Wassermann und passiert im ersten Monatsdrittel δ Aquarii (siehe Abb. 7.3 auf Seite 131). Zur Opposition ist Vesta 195,8 Millionen Kilometer von der Erde entfernt. Ihre Oppositionsdistanz von der Sonne beträgt 345,6 Millionen Kilometer, das entspricht 2,31 A. E. Am 1. kulminiert Vesta um 2^h43^m (= 3^h43^m Sommerzeit), am 15. um 1^h39^m und am 31. um 0^h23^m. Der Vesta-Untergang erfolgt am 31. um 4^h48^m (= 5^h48^m Sommerzeit).

Periodische Sternschnuppenströme im August

Der wohl aktivste Sternschnuppenmonat ist der August. In seinen lauen Sommernächten sind besonders viele Meteore zu sehen. Die Ursache liegt in den **Perseïden**, deren maximale Tätigkeit zwischen dem 10. und 14. August liegt. Helle Objekte (um 0^m und heller, sogenannte Feuerkugeln oder Boliden) sind keine Seltenheit. Als schönster und reichster Strom des Jahres bescheren die Perseïden bis zu 70 Sternschnuppen pro Stunde. Ihren Ursprung führen die Perseïden auf den Kometen SWIFT-TUTTLE (1862 III) zurück. Die beste Beobachtungszeit liegt zwischen 22^h und 4^h morgens. Die Perseïden-Sternschnuppen sind mit 60 Kilometer pro Sekunde recht schnelle Objekte. Im Volksmund heißen sie auch Laurentius-Tränen nach dem Märtyrer LAURENTIUS (gest. 258 n. Chr.).
Zu erwähnen sind noch die **Kappa-Cygniden**, deren Radiant im Sternbild Schwan liegt. Sie sind vom 9. August bis 6. Oktober aktiv, allerdings sind sie kein besonders reicher Strom. Zur Zeit des Maximums um den 18. August ist nur mit etwa fünf bis zehn Meteoren pro Stunde zu rechnen. Mit 25 Kilometer pro Sekunde mittlerer Geschwindigkeit zählen die Cygniden zu den langsamen Sternschnuppen. Die Umlaufszeit dieses Stromes beträgt sieben Jahre; der Ursprungskomet dürfte sich aufgelöst haben.
Der wenig bekannte Strom der **Cepheiden** macht sich um den 18. August herum bemerkbar. Die Frequenz ist gering, nämlich nur zehn Objekte pro Stunde. Vermutlich sind die Cepheiden ein Zweigstrom der Cygniden.

Der Fixsternhimmel im August

Nun entfaltet der Sommersternenhimmel seine volle Pracht. Das Sommerdreieck Wega – Deneb – Atair steht hoch im Süden, die Frühlingssternbilder wie Löwe und Jungfrau sind von der Himmelsbühne abgetreten und unter dem Horizont verschwunden.
Weit im Westen funkelt der Bärenhüter Arktur, und der Skorpion bereitet sich im Südwesten auf seinen Untergang vor. Sein Hauptstern Antares zieht noch die Blicke auf sich.
Dem Skorpion folgt der weniger auffallende Schütze. Im Südosten pirscht sich der Steinbock heran. Ist schon der Schütze in seiner Form nicht leicht zu erkennen, so gilt dies noch viel mehr für den Steinbock, dessen Sterne noch lichtschwächer sind. Zur Zeit hält sich im Steinbock jedoch der vergleichsweise helle Saturn auf.
Im Osten steigt das Sternenquadrat des Pegasus empor. Das Quadrat zeigt mit der unteren Spitze zum Ostpunkt am Horizont – man gewinnt den Eindruck einer überdimensionalen Vorfahrtstafel. Der Pegasus ist der griechischen Mythologie nach ein geflügeltes Pferd.
Das Sternbild Pegasus ist allerdings größer als das zu ihm gehörende Sternenquadrat, was manchmal übersehen wird. Der vordere Teil des Pegasus zieht sich bis zum Delphin und wird im Norden durch den Schwan und das kleine Bild Eidechse (lat.: Lacerta) begrenzt. Im westlichen Teil des Pegasus ist auch der Kugelhaufen M 15 (Feldstecher!) zu finden.
An das Sternenviereck des Pegasus schließt sich die Sternenkette der Andromeda an. Der nordöstliche Eckstern des Pegasusquadrates, Sirrah mit Namen, gehört schon zur Andromeda (α Andromedae).
Ein wenig nördlich der Andromeda stößt man auf ihre Mutter, die Königin Kassiopeia, dargestellt durch ein großes Sternen-W. Während der Große Wagen nun im Nordwesten herabsinkt, steigt das Himmels-W immer höher.
In dunklen Gegenden kann man jetzt gut das sommerliche Band der Milchstraße verfolgen. Es zieht sich vom Südhorizont steil in Zenithöhe und von hier durch Kassiopeia und Perseus zum Nordhorizont hinab.

Objekte für Feldstecher und Fernrohr

Im Hochsommer bietet sich das zart schimmernde Lichtband der Milchstraße geradezu an, mit einem lichtstarken Fernglas durchmustert zu werden. Man streife einmal von der Kassiopeia, dem Himmels-W, ausge-

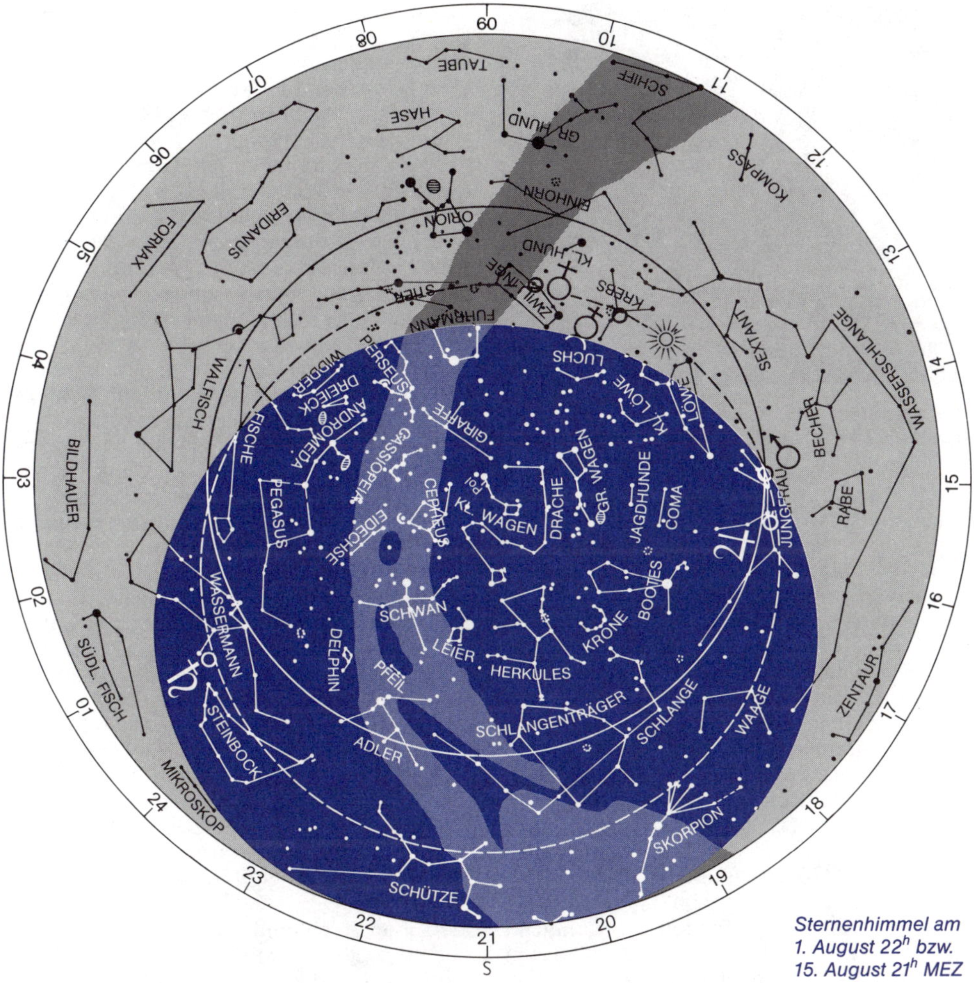

Sternenhimmel am 1. August 22^h bzw. 15. August 21^h MEZ

hend über den Schwan und den Adler hinab bis zum horizontnahen Schützen. Während man in Richtung Kassiopeia und Schwan steil nach oben blicken muß und einen steifen Hals riskiert, ist das Gebiet um den Schützen relativ bequem zu durchmustern, vor allem, wenn man seinen Feldstecher auf einem handlichen Stativ montiert hat. Die Gegend im und um den Schützen ist für Feldstecher- und Fernrohrbeobachter recht interessant, finden sich doch hier besonders viele Sternhaufen und Gasnebel. Am bekanntesten sind wohl M 8, der Lagunennebel und M 20, der Trifid-Nebel. Zwischen beiden zieht die Ekliptik hindurch.

M 8 und M 20 sind Gasnebel, die leuchten (Emissions- und Reflexionsnebel). Eingebettet sind Staubmassen, die dunkle Strukturen erzeugen, weil sie Licht absorbieren. So erscheint M 20 dreigeteilt – daher der Name Trifid-Nebel. M 8 wird von einem dunklen Band durchzogen – man gewinnt den Eindruck einer Meereslagune. M 8 erscheint wesentlich größer als der Trifid-Nebel; beide

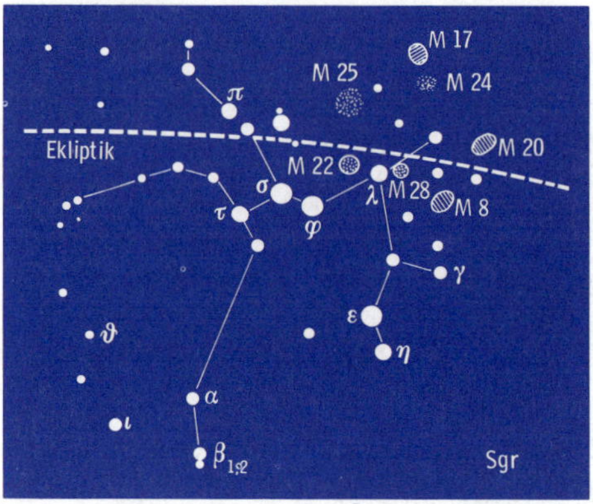

8. 6: Das Sternbild Schütze mit zahlreichen im Text beschriebenen Objekten für Feldstecher und Fernrohr.

Gasnebel sind mit rund 4500 Lichtjahren etwa gleich weit entfernt. Dicht neben M 20 steht M 21, ein offener Haufen, der allerdings recht wenig auffällig erscheint.
Ein weiterer Emissionsnebel im Schützen ist M 17, von Lord Rosse Omega-Nebel getauft, weil er meinte, er sehe aus wie der griechische Buchstabe Ω. Andere haben mehr den Eindruck eines Hufeisens. In der englischen Literatur findet man daher die Bezeichnung Horseshoe-Nebula, gelegentlich aber auch Swan-Nebula (Schwan-Nebel).
Nördlich von M 17 stößt man auf M 16 im Sternbild Serpens Cauda (Schwanz der Schlange). M 16 ist ein offener Sternhaufen, der in einen Emissionsnebel eingebettet ist.
Weitere offene Sternhaufen im Schützen sind M 18, M 23, M 24 und M 25. Sie sind zum Teil schwer auszumachen, da sie sich von dem dichten Sternenhintergrund der Milchstraße nur wenig abheben. M 23 ist wohl noch am besten zu erkennen. Schon im Fernglas erweckt er einen schönen Eindruck. Etwa 200 Sterne drängen sich in einem knapp vollmondgroßen Gebiet. M 25 ist etwas zerstreut, hat aber teilweise recht helle Sterne, ähnliches gilt für M 18. M 24 hingegen geht fast unter in der hellen Sternwolke der Milchstraße im Schützen.
Die beiden Kugelhaufen M 22 und M 28 liegen ebenfalls im Schützen. Während M 22 schon im Fernglas relativ leicht als Kugelsternhaufen auszumachen ist, hat man bei M 28 eher den Eindruck eines gewöhnlichen Sterns. Man vergleiche mit λ Sagittarii! Erst bei stärkerer Vergrößerung in besseren Fernrohren wird der Kugelhaufencharakter von M 28 deutlich. Man sieht, der Schütze bietet ein reiches Betätigungsfeld.
Die wichtigsten eben aufgezählten Objekte im Schützen sind in der Abb. 8.6 links eingetragen. Diese Skizze dient nur der Übersicht. Empfehlenswert ist es jedoch, sich die Lage aller Objekte in der Sternkarte E20 im Sternatlas zum Himmelsjahr anzusehen und einzuprägen. Dort sind sie in einem größeren Maßstab eingezeichnet. Dieser Sternatlas von Erich Karkoschka ist unter der Bezeichnung Atlas für Himmelsbeobachter bei Franckh-Kosmos, Stuttgart, erschienen.
Leider steht der Schütze in unseren Breiten recht tief, so daß der Horizontdunst sich häufig störend bemerkbar macht. Wer jedoch seinen Urlaub in südlicheren Gefilden verbringt – die Mittelmeerländer reichen schon aus –, wird die volle Pracht der zahlreichen Messier-Objekte im Schützen studieren können.
Zwischen dem Schützen und dem Adler liegt das neuzeitliche Sternbild Schild (lat.: Scutum). Im Schild findet sich einer der schönsten offenen Sternhaufen für größere Amateurteleskope, nämlich M 11. Der offene Haufen M 11, der auch die Bezeichnung NGC

Veränderliche Sterne im August

Algol-Minima	6. 3^h28^m	9. 0^h17^m	11. 21^h06^m	26. 5^h09^m	29. 1^h58^m	31. 22^h47^m
β-Lyrae-Minima	10. 15^h	23. 13^h				
δ-Cephei-Maxima	2. 1^h	7. 10^h	12. 19^h	18. 4^h	23. 13^h	28. 21^h
Mira-Helligkeit	4^m – 5^m, fallend					

6705 trägt, liegt an der Grenze zum Adler. Im Fernglas erscheint M11, der mitten in dem Sternengewimmel einer Milchstraßenwolke liegt, als helles Nebelfleckchen. Erst ein größeres Teleskop löst M11 in Einzelsterne auf. Der Haufen beeindruckt besonders durch seine reichhaltige Sternenfülle. Die Sterne stehen relativ dicht, so daß der Kern erst in großen Fernrohren in Einzelsterne aufgelöst wird. Eine Zeitlang hatte man daher Mühe, M11 richtig einzuordnen.

Manche sahen in ihm einen Kugelhaufen statt eines offenen Sternhaufens. Mit den Randgebieten hat M11 einen scheinbaren Durchmesser von etwa einem Drittel der Vollmondscheibe. Die Gesamthelligkeit von M11 mißt 6^{m}, die hellsten Sterne liegen zwischen 9^{m} und 8^{m}. Sie sind blaue, heiße Überriesen vom Spektraltyp B8. M11 ist ein noch relativ junges Sternennest. Sein Alter wird auf etwa 220 Millionen Jahre geschätzt. Dies ist zwar dreimal älter als die Plejaden, aber rund zwanzigmal jünger als unsere Sonne. Die Entfernung von M11 beträgt 5600 Lichtjahre, womit sich ein wahrer Durchmesser dieses Sternhaufens von zwanzig Lichtjahren ergibt.

Knapp neben M11 findet man den Veränderlichen R Scuti, ein dankbares Beobachtungsobjekt für den systematisch arbeitenden Amateurastronomen, der nur über ein gutes Fernglas oder ein bescheidenes Teleskop verfügt. R im Schild ist ein halbregelmäßiger Veränderlicher, dessen Helligkeit zwischen $4\overset{m}{.}5$ und $8\overset{m}{.}2$ variiert. Damit kann man R Sct auch im Minimum mit kleineren Instrumenten sehen. Die Entfernung dieses hellen Überriesensterns vom Spektraltyp G7 Ib wird auf 2000 Lichtjahre geschätzt. Die mittlere Lichtwechselperiode liegt zwischen 140 und 146 Tagen (siehe Abb. 8.7).

Für Doppelsternjäger seien zunächst zwei prominente Kandidaten erwähnt: Der Vierfachstern $\varepsilon_{1,2}$ in der Leier sowie Albireo im Schwan (β Cygni). Sehr gute Augen sehen ohne optische Hilfsmittel ε Lyrae getrennt, zumindest erscheint er länglich.

ε_1 ist von ε_2 immerhin 208" entfernt. Auf alle Fälle trennt jeder Operngucker dieses Paar. Im Fernrohr ab 8 cm freier Öffnung aufwärts erscheint sowohl ε_1 als auch ε_2 doppelt. Die Distanzen betragen $2\overset{\prime\prime}{.}6$ und $2\overset{\prime\prime}{.}3$. Alle vier

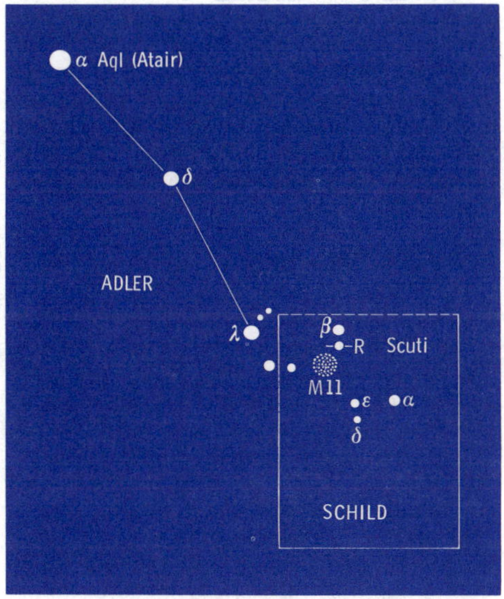

8.7: Aufsuchkärtchen für den Veränderlichen R Scuti und den offenen Sternhaufen M11 im Sternbild Schild (Scutum).

Sterne erscheinen weiß. Die Komponenten von ε_1 sind $5\overset{m}{.}0$ und $6\overset{m}{.}1$ hell, die von ε_2 $5\overset{m}{.}2$ und $5\overset{m}{.}5$. Die Gesamthelligkeit des Systems beträgt $3\overset{m}{.}9$.

Ein besonders schöner Doppelstern ist β Cygni, der Kopfstern des Schwans. Er liegt etwa im Schwerpunkt des Sommerdreiecks. Besonders beeindruckend ist bei Albireo sein Farbkontrast. Ein rötlich-gelber, $3\overset{m}{.}1$ heller K3-Stern wird von einem schwächeren ($5\overset{m}{.}1$), bläulich-weißen B8-Stern begleitet. Ihr gegenwärtiger Abstand von $34\overset{\prime\prime}{.}8$ läßt eine Trennung schon mit einem Zweizöller zu. Ein weiteres Objekt, das sich auch für Führungen auf einer Sternwarte eignet, ist der Dreifachstern $o_{1,2}$ im Schwan. o_1 Cygni leuchtet mit $3\overset{m}{.}8$ in orangefarbenem Licht, während sein Begleiter in 107" Abstand nur $7\overset{m}{.}0$ hell ist und bläulich erscheint. Jedes kleine Fernglas trennt die beiden. in 338" Distanz steht ein optischer Begleiter mit $4\overset{m}{.}8$ Helligkeit, der die Katalogbezeichnung 30 Cygni trägt. Die drei Sterne bilden ein stumpfwinkeliges Dreieck.

Ein weiterer Doppelstern im Schwan ist

bereits im Fernglas zu trennen, nämlich 61 Cygni. Die beiden $5^{m},4$ und $6^{m},0$ hellen Komponenten sind 29" voneinander entfernt. An 61 Cygni konnte erstmals im Jahre 1838 von F. W. Bessel eine Fixsternparallaxe gemessen und damit seine Entfernung zu zehn Lichtjahren bestimmt werden.

Das Klima im August

Der August ist der zweite Monat mit hochsommerlichem Klima. Er zeigt nicht so starke Westwettereinbrüche wie der Juli, die Klimaschwankungen während des Monats sind geringer. Auch die Gewitter- und Niederschlagshäufigkeit ist niedriger als im Vormonat.

Die mittlere Monatsdurchschnittstemperatur liegt bei 17,1 °C, also ein knappes Grad weniger als im Juli. Die mittlere Tageshöchsttemperatur beträgt 22 °C, die mittlere Tagestiefsttemperatur 13 °C. Die langjährige durchschnittliche Maximaltemperatur zu Mittag ist 39 °C. An mindestens sieben Tagen ist mit einer Maximaltemperatur von 25 °C zu rechnen sowie mit einem Tropentag (Lufttemperatur über 30 °C).

Die Niederschlagsmenge ist etwas geringer als im Juli, rund sechs Gewittertage stellen sich ein.

Die mittlere Sonnenscheindauer beträgt 200 Stunden. 58 % der Nächte sind bewölkt. Klare Nächte mit guter Durchsicht sind zu erwarten. Sie sind fast so gut in bezug auf die Sicht wie im September. In frischen Nächten tritt vor allem in den Morgenstunden Tau auf – ein Vorbote des kommenden Herbstes.

Witterungsverlauf: Zu Monatsbeginn herrscht meist Schönwetter durch eine Hochdrucklage. Die maximalen Temperaturen stellen sich um den 7. ein. Zwischen 14. und 22. August aufkommende Neigung zu wechselhaftem Wetter mit Westlage und Durchzug von Regengebieten.

Im letzten Monatsdrittel beschert erneut ein *Azorenhoch* eine stabile Schönwetterlage. Ein leichter Temperaturrückgang vor allem in den Abend- und Nachtstunden macht sich bemerkbar.

Monatsthema: Weiße Flecke auf Saturn

Saturn gehört zu den schönsten Beobachtungsobjekten für Fernrohrbesitzer. Sein Ringsystem fasziniert auch Laien, wenn sie einmal bei einer abendlichen Sternführung den Saturn durch ein größeres Teleskop beobachten. Freilich ist die wahre Pracht des Ringsystems nur auf Bildern zu erkennen, die uns die drei Raumsonden Pioneer 11, Voyager 1 und 2 zur Erde funkten. Von der Erde aus sind die Hunderte von Einzelringen, die Schäferhundmonde oder Phänomene wie die Speichen selbst in großen Teleskopen nicht zu erkennen (siehe Seite 182). Der interessierte Sterngucker sieht nur die Hauptkomponenten des Ringsystems, nämlich den äußeren A-Ring und den inneren, helleren und breiteren B-Ring. Dazwischen erkennt er eine dunkle Linie, die Cassini-Teilung. So faszinierend der Anblick des Saturnringes im Fernrohr auch sein mag, mit der Zeit wird man gelangweilt, es gibt nichts zu beobachten, das sich lohnt, protokolliert zu werden. Für aktive Amateurastronomen ist der Saturnring nicht weiter interessant. Lohnenswert hingegen ist die Beobachtung der Saturnkugel selbst, wo manche interessante atmosphärische Erscheinungen auftreten, die es verdienen, festgehalten zu werden. Im Unterschied zu Jupiter sind allerdings die Details nicht so ausgeprägt und deutlich erkennbar. Es erfordert schon eine gewisse Beobachtungserfahrung, die Wolkenstrukturen auf Saturn zu erkennen. Zudem ist Saturn nicht nur etwas kleiner als Jupiter, er ist vor allem doppelt so weit entfernt. So ist es verständlich, daß Saturn gegenüber Jupiter von Amateuren bei der Beobachtung oft vernachlässigt wird. Zu Unrecht, wie das spektakuläre Auftauchen eines riesigen weißen Fleckes im September 1990 beweist. Nur wenige Astronomen gehörten zu den Erstbeobachtern, obwohl dieser ominöse Fleck keineswegs so völlig überraschend für die unvorbereiteten Astronomen erschien, wie es in der Tagespresse zu lesen war. Ganz im Gegenteil: Der Fleck war bereits im August 1989 vorhergesagt worden, und zwar von dem spanischen Astronomen Agustin Sanchez-Lavega.

Die systematische und regelmäßige Beobachtung der Saturnatmosphäre ist auch heute noch eine dankbare und lohnenswerte Aufgabe für besser ausgerüstete Amateurastronomen. Ähnlich wie bei Jupiter sind helle Zonen und dunkle Bänder in der Atmosphäre parallel zum Äquator zu beobachten. Die Zonen und Bänder sind allerdings wesentlich kontrastärmer als bei Jupiter. Bei genauer Betrachtung ist eine helle Äquatorzone erkennbar, die von einem nördlichen und einem südlich gelegenen dunklen Band eingerahmt wird. In höheren kronographischen Breiten sind wieder hellere Zonen zu sehen. Die Pole erscheinen deutlich dunkler, man gewinnt den Eindruck, sie sind grau gefärbt.

Flecken sind nur gelegentlich zu erkennen, sie treten selten auf, so daß es schwer ist, die Rotationszeit der Saturnkugel aus visuellen Beobachtungen zu bestimmen. Erst über hundert Jahre nachdem Christian HUYGENS den freischwebenden Saturnring erkannt hatte, gelang es Wilhelm HERSCHEL im Jahre 1780, aus der Beobachtung eines Fleckes in der Saturnatmosphäre auf eine Rotationszeit von über zehn Stunden zu schließen.

Erstmals wurde das Erscheinen eines großen, weißen Fleckes auf Saturn von Asaph HALL, dem Entdecker der beiden Marsmonde, beschrieben. HALL beobachtete am 7. Dezember 1876 mit dem 26-Zoll-Refraktor des US Naval-Observatory in Washington, D.C., in 15° nördlicher kronographischer Breite ein helles Gebilde auf Saturn. HALL konnte den Fleck bis zum 2. Januar 1877 verfolgen.

Am 15. Juni 1903 sah Edward E. BARNARD mit dem 40-Zoll-Refraktor der Yerkes-Sternwarte in Williams Bay nahe Chicago – übrigens das größte Linsenfernrohr der Welt – erneut einen weißen Fleck, ebenfalls auf der Nordhalbkugel, und zwar in 45° Breite. Der Fleck hielt sich sehr lange, Barnard konnte ihn sechs Monate hindurch verfolgen. HALL und BARNARD standen gewaltige Linsenteleskope zur Verfügung. Aber auch in kleineren Instrumenten sind solche Gebilde auszumachen. So sah der englische Amateurastronom W. T. HAY aus Norbury bei London am 3. August 1933 abermals einen weißen Fleck auf Saturn. Er wurde übrigens am gleichen Tag unabhängig von A. WEBER in Berlin entdeckt.

Das Zentrum des Flecks lag bei 15° nördlicher Breite. HAY stand ein Teleskop von 15 cm freier Öffnung zur Verfügung, ein also vergleichsweise bescheidenes Instrument. Im Laufe von Wochen wurde der Fleck immer langgezogener, er erstreckte sich schließlich rauchfahnenartig parallel zum Saturnäquator.

Schließlich entdeckten am 31. März 1960 unabhängig voneinander Audouin DOLLFUS vom Pic du Midi-Observatorium in den französischen Pyrenäen und J. H. BOTHAM aus Johannesburg erneut einen weißen Fleck auf Saturn. Diesmal trat er in der relativ hohen kronographischen Breite von +60° auf.

Am 24. September 1990 ließ sich abermals ein weißer Fleck in der nördlichen Äquatorzone blicken. Er wurde unter anderem vom HUBBLE-Space-Telescope photographiert. Diese fünfte Sichtung eines weißen Flecks weist darauf hin, daß solche Formationen im Rhythmus von etwa dreißig Jahren auftreten, und zwar jedesmal auf der Nordhalbkugel des Saturn. Da die Umlaufszeit des Saturn um die Sonne knapp dreißig Jahre beträgt und außerdem die Rotationsachse des Saturn um 27° gegen die Senkrechte zu seiner Bahnebene geneigt ist, handelt es sich bei diesen weißen Flecken um einen jahreszeitlichen Effekt. Sie treten immer dann auf, wenn die Sonneneinstrahlung am größten ist, wenn nämlich auf der Nordhalbkugel des Saturn Sommer herrscht.

Die weißen Flecken sind vermutlich riesige Wolken von Schneekristallen aus Ammoniak- und Ammoniumsulfideis, die durch die thermischen Bewegungen in höheren Schichten der Saturnatmosphäre entstehen, ein analoger Vorgang wie die Bildung von gewaltigen Gewitterwolkentürmen im irdischen Hochsommer.

Für Amateurastronomen ist es also durchaus lohnenswert, den Ringplaneten regelmäßig zu beobachten und atmosphärische Vorgänge systematisch zu verfolgen. Wer sich daran versucht, sollte zunächst einmal die Rotationszeit der Saturnkugel bestimmen.

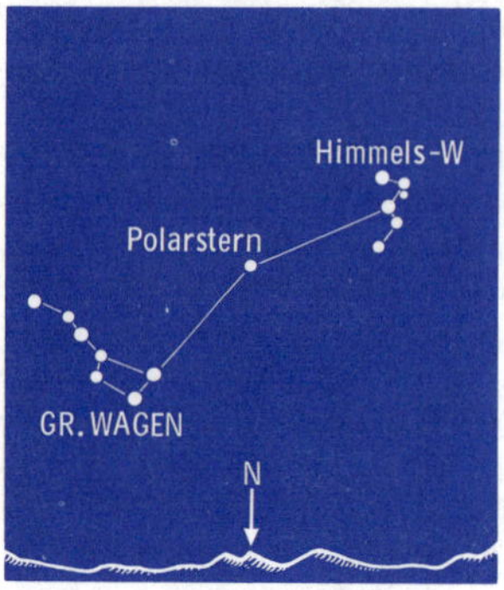

Großer Wagen und Himmels-W Anfang September 22ʰ MEZ

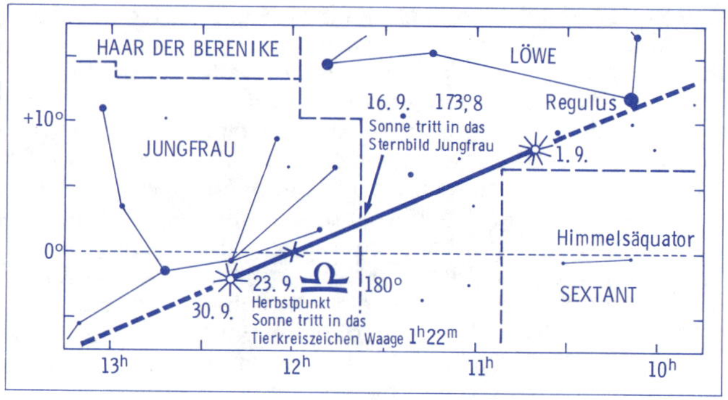

Sonnenlauf im September

Datum	Aufgang MEZ	Untergang MEZ	Kulmination	Zeitgleichung	Mittagshöhe	Rektaszension	Deklination	Sternzeit 1ʰ MEZ
3.	5ʰ38ᵐ	19ʰ00ᵐ	12ʰ19ᵐ	+1ᵐ	47°,5	10ʰ48ᵐ	+7°,6	22ʰ49ᵐ
8.	5 45	18 49	12 18	+2	45,6	11 06	+5,8	23 08
13.	5 53	18 38	12 16	+4	43,7	11 24	+3,9	23 28
18.	6 00	18 27	12 14	+6	41,8	11 42	+2,0	23 48
23.	6 08	18 16	12 12	+8	39,8	12 00	0,0	0 07
28.	6 15	18 05	12 11	+9	37,9	12 18	–1,9	0 27

Julianisches Datum am 1. September, 1ʰ MEZ: 2449231,5

Sonntag, 26.9.: Ende der Sommerzeit

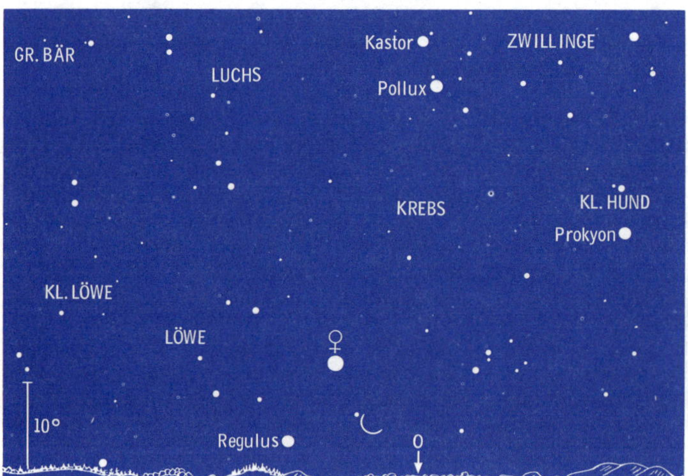

9.1: Himmelsanblick am 14. September gegen 4ʰ30ᵐ MEZ (= 5ʰ30ᵐ MESZ). Über dem Osthorizont leuchtet die Venus als Morgenstern. Südlich von ihr erkennt man die sehr schmale Sichel des abnehmenden Mondes.

Tages- und Nachtstunden im September

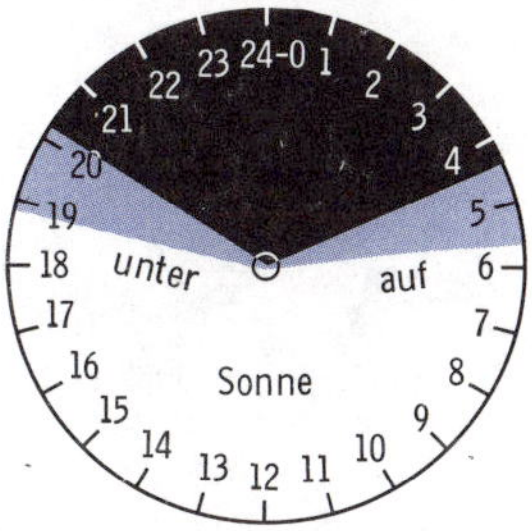

5. September

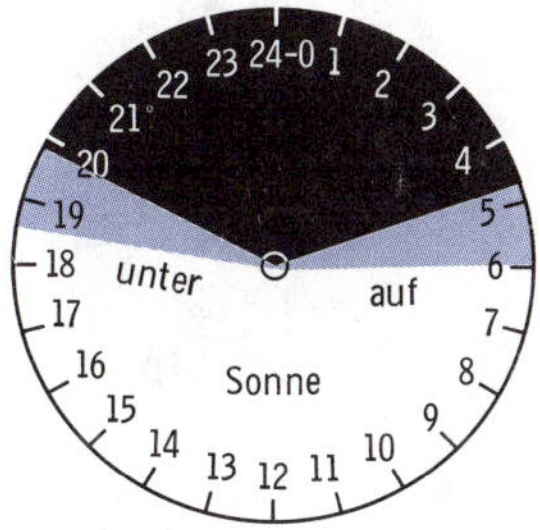

15. September

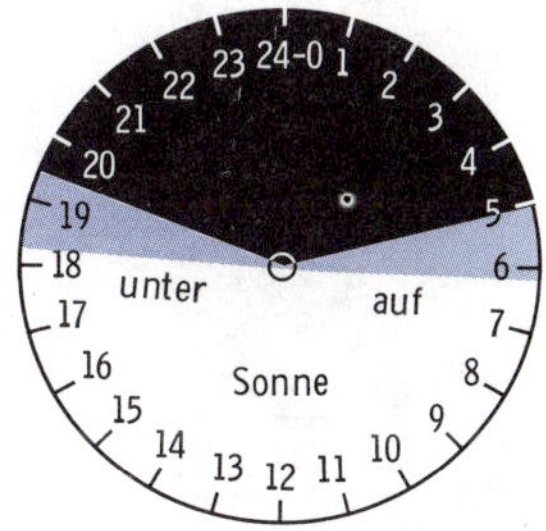

25. September

Mondlauf im September

Datum	Aufgang MEZ	Untergang MEZ	Rektaszension	Deklination	Sterne und Sternbilder	Phase	MEZ
Mi 1.	18^h43^m	6^h01^m	22^h29^m	– 4°,2	Wassermann	**Vollmond** Größte Nordbreite	3^h33^m
Do 2.	19 02	7 05	23 13	+ 0,3	Fische		
Fr 3.	19 22	8 09	23 58	+ 4,7	Fische	Erdferne 406	18^h
Sa 4.	19 44	9 13	0 42	+ 8,9	Fische		
So 5.	20 09	10 17	1 28	+12,8	Fische		
Mo 6.	20 38	11 21	2 15	+16,2	Widder, Hamal		
Di 7.	21 13	12 23	3 03	+18,9	Widder		
Mi 8.	21 56	13 22	3 55	+20,8	Plejaden, Hyaden	Absteigender Knoten	
Do 9.	22 49	14 17	4 48	+21,8	Stier	**Letztes Viertel**	7^h26^m
Fr 10.	23 51	15 05	5 42	+21,7	*Al Nath	Libration Ost	
Sa 11.	–	15 47	6 38	+20,4	Zwillinge		
So 12.	1 01	16 22	7 35	+18,0	Kastor, Pollux		
Mo 13.	2 17	16 53	8 31	+14,4	Krebs, Krippe		
Di 14.	3 38	17 21	9 28	+ 9,9	Löwe		
Mi 15.	5 00	17 47	10 24	+ 4,6	Sextant	Größte Südbreite	
Do 16.	6 24	18 13	11 20	– 1,0	Löwe	**Neumond** Erdnähe 357	4^h10^m 16^h
Fr 17.	7 49	18 41	12 17	– 6,6	Jungfrau		
Sa 18.	9 13	19 13	13 15	–11,7	Spica		
So 19.	10 34	19 50	14 14	–16,1	Jungfrau		
Mo 20.	11 49	20 34	15 14	–19,3	Waage		
Di 21.	12 56	21 26	16 14	–21,2	Skorpion, Antares	Aufsteigender Knoten	
Mi 22.	13 51	22 25	17 12	–21,8	Schlangenträger	**Erstes Viertel** Libration West	20^h32^m
Do 23.	14 36	23 29	18 10	–21,1	Schütze		
Fr 24.	15 13	–	19 04	–19,4	Nunki		
Sa 25.	15 42	0 35	19 56	–16,7	Schütze		
So 26.	16 07	1 42	20 45	–13,3	Wassermann		
Mo 27.	16 29	2 48	21 32	– 9,4	Steinbock		
Di 28.	16 49	3 53	22 18	– 5,2	Wassermann	Größte Nordbreite	
Mi 29.	17 08	4 57	23 02	– 0,8	Fische		
Do 30.	17 28	6 01	23 46	+ 3,6	Fische	**Vollmond** Erdferne 406	19^h54^m 22^h

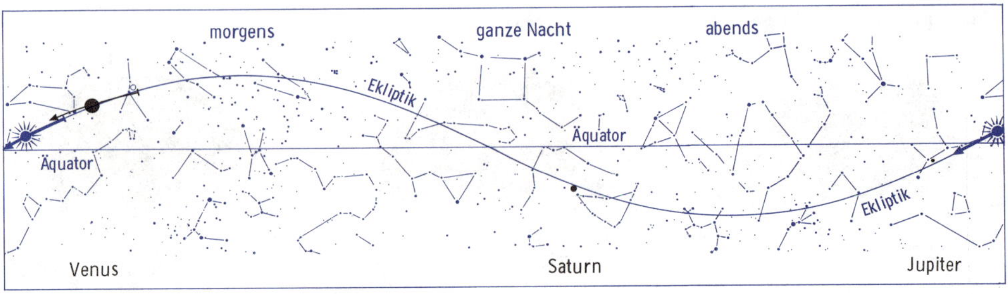

Planetenlauf im September

Merkur stand Ende des Vormonats in oberer Konjunktion mit der Sonne und gewinnt nur langsam an östlichem Vorsprung vor der Sonne, die ihm im Tierkreis folgt. Bis Monatsende wächst seine östliche Elongation auf immerhin 22° an. Trotzdem reicht dies nicht für eine Abendsichtbarkeit, da der $-0^{m}\!,1$ helle Merkur eine über zehn Grad südlichere Deklination als die Sonne aufweist und die abendliche Ekliptik recht flach zum Südwesthorizont verläuft.
Am 28. eilt Merkur durch sein Aphel, wobei ihn 69,8 Millionen Kilometer von der Sonne trennen.
Venus beherrscht nach wie vor die morgendliche Himmelsszene. Sie wandert aus dem Krebs in den Löwen, wobei sie am 21. den Löwenhauptstern, Regulus, nur 0°,6 nördlich passiert. Am 14. ergibt sich gegen 4^h30^m (= 5^h30^m Sommerzeit) morgens ein schöner Himmelsanblick, wenn sich die sehr schmale Sichel des abnehmenden Mondes zu Venus und Regulus gesellt (siehe Abb. 9.1 auf Seite 156). Da Venus sich wieder dem Himmelsäquator nähert und der Sonne im Tierkreis nacheilt, verspäten sich ihre Aufgänge erheblich. Geht Venus am 1. noch um 2^h29^m (= 3^h29^m Sommerzeit) auf, so erfolgt ihr Aufgang am 15. um 3^h06^m (= 4^h06^m Sommerzeit) und am 30. erst um 3^h48^m. Berücksichtigt man, daß nun auch die Sonne immer später aufgeht, so schrumpft die Sichtbarkeitsdauer von Venus um etwa eine dreiviertel Stunde. Die Venushelligkeit nimmt leicht auf $-3^{m}\!,9$ ab. Bis Monatsende sind fast 90% des Venusscheibchens beleuchtet, der Fernrohrbeobachter gewinnt den Eindruck „Vollvenus".
Der scheinbare Durchmesser der Venus geht von 12",9 auf 11",5 zurück.
Mars wird von der Sonne verfolgt, die ihn nur langsam einholen kann. Vom Abendhimmel hat sich der rote Planet längst verabschiedet. Mars bleibt unsichtbar.
Jupiter in der Jungfrau zieht sich vom Abendhimmel zurück und wird unbeobachtbar. Versierte Sternfreunde können den Riesenplaneten am besten unter Zuhilfenahme eines Fernglases noch in den ersten Septembertagen tief am Westhorizont nach Sonnenuntergang aufspüren. Am 1. geht der $-1^{m}\!,7$ helle Jupiter um 20^h14^m (= 21^h14^m Sommerzeit) unter, am 10. bereits um 19^h42^m. Aber erst gegen 19^h kann man den schon recht horizontnah stehenden Riesenplaneten erkennen. Bald darauf verblaßt er im Horizontdunst. Nach dem 10. kann man Jupiter getrost als Beobachtungsobjekt streichen. Am 1. ist Jupiter 931,9 Millionen Kilometer von der Erde entfernt.
Saturn, rückläufig im Steinbock, stand im Vormonat in Opposition zur Sonne. Wenn die Dunkelheit hereinbricht, ist der Ringplanet bereits im Südosten erschienen. Da Venus erst am Morgenhimmel auftaucht, Jupiter sich vom Abendhimmel zurückzieht und Mars unbeobachtbar ist, bleibt Saturn der hellste Planet am Nachthimmel. Seine Helligkeit geht allerdings leicht auf $0^{m}\!,5$ zurück.
Vom Morgenhimmel beginnt sich der Ringplanet langsam zurückzuziehen. Geht Saturn am 1. um 4^h27^m (= 5^h27^m Sommerzeit) unter, so erfolgt sein Untergang am 15. um 3^h27^m und am 30. bereits um 2^h23^m.

Ende des Monats trennen Saturn 1354 Millionen Kilometer von der Erde.

Uranus verzögert seine ohnehin langsame Bewegung im Schützen und wird am 27. stationär. Damit beendet er seine Oppositionsperiode und wird wieder rechtläufig. Der Umkehrpunkt fällt fast genau in Rektaszension mit dem von Neptun zusammen. Die beiden Konjunktionen von Uranus mit Neptun infolge seiner Umkehrbewegung verschmelzen zu einem gemeinsamen Hin- und Herwandern der beiden sonnenfernen Planeten. Gleiche Rektaszensionswerte ($\alpha = 19^h19^m17\overset{s}{.}63$) werden am 23. erreicht (siehe auch Abb. 7.4 auf Seite 132).

Die Meridiandurchgänge des Uranus erfolgen immer früher: Am 1. kulminiert der $5\overset{m}{.}7$ helle, grünliche Planet um 20^h56^m (= 21^h56^m Sommerzeit), am 15. um 20^h00^m und am 30. bereits um 19^h01^m. Erst um diese Zeit ist es dunkel genug, um mit Aussicht auf Erfolg mit einem Fernglas nach Uranus zu suchen. Am 30. erfolgt der Uranusuntergang schon um 23^h06^m.

Neptun verlangsamt seine rückläufige Bewegung im Schützen. Am 30. bleibt er stehen und ist anschließend wieder rechtläufig. Mit seiner Bewegungsumkehr ist für Neptun die Oppositionszeit vorbei. Der Umkehrpunkt der Neptunbewegung liegt fast genau

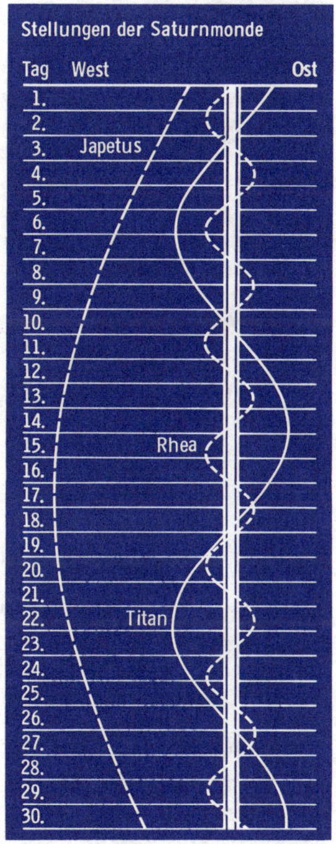

Konstellationen und Ereignisse im September

Datum	MEZ	Ereignis
7.	1^h	Mars bei Jupiter, Mars $0\overset{\circ}{.}9$ südlich
14.	4	Mond bei Venus, Mond 6° südlich
17.	9	Mond bei Merkur, Mond 5° südlich
17.	23	Mond bei Jupiter, Mond 5° südlich
18.	7	Mond bei Mars, Mond 4° südlich
23.	1^h22^m	**Sonne im Herbstpunkt,** Tagundnachtgleiche
23.	19	**Uranus bei Neptun, Uranus $1\overset{\circ}{.}1$ südlich**
24.	8	Mond bei Uranus, Mond 4° nördlich
24.	8	Mond bei Neptun, Mond 3° nördlich
24.	13	Merkur bei Jupiter, Merkur $2\overset{\circ}{.}0$ südlich
27.	10	Mond bei Saturn, Mond 7° nördlich
27.	15	Uranus im Stillstand, anschließend rechtläufig
28.	15	Merkur im Aphel
30.	4	Neptun im Stillstand, anschließend rechtläufig

nördlich von Uranus (siehe auch Abb. 7.4 auf Seite 132).

Der ferne, $7^{m}{,}9$ lichtschwache, bläuliche Planet verlagert seine Untergänge aus der zweiten Nachthälfte in die späten Abendstunden. Am 1. geht Neptun um 1^h12^m (= 2^h12^m Sommerzeit) unter, am 15. um 0^h16^m und am 30. bereits um 23^h13^m. Wenn es dunkel genug geworden ist, um den sonnenfernen Planeten zu beobachten, hält Neptun sich in Meridiannähe auf. Zu Monatsbeginn und zu Monatsende macht sich allerdings Mondlicht störend bemerkbar. Die Kulminationszeiten von Neptun lauten: 1.: 20^h56^m (= 21^h56^m Sommerzeit), 15.: 20^h00^m und 30.: 19^h01^m.

Planetoiden

Ceres (1) bremst merkbar ihre rechtläufige Bewegung im Gebiet Fische/Walfisch ab (siehe Abb. 10.3 auf Seite 172) und setzt am 4. zur Oppositionsschleife an. Ihre Helligkeit nimmt deutlich von $8^{m}{,}4$ auf $7^{m}{,}8$ zu. Ceres kann in der zweiten Nachthälfte aufgesucht werden. Ihre Kulminationen verfrühen sich von 4^h11^m am 1. auf 3^h15^m (= 4^h15^m Sommerzeit) am 15. und auf 2^h10^m am 30. Bereits im nächsten Monat wird Planetoid Nr. 1 in Opposition zur Sonne kommen.

Pallas (2) stand im Vormonat in Opposition zur Sonne. Sie bewegt sich im Gebiet Pegasus/Wassermann und erreicht rasch südlichere Deklinationen (siehe Abb. 8.5 auf Seite 149). Ihre Helligkeit geht von $9^{m}{,}1$ auf $9^{m}{,}4$ zurück. Trotz ihrer Lichtschwäche kann der versierte Planetoidenbeobachter Pallas noch auffinden. Ihre Kulminationszeiten verlagert Pallas von 23^h17^m (= 0^h17^m Sommerzeit) am 1. auf 22^h13^m am 15. und auf 21^h08^m am 30. Zu Monatsbeginn und zu Monatsende stört allerdings Mondlicht die Beobachtung.

Juno (3) steht am 10. in Konjunktion mit der Sonne.

Vesta (4) stand Ende des Vormonats in Opposition zur Sonne und kann bereits mit einem kleinen Fernglas leicht aufgefunden werden. Sie bewegt sich rückläufig durch den Wassermann (Abb. 7.3 auf Seite 131).

Die Vestahelligkeit geht deutlich von $5^{m}{,}9$ auf $6^{m}{,}5$ während des Monats zurück. Dennoch bleibt sie im Fernglas gut sichtbar. Ihre Kulminationen verlagert die Vesta von 0^h18^m (= 1^h18^m Sommerzeit) am 1. auf 23^h06^m am 15. und auf 21^h59^m am 30. Am Monatsletzten geht Vesta bereits um 2^h17^m unter.

Periodische Sternschnuppenströme im September

Die **Pisciden** sind in der ersten Septemberhälfte zu erwarten. Ihr Ausstrahlungspunkt liegt in den Fischen. Die Beobachtungszeit liegt zwischen 21^h und 4^h morgens. Das Maximum tritt um den 20. September auf, wobei etwa 15 Meteore pro Stunde auftauchen. Die Geschwindigkeit der Meteorite liegt um 30 Kilometer pro Sekunde. In den letzten Jahren hatte man den Eindruck, daß die Pisciden in mehrere Teilströme zerfallen, von denen einer bis Mitte Oktober tätig ist.

Die **Tauriden** tauchen vom letzten Septemberdrittel bis Anfang Dezember auf. Ihr Radiant liegt im Stier. Der Tauriden-Strom geht wahrscheinlich auf den Kometen ENCKE zurück. Das wenig ausgeprägte Maximum fällt auf den 13. November. Die Objekte sind um 30 Kilometer pro Sekunde schnell, haben also mittlere Geschwindigkeiten.

Ein relativ neuer Strom sind die **Delta-Aurigiden**, dessen Radiant im Fuhrmann nahe δ Aurigae zu finden ist. Es sind schnelle, aber seltene Objekte. Ihre Geschwindigkeit liegt bei 60 Kilometer pro Sekunde. Nur zwei bis drei Meteore sind pro Stunde zu erwarten.

Der Fixsternhimmel im September

Gegenüber dem Augusthimmel hat sich der Anblick nicht allzusehr verändert: noch beherrschen die Sommersternbilder die Himmelsszene. Vor allem die nun wieder früher einsetzende Dunkelheit läßt den Blick eher zum Sternenhimmel schweifen. Halten wir aber unsere gewohnte Beobachtungszeit (Monatsbeginn 22^h MEZ, Monatsmitte 21^h MEZ) ein, so bemerken wir eine leichte Verschiebung des Sommerdreiecks nach Westen. Deneb steht nun fast im Zenit, während Wega und Atair den Meridian schon überschritten haben. Der Skorpion und die Jungfrau sind längst untergegangen. Arktur

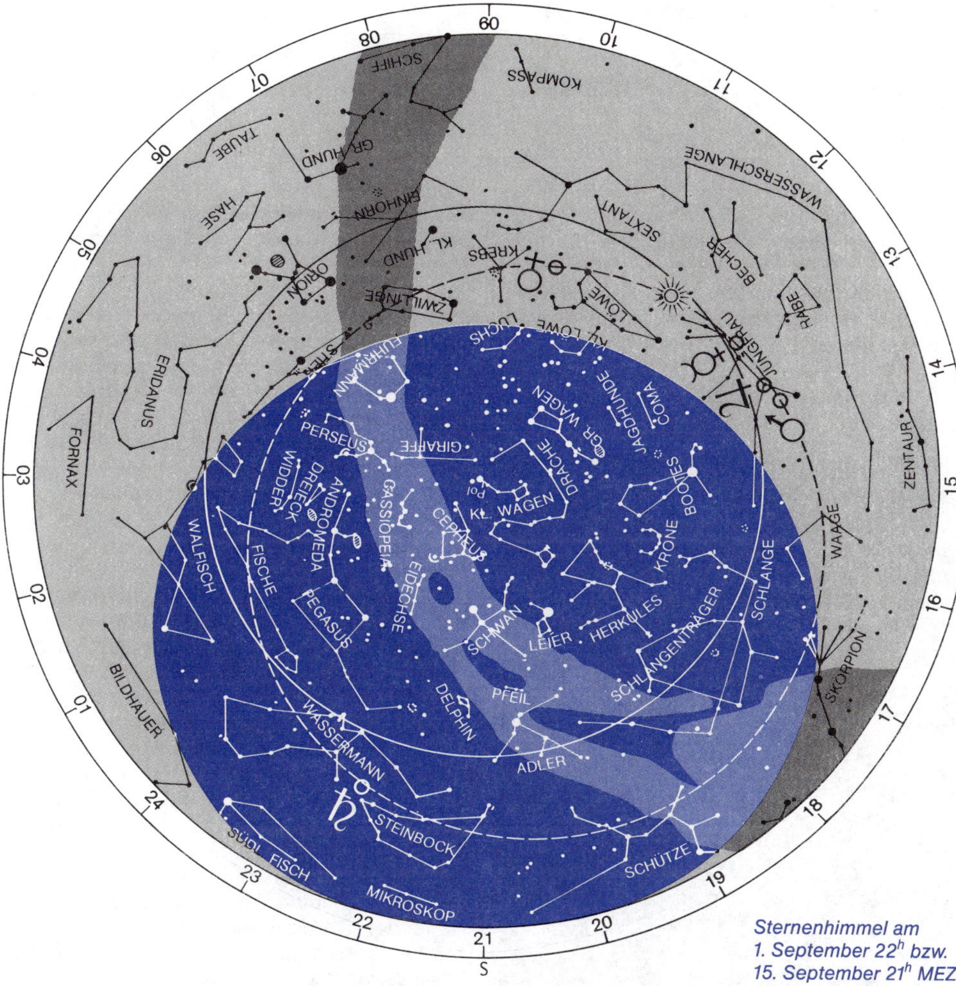

Sternenhimmel am 1. September 22^h bzw. 15. September 21^h MEZ

steht recht horizontnah in westlicher Richtung. Der Schütze im Südwesten schickt sich ebenfalls an, die Himmelsbühne zu verlassen, während der Steinbock gerade durch den Meridian wandert. Im Steinbock hält sich zur Zeit der Ringplanet Saturn auf.

Dem Steinbock folgt der Wassermann im Tierkreis, der jetzt den Raum tief im Südosten einnimmt. Ebenso wie der Steinbock gehört der Wassermann (lat.: Aquarius) zu den lichtschwachen und wenig auffälligen Mitgliedern des Tierkreises.

Tief im Südosten flackert ein Stern erster Größe: Es ist Fomalhaut im Südlichen Fisch (Piscis Austrinus), der eben aufgegangen ist. Pegasus, das Herbstviereck, steht schon hoch im Südosten. An einer Ecke des Pegasusquadrats hängt die Sternenkette der Andromeda. Ihr folgt halbhoch im Nordosten der Perseus, strahlender Held und Erretter der Andromeda. Im Perseus findet man Algol (β Persei), den Teufelsstern – ein bekannter Bedeckungsveränderlicher und Prototyp der Klasse der Algol-Variablen.

Veränderliche Sterne im September

Algol-Minima	3. 19^h36^m	18. 3^h34^m	21. 0^h23^m	23. 21^h11^m	26. 18^h00^m	
β-Lyrae-Minima	5. 12^h	18. 10^h				
δ-Cephei-Maxima	3. 6^h	8. 15^h	13. 24^h	19. 9^h	24. 17^h	30. 2^h
Mira-Helligkeit	ca. 6^m, fallend					

Im Osten fällt das kleine Sternbild Widder auf, das im wesentlichen aus drei Sternen besteht, die in einem stumpfwinkeligen Dreieck angeordnet sind. Der Hauptstern, α Arietis, heißt Hamal, was arabisch soviel wie Lamm bedeutet.

9.2: Skelett-Karte des Sternbildes Eidechse (Lacerta).

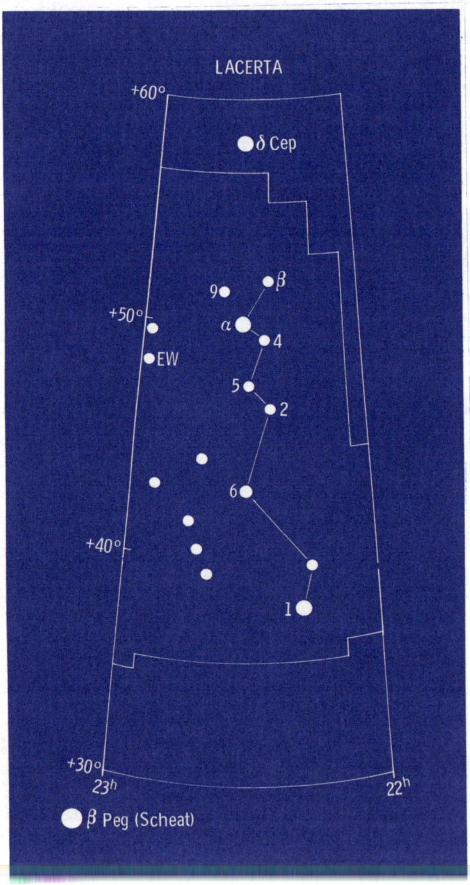

Aus der Sagenwelt der Sternbilder: Die Eidechse (Lacerta) und das Füchschen (Vulpecula)

Die Eidechse und das Füchschen sind zwei kleine, unscheinbare Sternbilder. Ihre lichtschwachen Sterne sind nur unter sehr guten Sichtbedingungen zu erkennen. Beide Bilder sind erst in der Neuzeit eingeführt worden, und zwar von dem Danziger Ratsherren und Amateurastronomen Johannes HEVELIUS (1611–1687). In dem Sternatlas Firmamentum Sobiescianum, der in seinem Todesjahr 1687 erschien, hat HEVELIUS beide Bilder verstirnt.

Die Eidechse liegt zwischen dem Kepheus im Norden und dem Pegasus im Süden. Im Westen wird das kleine Bild vom Schwan begrenzt. Im Osten stößt die Eidechse an Kassiopeia und Andromeda. Sie liegt mitten in der Milchstraße. In dunkler, mondloser Nacht kann man sechzehn freisichtige Sterne erkennen. Selbst der hellste Stern, α Lacertae, hat nur $3^m\!.8$ scheinbarer Helligkeit. Die übrigen Sterne sind 4. Größe und schwächer. Bereits 1679 hat Augustin ROYER zu Ehren des französischen Sonnenkönigs LUDWIG XIV. dieses kleine Sternbild „Zepter in der Hand der Gerechtigkeit" getauft, eine Bezeichnung, die sich nicht durchgesetzt hat. Ebensowenig stieß der Vorschlag des Berliner Astronomen Johann Elert BODE auf allgemeine Zustimmung, der 1787 die Eidechse in „Friedrichsehre" umbenennen wollte, um damit FRIEDRICH DEM GROSSEN, dem Preußenkönig, zu huldigen.

HEVELIUS selbst begründet die Einführung der Eidechse folgendermaßen: Hier konnte man nur ein kleines Tier unter die Sterne versetzen. Die Eidechse aber ist klein, und die lichtschwachen Sterne funkeln wie die zarten Schuppen, die den Körper der Eidechse bedecken. Außer Lacerta gibt es noch die lateinische Bezeichnung Stellio, die Sternen-

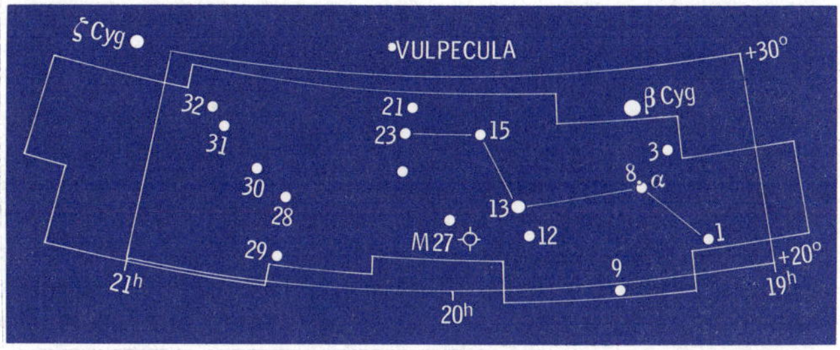

9.3: Skelett-Karte des Sternbildes Füchschen (Vulpecula).

eidechse, für dieses Bildchen. Da die Eidechse ein neuzeitliches Sternbild ist, so fehlen Sagen und Legenden über ihre Einführung. Die Eidechse fehlt in der Mythologie. Ein Teil der Sterne der Eidechse gehört zum alten chinesischen Sternbild der Fliegenden Schlange.

Nahe bei β Lacertae liegt der Radiant (Fluchtpunkt) des Meteorstromes der Lacertiden. Die Lacertiden sind von Ende August bis Anfang September aktiv. Sie sind kein sehr ausgeprägter Schwarm. Die Lacertiden sind nicht zu verwechseln mit den sogenannten BL-Lacertae-Objekten, die ebenfalls als „Lacertiden" firmieren. BL Lacertae wurde als Veränderlicher klassifiziert. BL Lac ist aber gar kein Stern, sondern der Kern einer aktiven Galaxie vom elliptischen Typ. BL Lac ist der Prototyp einer ganzen Gruppe von ähnlichen Objekten, die eine enge Verwandtschaft mit den Quasaren aufweisen.

Das Sternbild Füchschen (lat.: Vulpecula) liegt südlich von Schwan und Leier sowie nördlich von Delphin und Pfeil. Im Westen wird das Füchschen von Herkules begrenzt, im Osten vom Pegasus. Da es ebenfalls von HEVELIUS eingeführt wurde, fehlt auch diesem kleinen Sternbild der mythologische Hintergrund.

HEVELIUS selbst nannte dieses Bild „Vulpecula cum Ansere", also Füchschen mit der Gans. HEVELIUS wollte die Lücke zwischen den klassischen Sternbildern füllen. Er meint selbst zu seiner Einführung: „Der Fuchs ist ein schlaues, wildes und gefräßiges Tier, dem Adler vergleichbar...". Mit bloßen Au-

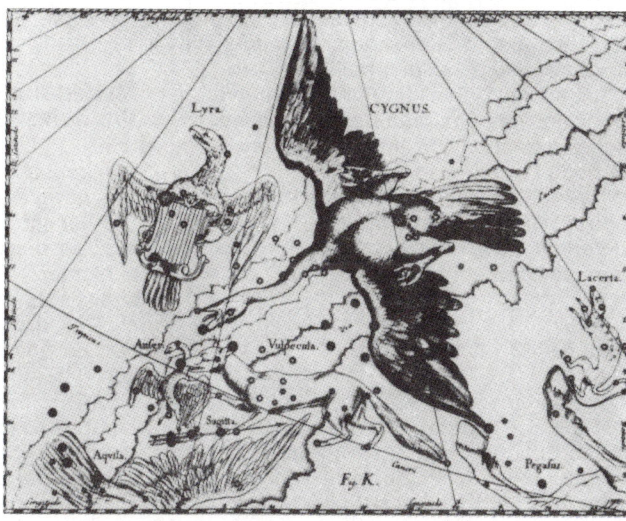

9.4: Figürliche Darstellung der Sternbilder Vulpecula und Lacerta nach Johannes HEVELIUS.

gen sieht man 16 Sterne, HEVELIUS gibt 27 an, F. W. ARGELANDER katalogisierte 37. In den meisten Darstellungen fehlt allerdings die Gans. So heißt das kleine Bild heute schlicht „Füchschen".

Die Sterne im Füchschen tragen keine Eigennamen. α Vulpeculae ist mit $4\overset{m}{.}4$ noch der hellste Stern im Füchschen. Er ist ein tiefroter Stern (Spektraltyp M0) in 270 Lichtjahren Entfernung. Knapp neben α sitzt 8 Vulpeculae, ein 6^{m} heller, optischer Begleiter, im Fernglas leicht erkennbar.

Das Füchschen liegt gerade an einer Gabelung der Milchstraße, die sich vom Schwan herziehend in zwei Äste aufspaltet.

Das wohl prominenteste Objekt in diesem kleinen Sternbild ist M 27, der Dumbbell-Nebel (engl., Hantel). Der Hantelnebel trägt seinen Namen nach seinem Aussehen im Teleskop. M 27 (= NGC 6853) ist ein relativ heller (8^{m}) planetarischer Nebel in rund 1300 Lichtjahren Entfernung. Bereits im Fernglas ist der Hantelnebel gut zu sehen, seine volle Pracht entfaltet er aber erst in einem größeren Teleskop. Der Zentralstern, der den Nebel zum Leuchten anregt, hat rund 100 000 K Oberflächentemperatur.

An der Grenze zum Sternbild Pfeil findet sich eine Gruppe von Sternen 6. und 7. Größenklasse, die „Kleiderbügel" (engl.: coathanger) genannt wird wegen ihres Aussehens.

Ein schwacher Meteorstrom, der vom 13. Juni bis 7. Juli aktiv ist, hat seinen Radianten (Fluchtpunkt) im Füchschen, weswegen dieser Strom Vulpeculiden heißt.

τ Vulpeculae ist ein kurzperiodischer Veränderlicher vom Typ Delta Cephei, dessen Helligkeit zwischen $5\overset{m}{.}4$ und $6\overset{m}{.}1$ variiert. Seine Periode beträgt 4,44 Tage.

Im Jahre 1967 wurde der erste Pulsar überhaupt im Füchschen entdeckt, ein rasch rotierender Neutronenstern von nur 1,33 Sekunden Umdrehungsdauer.

Das Klima im September

Der September gilt schlechthin als der Monat mit der klarsten Luft und besten Fernsicht. Schöne Tage des *Altweibersommers* sind zu erwarten. Im September beginnt der astronomische Herbst (23.). Meteorologisch gesehen ist er der erste Herbstmonat. Er ist deutlich kühler als der August, was auch die mittlere Monatsdurchschnittstemperatur von 14,0 °C veranschaulicht, die 3 °C unter der des August liegt.

Die mittlere Tageshöchsttemperatur erreicht 19 °C, die mittlere Tagestiefsttemperatur 10 °C. Die durchschnittliche Maximaltemperatur zu Mittag beträgt 26 °C.

Im Mittel ist mit etwa zehn Regentagen zu rechnen, die Niederschlagsmengen sind geringer als im August. An rund zwei Tagen treten Gewitter auf.

Die mittlere Sonnenscheindauer liegt bei 170 Stunden. Nur 52% der Nächte sind bewölkt; somit ist der September der günstigste Monat des Jahres für Sternbeobachtungen. Allerdings tritt in Schönwetterperioden häufig Morgennebel auf.

Witterungsverlauf: Im ersten Monatsdrittel setzt sich häufig die Schönwetterperiode der letzten Augusttage fort, allerdings mit merkbarem Temperaturrückgang.

Im zweiten Septemberdrittel (so zwischen 13. und 16.) brechen Schlechtwetterfronten mit Regen herein, wobei heftige Winde bis Sturmstärke auftreten. Ab 24. kommt es meist zur Wetterbesserung mit den berühmten *goldenen Herbsttagen*. Untertags ist es noch recht warm, in den Nächten wird es jedoch schon empfindlich kalt. Nach langjährigen Beobachtungen weicht nur jeder sechste September von diesem Schema ab.

Monatsthema: Die Refraktion der Erdatmosphäre

Wir beobachten die Gestirne vom Grunde des gewaltigen Luftozeans aus. Bevor das Sternenlicht Fernrohr und Auge erreicht, muß es durch unterschiedlich dichte Luftschichten eilen. Dabei wird es abgeschwächt, gefiltert und abgelenkt. Die meisten elektromagnetischen Wellen erreichen den Erdboden überhaupt nicht. Sie werden von der Atmosphäre verschluckt, Gammastrahlen, Röntgen- und kurzwelliges UV-Licht sowie langwelliges Infrarotlicht werden daher von Satelliten aus registriert, die außerhalb der Lufthülle unseren Planeten umkreisen. Nur zwei „Fenster" weist die Atmo-

9.5: Der Lichtstrahl eines Sternes wird in der Lufthülle gebrochen. Der Stern scheint deshalb höher zu stehen als in Wirklichkeit (A wahrer, B scheinbarer Ort des Sternes).

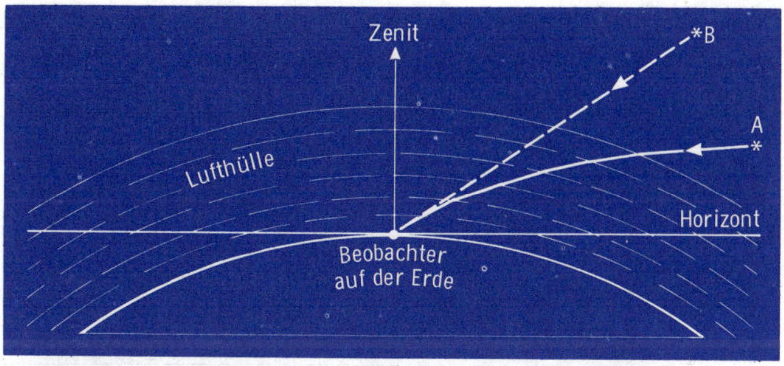

sphäre auf, in der Strahlen aus dem Weltall zu uns am Boden dringen: Eines für sichtbares Licht und eines für Radiowellen. Aber auch das sichtbare Licht erfährt Veränderungen, wenn es zu uns durch die Luftschichten läuft. Es wird abgeschwächt und außerdem verfärbt. Kurzwelliges, also blaues Licht wird nämlich stärker gestreut als langwelliges, rotes Licht. Die Sterne erscheinen somit röter und lichtschwächer. Dieser Effekt ist um so ausgeprägter, je länger ein Lichtstrahl durch die Atmosphäre läuft. Je horizontnäher ein Gestirn steht, desto mehr ist seine Helligkeit vermindert und desto röter erscheint es. Am auffälligsten ist diese Erscheinung bei Sonne und Mond. Aber auch sonst helle Sterne sind kurz nach ihrem Aufgang oder kurz vor Untergang oft kaum mehr zu erkennen.

Noch eine andere Erscheinung bewirkt die irdische Atmosphäre: Sie lenkt das Licht der Sterne ab. Wir sehen die Sterne nicht dort, wo sie wirklich stehen. Das Sternenlicht dringt aus dem fast völlig leeren Weltraum in die optisch dichteren Schichten der Atmosphäre. Beim Übergang eines Lichtstrahls von einem optisch dünneren in ein optisch dichteres Medium erfährt dieser eine Ablenkung. Man sagt, der Lichtstrahl wird gebrochen. Diese Erscheinung nennt man *Refraktion* (lat.: refringere = brechen). Die Luftdichte nimmt mit zunehmender Höhe exponentiell ab. Man kann sich unsere Atmosphäre aus einer riesigen Zahl von einzelnen Schichten abnehmender Luftdichte zusammengesetzt denken (sogenanntes Zwiebelschalenmodell). An jeder Grenzschicht erfährt das Sternenlicht eine Brechung. Die Vielzahl von Brechungen führt im Ergebnis zu einem gekrümmten Lichtstrahl (siehe Abb. 9.5). Dem Beobachter erscheint ein Stern höher, als er in Wirklichkeit steht. Je horizontnäher sich ein Gestirn befindet, desto stärker ist die Bahnkrümmung des Sternenlichtes. Am Horizont beträgt der Wert der atmosphärischen Refraktion etwas mehr als ein halbes Grad, dies entspricht dem Vollmond- oder Sonnendurchmesser. Wenn wir die Sonnen- oder Mondscheibe beim Untergang beobachten und der untere Scheibenrand den mathematischen Horizont gerade berührt, ist in Wirklichkeit die Sonne bzw. der Mond bereits unter dem Horizont, d.h. ihr oberer Rand berührt fast die Horizontlinie.

Ähnlich verhält es sich beim Aufgang: Wenn die Scheibe bereits voll aufgegangen zu sein scheint und mit dem unteren Rand die mathematische Horizontlinie berührt, ist in Wirklichkeit die Sonne bzw. der Mond noch unter dem Horizont und berührt mit dem oberen Rand fast die Horizontlinie. Steht ein punktförmiger Stern in 0° Höhe (oder 90° Zenitdistanz), dann erscheint er ein halbes Grad *über* dem Horizont. Bei Auf- und Untergangsberechnungen muß die Refraktion berücksichtigt werden. Der Auf- bzw. Untergang von Sonne und Mond erfolgt definitionsgemäß, wenn der obere Scheibenrand am Horizont erscheint bzw. verschwindet. Da der scheinbare Halbmesser von Sonne und Mond 16' beträgt, die Refraktion im Horizont im Mittel 34', so berechnet man den Zeitpunkt, für den die Zenitdistanz der Sonne bzw. des Mondes 90°50' erreicht, und vermerkt ihn als Aufgangs- respektive Untergangszeit.

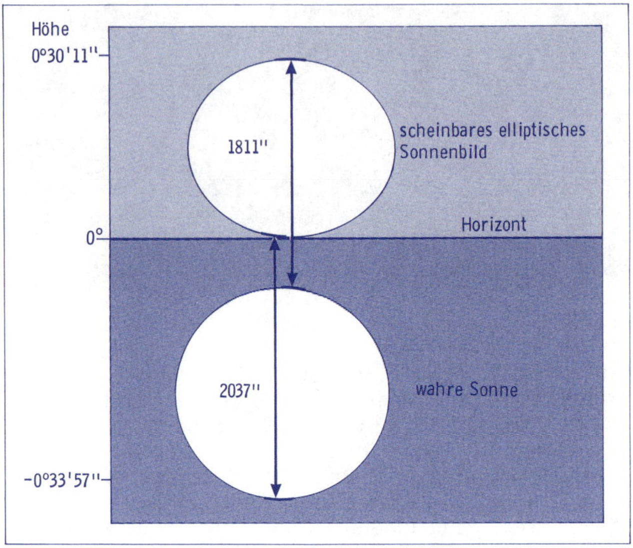

9.6: Durch die Refraktion erscheint die Sonnenscheibe über dem Horizont, obwohl die Sonne unter dem Horizont steht. Da der untere Sonnenrand durch die Refraktion stärker angehoben erscheint als der obere, ist das Sonnenbild elliptisch deformiert.

Den genauen Wert der Refraktion zu bestimmen ist äußerst schwierig, besonders in Horizontnähe. Denn die Refraktion ist vom Brechungsindex der Luft abhängig, der eine Funktion der Luftdichte ist. Diese hängt wieder von der Temperatur, dem Luftdruck und in geringem Maße auch von der Luftfeuchte ab. Es gilt: Mit abnehmender Temperatur und steigendem Druck wird die Luft dichter und damit der Wert der Refraktion größer. In der Regel reicht es, den mittleren Wert der Refraktion zu benutzen (siehe Tabelle unten). Für genauere Beobachtungen sind jedoch Luftdruck und Temperatur zu berücksichtigen. Eine schlichte Näherungsformel leistet dabei gute Dienste. Sie lautet:

$R = [(p/1013)/(1+T/273)] \cdot R_0$.

Dabei ist R_0 die mittlere Refraktion („Normalrefraktion“) für 0°C und 760 mm Hg = 1013 hPa (Hektopascal) Luftdruck. p bedeutet den Druck in hPa (früher mb = Millibar) und T die Temperatur in Grad Celsius. So ergeben sich zwischen einem kalten Wintertag und einem heißen Sommertag Refraktionsdifferenzen in Horizontnähe von mehr als drei Bogenminuten, was zur Änderung der Gestirnsauf- bzw. -untergangszeiten um etwa zwanzig Sekunden führt.

Refraktion

Höhe des Sterns	Mittlere Refraktion	Höhe des Sterns	Mittlere Refraktion
0°	~35'	50°	0'50"
5°	10'15"	60°	0'35"
10°	5'30"	70°	0'22"
20°	2'44"	80°	0'11"
30°	1'44"	90°	0' 0"
40°	1'12"		

Auf die Refraktion ist auch der Umstand zurückzuführen, daß zu den Frühlings- und Herbstäquinoktien, den sogenannten Tagundnachtgleichen, die Tage eben nicht gleich lang wie die Nächte sind, nämlich je zwölf Stunden. Zu den Äquinoktien ist die Zeit zwischen Sonnenauf- und Sonnenuntergang zwanzig Minuten länger als zwischen Sonnenuntergang und Sonnenaufgang, kurz, der Tag ist länger als die Nacht. Daran ist zum überwiegenden Teil die Refraktion schuld. Die Sonne erscheint vier Minuten früher durch die optische Anhebung der Sonnenhöhe und verschwindet entsprechend vier Minuten später. Verlöre die Erde ihre Lufthülle, so wäre der Tag um acht Minuten kürzer. Die restlichen zwei Minuten gehen auf den Umstand zurück, daß Auf- und Untergangszeiten nicht für den Scheibenmittelpunkt, sondern für den oberen Rand angegeben werden. Dies entspricht einer Zeitdifferenz von zwei Minuten.

Noch ein anderes Phänomen wird von der Refraktion bewirkt: Sonne und Mond erscheinen am Horizont nicht als kreisförmige Scheiben, sondern sind elliptisch verzerrt. Der senkrechte Durchmesser erscheint gegenüber dem waagrechten verkürzt. Der untere Rand steht tiefer als der obere. Somit hat er gegenüber dem oberen eine größere Refraktionsbeeinflussung, er erscheint stärker angehoben als der obere Rand (siehe auch Abb. 9.6). Dadurch wird der an und für sich kreisförmige Sonnenball zu einer Ellipse deformiert. Steht die Sonne oder der Mond am Horizont, so wird der untere Rand im Mittel um 2037", der obere aber nur um 1811" angehoben. Sonne und Mond erscheinen somit am Horizont im Verhältnis 1:9 abgeplattet. Die Daten sind, wie erwähnt, mittlere Werte. Atmosphärische Anomalien können erhebliche Abweichungen von den Mittelwerten bewirken. Vor allem bei starker Erhitzung oder heftigen Winden entstehen Turbulenzen, die zu kurzfristigen Variationen der Refraktion führen, die der Beobachter als Wabern des Sonnen- bzw. Mondrandes registriert. Solche witterungsbedingten Refraktionsanomalien sind überdies abhängig vom Azimut. In Horizontnähe versagt daher auch die klassische Refraktionsformel: $R = (n-1) \cdot \tan z$, wobei z die Zenitdistanz des Gestirns und n der Brechungsindex der Luft ist (R im Bogenmaß!).

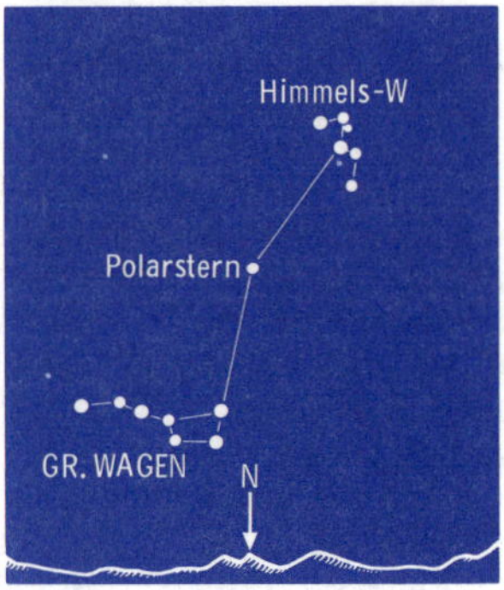

Großer Wagen und Himmels-W Anfang Oktober 22^h MEZ

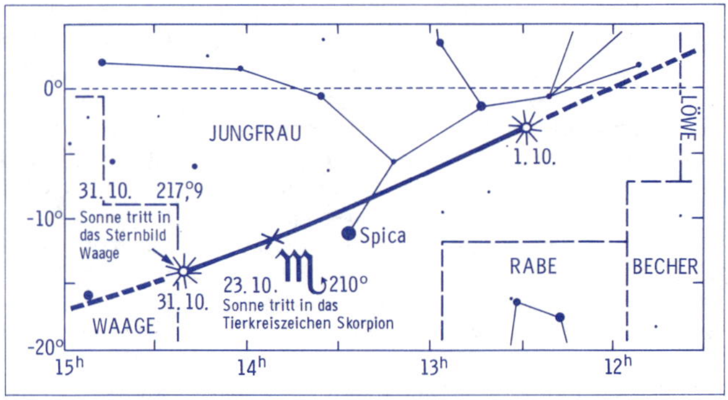

Sonnenlauf im Oktober

Datum	Aufgang MEZ	Untergang MEZ	Kulmination	Zeitgleichung	Mittagshöhe	Rektaszension	Deklination	Sternzeit 1^h MEZ
3.	6^h23^m	17^h54^m	12^h09^m	+11^m	35°,9	12^h36^m	– 3°,9	0^h47^m
8.	6 31	17 44	12 08	+12	34,0	12 54	– 5,8	1 07
13.	6 39	17 33	12 06	+14	32,1	13 13	– 7,7	1 26
18.	6 47	17 23	12 05	+15	30,3	13 31	– 9,5	1 46
23.	6 55	17 13	12 04	+16	28,5	13 50	–11,3	2 06
28.	7 03	17 04	12 04	+16	26,8	14 09	–13,0	2 25

Julianisches Datum am 1. Oktober, 1^h MEZ: 2 449 261,5

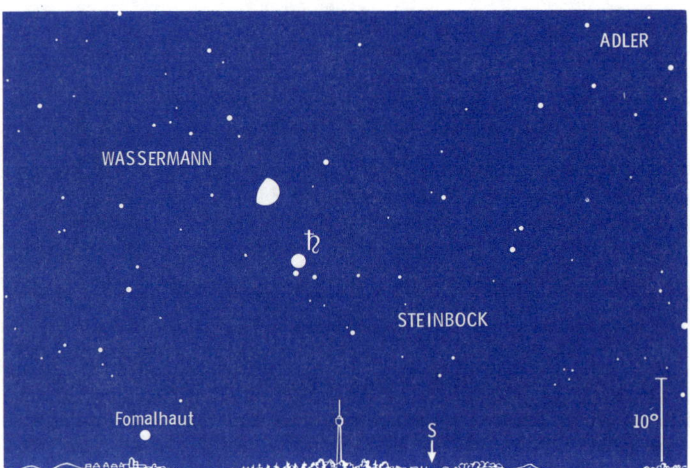

10.1: Himmelsanblick am 24. Oktober gegen 19^h MEZ. In südlicher Richtung stehen der zunehmende Mond sowie Saturn im Steinbock.

Tages- und Nachtstunden im Oktober

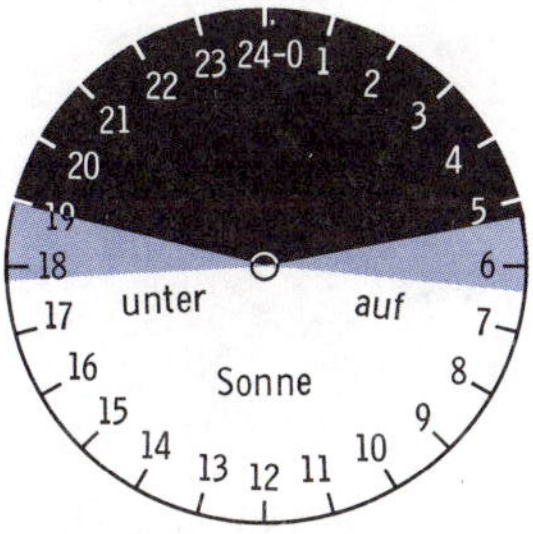

5. Oktober

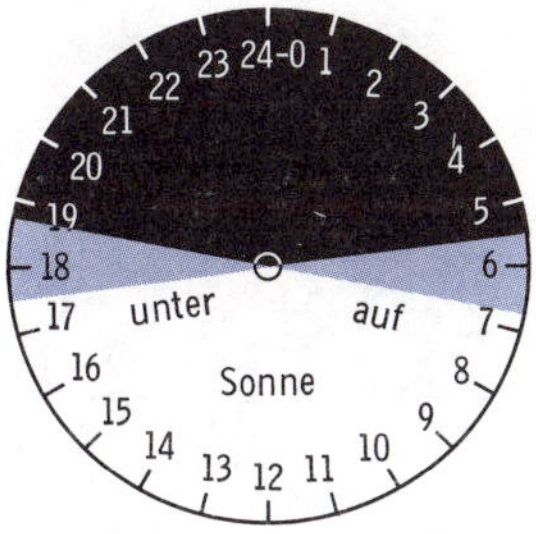

15. Oktober

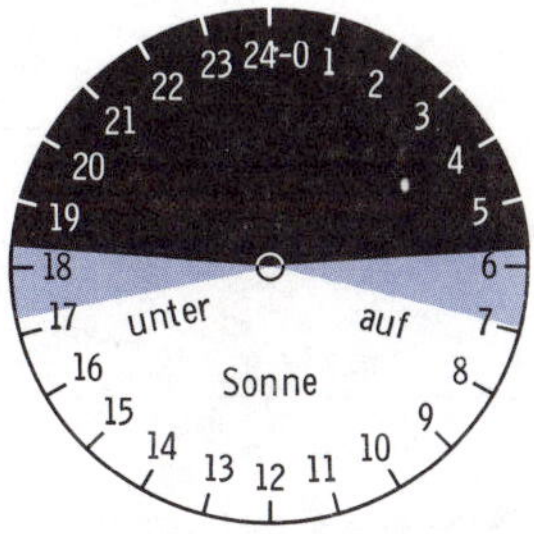

25. Oktober

Mondlauf im Oktober

Datum		Aufgang MEZ	Untergang MEZ	Rektaszension	Deklination	Sterne und Sternbilder	Phase	MEZ
Fr	1.	17^h50^m	7^h04^m	0^h31^m	+ 7,°8	Fische		
Sa	2.	18 14	8 08	1 16	+11,7	Fische		
So	**3.**	18 41	9 12	2 03	+15,2	Widder, Hamal		
Mo	4.	19 15	10 14	2 51	+18,1	Widder		
Di	5.	19 55	11 14	3 41	+20,2	Plejaden	Absteigender Knoten	
Mi	6.	20 43	12 10	4 33	+21,4	Aldebaran, Hyaden		
Do	7.	21 40	12 59	5 27	+21,6	*Stier, Al Nath		
Fr	8.	22 45	13 42	6 21	+20,7	*Zwillinge	**Letztes Viertel** Libration Ost	20^h35^m
Sa	9.	23 56	14 19	7 16	+18,7	Kastor, Pollux		
So	**10.**	–	14 50	8 11	+15,6	Krebs, Krippe		
Mo	11.	1 12	15 19	9 05	+11,6	Krebs		
Di	12.	2 31	15 45	10 00	+ 6,8	Regulus	Größte Südbreite	
Mi	13.	3 52	16 11	10 55	+ 1,5	Löwe		
Do	14.	5 15	16 38	11 51	– 4,1	Jungfrau		
Fr	15.	6 40	17 08	12 48	– 9,4	Spica	**Neumond** Erdnähe 357	12^h36^m 3^h
Sa	16.	8 04	17 43	13 47	–14,2	Jungfrau		
So	**17.**	9 24	18 25	14 48	–17,9	Waage		
Mo	18.	10 38	19 15	15 50	–20,4	Skorpion	Aufsteigender Knoten	
Di	19.	11 40	20 14	16 51	–21,6	Schlangenträger		
Mi	20.	12 31	21 18	17 51	–21,3	*Schütze	Libration West	
Do	21.	13 11	22 25	18 48	–19,8	Nunki		
Fr	22.	13 44	23 33	19 42	–17,3	Schütze	**Erstes Viertel**	9^h52^m
Sa	23.	14 11	–	20 32	–14,0	Steinbock		
So	**24.**	14 34	0 39	21 20	–10,3	Wassermann		
Mo	25.	14 54	1 44	22 06	– 6,1	*Wassermann	Größte Nordbreite	
Di	26.	15 14	2 49	22 51	– 1,8	*Wassermann		
Mi	27.	15 34	3 52	23 35	+ 2,5	*Fische		
Do	28.	15 55	4 56	0 19	+ 6,8	Fische	Erdferne 406	1^h
Fr	29.	16 18	6 00	1 04	+10,8	Fische		
Sa	30.	16 45	7 04	1 51	+14,4	Widder, Hamal	**Vollmond**	13^h38^m
So	**31.**	17 16	8 07	2 39	+17,4	Widder		

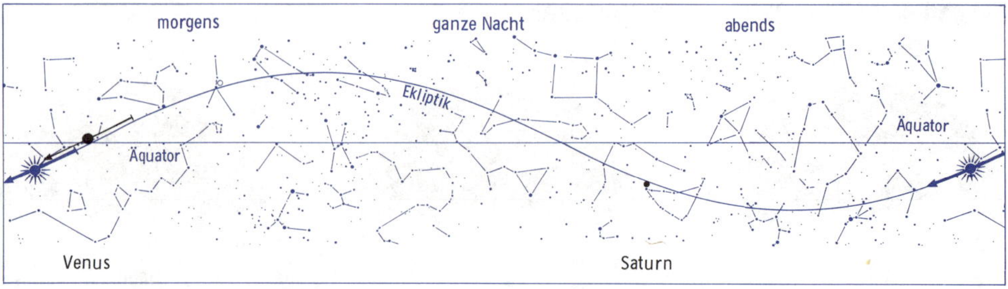

Planetenlauf im Oktober

Merkur kommt am 14. in größte östliche Elongation zur Sonne. Obwohl die maximale Elongation mit 25°00' recht groß ausfällt, kommt es nicht zu einer Abendsichtbarkeit. Am 14. geht der $0^{m},0$ helle Merkur um $18^{h}02^{m}$ unter, also nur eine halbe Stunde nach Sonnenuntergang. Dies reicht nicht aus, um den sonnennahen Planeten erspähen zu können. Merkur bleibt den ganzen Monat über unsichtbar. Auch die Begegnungen mit Mars am 6. und am 28. bleiben unbeobachtbar. Am 26. wird der flinke Planet stationär und nähert sich anschließend rasch rückläufig der Sonne, die ihm entgegenkommt.

Venus bleibt Morgenstern, wenn sich auch ihre Sichtbarkeitsdauer drastisch verkürzt. Sie wandert aus dem Löwen in die Jungfrau und überschreitet am 19. den Himmelsäquator in südlicher Richtung. Ihre Aufgänge verlagert Venus von $3^{h}51^{m}$ am 1. auf $4^{h}32^{m}$ am 15. und auf $5^{h}19^{m}$ am 31. Damit ist ihre Glanzzeit als Morgenstern vorbei.

Die Venushelligkeit bleibt konstant bei $-3^{m},9$. Am 5. passiert Venus ihr Bahnperihel, wobei sie 107,5 Millionen Kilometer von der Sonne entfernt ist.

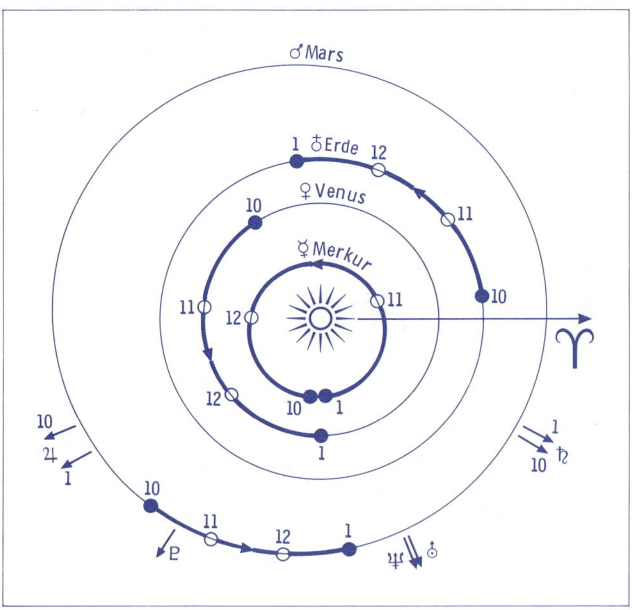

10.2: Das innere Planetensystem im letzten Jahresviertel 1993. Eingezeichnet sind die Positionen der Planeten für den 1. Oktober (10), 1. November (11) sowie 1. (12) und 31. Dezember (1). Die Pfeile deuten die Richtungen zu den ferneren Planeten sowie zum Frühlingspunkt an.

Mars in der Waage nähert sich nur langsam seiner Konjunktionsstellung. Er steht mit der Sonne am Taghimmel und bleibt unbeobachtbar. Auch die Begegnungen mit Merkur am 6. und 28. entgehen uns.
Am 3. überschreitet der rote Planet die Ekliptik von Nord nach Süd – er geht durch seinen absteigenden Knoten, wie der Fachmann sagt.
Jupiter steht am 18. in Konjunktion mit der Sonne. Er befindet sich daher am Taghimmel und bleibt nachts unter dem Horizont.
Am Tag der Konjunktion ist Jupiter 964,3 Millionen Kilometer von der Erde entfernt.
Saturn verzögert deutlich seine rückläufige Bewegung im Steinbock. Am 28. wird er stationär und beendet somit seine Oppositionsperiode. Anschließend wandert er wieder rechtläufig durch den Tierkreis. Der Umkehrpunkt von Saturn liegt rund 1°1 nördlich von Deneb Algiedi (δ Capricorni) – (siehe auch Abb. 7.3 auf Seite 131).
Aus der zweiten Nachthälfte zieht sich Saturn zurück und wird zum Planeten der ersten Nachthälfte. Die Untergänge des Ringplaneten verlagern sich von 2^h19^m am 1. auf 1^h21^m am 15. und auf 0^h18^m am 31. Die Saturnhelligkeit geht merkbar von $0^m{,}5$ auf $0^m{,}7$ zurück.
Am 24. kann man gegen 19^h den zunehmenden Mond etwa 6° nordöstlich des Ringplaneten sehen (siehe Abb. 10.1, Seite 168).

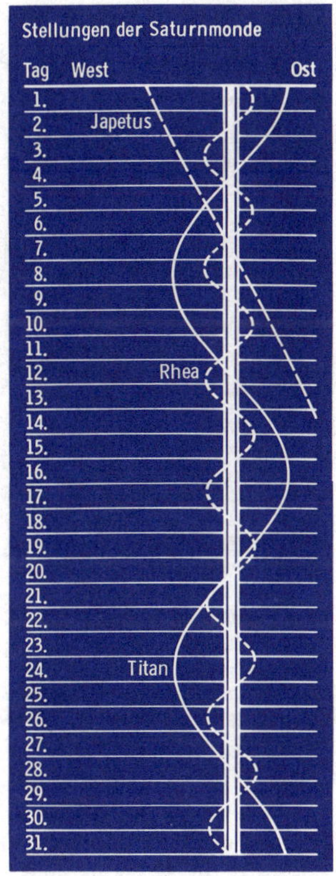

Konstellationen und Ereignisse im Oktober

Datum	MEZ	Ereignis
5.	24^h	Venus im Perihel
6.	18	Merkur bei Mars, Merkur 2°3 südlich
14.	2	Mond bei Venus, Mond 7° südlich
14.	5	Merkur in größter östlicher Elongation (25°)
16.	23	Mond bei Mars, Mond 1°7 südlich
17.	6	Mond bei Merkur, Mond 1°7 nördlich
18.	11	Jupiter in Konjunktion mit der Sonne
21.	15	Mond bei Uranus, Mond 4° nördlich
21.	15	Mond bei Neptun, Mond 3° nördlich
24.	14	Mond bei Saturn, Mond 7° nördlich
25.	–	**Uranus 1°10 südlich von Neptun**
26.	4	Merkur im Stillstand, anschließend rückläufig
28.	7	Merkur bei Mars, Merkur 2°5 südlich
28.	11	Saturn im Stillstand, anschließend rechtläufig

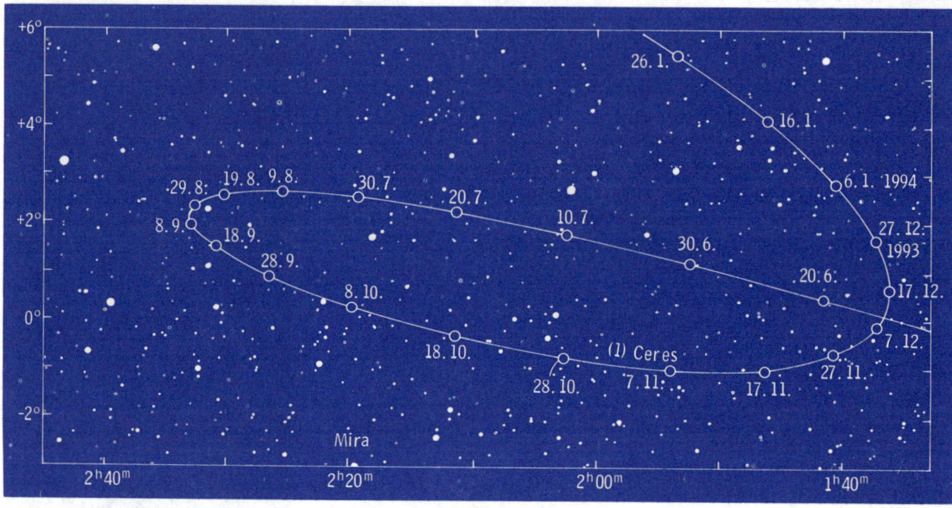

10.3: Bahn des Kleinplaneten Ceres (1) im Gebiet der Sternbilder Walfisch und Fische von Mitte Juni 1993 bis Ende Januar 1994. Der Himmelsausschnitt dieses Sternenareals ist in Abb. 2.4 auf Seite 56 zur leichteren Orientierung eingetragen.

Uranus, wieder rechtläufig im Schützen, verkürzt drastisch seine Sichtbarkeitszeit. Nur durch die immer früher einsetzende Dunkelheit kann er sich noch knapp zwei Stunden Beobachtungszeit am Abendhimmel erhalten.

Am 1. kulminiert der sonnenferne, grünliche Planet um 18^h57^m. Am 15. geht Uranus um 22^h07^m unter, am 31. bereits um 21^h06^m. Etwa eine Stunde vor Untergang wird Uranus wegen der Extinktion in Horizontnähe unbeobachtbar.

Die Uranushelligkeit geht abermals leicht zurück, zu Monatsende beträgt sie $5^m{,}8$. Am 25. erfolgt die letzte ekliptikale Konjunktion mit Neptun, wobei sich Uranus $1^{\circ}{,}1$ südlich von Neptun befindet (siehe auch Abb. 4.3 auf Seite 88).

Neptun, ebenfalls wieder rechtläufig im Schützen, wird immer schwieriger zu beobachten. Noch kann man ihn am Abendhimmel im Südwesten auffinden. Wenn es dunkel genug geworden ist, um auf Neptun Jagd zu machen, hat er seinen Meridiandurchgang bereits hinter sich. Auch geht seine Helligkeit um $0^m{,}1$ auf $8^m{,}0$ zurück. Am 1. erfolgt der Neptununtergang um 23^h09^m, am 15. um 22^h14^m und am 31. bereits um 21^h12^m. Schon etwa $1^1/_2$ Stunden vor dem Untergangstermin wird Neptun wegen der hohen Extinktion in Horizontnähe unbeobachtbar. Seine Sichtbarkeit schrumpft während des Monats von gut zwei Stunden auf etwa eine dreiviertel Stunde zusammen.

Am 25. steht Neptun nochmals in ekliptikaler Konjunktion mit Uranus.

Planetoiden

Ceres (1), rückläufig im Walfisch, steht am 22. in Opposition zur Sonne. Da ihre Oppositionshelligkeit $7^m{,}4$ erreicht, ist der erste der Planetoiden gut beobachtbar – ein lichtstarkes Fernglas vorausgesetzt. Am Tag der Opposition ist Ceres 283,0 Millionen Kilometer von der Erde entfernt. Die Oppositionsdistanz von der Sonne beträgt 429,5 Millionen Kilometer, das sind 2,87 A.E.

Am 1. kulminiert Ceres um 2^h05^m, am 15. um 1^h00^m und am 31. bereits vor Mitternacht, nämlich um 23^h38^m. Oben findet man das Aufsuchkärtchen (Abb. 10.3) für Ceres, auf Seite 56 eine Übersichtskarte (Abb. 2.4).

Pallas (2) wird am 13. stationär und ist anschließend wieder rechtläufig. Das „stationär" bezieht sich wieder nur auf die Bewegung in Rektaszension.
In Deklination eilt Pallas rasch südlich auf β Aquarii (Sadalsuud) zu (siehe Abb. 8.5 auf Seite 149), an dem sie vom 7. bis 10. November dieses Jahres knapp vorbeiläuft. Die Pallashelligkeit sinkt von $9^m,5$ auf $9^m,9$ während des Monats ab – das Auffinden des Planetoiden Nr. 2 wird immer schwieriger, die Beobachtung immer uninteressanter.
Vesta (4) wird ebenfalls am 13. im Wassermann stationär und ist anschließend wieder rechtläufig. Damit endet ihre Oppositionsperiode. Die Vestahelligkeit sinkt im Laufe des Monats von $6^m,5$ auf $7^m,2$ ab. In einem guten Fernglas kann der Planetoid Nr. 4 ohne weiteres noch gesehen werden.
Die Kulminationszeiten verfrühen sich erheblich. Am 1. geht Vesta um 21^h55^m durch den Meridian, am 15. um 20^h58^m und am 31. schon um 19^h59^m. Der Vesta-Untergang erfolgt am 31. um 0^h25^m. Das Vesta-Aufsuchkärtchen (Abb. 7.3) findet man auf Seite 131.

Periodische Sternschnuppenströme im Oktober

Vom 7. bis 11. Oktober sind die **Delta-Draconiden,** auch **Oktober-Draconiden** genannt, zu erwarten. Ihr Radiant liegt im Sternbild des Drachen, etwa 3° östlich von γ Draconis. Die günstigste Beobachtungszeit liegt in den Stunden vor Mitternacht. Die Oktober-Draconiden führen ihren Ursprung auf den Kometen 1900 III GIACOBINI-ZINNER zurück, weshalb dieser Meteorstrom auch **Giacobiniden** heißt.
Vom 14. bis 28. Oktober sind die **Orioniden** aktiv, deren Ursprung auf den HALLEYschen Kometen deutet. Mit dem Maximum ist am 21. Oktober zu rechnen, wobei etwa dreißig bis vierzig Meteore pro Stunde zu erwarten sind. Die Frequenz ist von Jahr zu Jahr verschieden. Die beste Beobachtungszeit: Mitternacht bis 5^h morgens. Der Radiant liegt etwa 10° nordöstlich von Beteigeuze. Es handelt sich bei den Orioniden um sehr schnelle Objekte (über 60 Kilometer pro Sekunde).

Der Fixsternhimmel im Oktober

Alle Sternbilder des Herbstes sind nun in günstige Beobachtungsposition gerückt. Die Himmelsbühne zeigt ihre Herbstkulissen. In der westlichen Hemisphäre dominiert zwar noch das Sommerdreieck, Arktur im Bootes ist aber schon untergegangen. Auch der ausgedehnte und lichtschwache Herkules nähert sich dem Nordwesthorizont. Der Anblick des Himmels wird von der Andromeda-Gruppe charakterisiert. Diese Gruppe, die praktisch den gesamten Osthimmel einnimmt, setzt sich aus folgenden Bildern zusammen: Kassiopeia, Kepheus, Andromeda, Pegasus, Perseus und Walfisch. Diese Herbstbilder sind zwar nicht so hell wie die leuchtkräftigen Wintersternbilder, denn es fehlen die Sterne erster Größe; aber sie haben ihren eigenen Reiz und sind mit Ausnahme des Walfisches alle leicht zu erkennen.
Beginnen wir unseren Streifzug durch den Herbsthimmel mit der Kassiopeia. Die Kassiopeia ist leicht zu entdecken. Die charakteristische Sternenfigur des Himmels-W steht nun hoch über dem Beobachter, fast im Zenit. Die mittlere Spitze des W deutet in etwa zum Polarstern. Verlängert man diese Linie in Richtung Nordhorizont, so trifft man auf den Großen Wagen, der jetzt horizontnah steht und deshalb nicht so gut zu beobachten ist. Zwischen Polarstern und Zenit nimmt der Kepheus seinen Platz ein. König Kepheus ist der Gemahl der Kassiopeia. Im Unterschied zur Kassiopeia ist die Figur des Kepheus nicht so leicht zu erfassen, man muß sich schon etwas Mühe geben und vielleicht ein steifes Genick riskieren.
Im Kepheus steht der berühmte Stern δ Cephei, ein veränderlicher Stern. Die Helligkeit von δ Cephei variiert periodisch. Er ist der Prototyp einer ganzen Klasse von Pulsationsvariablen, die für die Entfernungsbestimmung im Weltall enorm wichtig sind, denn die Dauer des Lichtwechsels hängt von der wahren Helligkeit dieser Sterne ab (Perioden-Leuchtkraft-Beziehung). Unter der monatlichen Rubrik *Veränderliche Sterne* sind die Zeiten der Lichtmaxima jeweils vermerkt.
Südlich der Kassiopeia ist die Sternenkette

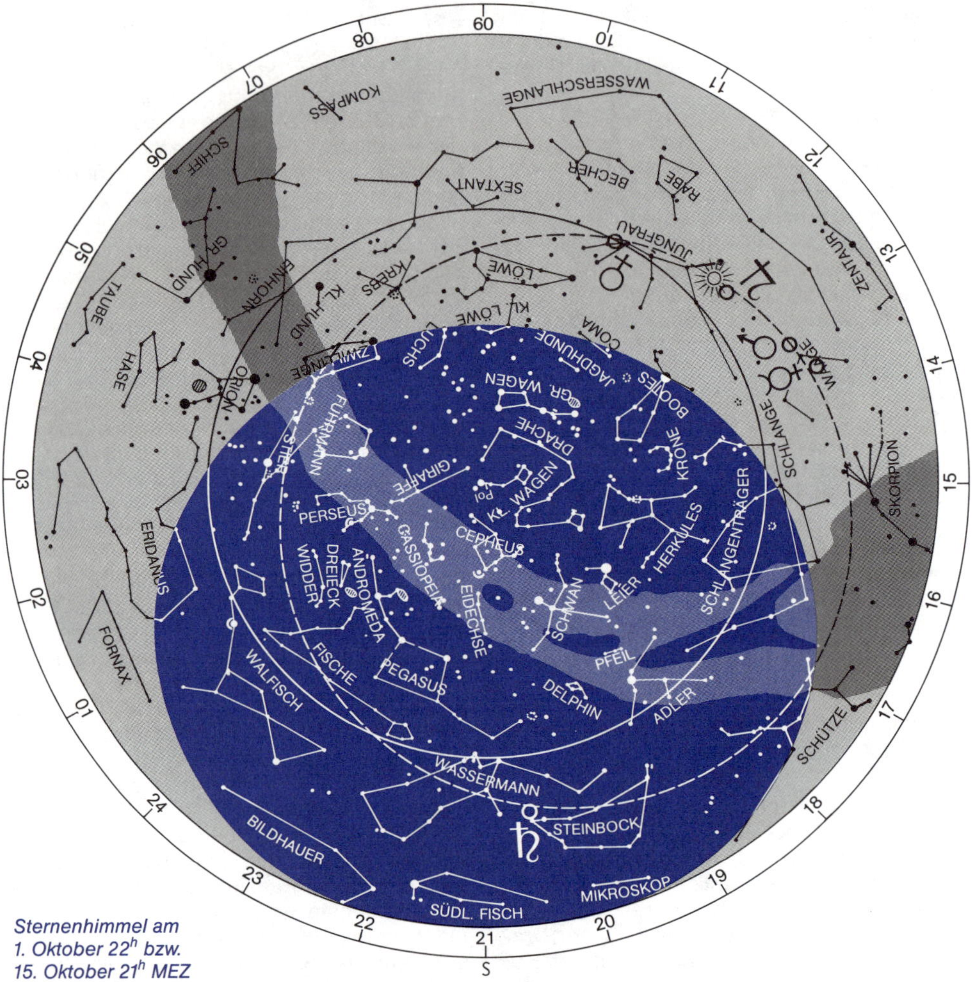

Sternenhimmel am 1. Oktober 22^h bzw. 15. Oktober 21^h MEZ

der Andromeda zu sehen, an die sich das Herbstviereck (Pegasusquadrat) anschließt. Die Andromeda ist der Sage nach die unglückliche Tochter des Königspaares Kassiopeia und Kepheus. Sie ist an einen Felsen geschmiedet, um dem Meeresungeheuer – Sternbild Walfisch – zum Fraße zu dienen. Doch auch ihr Retter, der strahlende Held Perseus, ist unter den Sternen zu finden. Er steht knapp östlich der Andromeda. In der einen Hand hält Perseus ein Schwert, in der anderen das abgeschlagene Haupt der Medusa, in dem der Teufelsstern Algol böse blinkt.

Algol (β Persei) zeigt tatsächlich einen Lichtwechsel, er ist ein veränderlicher Stern. Allerdings hat seine Helligkeitsvariation andere Ursachen als bei δ Cephei. Algol pulsiert nicht, sondern hier kreisen zwei Sterne so umeinander, daß sie sich für den irdischen Beobachter von Zeit zu Zeit gegenseitig bedecken.

Der Walfisch (lat.: Cetus) wiederum ist im Südosten zu finden – allerdings nicht ganz einfach. Es handelt sich nicht um einen Walfisch im Sinne der Zoologie, also ein Säugetier, sondern um ein Fabelwesen, ein Meeresungeheuer, das die unglückliche Andromeda bedrängt. Im Walfisch findet sich auch der berühmte Veränderliche Mira (o Ceti), ein langperiodischer Pulsationsvariabler, dessen Helligkeitsdaten ebenfalls unter der monatlichen Rubrik *Veränderliche Sterne* verzeichnet sind.

Zwischen Walfisch, Pegasus, Widder und Andromeda sind die beiden Fische zu finden. Tief im Osten kündet der eben aufgegangene

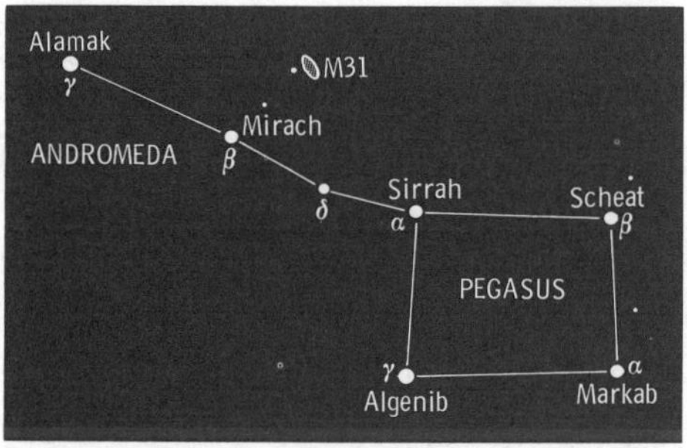

10.4: Das Herbstviereck (Pegasusquadrat) und die Sternenkette der Andromeda mit der Position von M31 (Andromedanebel).

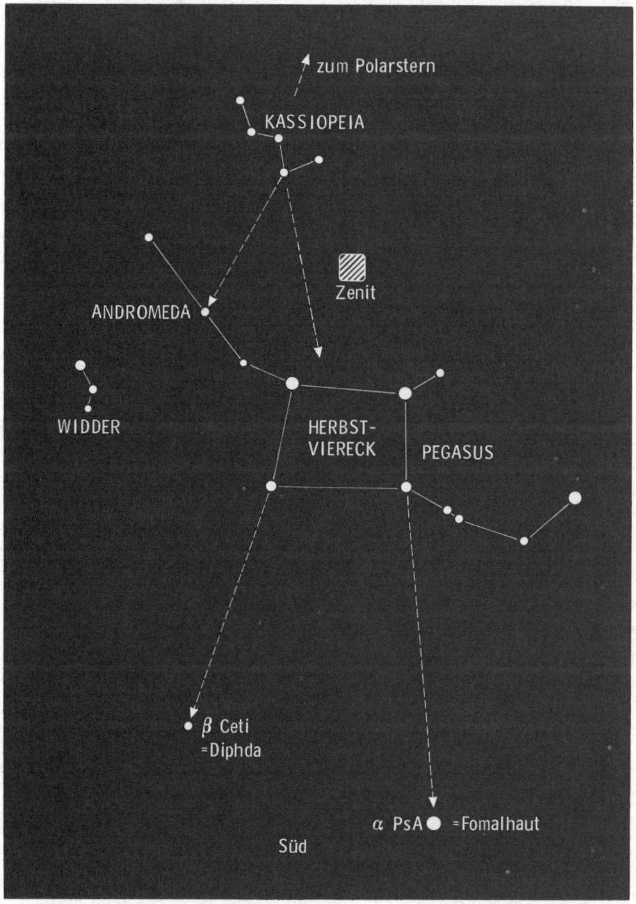

10.5: Lage der wichtigsten Herbststernbilder. Ausgehend vom Himmels-W (Kassiopeia) stößt man auf Andromeda und Pegasus. Vom Pegasusquadrat nach Süden wandernd trifft man auf Diphda im Walfisch und Fomalhaut im Südlichen Fisch.

Veränderliche Sterne im Oktober

Algol-Minima	8. 5^h15^m	11. 2^h09^m	13. 22^h58^m	16. 19^h47^m	28. 7^h02^m	31. 3^h51^m
β-Lyrae-Minima	1. 8^h	14. 7^h	27. 5^h			
δ-Cephei-Maxima	5. 11^h	10. 20^h	16. 5^h	21. 13^h	26. 22^h	
Mira-Helligkeit	ca. 7^m, fallend					

Stier (lat.: Taurus) vom nahen Winter. Neben Aldebaran, dem Hauptstern im Stier (α Tauri), fällt noch das Siebengestirn, der Sternhaufen der Plejaden, auf – manchmal von Laien irrtümlich als Kleiner Wagen angesehen.
Im Nordosten blinkt ein weiterer heller Stern: die gelbe Kapella im Fuhrmann (lat.: Auriga), ein sonnenähnlicher Stern.

Das Klima im Oktober

Der Oktober ist meteorologisch gesehen der typische Herbstmonat. Das Wetter zeigt in diesem Monat den ruhigsten Verlauf des ganzen Jahres, abgesehen von herbstlichen Stürmen, die vornehmlich um die Monatsmitte auftreten. Mit einigen schönen, warmen Tagen kann gerechnet werden. Durch die Abnahme der Tageslänge sind die Nächte durchweg kühl. Besonders in sternklaren Nächten treten erste Fröste auf, die gelegentlich an freien Stellen zur Glatteisbildung führen. Im Alpenvorland gibt es noch einige Föhntage.
Die mittlere Monatsdurchschnittstemperatur sinkt auf 9,0 °C, das sind immerhin 5 °C weniger als im September. Die mittlere Tageshöchsttemperatur beträgt 14 °C, die mittlere Tagestiefsttemperatur 5 °C.
Die Niederschlagsmenge fällt noch geringer aus als im September, was zum niedrigsten Wasserstand der Flüsse während des ganzen Jahres führt. Gegen Monatsende kommt es hin und wieder zu ersten Schneefällen.
Die mittlere Sonnenscheindauer geht auf 110 Stunden zurück, was vor allem durch die kürzer werdenden Tage bedingt ist. 68 % der Nächte sind bewölkt. Die Nebelhäufigkeit nimmt zu. Vor allem bei Hochdrucklagen setzt Nebel oft schon in den frühen Abendstunden ein. Vor allem in Westdeutschland treten öfters heftige Winde auf.

Witterungsverlauf: Im ersten Oktoberdrittel herrscht windiges, wechselhaftes Wetter mit Regenschauern. Das zweite Oktoberdrittel bringt meist eine Schönwetterperiode mit warmen Tagen aber kühlen Nächten. Im letzten Drittel des Monats muß mit dem Einbruch von Westwetterfronten gerechnet werden, die peitschende Regenschauer und stürmische, böige Winde bringen, die manchmal Orkanstärke erreichen.

Monatsthema: Rote Zwergsterne

Die roten Zwergsterne gehören zu den unscheinbarsten Bewohnern unserer Milchstraße. Wegen ihrer geringen Leuchtkräfte sind sie für bloße Augen unsichtbar. Selbst große Teleskope können nur rote Zwerge in der Nachbarschaft unserer Sonne ausmachen. Sie sind die kleinsten und lichtschwächsten aller Sterne, dafür aber sehr zahlreich. Sie dürften mit etwa fünfzig Prozent zur Masse der Galaxis beitragen. Sie spielen voraussichtlich eine Schlüsselrolle für das Schicksal des Milchstraßensystems. Ruhm und Glanz der Leuchtkraftriesen tauschen sie gegen ein extrem langes Leben. Denn sie gehen mit ihrem geringen Wasserstoffvorrat als Brennstoff sehr sparsam um. Während massereiche Sterne nur wenige Millionen Jahre leuchten und die Lebensspanne unserer Sonne etwa zehn Milliarden Jahre mißt, liegt die Lebenserwartung der roten Zwerge bei 13 bis 15 Milliarden Jahren – dies entspricht dem Alter der Milchstraße selbst.
Unsere Sonne ist wahrlich kein besonders heller, großer oder massereicher Stern. Rote Zwergsterne sind jedoch noch viel licht-

schwächer, massearmer, kühler und kleiner als die Sonne. Ihre Durchmesser liegen zwischen 65% und nur 3% des Sonnendurchmessers.
Damit haben die kleinsten roten Zwerge nur ein Drittel des Jupiterdurchmessers! Ihre Massen liegen zwischen halber und nur einem Zehntel Sonnenmasse, ihre Oberflächentemperaturen zwischen 2000 und 4000 Kelvin*), während die Sonne fast 6000 K an ihrer Oberfläche heiß ist.
Prominentester Vertreter der roten Zwerge ist der sonnennächste Stern, Proxima Centauri. Mit einer scheinbaren Helligkeit von nur $10\overset{m}{,}7$ ist er für bloße Augen unsichtbar, obwohl er nur 4,3 Lichtjahre entfernt ist. Aber seine Leuchtkraft ist extrem gering, sie entspricht nur $^1/_{26000}$ der Sonnenleuchtkraft. Als M5-Stern leuchtet Proxima Centauri in einem tiefroten Licht. Sein Durchmesser beträgt nur 70000 km, das sind fünf Prozent des Sonnendurchmessers. Stünde Proxima Centauri an Stelle unserer Sonne, so würde er nur rund 45 mal heller als der Vollmond scheinen. Damit ist Proxima Centauri noch keineswegs der allerkleinste der roten Zwerge. Ein noch schwächerer Zwergstern ist LHS 2924. Würde diese Minisonne den Platz unserer Sonne einnehmen, so hätte sie nicht einmal Vollmondhelligkeit. Es würde Schwierigkeiten bereiten, in „vollem Sonnenlicht" stehend die Zeitung zu lesen. LHS 2924 erschiene nur als winziges Scheibchen von 1' scheinbarem Durchmesser – für das bloße Auge somit punktförmig. Venus könnte in unterer Konjunktion das Sternscheibchen völlig bedecken und damit eine totale Sonnenfinsternis den Erdenbewohnern bescheren.
Bei den geringen Oberflächentemperaturen der roten Zwerge erfolgt die maximale Ausstrahlung nicht im sichtbaren Licht, sondern im infraroten Bereich des elektromagnetischen Spektrums. Um ihre Leuchtkräfte richtig beurteilen zu können, darf man nicht ihre Helligkeit im visuellen Bereich mit anderen Sternen wie beispielsweise unserer Sonne vergleichen. Um Sterne verschiedener Oberflächentemperaturen und damit unterschiedlicher Farben miteinander vergleichen zu können, bedient man sich der sogenannten bolometrischen Helligkeiten. Die bolometrische Helligkeit bezieht sich auf die Ausstrahlung, integriert über das gesamte Spektrum. Um aus visuellen Helligkeiten bolometrische zu erhalten, muß man eine Korrektur anbringen. Sie wird üblicherweise als B.C. (bolometric correction) bezeichnet. Der Wert der B.C. hängt von der Temperatur ab. Bei sonnenähnlichen Sternen (6000 K Oberflächentemperatur) beträgt die B.C. nur 0,08 Größenklassen, bei M0-Sternen (4000 K) schon $1\overset{m}{,}5$, und bei nur noch 2200 K Oberflächentemperatur wie im Falle der Zwergsonne LHS 2924 muß man schon 5^m anbringen, um die bolometrische Helligkeit zu erhalten. Solche tiefroten Sterne sind also hundertmal leuchtkräftiger, als sie uns im Visuellen erscheinen. Zweckmäßigerweise wird man also mit Infrarot-Teleskopen nach roten Zwergen suchen. Das Interesse der Astronomen an roten Zwergen ist in den letzten Jahren stark gestiegen. Immer mehr Teleskopzeit wird zur Erforschung ihrer düsteren Welten eingesetzt.
Die Lichtschwäche dieser „Underdogs" unter den Sternen hat zwei Gründe: geringe Durchmesser und niedrige Oberflächentemperaturen! Ein Stern mit 3000 K strahlt pro Flächeneinheit nur $^1/_{16}$ soviel Energie ab wie ein Stern mit 6000 K. Hat er nur fünf Prozent des Sonnendurchmessers, so ist seine leuchtende Fläche 400mal kleiner als die der Sonne. So wird leicht die geringe absolute Helligkeit der roten Zwerge verständlich.
Die Atmosphären der Zwergsonnen sind kühl und dicht genug, um Molekülverbindungen zuzulassen bzw. zu ermöglichen. Man findet in ihnen Titanoxid (TiO) sowie Kalziumhydroxid (CaOH). Die Spektren der roten Zwerge sind sehr komplex, und es macht Mühe, sie richtig zu deuten. Durch zahlreiche und teilweise breite Linien sowie Absorptionsbanden von Molekülen erscheinen sie zerstückelt. Für Spektralklassen später als M5, also M6, M7 usw. kann kein einfaches Schema zur Klassifikation mehr angewandt werden. Besonders schwierig ist die Bestimmung der Oberflächentemperatur von roten

*Kelvin ist die Einheit der absoluten Temperaturskala. 0 K entspricht dem absoluten Nullpunkt von −273,14° Celsius.

Zwergsonnen. Bei LHS 2924 beträgt die Unsicherheit etwa 300 K (2000 K ± 150 K), ein untragbar hoher möglicher Fehler.
Das Leben der roten Zwergsterne erscheint ereignisarm und ohne besondere Vorkommnisse. Einige sorgen jedoch für spektakuläre Lichtausbrüche, deren Ursachen bis heute noch nicht restlos geklärt sind.
Ein gutes Beispiel für einen solchen „Unruhestifter“ ist der Doppelstern Krüger 60, der auch unter der Bezeichnung DO Cephei firmiert. Zwei leuchtschwache Zwergsterne der Spektraltypen M 3 und M 4 umkreisen einander, wobei der M 4-Stern normalerweise 1,4 Größenklassen schwächer ist. Gelegentlich flammt jedoch die schwächere M 4-Komponente plötzlich auf und verdoppelt ihre Helligkeit. Unter vierzehn ausführlich beobachteten sonnennahen Zwergen zeigen neun kurzfristige Helligkeitsausbrüche. Die Helligkeit steigt in Minutenschnelle an, manchmal in nur wenigen Sekunden, und ist im Ultravioletten am intensivsten. Man nennt solche Objekte Flare Stars (Flackersterne von engl.: flare = flackern, auflodern). Zwei berühmte Beispiele für solche Flackersterne sind GLIESE 867 A und EQ Pegasi. Erstgenannter liegt im Sternbild Wassermann und ist 27 Lichtjahre entfernt. Er ist ein tiefroter M 5-Zwerg, der innerhalb weniger Sekunden im UV-Bereich eine halbe Größenklasse heller werden kann. Solch ein Lichtausbruch dauert nur wenige Minuten. Ähnlich verhält sich EQ Pegasi, ein M 6-Stern in 21 Lichtjahren Distanz. Außer Helligkeitseruptionen zeigt EQ Pegasi auch im Normallicht ständig kleine Helligkeitsvariationen, gewissermaßen ein Mikroflackern. Außer EQ Pegasi zeigen noch viele andere Flackersterne ein unruhiges Normallicht. Von einigen Flackersternen wurden auch Röntgenstrahlen registriert, die auf heiße, aktive Koronen (äußere Atmosphärenschichten) schließen lassen. Man vermutet, daß die Lichtausbrüche der Flackersterne auf heiße Flecken zurückzuführen sind, die durch die Sternrotation einmal auftauchen, dann wieder verschwinden.
Die Zentraltemperaturen sind bei roten Zwergsternen wesentlich geringer als bei unserer Sonne. Während im Sonnenkern immerhin eine Temperatur von rund fünfzehn Millionen Kelvin herrscht, erreicht die Temperatur im Inneren der roten Zwerge nur etwa fünf Millionen Kelvin bei einer Gesamtmasse von einem Zehntel Sonnenmasse. Masseärmere Zwerge wurden nicht gefunden, was auch nicht verwundert: Es existiert nämlich eine untere Massengrenze für Sterne. Hat ein Objekt, das aus einer kollabierenden, interstellaren Materiewolke entsteht, weniger als etwa acht Prozent der Sonnenmasse, so reichen die Zentraltemperatur und der Zentraldruck nicht aus, um die Kernfusion in Gang zu setzen bzw. zu erhalten. Das nukleare Brennen findet nicht statt, der Stern zündet nicht. Solche Objekte strahlen nur Wärme aus, die sie aus der Gravitationsenergie beziehen, die beim Kollaps in Wärme umgewandelt wird. Ihre Oberflächen sind um die 1000 K heiß und glühen in einem kaum wahrnehmbaren, tiefen Rot. Man nennt solche Objekte, die wesentlich mehr als Jupitermasse, aber zu wenig für einen echten Stern mit Nuklearfeuer besitzen, gerne „Braune Zwerge“. Braune Zwerge sind gewissermaßen ein Übergangsstadium zwischen Sternen und Planeten. Ob es Braune Zwerge tatsächlich gibt und wenn ja, wie häufig sie vorkommen, weiß man heute noch nicht. Die Entdeckung von Braunen Zwergen wurde schon öfters gemeldet, aber bisher immer wieder in Zweifel gezogen. Möglicherweise sind sie sehr zahlreich und tragen erheblich zur Gesamtmasse der Milchstraße bei. Da sie aber noch um Größenordnungen leuchtschwächer sind als rote Zwergsterne, sind sie nur schwer zu finden – falls es sie überhaupt gibt.

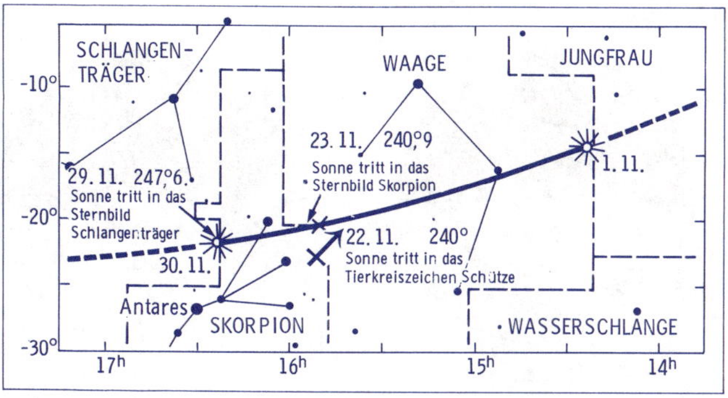

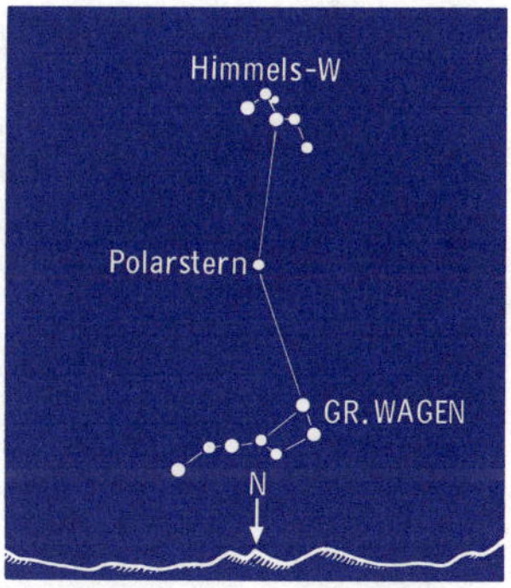

Großer Wagen und Himmels-W Anfang November 22h MEZ

Sonnenlauf im November

Datum	Aufgang MEZ	Untergang MEZ	Kulmination	Zeitgleichung	Mittagshöhe	Rektaszension	Deklination	Sternzeit 1h MEZ
2.	7h11m	16h55m	12h04m	+16m	25,°2	14h29m	–14,°7	2h45m
7.	7 20	16 47	12 04	+16	23,6	14 48	–16,2	3 05
12.	7 28	16 40	12 04	+16	22,2	15 09	–17,6	3 24
17.	7 36	16 34	12 05	+15	21,0	15 29	–18,9	3 44
22.	7 44	16 28	12 06	+14	19,8	15 50	–20,1	4 04
27.	7 51	16 24	12 08	+12	18,8	16 11	–21,1	4 24

Julianisches Datum am 1. November, 1h MEZ: 2 449 292,5

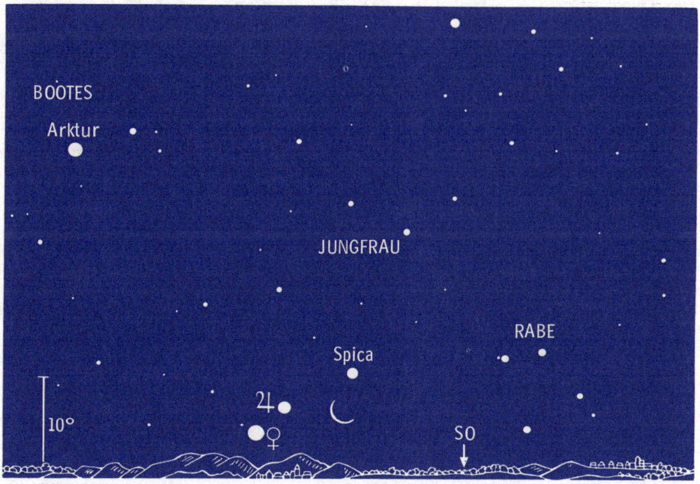

11.1: Himmelsanblick am 12. November gegen 6h30m MEZ. Knapp über dem Südosthorizont sind die beiden hellen Planeten Venus und Jupiter auszumachen, zu denen sich die sehr schmale Sichel des abnehmenden Mondes gesellt.

Tages- und Nachtstunden im November

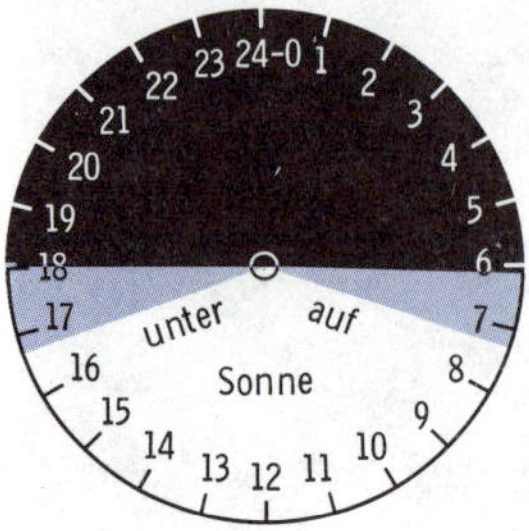

5. November

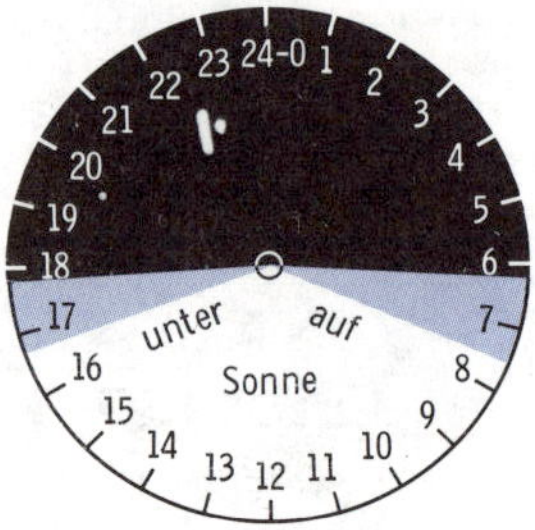

15. November

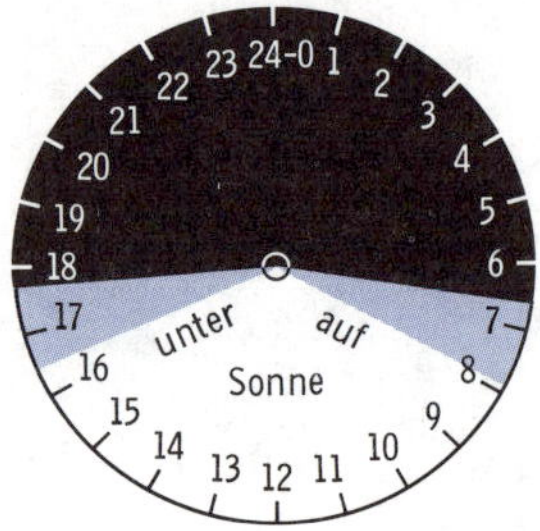

25. November

Mondlauf im November

Datum	Aufgang MEZ	Untergang MEZ	Rektaszension	Deklination	Sterne und Sternbilder	Phase	MEZ
Mo 1.	17^h55^m	9^h08^m	3^h29^m	+19°,7	*Plejaden	Absteigender Knoten	
Di 2.	18 41	10 05	4 21	+21,1	Aldebaran, Hyaden		
Mi 3.	19 35	10 56	5 14	+21,5	*Stier, Al Nath		
Do 4.	20 37	11 41	6 08	+20,9	Zwillinge		
Fr 5.	21 44	12 19	7 02	+19,2	Zwillinge	Libration Ost	
Sa 6.	22 56	12 51	7 56	+16,4	Kastor, Pollux		
So 7.	–	13 19	8 49	+12,7	*Krebs, Krippe	**Letztes Viertel**	7^h36^m
Mo 8.	0 11	13 45	9 42	+ 8,3	Regulus		
Di 9.	1 28	14 10	10 34	+ 3,3	Sextant	Größte Südbreite	
Mi 10.	2 47	14 36	11 28	– 1,9	Löwe		
Do 11.	4 09	15 03	12 23	– 7,2	Jungfrau		
Fr 12.	5 31	15 35	13 20	–12,1	Spica	Erdnähe 360	13^h
Sa 13.	6 53	16 13	14 20	–16,3	Jungfrau	**Neumond**	22^h34^m
So 14.	8 11	16 59	15 21	–19,4	Waage	Aufsteigender Knoten	
Mo 15.	9 21	17 55	16 24	–21,2	Antares		
Di 16.	10 19	18 59	17 26	–21,5	Schlangenträger		
Mi 17.	11 05	20 07	18 26	–20,4	Schütze		
Do 18.	11 42	21 17	19 22	–18,2	*Schütze	Libration West	
Fr 19.	12 12	22 26	20 15	–15,1	*Steinbock		
Sa 20.	12 37	23 33	21 05	–11,4	Wassermann		
So 21.	12 58	–	21 52	– 7,3	Wassermann	**Erstes Viertel** Größte Nordbreite	3^h03^m
Mo 22.	13 19	0 38	22 38	– 3,0	Wassermann		
Di 23.	13 38	1 42	23 22	+ 1,4	Fische		
Mi 24.	13 59	2 45	0 06	+ 5,6	Fische	Erdferne 405	14^h
Do 25.	14 21	3 49	0 51	+ 9,7	Fische		
Fr 26.	14 47	4 53	1 37	+13,4	*Fische		
Sa 27.	15 17	5 57	2 25	+16,6	Widder, Hamal		
So 28.	15 53	6 59	3 15	+19,2	Widder	Absteigender Knoten	
Mo 29.	16 37	7 58	4 07	+20,8	*Plejaden, Hyaden	**Vollmond**	7^h31^m
Di 30.	17 29	8 53	5 00	+21,5	Stier		

6.8 (rechts oben): Zirkumpolare Staubscheibe um den Stern β Pictoris – Vorläufer eines Planetensystems?

5.11 (rechts unten): Der Planetoid Gaspra (951) aufgenommen von der Raumsonde Galileo auf dem Weg zum Jupiter am 29. Oktober 1991. Die Längsausdehnung Gaspras mißt zwanzig Kilometer, der Querdurchmesser beträgt 11 Kilometer.

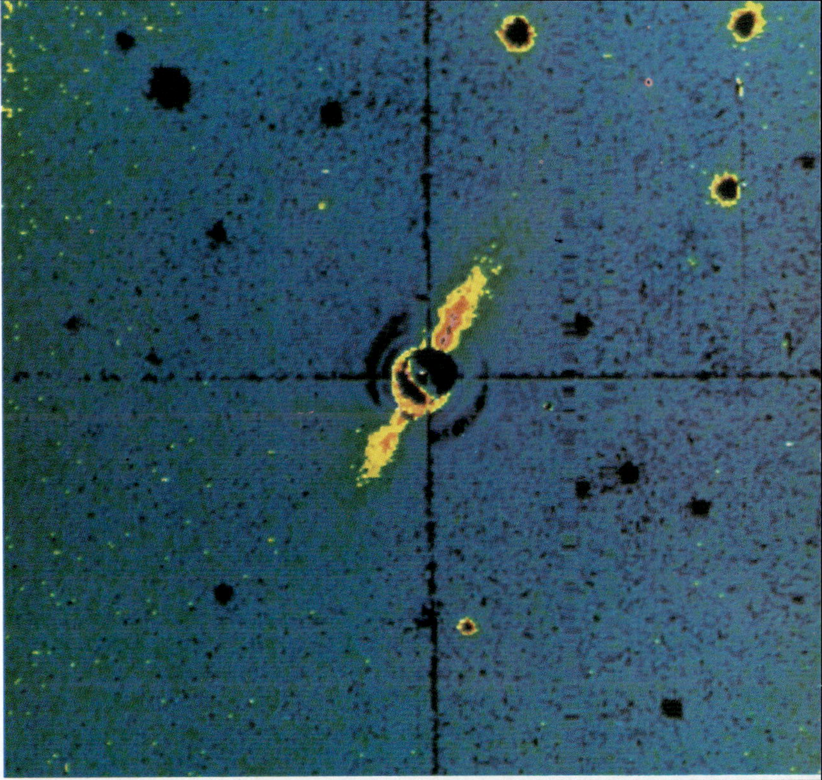

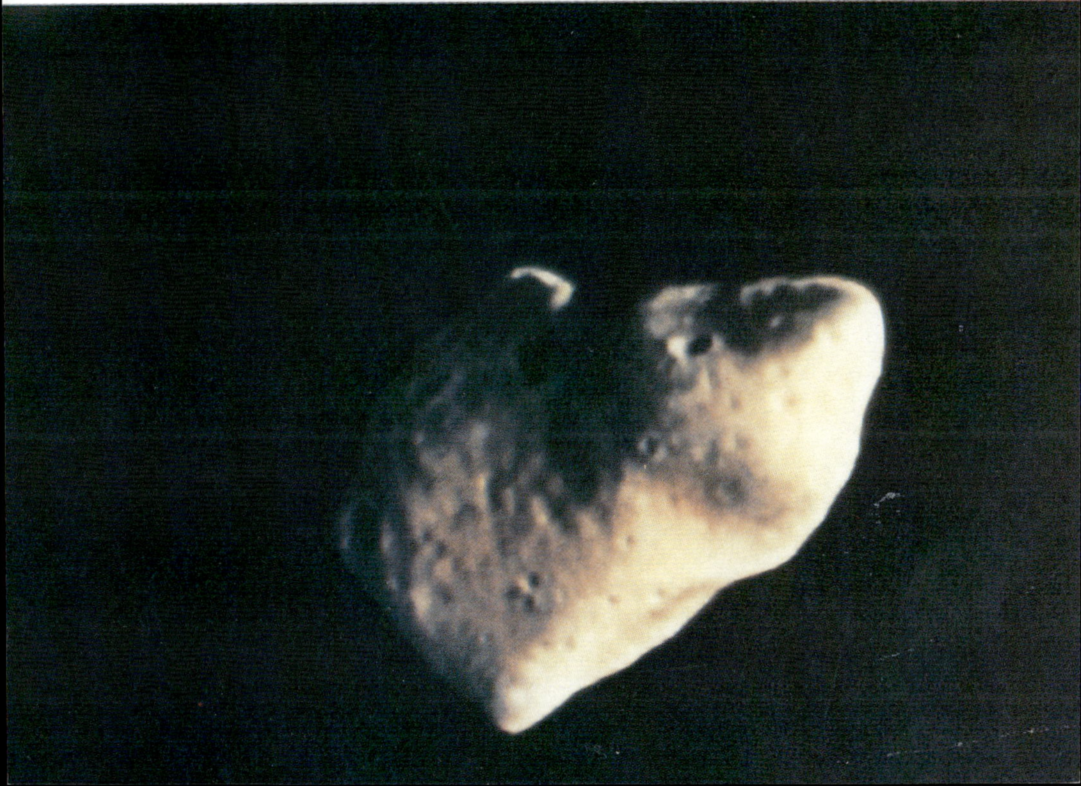

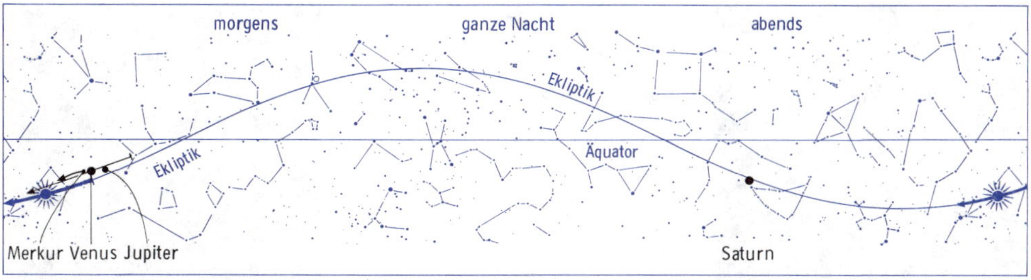

Planetenlauf im November

Merkur steht am 6. in unterer Konjunktion mit der Sonne. Normalerweise ist Merkur in unterer Konjunktion unsichtbar, da er sich mit der Sonne am Taghimmel befindet. Diesmal zieht er jedoch als dunkler Punkt (für Teleskopbeobachter) vor der Sonnenscheibe vorbei. Am 6. kommt es zu dem seltenen Ereignis eines **Merkurdurchgangs** (Transit). Leider bleibt dieser Merkurtransit von Mitteleuropa aus unbeobachtbar, da mit Sonnenaufgang das Ereignis bereits vorbei ist. Näheres siehe im Kapitel *Finsternisse* auf Seite 30 und im Monatsthema *Der Merkurdurchgang vom 6. November 1993* auf Seite 191.

Merkur bewegt sich bis 15. rückläufig und gewinnt schnell an westlichem Abstand von der Sonne. Am 15. wird er stationär und ist anschließend wieder rechtläufig.

Bereits am 22. erreicht der flinke Planet mit 19°45' Winkelabstand seine größte westliche Elongation. Sie fällt vergleichsweise klein aus, da Merkur seine Perihelpassage kurz hinter sich hat, die auf den 11. fällt. Dennoch kommt es zu einer Morgensichtbarkeit. Ab 15. kann man versuchen, den sonnennächsten Planeten tief im Südosten aufzustöbern. Am 15. geht der $0^m_{,}5$ helle Merkur um 5^h56^m auf. Etwa gegen 6^h30^m kann man unter guten Sichtbedingungen Merkur ausmachen. Etwa 20 Minuten später verblaßt er in der heller werdenden Morgendämmerung. Die Verhältnisse werden schnell günstiger, denn Merkur nimmt rapide an Helligkeit zu. Bereits am 18. ist Merkur $-0^m_{,}1$ hell und geht um 5^h47^m auf.

Am Tag der größten Elongation, 22., erfolgt der Aufgang des inzwischen $-0^m_{,}5$ hellen Planeten um 5^h48^m. Zu Monatsende werden die Verhältnisse wieder ungünstiger. Am 30. erfolgt der Merkuraufgang um 6^h12^m, die Helligkeit des flinken Planeten mißt $-0^m_{,}6$.

Die Morgensichtbarkeit von Merkur im November bietet die beste Sichtbarkeits-

7.8 (links oben): Saturn, der Ringplanet, in märchenhafter Schönheit. Aufnahme mit dem HUBBLE-*Space-Telescope am 26. August 1990 (Wide Field Camera).*

7.9 (links unten): Nahaufnahme des Saturnringsystems von VOYAGER *1 (11. November 1980).*

11. 2: Stellung von Merkur über dem Osthorizont zu den angegebenen Daten jeweils eine Stunde vor Sonnenaufgang. Die Pfeile deuten die Bewegungen von Merkur und Sonne in der folgenden halben Stunde an.

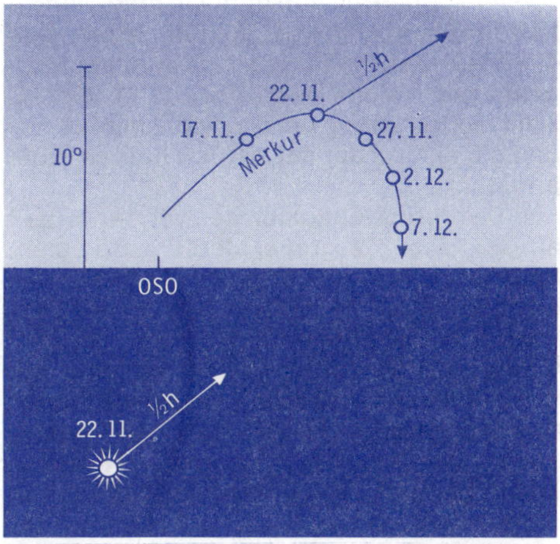

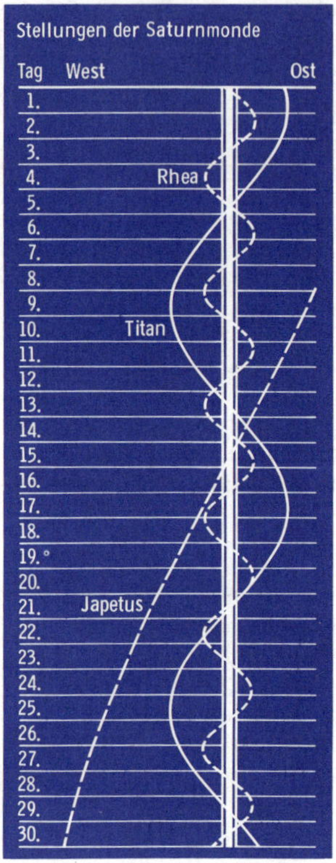

Jupitermond-Erscheinungen

Datum	MEZ	Vorgang	
18.	6^h35^m	I	VA
19.	5 54	I	SE
	6 25	I	DE
21.	6 10	III	BE
25.	6 31	II	DE
26.	5 37	I	SA
	6 15	I	DA
27.	5 45	I	BE
28.	5 31	III	VA

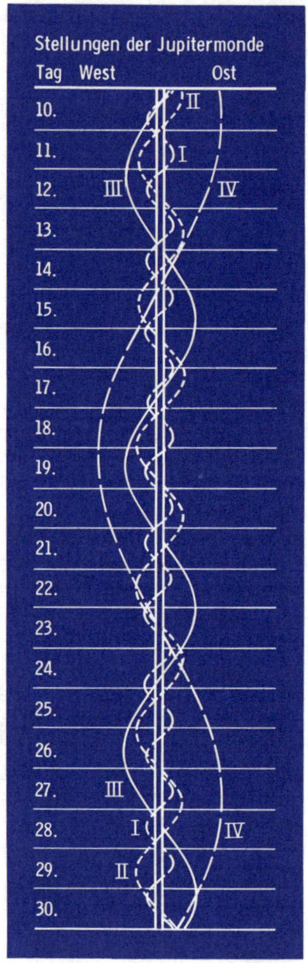

chance des ganzen Jahres. Wer noch nie Merkur mit eigenen Augen gesehen hat, sollte diese Chance nützen. Vor allem Venus und Jupiter können als Aufsuchhilfe gute Dienste leisten. Merkur, Venus, Jupiter liefern sich ein interessantes Bewegungsspiel am Morgenhimmel (siehe auch Abb. 11.4). Am 14. zieht Merkur knapp nördlich an Venus vorbei und steuert auf Jupiter zu, den er aber nicht erreicht.

Für Fernrohrbeobachter sei vermerkt, daß am 20. das 7",2 große Merkurscheibchen halb beleuchtet erscheint (Dichotomie). An diesem Tag ist Merkur 139,7 Millionen Kilometer von der Erde entfernt.

Venus gibt ihre Abschiedsvorstellung am Morgenhimmel, wobei es zu einem reizvollen Bewegungsspiel mit Merkur und Jupiter kommt. Am 8. passiert Venus in 0°,4 nördlichem Abstand Jupiter, der sich gerade am Morgenhimmel bemerkbar zu machen beginnt. Am 9. kann man dann Venus gegen 6^h morgens etwa 0°,5 östlich von Jupiter sehen, der mit $-1^m,7$ erheblich lichtschwächer als Venus ($-3^m,9$) ist (siehe auch Abb. 11.5).

Die Venusaufgänge verspäten sich von 5^h22^m am 1. auf 6^h05^m am 15. und auf 6^h52^m am 30. Gegen Monatsende kann Venus als morgendliches Beobachtungsobjekt gestrichen werden.

Mars bleibt weiterhin unsichtbar. Der rote Planet wandert durch den Skorpion und den Schlangenträger auf den Schützen zu. Die Sonne eilt ihm nach. Zur Konjunktion kommt es aber erst im nächsten Monat.

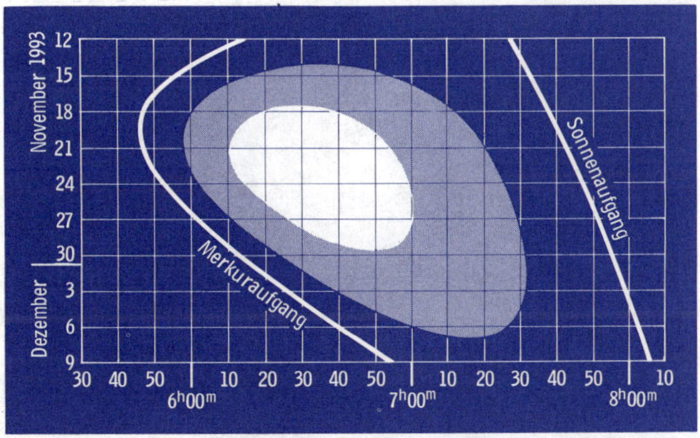

11. 3: Sichtbarkeitsdiagramm für Merkur (Erklärung siehe Abb. 2. 3 auf Seite 55).

Jupiter in der Jungfrau stand Mitte des Vormonats in Konjunktion mit der Sonne. Ab dem zweiten Monatsdrittel macht sich der $-1{,}^{m}7$ helle Riesenplanet am Morgenhimmel bemerkbar. Am 5. geht Jupiter um 5^h57^m auf. Etwa eine Viertelstunde später hat er sich soweit über den ärgsten Horizontdunst erhoben, daß man mit Aussicht auf Erfolg nach ihm suchen kann. Kurz vor 7^h verblaßt er in der zunehmenden Morgenhelle. Am 10. geht der Riesenplanet um 5^h43^m auf, am 20. um 5^h15^m und am 30. schon um 4^h47^m.
Am 8. passiert die Venus den Riesenplaneten in nur $0{,}^{\circ}4$ nördlichem Abstand. Venus, die wesentlich heller ist, kann somit zu Monatsbeginn beim Aufsuchen von Jupiter behilf-

Konstellationen und Ereignisse im November

Datum	MEZ	Ereignis
6.	5^h	Merkur in unterer Konjunktion mit der Sonne, Merkurdurchgang (siehe Seite 30 und Seite 191)
8.	18	Venus bei Jupiter, Venus $0{,}^{\circ}4$ nördlich
9.	6	**Venus $0{,}^{\circ}5$ östlich von Jupiter**
11.	14	Merkur im Perihel
12.	6	**Mond 5° südwestlich von Jupiter**
12.	15	Mond bei Jupiter, Mond 4° südlich
12.	22	Mond bei Venus, Mond 4° südlich
13.	23	Partielle Sonnenfinsternis – in Deutschland unbeobachtbar (siehe Seite 31)
14.	6	**Merkur $0{,}^{\circ}7$ nordnordöstlich von Venus**
14.	14	Merkur bei Venus, Merkur $0{,}^{\circ}7$ nördlich
15.	1	Merkur im Stillstand, anschließend rechtläufig
17.	19	Pluto in Konjunktion mit der Sonne
18.	1	Mond bei Neptun, Mond 3° nördlich
18.	2	Mond bei Uranus, Mond 4° nördlich
20.	20	**Mond 6° nördlich von Saturn**
20	23	Mond bei Saturn, Mond 7° nördlich
22.	17	Merkur in größter westlicher Elongation (20°)
29.	7	**Totale Mondfinsternis** – in Deutschland beobachtbar (siehe Seite 31)

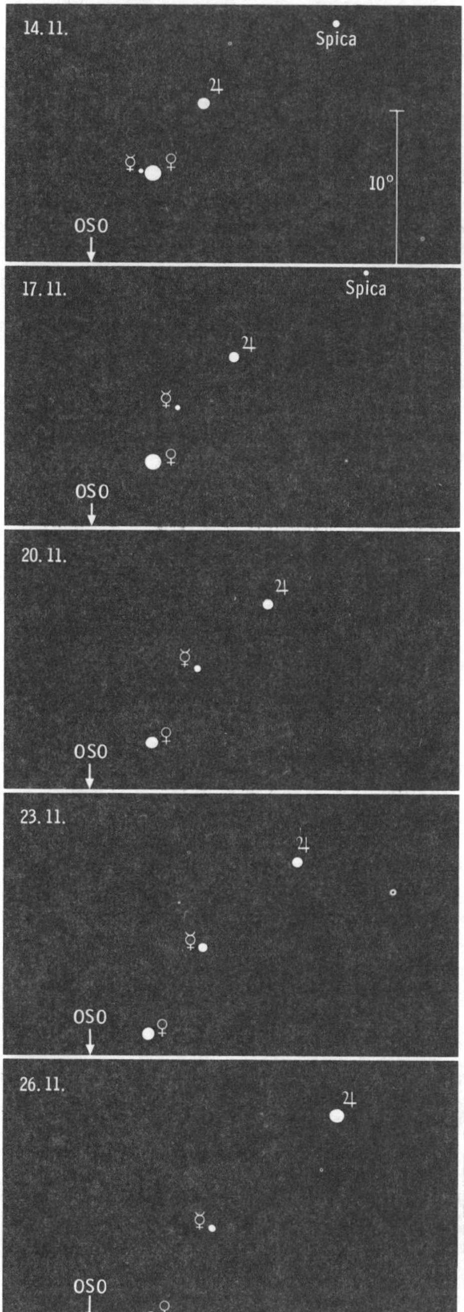

11.4: Das Bewegungsspiel der Planeten Merkur, Venus und Jupiter im Gebiet Jungfrau/Waage vom 14. bis 26. November 1993; Anblick der Konstellation zu den angegebenen Daten jeweils gegen 6^h40^m MEZ in der Morgendämmerung knapp über dem Osthorizont.

lich sein (siehe auch Abb. 11.5 auf Seite 186). Zur Monatsmitte taucht auch Merkur am Morgenhimmel auf. Aus Abb. 11.4 auf Seite 186 sind die relativen Bewegungen der drei Planeten Jupiter, Venus und Merkur vom 14. bis 26. ersichtlich.

Am 12. steht gegen 6^h30^m morgens die sehr schmale Sichel des abnehmenden Mondes bei Jupiter und Venus – ein reizvoller Anblick für Naturfreunde (siehe auch Abb. 11.1 auf Seite 179).

Saturn, rechtläufig im Steinbock, ist einziger heller Planet am Abendhimmel. Die Saturnuntergänge verfrühen sich erheblich. Sinkt der Ringplanet am 1. um 0^h14^m unter die Horizontlinie, so geht er am 15. um 23^h17^m und am 30. schon um 22^h22^m unter. Die Saturnhelligkeit geht leicht um $0\overset{m}{,}1$ auf $0\overset{m}{,}8$ zurück.

Am 20. passiert der zunehmende Halbmond in den Abendstunden rund 6° nördlich den Ringplaneten.

11.5: Venus wandert vom 7. bis 10. November 1993 an Jupiter knapp vorbei. Die geringste Distanz wird am 8. erreicht, wo der Abstand gegen 18^h MEZ nur $0\overset{\circ}{,}4$ beträgt. Das Gesichtsfeld (Kreisdurchmesser) mißt rund 5°.

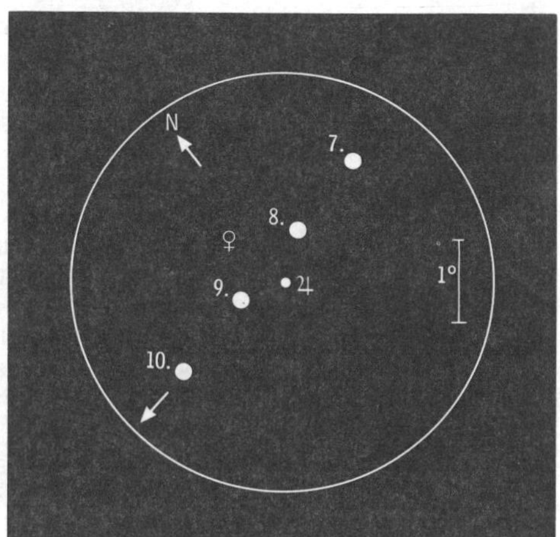

Uranus im Schützen zieht sich allmählich vom Abendhimmel zurück und wird zu Monatsende unsichtbar. Am 1. geht der $5^{m},8$ helle, grünliche Planet um $21^{h}03^{m}$ unter, am 15. um $20^{h}10^{m}$. Erst gegen $17^{h}50^{m}$ kann er tief im Südwesten aufgesucht werden – lichtstarke Optik vorausgesetzt. Bald nach 19^{h} verschwindet er in den horizontnahen Dunstschichten.
Am 25. geht Uranus bereits um $19^{h}33^{m}$ unter, am 30. schon um $19^{h}14^{m}$. Zu Monatsende kann man den sonnenfernen Planeten endgültig vom Beobachtungsprogramm streichen.
Neptun, rechtläufig im Schützen, kann allenfalls noch im ersten Monatsdrittel tief im Südwesten am Abendhimmel mit lichtstarker Optik aufgespürt werden. Am 1. erfolgt der Untergang des mit $8^{m},0$ recht lichtschwachen bläulichen Planeten um $21^{h}08^{m}$. Am 10. geht Neptun schon um $20^{h}34^{m}$ unter. Erst gegen $18^{h}15^{m}$ wird er aber in der Abenddämmerung mit guter Optik auffindbar. Bald nach $18^{h}30^{m}$ verschlucken ihn die horizontnahen Dunstschichten. Nach dem 10. wird man vergeblich nach Neptun suchen. Der sonnenfernste Planet hat sich vom Abendhimmel verabschiedet.
Pluto sei in diesem Monat erwähnt, da er am 17. in Konjunktion mit der Sonne steht.

Planetoiden

Ceres (1) verzögert merkbar ihre rückläufige Bewegung im Walfisch (siehe Abb. 10.3 auf Seite 172). Sie stand im Vormonat in Opposition zur Sonne und kann noch aufgefunden werden. Ihre Helligkeit sinkt im Laufe des Monats von $7^{m},5$ auf $8^{m},0$ ab.
Ihre Kulminationszeiten verlagert Ceres von $23^{h}33^{m}$ am 1. auf $22^{h}27^{m}$ am 15. und auf $21^{h}20^{m}$ am 30.
Vesta (4), wieder rechtläufig im Wassermann (siehe Abb. 7.3 auf Seite 131), kann noch am Abendhimmel aufgefunden werden. Sie steuert auf Skat (δ Aquarii) zu. Ihre Glanzzeit hat Vesta allerdings hinter sich, was man daran sieht, daß ihre Helligkeit von $7^{m},2$ auf $7^{m},7$ zurückgeht.
Am 1. kulminiert Vesta um $19^{h}56^{m}$ und geht um $0^{h}22^{m}$ unter. Am 15. erfolgt ihr Meridiandurchgang um $19^{h}10^{m}$, am 30. bereits um $18^{h}25^{m}$. Am 30. geht Vesta um $23^{h}08^{m}$ unter.

Periodische Sternschnuppenströme im November

Die **Leoniden** treten Mitte November am Morgenhimmel in Aktion. Ihr Radiant liegt im Löwen rund 10° nordöstlich von Regulus. Das spitze Maximum ist in der Nacht vom 17. auf 18. November zu erwarten. Die Sternschnuppen sind außerordentlich schnell (um 70 Kilometer pro Sekunde). Einst waren die Leoniden wesentlich aktiver als heute die Perseiden im August. Im vergangenen Jahrhundert galt daher der November als „der Sternschnuppenmonat" schlechthin. Das Erscheinen der Leoniden geht auf den Kometen 1866 I Tempel-Tuttle zurück.
Auf die **Tauriden,** deren Maximum auf den 13. November fällt, wurde schon im September hingewiesen. Zwischen 20^{h} und 4^{h} morgens ist mit etwa zehn bis zwanzig Meteoren pro Stunde zu rechnen.

Der Fixsternhimmel im November

Noch zeigt der abendliche Sternenhimmel seinen typischen Herbstcharakter, obwohl tief im Osten die ersten Wintersternbilder auf der Himmelsbühne erschienen sind.
Zunächst wird man wieder die Sternbeobachtung mit der Kassiopeia, dem Himmels-W, beginnen. Man erkennt das Himmels-W sofort, wenn man senkrecht nach oben blickt, denn es steht gerade im Meridian, fast im Zenit. Die mittlere Spitze deutet ungefähr zum Polarstern, der uns die Nordrichtung weist. Läßt man den Blick vom Polarstern zum Nordhorizont hinunterschweifen, so erkennt man den Großen Wagen.
Mit Hilfe der Kassiopeia kann man nicht nur den Polarstern finden, sondern auch die Sternzeit grob schätzen (siehe auch unter dem Abschnitt „Sternzeit" auf Seite 18). Man blicke zum Polarstern und denke sich ein 24-Stunden-Zifferblatt um ihn herum mit einem Radius bis zum Stern β Cassiopaiae (Kolurstern). Das Zifferblatt sei so orientiert, daß die Südrichtung 0^{h}, die Westrichtung 6^{h},

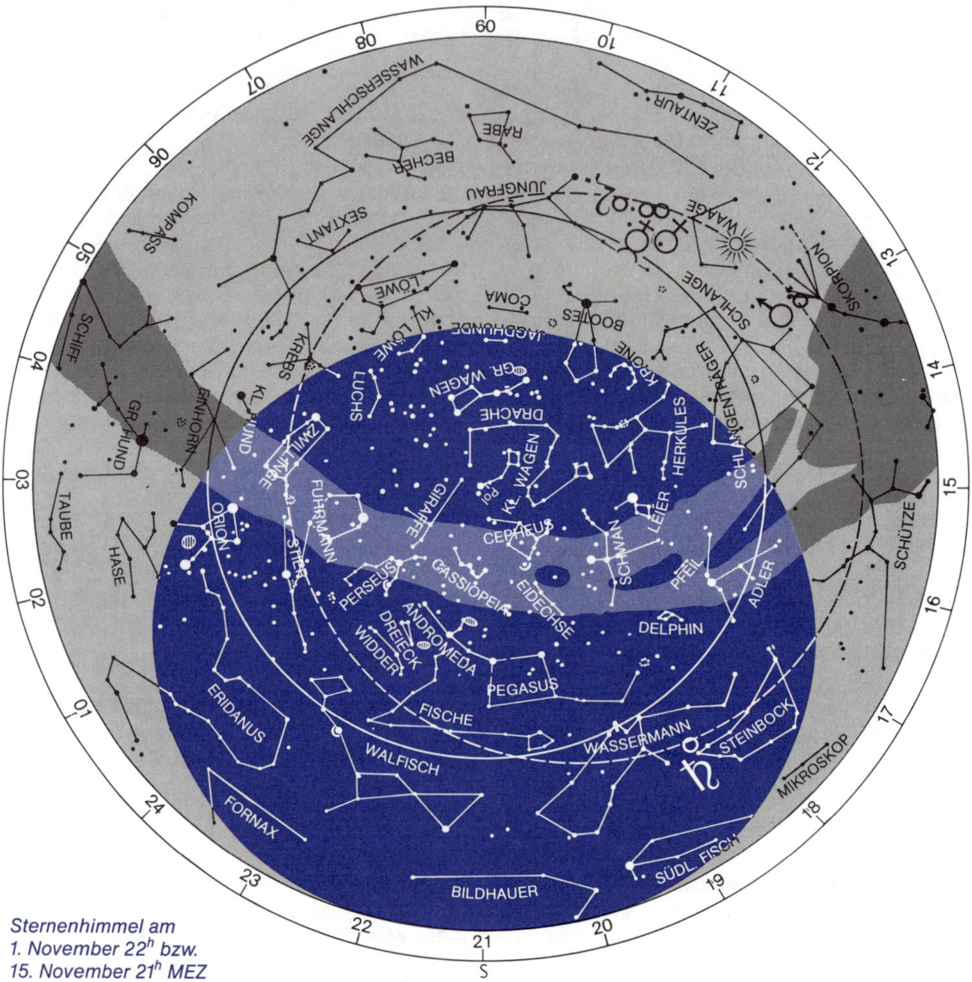

Sternenhimmel am
1. November 22^h bzw.
15. November 21^h MEZ

die Nordrichtung 12^h und die Ostrichtung 18^h bedeuten (siehe Abb. 11.6). Dann kann man direkt an der Position des Kolursterns die Sternzeit auf diesem gedachten Zifferblatt ablesen. Steht β Cas in oberer Kulmination, dann ist es 0^h Sternzeit, steht β Cas in Westrichtung, dann ist es 6^h Sternzeit usw. Man beachte noch, daß die Wanderung von β Cas entgegengesetzt dem Laufsinn einer normalen Uhr erfolgt! Die Himmelsuhr läuft also andersherum, wenn man zum Polarstern blickt.

Südlich der Kassiopeia geht gerade die Andromeda durch den Meridian. Bei guten Sichtbedingungen kann man den berühmten Andromedanebel (M 31), unsere Nachbarmilchstraße, schon mit bloßen Augen erkennen. Momentan steht der Andromedanebel nahe dem Zenit, also recht günstig für den Beobachter.

11.6: Der Kolurstern (β Cassiopeiae) läßt die Sternzeit grob abschätzen. Der Winkel ϑ wird von der oberen Kulmination des Kolursternes in Richtung West gezählt und gibt die Sternzeit an (360° ≙ 24ʰ).

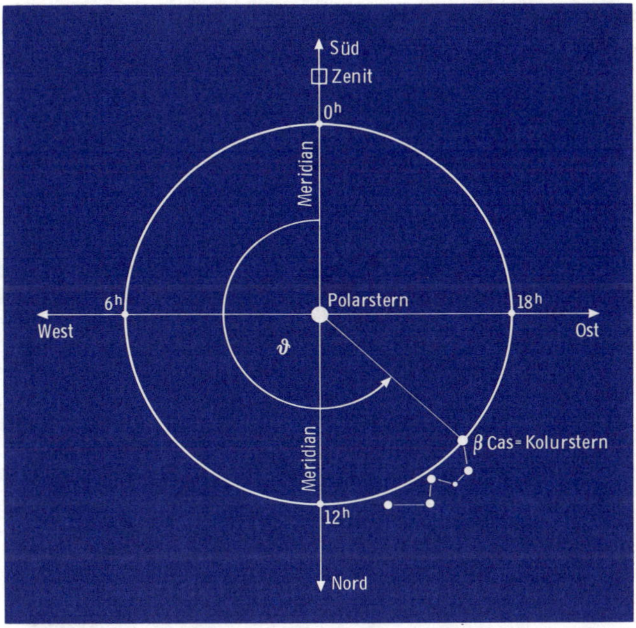

An die Andromeda schließt sich das Herbstviereck an, das schon ein wenig westlich des Meridians gerutscht ist. Südlich (unterhalb) des Herbstviereckes findet man die lichtschwachen Fische. Das Sommerdreieck, bestehend aus Wega – Deneb – Atair, ist weit im Westen zu erkennen. Im Osten sind die ersten Winterbilder aufgetaucht: Der Fuhrmann mit der gelben Kapella, der Stier mit Aldebaran und den Plejaden sowie tief im Südosten der Himmelsjäger Orion.

Objekte für Feldstecher und Fernrohr

Für den Fernrohr- und Feldstecherbeobachter bietet sich an Herbstabenden unsere Nachbarmilchstraße, der berühmte Andromedanebel, an. Zur abendlichen Beobachtungsstunde steht M 31, so seine MESSIER-Nummer, hoch am Himmel, fast im Zenit. Unter guten Sichtbedingungen ist M 31 als längliches, matt schimmerndes Lichtfleckchen schon mit bloßen Augen zu erkennen. Mit einem guten Fernglas wird M 31 zu einem auffälligen Objekt. Aber selbst in großen Amateurfernrohren hat man immer noch den Eindruck eines milchigen, nebeligen Leuchtens und sieht keine einzelnen Lichtpunkte: Erst sehr große Teleskope ermöglichen es, die Randpartien von M 31 in einzelne Sterne aufzulösen. Weniger bekannt als M 31, aber schon in einem kleinen Operngucker ein-

Veränderliche Sterne im November

Algol-Minima	3. 0^h39^m	5. 21^h28^m	8. 18^h17^m	20. 5^h32^m	23. 2^h21^m	25. 23^h09^m
	28. 19^h58^m					
β-Lyrae-Minima	9. 4^h	22. 2^h				
δ-Cephei-Maxima	1. 7^h	6. 16^h	12. 1^h	17. 9^h	22. 18^h	28. 3^h
Mira-Helligkeit	$8^m - 9^m$, fallend					

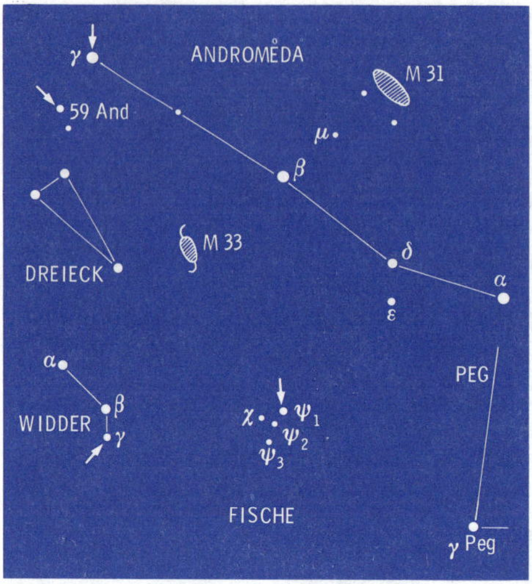

11. 7: Die Sternbilder Andromeda, Dreieck und Widder mit den beiden Spiralnebeln M 31 und M 33 sowie den Doppelsternen (mit Pfeil markiert): γ And, γ Ari, ψ_1 Psc und 59 And.

wandfrei zu sehen, ist M 33, ein Spiralnebel im Sternbild Dreieck. M 33 ist leicht zu finden, wenn man einmal M 31 im Blickfeld seines Instrumentes hat. Man schwenke über Mirach (β Andromedae) nach Süden und stößt direkt auf M 33. β And steht ungefähr in der Mitte zwischen M 31 und M 33. In der Monatssternkarte sind M 31 und M 33 als schraffierte Ovale eingezeichnet. M 33 liegt dabei unterhalb der Buchstaben RO von ANDROMEDA. Aufnahmen mit großen Himmelskameras zeigen die herrliche Spiralstruktur von M 33, die auch in größeren Teleskopen (ab etwa 25 cm Öffnung) zu erkennen ist. Da die lateinische Bezeichnung für das Sternbild Dreieck Triangulum lautet, so wird M 33 auch Triangulum-Nebel genannt.

11. 8: Aufsuchkärtchen für die Galaxie NGC 891 in der Andromeda und für den offenen Sternhaufen M 34 im Perseus an der Grenze zur Andromeda.

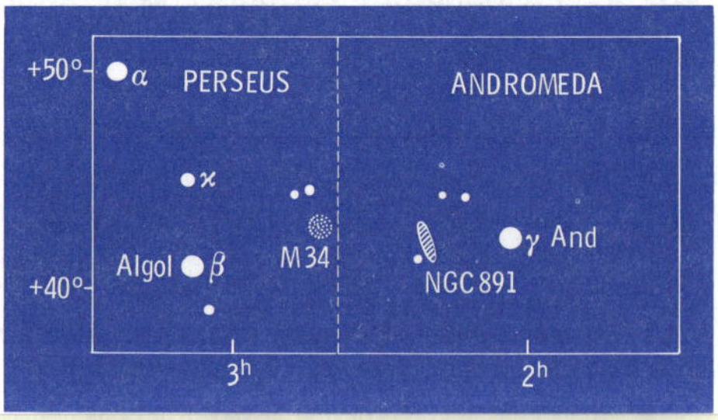

Für fortgeschrittene Beobachter bietet sich die Galaxie NGC 891 als willkommenes Objekt an. Sie ist knapp 19 Rektaszensionsminuten östlich von γ Andromedae gelegen, fast auf dem gleichen Deklinationskreis. Bereits in einem Dreizöller ist diese längliche Galaxie (1' x 10') unter günstigen Sichtbedingungen zu erkennen. Man sieht bei dieser Milchstraße auf die Kante. Das dunkle Staubband, das NGC 891 teilt, ist allerdings erst bei rund 200facher Vergrößerung zu erkennen, wobei man ein Instrument nicht unter 25 cm freier Öffnung benutzen sollte. Um NGC 891 mühelos zu finden, bediene man sich folgenden Tricks: Man stelle das Teleskop auf γ in der Andromeda ein. Dann warte man 18 Minuten und 40 Sekunden, ohne daß man die Nachführung des Teleskops laufen läßt. NGC 891 wandert dann in das Gesichtsfeld des Okulars hinein – bequemer kann man es kaum haben. NGC 891 ist ein Milchstraßensystem in rund 30 Millionen Lichtjahren Entfernung. Nach der HUBBLE-Klassifikation ist diese Galaxie als Sb9-Spirale eingestuft.

Ein wenig weiter östlich von NGC 891 trifft man auf M 34 im Perseus, einen schönen und beeindruckenden offenen Sternhaufen. M 34 liegt an der Grenze zum Sternbild Andromeda und kann schon im Fernglas ausgemacht werden. Wer M 34 im Teleskop betrachtet, sollte nicht zu stark vergrößern. Die Sterne von M 34 sind recht locker gestreut, wobei die hellsten etwa 7. Größe sind. Der Haufen ist etwa 1400 Lichtjahre von uns entfernt.

Viel prominenter als M 34 sind die beiden offenen Haufen h und χ im Perseus. Im Fernglas sind sie als verwaschene Lichtfleckchen deutlich zu erkennen, im Teleskop lösen sich diese Lichtfleckchen in Dutzende funkelnde Lichtpünktchen auf. h und χ im Perseus sind Paradebeispiele für offene

Sternhaufen, die zu den festen Programmpunkten einer Führung am Teleskop einer Sternwarte gehören. Wenn man schon in dieser Gegend beobachtet, so kann man sich den bereits erwähnten Stern γ Andromedae vorknöpfen, Alamak mit Eigennamen. Alamak ist ein prominenter Doppelstern, der schon in einem Zweizöller problemlos getrennt werden kann. Die hellere ($2\overset{m}{,}2$), orangerote Komponente (Spektraltyp: K3) hat in $9\overset{''}{,}6$ einen $5\overset{m}{,}0$ hellen, bläulichen Begleiter (Spektraltyp: B9). Die schwächere Komponente hat ihrerseits in nur $0\overset{''}{,}4$ Distanz einen 6^{m} hellen Begleiter. Nahe bei γ And trifft man auf 59 Andromedae, einen ebenfalls leicht zu trennenden Doppelstern. Zwei gelbe Sterne, $6\overset{m}{,}0$ und $6\overset{m}{,}5$ hell, stehen in 17" Distanz. Jeder Zweizöller löst 59 And einwandfrei auf.
Auch ψ_1 in den Fischen ist bequem zu trennen, hier genügt bereits ein Fernglas. Die beiden weißen Komponenten von ψ_1 Piscium sind $5\overset{m}{,}3$ und $5\overset{m}{,}6$ hell und stehen in 30" Distanz.
Zu den prominentesten Doppelsternen zählt γ im Widder, Mesarthim mit Eigennamen. Die beiden weißen Komponenten (B9 und A1) von γ Arietis sind fast gleich hell, nämlich $4\overset{m}{,}6$ beziehungsweise $4\overset{m}{,}7$. Ihre Distanz beträgt $7\overset{''}{,}7$. Schon in einem Zweizöller ist γ Ari daher zu trennen.

Das Klima im November

Der November zeichnet sich durch feuchtes, trübes Wetter sowie durch häufige Nebelbildung aus. Die Temperaturen sinken in der Regel erstmals unter den Gefrierpunkt. Warme, sonnige Tage sind selten. Ab der Monatsmitte kann mit ersten Schneefällen gerechnet werden. In den Nachtstunden, vor allem gegen morgens, tritt öfter Glatteis auf. Die mittlere Monatsdurchschnittstemperatur beträgt nur noch 4,3 °C. Dennoch sind manchmal noch Mittagstemperaturen von 16 °C zu registrieren. Die durchschnittliche Tagestiefsttemperatur wurde zu 2 °C bestimmt. Im Mittel kommt es zu zehn Frosttagen, manchmal schon zu ein oder zwei Eistagen, an denen das Thermometer ganztägig unter dem Gefrierpunkt bleibt. Glegentlich sinkt die Temperatur unter –5 °C ab.
Die Niederschlagsmengen fallen von Jahr zu Jahr sehr unterschiedlich aus. Um die Monatsmitte brechen oft die stärksten Stürme des ganzen Jahres herein, die aber meist nur wenige Stunden anhalten. Bei Hochdrucklagen tritt fast permanent Nebel auf, der sich oft auch tagsüber kaum oder gar nicht auflöst.
Die mittlere Sonnenscheindauer bleibt mit 52 Stunden gering. 75% der Nachtstunden sind bewölkt oder vernebelt. Bei Aufklaren ergibt sich jedoch meist eine sehr gute Durchsicht, vor allem nach starkem Wind oder Sturm. Dies führt zu auffallendem Flimmern der Sterne. Die beste Beobachtungslage ist im Gebirge oberhalb der Nebelgrenze.
Witterungsverlauf: Um Allerheiligen bringt oft eine Hochdrucklage schöne, relativ warme und sonnige Tage mit allerdings kalten, nebeligen Nächten. Ab dem 8. herrscht windiges, meist milderes Westwetter mit Regenschauern. Vom 15. bis 21. setzt eine spätherbstliche Schönwetterperiode ein, die vor allem in den Bergen gute Fernsicht und Sonnenschein beschert, während in den Tälern der Nebel oft auch tagsüber anhält. Zum Monatsende erfolgt erneut ein Westwettereinbruch, der milde Meeresluft und Regen heranführt und für frostfreie Tage sorgt.

Monatsthema: Der Merkurdurchgang vom 6. November 1993

Zu den ausgesprochen seltenen Himmelsereignissen gehören Vorübergänge des Planeten Merkur vor der Sonnenscheibe. Pro Jahrhundert kommt es nur zu dreizehn oder vierzehn Merkurdurchgängen oder Transiten, wie solche Ereignisse in der Fachwelt genannt werden. Noch seltener sind Venustransite. In unserem Jahrhundert findet überhaupt kein Venusdurchgang statt. Die beiden letzten Venustransite erfolgten 1874 und 1882, die nächsten am 8. Juni 2004 und am 5. Juni 2012.
Die Bahnen von Merkur und Venus verlaufen innerhalb der Erdbahn. Jedesmal, wenn Merkur oder Venus die Erde auf der Innen-

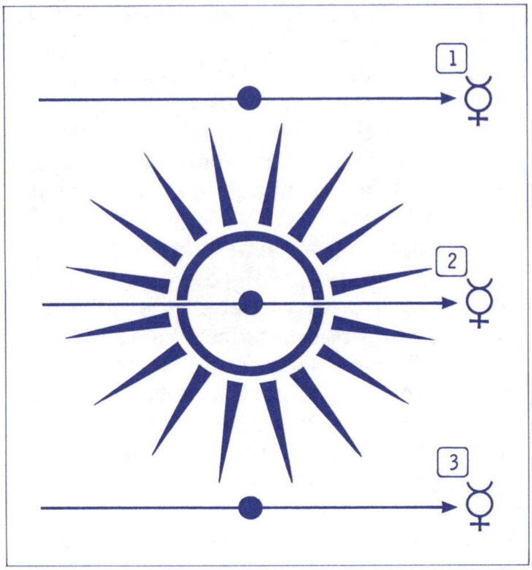

11.9: In unterer Konjunktion zieht Merkur meist nördlich (1) oder südlich (3) der Sonnenscheibe vorbei. Nur wenn er gleichzeitig einen seiner beiden Bahnknoten passiert, geht er vor der Sonne vorüber (2).

bahn überholen, stehen sie von uns aus gesehen in Richtung Sonne. Eine solche Stellung nennt man „untere Konjunktion". Merkur kommt alle 116 Tage, Venus alle 584 Tage in untere Konjunktion. Die Zeitspanne von einer unteren Konjunktion bis zur darauffolgenden heißt synodische Umlaufsperiode. In unterer Konjunktion stehen Merkur und Venus also zwischen Sonne und Erde. Man sollte meinen, daß in unterer Konjunktion ein Planet als dunkler Punkt vor der Sonnenscheibe erscheint. Dies ist aber nur ausnahmsweise der Fall, denn sowohl die Venus- als auch die Merkurbahn sind zur Erdbahn geneigt.

Die Venusbahn ist um 3°,4, die Merkurbahn sogar um 7° aus der Ekliptik gekippt. Kommen die inneren Planeten in untere Konjunktion mit der Sonne, so ziehen sie normalerweise nördlich („oberhalb") oder südlich („unterhalb") der Sonnenscheibe vorbei (siehe Abb. 11.9). Nur wenn Merkur oder Venus in unterer Konjunktion gleichzeitig in oder nahe den Knoten (Schnittpunkten ihrer

Merkurtransite 1970 – 2050

Datum	t_1	P_1	t_2	t_m	Minimums-distanz	t_3	t_4	P_4	R
9. Mai 1970	5^h19^m	70°	5^h22^m	9^h16^m	– 1'54"	13^h10^m	13^h13^m	237°	6",0
10. Nov. 1973	8 47	116	8 49	11 32	– 26	14 16	14 17	293	5,0
13. Nov. 1986	2 43	85	2 45	5 07	+ 7 51	7 29	7 31	323	5,0
6. Nov. 1993	4 06	188	4 12	4 57	–15 27	5 41	5 47	224	5,0
15. Nov. 1999	22 15	32	22 30	22 41	+16 03	22 52	23 07	14	5,0
7. Mai 2003	6 13	15	6 17	8 52	+11 48	11 27	11 32	291	6,0
8./9. Nov. 2006	20 12	141	20 14	21 41	– 7 03	1 08	1 10	269	5,0
9. Mai 2016	12 12	83	12 15	15 57	– 5 19	19 39	19 42	224	6,0
11. Nov. 2019	13 35	110	13 37	16 20	+ 1 16	19 02	19 04	299	5,0
13. Nov. 2032	7 41	78	7 43	9 54	+ 9 32	12 05	12 07	329	5,0
7. Nov. 2039	8 18	173	8 21	9 47	–13 42	11 12	11 15	238	5,0
7. Mai 2049	12 04	31	12 07	15 24	+ 8 32	18 41	18 44	276	6,0

t_1, t_2, t_3, t_4 – Zeitpunkte des ersten, zweiten, dritten und vierten Kontakts
P_1, P_2 : Positionswinkel des ersten und vierten Kontakts (nähere Erläuterungen siehe Text)
t_m – Zeitpunkt der maximalen Phase – geringster Abstand Merkurs vom Sonnenscheibenmittelpunkt
Minimumsdistanz : geringster Abstand des Merkur von der Mitte der Sonnenscheibe
R – Scheinbarer Radius des Merkurscheibchens

Alle Zeiten MEZ. Fällt ein Durchgang in die Nachtstunden, bleibt er bei uns unbeobachtbar, weil die Sonne unter dem Horizont steht.

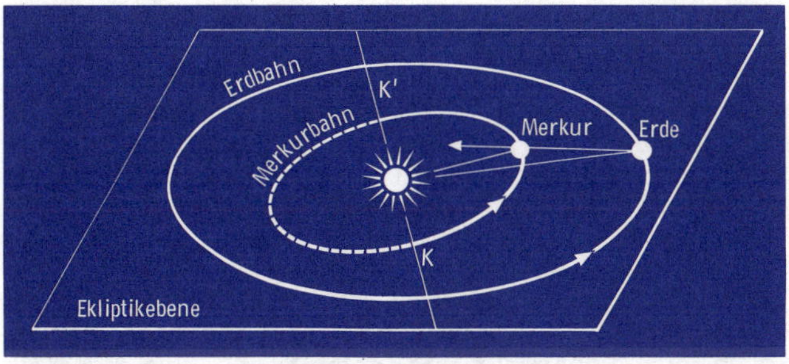

11.10: Die Merkurbahn ist zur Erdbahnebene geneigt, so daß, wie hier dargestellt, Merkur in unterer Konjunktion von der Erde aus betrachtet nicht vor der Sonnenscheibe steht. Nur wenn Merkur sich entweder in (oder nahe bei) seinem aufsteigenden Bahnknoten (K) oder dem absteigenden (K') befindet, so kommt es in unterer Konjunktion zu einem Merkurtransit.

Bahn mit der Ekliptik) stehen, so erscheinen sie als winzige, schwarze Punkte vor der gleißenden Sonnenscheibe (siehe Abb. 11.14). Ähnlich sind die Verhältnisse bei Sonnenfinsternissen, wo auch der Mond bei Neumondposition in oder nahe einem seiner beiden Bahnknoten sein muß, damit er, von der Erde aus betrachtet, die Sonnenscheibe bedekken kann. Phänomenologisch betrachtet gehören daher Merkur- und Venustransite zu den Finsternissen, obwohl es bei einem solchen Durchgang natürlich nicht finster wird – Merkur bedeckt nur 0,004 Prozent und Venus nur 0,09 Prozent der Sonnenscheibe.

Noch ein Unterschied besteht zwischen einem Planetentransit und einer Sonnenfinsternis: Während der Mond zuerst den Westrand der Sonnenscheibe bedeckt und sich in östlicher Richtung über die Sonne bewegt (von der Nordhalbkugel gesehen also von „rechts" nach „links"), so erfolgt der Eintritt bei einem Transit immer am östlichen („linken") Sonnenrand, da Merkur wie Venus in unterer Konjunktion sich *rückläufig* bewe-

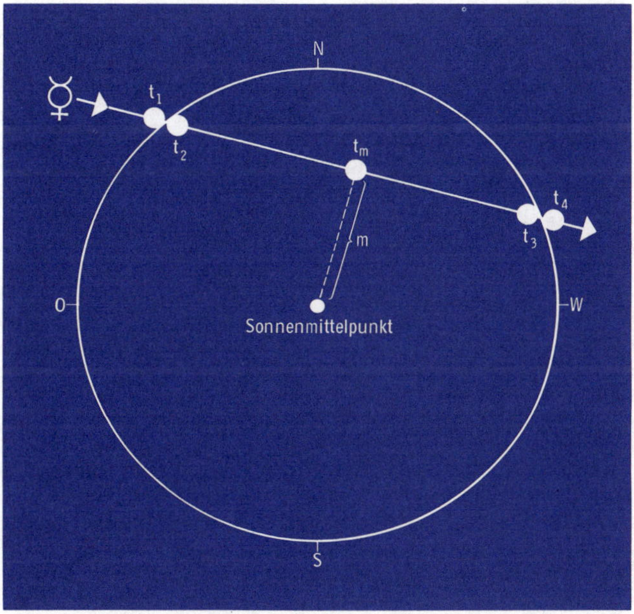

11.11: Schema eines Merkurtransits mit den von Kontaktzeiten (t_1 bis t_4) und dem Zeitpunkt der maximalen Phase (t_m) sowie der Minimaldistanz (m) vom Sonnenscheibenmittelpunkt.

gen, während der Mond immer rechtläufig durch den Tierkreis wandert.

Merkurdurchgänge finden in unserer Zeit entweder vom 6. bis 11. Mai oder vom 6. bis 15. November statt. Am 8./9. Mai befindet sich nämlich der absteigende und am 10./11. November der aufsteigende Knoten der Merkurbahn von der Erde aus gesehen vor der Sonnenscheibe. Kommt Merkur zu den erwähnten Zeitspannen in untere Konjunktion, so zieht er vor der Sonnenscheibe vorbei. Fallen untere Konjunktion und Knotendurchgang exakt zusammen, kommt es zu einem zentralen Transit, das heißt, das Merkurscheibchen passiert den Mittelpunkt der Sonnenscheibe. Je mehr der Zeitpunkt der unteren Konjunktion von der Zeit der Knotenpassage differiert, umso kleiner fällt die Sehne aus, die Merkur auf der Sonnenscheibe erzeugt. Außerhalb der oben angegebenen beiden eng begrenzten Zeitspannen wandert Merkur in unterer Konjuktion *nördlich* oder *südlich* an der Sonne vorbei.

Wegen der säkularen Änderung der Lage der Merkurbahnknoten und der Wanderung des Frühlingspunktes infolge der Erdpräzession verschieben sich die Zeitspannen der möglichen Merkurtransite. Um das Jahr 3000 werden die Merkurdurchgänge in der Zeit vom 19. bis 23. Mai bzw. vom 19. bis 27. November erfolgen.

Zu berücksichtigen ist noch die starke Exzentrizität der Merkurbahn. Der absteigende Knoten hat eine ekliptikale Länge von 228°, das Merkuraphel liegt bei 257° ekl. Länge. Der aufsteigende Knoten (48°) liegt wiederum näher dem Merkurbahnperihel (77°).

Im November läuft Merkur schneller gemäß dem 2. KEPLERschen Gesetz als im Mai (wenn er in unterer Konjunktion ist). Daher dauert ein zentraler Durchgang im Mai 7,9 Stunden, im November aber nur 5,5. Da Merkur im November der Sonne näher ist und außerdem der scheinbare Sonnendurchmesser im November größer ist als im Mai, so sind Novembertransite häufiger als Maitransite. Von 1600 bis 2300 ereignen sich 94 Merkurdurchgänge, davon 63 im November und nur 31 im Mai.

Bei Merkurtransiten werden vier Kontaktzeiten vermerkt sowie die Zeit der maximalen Phase (t_m). t_m gibt den Zeitpunkt der geringsten Distanz des Merkurscheibchens vom Sonnenscheibenmittelpunkt an. Diese Entfernung (geozentrische Minimumsdistanz) wird in Bogensekunden angegeben. Ein positiver Wert (+) bedeutet, Merkur zieht *nördlich*, ein negativer Wert (–), er zieht *südlich* vom Sonnenscheibenzentrum vorbei.

Der erste Kontakt (t_1) erfolgt, wenn das Merkurscheibchen den Sonnenrand erstmals von außen berührt. Beim zweiten Kontakt (t_2) liegt das Merkurscheibchen bereits vollständig innerhalb des Sonnenrandes und löst sich gerade ab. Erreicht Merkur den gegenüberliegenden Sonnenrand und berührt ihn von innen, so ist der dritte Kontakt (t_3) hergestellt. Die letzte Berührung von außen, das endgültige Ablösen des Merkurscheibchens vom Sonnenrand, wird als vierter Kontakt (t_4) registriert.

Ferner werden noch die Positionswinkel (P_1 und P_4) der Kontakte notiert. Der Positionswinkel wird dabei vom Nordpunkt der Sonnenscheibe über Ost (90°), Süd (180°) und West (270°) gezählt.

Da das Merkurscheibchen in unterer Konjunktion nur maximal 13" groß wird (das entspricht rund dem 150. Teil des scheinbaren Sonnendurchmessers), kann man Merkur während des Durchgangs mit bloßen Augen *nicht* sehen. Um das winzige Merkurscheibchen einwandfrei zu erkennen, ist schon ein kleines Teleskop mit mindestens 50facher Vergrößerung erforderlich. Einmal mehr sei an dieser Stelle *dringend* davor *gewarnt, ohne* geeigneten *Schutz* mit einem Fernrohr direkt in die Sonne zu sehen.

Für den Merkurdurchgang am 6. November 1993 stellt sich dieses Problem allerdings nicht. Denn dieses Ereignis bleibt vom deutschen Sprachgebiet aus unbeobachtbar. Es findet nämlich in den frühen Morgenstunden des 6. November statt. Noch lange vor Sonnenaufgang bei uns ist der Merkurtransit beendet. Der erste Kontakt tritt um 4^h06^m ein, der vierte und damit das Ende der Erscheinung um 5^h47^m (siehe Abb. 11.12, Seite 127). Da Merkur noch relativ weit von seinem aufsteigenden Knoten entfernt ist, wandert er nur auf einer kurzen Sehne über die Sonnenscheibe. In der maximalen Phase, die um 4^h57^m erreicht wird, beträgt sein Minimumsabstand von der Mitte der Sonnenscheibe

11.13: Weg des Merkur über die Sonnenscheibe bei den Transiten in den Jahren 1986, 1993, 1999, 2003 und 2006. Im Jahre 1999 kommt es zu einem fast streifenden Merkurdurchgang.

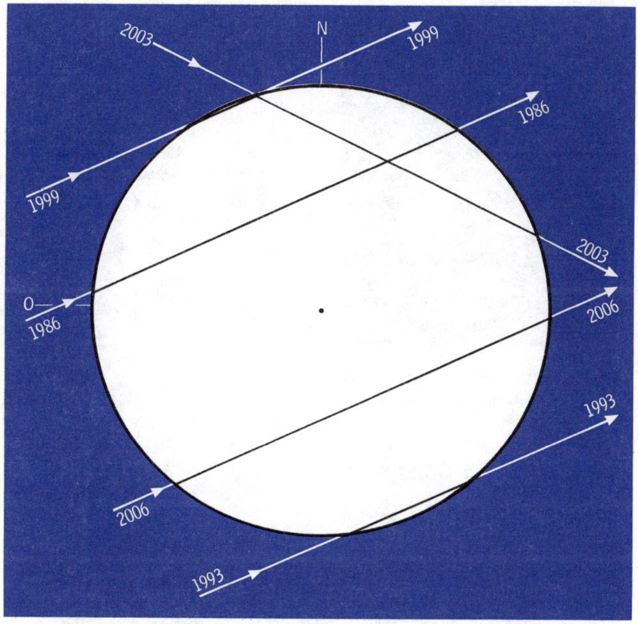

immer noch 15'27", das ist fast der ganze scheinbare Sonnenradius. Für diejenigen, die sich auf Reisen begeben und weiter östlich gelegene Weltgegenden aufsuchen, ist in der Tabelle „Merkurtransite" der vollständige Verlauf des Merkurdurchgangs vom 6. November 1993 angegeben (siehe auch Abb. 11.12 und Abb. 11.13).
Noch ungünstiger fällt der Merkurdurchgang vom 15. November 1999 aus, wenn Merkur die Sonnenscheibe fast nur streift. Dieser Transit fällt in die späten Abendstunden, in denen die Sonne für unsere Gegenden längst untergegangen ist. Erst am 7. Mai des Jahres 2003 findet ein Merkurtransit statt, der in den Vormittagsstunden von Mitteleuropa aus zu beobachten sein wird.
Da Merkurdurchgänge mit bloßen Augen unbeobachtbar sind, sind aus dem Altertum und Mittelalter keine Berichte über ihre Verfolgung vorhanden. Wohl als erster hat Johannes KEPLER für den 7. November 1631 einen Merkurdurchgang vorhergesagt. Für dasselbe Jahr berechnete er auch einen Venusdurchgang für den 6. Dezember. Da KEPLER bereits 1630 starb, konnte er diese Transite nicht mehr beobachten.
Der Merkurdurchgang wurde jedoch von PIERRE GASSENDI (1592–1656) von Paris aus beobachtet. Dies war der erste beobachtete Merkurdurchgang in der Geschichte der Astronomie. GASSENDI wartete gespannt auf den von KEPLER angekündigten Venusdurchgang, der nur vier Wochen nach dem erfolgreich beobachteten Merkurtransit erfolgen sollte. Doch zu seiner Enttäuschung sah GASSENDI keinen dunklen Punkt über die Sonnenscheibe ziehen. KEPLER hatte sich nicht geirrt, aber der Venusdurchgang erfolgte, während die Sonne für Paris unter dem Horizont stand. Johann HEVELIUS aus Danzig beobachtete den Merkurtransit vom 3. Mai 1661, den auch Christian HUYGENS während seines Aufenthalts in London verfolgte. Der Merkurdurchgang vom 12. November 1677 wurde von Edmond HALLEY (1656–1742) während seines Besuches auf St. Helena beobachtet.

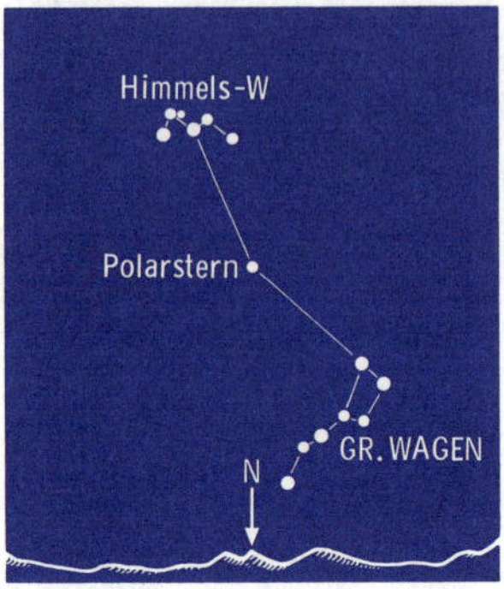

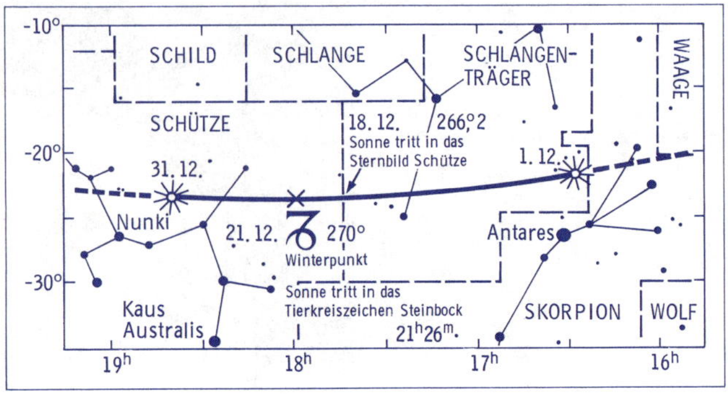

Großer Wagen und Himmels-W
Anfang Dezember 22^h MEZ

Sonnenlauf im Dezember

Datum	Aufgang MEZ	Untergang MEZ	Kulmination	Zeitgleichung	Mittagshöhe	Rektaszension	Deklination	Sternzeit 1^h MEZ
2.	7^h58^m	16^h21^m	12^h09^m	$+11^m$	18°,0	16^h33^m	−21°,9	4^h43^m
7.	8 04	16 19	12 12	+ 8	17,4	16 54	−22,6	5 03
12.	8 09	16 18	12 14	+ 6	16,9	17 16	−23,1	5 23
17.	8 14	16 19	12 16	+ 4	16,6	17 38	−23,3	5 42
22.	8 17	16 21	12 19	+ 1	16,6	18 01	−23,4	6 02
27.	8 18	16 24	12 21	− 1	16,7	18 23	−23,3	6 22
31.	8 19	16 28	12 23	− 3	16,9	18 41	−23,1	6 38

Julianisches Datum am 1. Dezember, 1^h MEZ: 2 449 322,5

12.1: Anblick des Sternenhimmels am 10. Dezember gegen 6^h30^m MEZ. Über dem Südosthorizont stehen der Riesenplanet Jupiter und die schmale Sichel des abnehmenden Mondes.

Tages- und Nachtstunden im Dezember

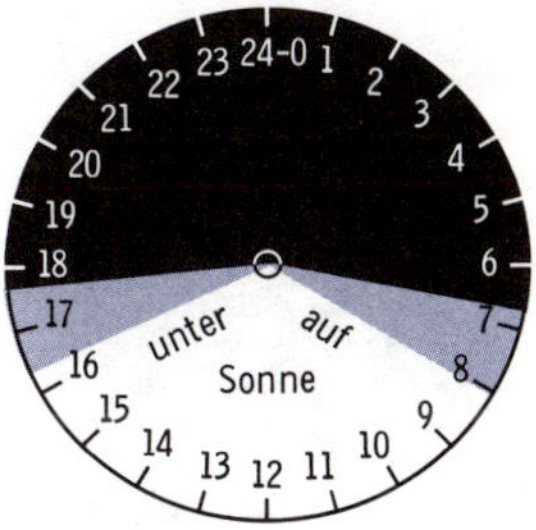

5. Dezember

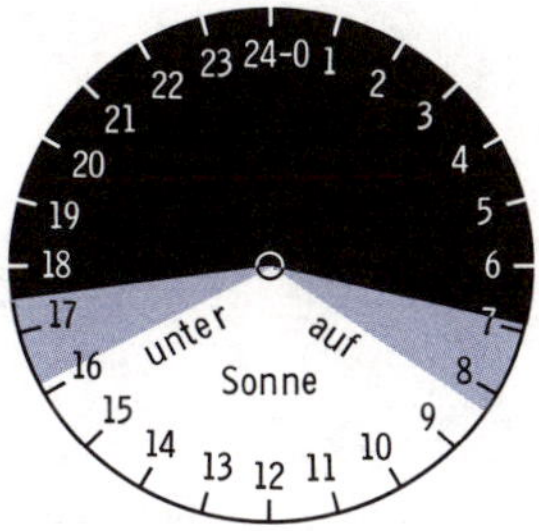

15. Dezember

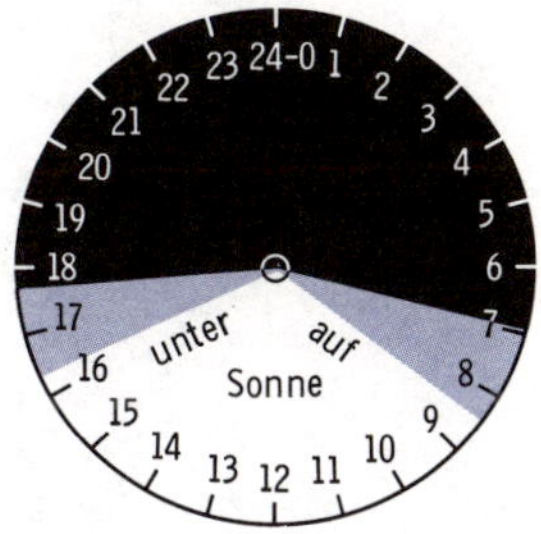

25. Dezember

Mondlauf im Dezember

Datum	Aufgang MEZ	Untergang MEZ	Rektaszension	Deklination	Sterne und Sternbilder	Phase	MEZ
Mi 1.	18h29m	9h40m	5h55m	+21°,1	Stier, Al Nath		
Do 2.	19 36	10 20	6 49	+19,6	Zwillinge	Libration Ost	
Fr 3.	20 47	10 54	7 44	+17,1	Kastor, Pollux		
Sa 4.	22 00	11 24	8 37	+13,6	*Krebs, Krippe		
So 5.	23 15	11 50	9 29	+ 9,4	Regulus		
Mo 6.	–	12 14	10 21	+ 4,6	Sextant	**Letztes Viertel** Größte Südbreite	16h49m
Di 7.	0 31	12 38	11 13	– 0,5	Löwe		
Mi 8.	1 49	13 04	12 06	– 5,6	Jungfrau		
Do 9.	3 08	13 32	13 00	–10,5	Spica		
Fr 10.	4 27	14 06	13 57	–14,8	*Jungfrau	Erdnähe 365	15h
Sa 11.	5 46	14 47	14 56	–18,3	*Waage		
So 12.	6 58	15 37	15 57	–20,6	Skorpion	Aufsteigender Knoten	
Mo 13.	8 02	16 37	16 59	–21,5	Schlangenträger	**Neumond**	10h27m
Di 14.	8 55	17 44	18 00	–21,1	Schütze		
Mi 15.	9 37	18 55	18 58	–19,3	*Nunki		
Do 16.	10 11	20 06	19 54	–16,5	Schütze	Libration West	
Fr 17.	10 38	21 15	20 46	–12,9	Wassermann		
Sa 18.	11 02	22 22	21 35	– 8,9	Steinbock		
So 19.	11 23	23 28	22 22	– 4,5	*Wassermann	Größte Nordbreite	
Mo 20.	11 43	–	23 07	– 0,1	*Fische	**Erstes Viertel**	23h26m
Di 21.	12 03	0 32	23 52	+ 4,2	Fische		
Mi 22.	12 25	1 36	0 37	+ 8,4	Fische	Erdferne 405	9h
Do 23.	12 49	2 39	1 22	+12,2	Fische		
Fr 24.	13 16	3 43	2 09	+15,6	*Widder, Hamal		
Sa 25.	13 50	4 46	2 58	+18,4	*Widder		
So 26.	14 30	5 47	3 49	+20,4	Plejaden	Absteigender Knoten	
Mo 27.	15 20	6 44	4 43	+21,4	Aldebaran, Hyaden		
Di 28.	16 18	7 35	5 37	+21,4	*Stier, Al Nath		
Mi 29.	17 24	8 19	6 33	+20,2	Zwillinge	**Vollmond** Libration Ost	0h05m
Do 30.	18 35	8 56	7 28	+18,0	Kastor, Pollux		
Fr 31.	19 49	9 28	8 23	+14,7	Krebs, Krippe		

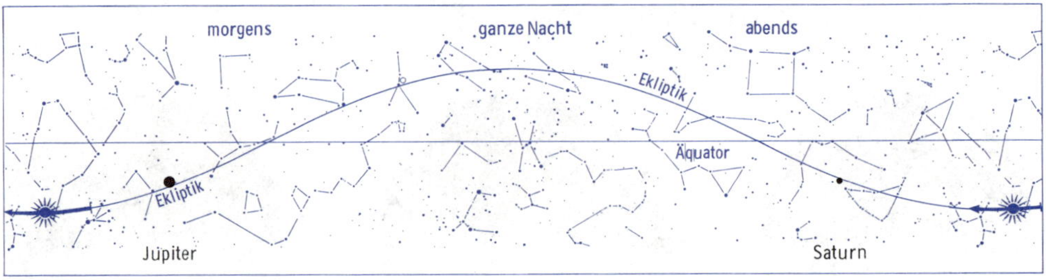

Planetenlauf im Dezember

Merkur kann bei guten Sichtverhältnissen zu Monatsbeginn noch am Morgenhimmel gesehen werden. Am 1. geht der $-0\overset{m}{,}6$ helle Merkur um 6^h17^m auf. Eine Viertelstunde später macht er sich tief im Südosten als Lichtpunkt bemerkbar. Gegen 7^h30^m wird Merkur in der zunehmenden Morgenhelle unsichtbar. Am 1. beträgt seine Entfernung von der Erde 177,6 Millionen Kilometer. Letztmalig am 7. kann Merkur am Morgenhimmel erspäht werden. An diesem Tag erfolgt der Aufgang des immer noch $-0\overset{m}{,}6$ hellen Merkur um 6^h44^m. Kurz nach 7^h wird er im Horizontdunst erkennbar, bald darauf verblaßt er in der heller werdenden Morgendämmerung. Nach dem 7. wird man vergeblich nach dem sonnennahen Planeten Ausschau halten. Er bleibt für den Rest des Jahres unsichtbar. Am 3. Januar 19**94** steht er schließlich in oberer Konjunktion mit der Sonne.
Am 25. passiert Merkur das Aphel seiner Bahn.
Venus hat sich vom Morgenhimmel zurückgezogen und nähert sich ihrer oberen Konjunktion mit der Sonne, die sie aber erst am 17. Januar 19**94** erreichen wird. Allenfalls versierte Beobachter können die $-3\overset{m}{,}9$ helle Venus noch in den ersten Dezembertagen

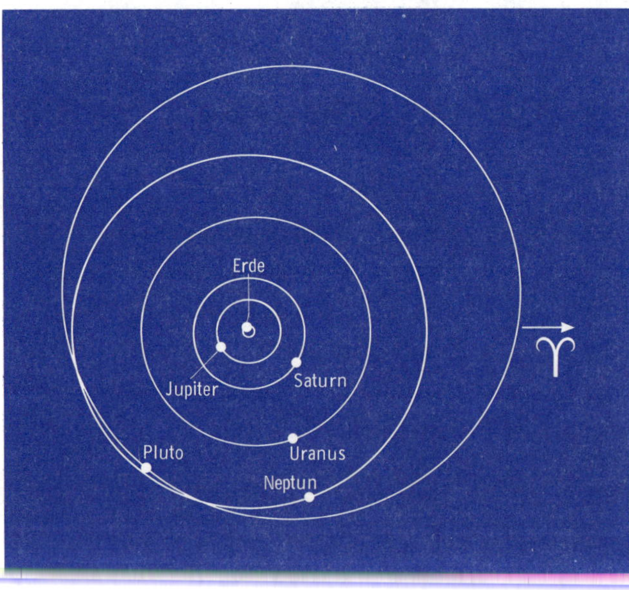

12.2: Das äußere Planetensystem: Eingezeichnet sind die Positionen der Planeten Jupiter bis Pluto sowie der Erde am 31.12.1993.

8.8 (rechts oben): Saturn mit großem, weißem Fleck, aufgenommen vom Hubble-Space-Telescope am 9. November 1990.

11.14 (rechts): Merkurdurchgang vom 7. November 1960. Merkur ist als winziger, dunkler Punkt an der Spitze des Pfeils zu erkennen.

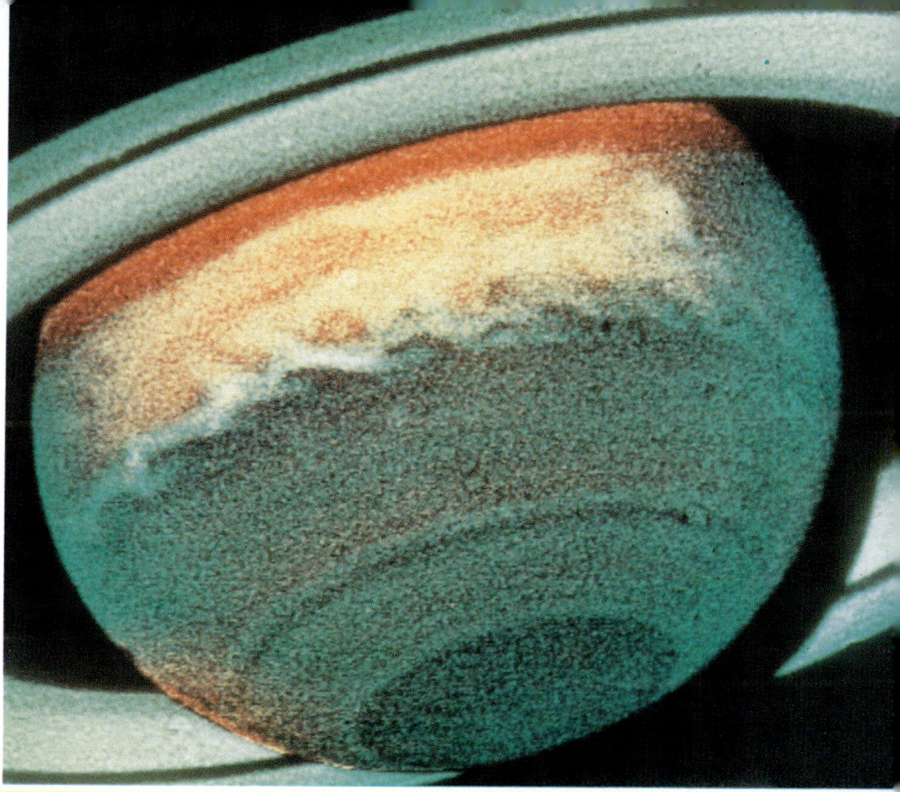

Jupitermond-Erscheinungen

Datum	MEZ		Vorgang
2.	5^h30^m	II	SA
	6 54	II	DA
3.	7 31	I	SA
4.	4 50	I	VA
5.	4 55	I	DE
9.	4 52	III	DE
11.	6 29	II	BE
	6 43	I	VA
12.	4 44	I	DA
	6 04	I	SE
	6 55	I	DE
16.	5 34	III	SE
	6 58	III	DA
18.	4 59	II	VA
19.	5 47	I	SA

Datum	MEZ		Vorgang
19.	6^h43^m	I	DA
	7 57	I	SE
20.	4 05	II	DE
	6 11	I	BE
23.	7 15	III	SA
25.	7 35	II	VA
26.	7 41	I	SA
27.	3 43	III	BE
	4 26	II	DA
	4 46	II	SE
	4 57	I	VA
	6 46	II	DE
	8 08	I	BE
28.	4 19	I	SE
	5 21	I	DE

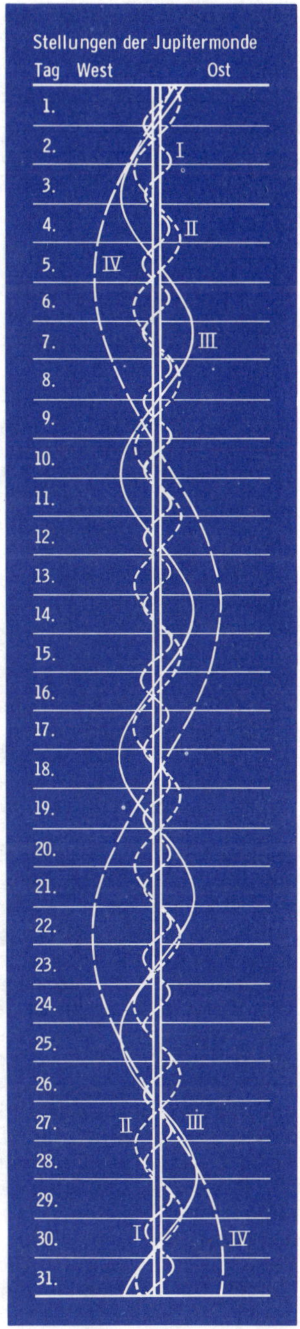

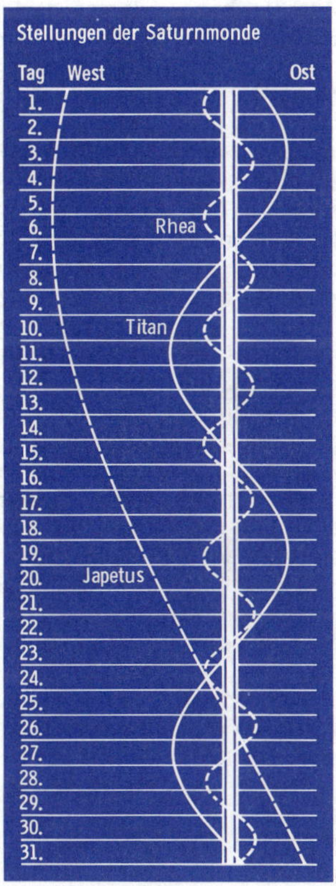

12.7 (links oben): Sternbild Stier mit den offenen Sternhaufen Hyaden und Plejaden. Die Hyaden sind in der Bildmitte zu erkennen, die Plejaden als dicht gedrängter Haufen im rechten Teil des Bildes. Links sieht man die Leuchtspur eines Meteors. (Aufnahme von Gutzeit/Idler, Schwäbische Sternwarte Stuttgart).

12.8 (links unten): Der offene Sternhaufen der Plejaden nach einem Gemälde von Andreas von Retyi aus Coburg.

Konstellationen und Ereignisse im Dezember

Datum	MEZ	Ereignis
10.	6^h	**Mond 4° südsüdwestlich von Jupiter**
10.	9	Mond bei Jupiter, Mond 4° südlich
15.	13	Mond bei Neptun, Mond 3° nördlich
15.	14	Mond bei Uranus, Mond 4° nördlich
18.	11	Mond bei Saturn, Mond 7° nördlich
21.	21^h26^m	**Sonne im Winterpunkt,** Wintersonnenwende
25.	14	Merkur im Aphel
27.	3	Mars in Konjunktion mit der Sonne

tief im Südosten vor Sonnenaufgang erspähen. Die Zuhilfenahme eines Fernglases ist zu empfehlen. Am 1. geht der Morgenstern um 6^h55^m auf, am 5. um 7^h07^m und am 10. um 7^h21^m. Nach dem 5. wird man vergeblich nach Venus Ausschau halten. Zum Jahresausklang bleibt der innere Nachbarplanet unserer Erde unsichtbar.

Mars wird am 27. von der Sonne eingeholt. An diesem Tag steht er in Konjunktion mit ihr. Er geht mit der Sonne auf und mit ihr unter, befindet sich also am Taghimmel und kann nachts daher nicht gesehen werden. Am Tag der Konjunktion ist Mars 363,2 Millionen Kilometer von der Erde entfernt.

Am 8. beginnt auf der Nordhalbkugel des Mars der Herbst.

Jupiter kann am Morgenhimmel gesehen werden. Der Riesenplanet verläßt die Jungfrau und wechselt in die Waage (siehe auch Abb. 3.2 auf Seite 74). Jupiter geht nun immer früher auf und dehnt seine Morgensichtbarkeit auf rund vier Stunden bis Jahresende aus. Steigt der Riesenplanet am 1. noch um 4^h44^m über die Horizontlinie, so erfolgt sein Aufgang am 15. um 4^h04^m und am 31. bereits um 3^h16^m. Die Jupiterhelligkeit steigt leicht auf $-1\overset{m}{,}8$ an. Der Äquatordurchmesser des Jupiterscheibchens erreicht $33\overset{''}{,}5$.

Am 10. besucht die abnehmende Mondsichel den Riesenplaneten – ein netter Anblick am Morgenhimmel gegen 6^h30^m (siehe Abb. 12.1 auf Seite 196).

Saturn läßt das Jahr am Abendhimmel ausklingen. Der Ringplanet wandert rechtläufig durch den Steinbock und überschreitet zu Jahresende abermals die Grenze zum Wassermann (siehe Abb. 7.3 auf Seite 131).

Die Sichtbarkeitszeit des Saturn geht erheblich zurück. Wenn die Dunkelheit hereinbricht, steht der Ringplanet bereits im Südwesten und hat den Meridian längst durchschritten. Seine sommerliche Glanzzeit hat Saturn hinter sich.

Die Untergangszeiten des Ringplaneten verschieben sich während des Monats von 22^h18^m am 1. auf 21^h28^m am 15. und auf 20^h33^m am Silvestertag. Die Helligkeit von Saturn geht abermals leicht zurück und beträgt zum Jahresende $0\overset{m}{,}9$.

Am letzten Tag des Jahres ist Saturn 1558 Millionen Kilometer von der Erde entfernt. Im Fernrohr zeigt Saturn ein Scheibchen von $15\overset{''}{,}9$ scheinbarem Äquatordurchmesser, der Längsdurchmesser des Ringes ist $36\overset{''}{,}0$ groß, die Ringöffnung beträgt $11\overset{\circ}{,}7$.

Uranus im Schützen ist vom Abendhimmel abgetreten und bleibt unbeobachtbar. Er nähert sich seiner Konjunktion mit der Sonne, die er am 12. Januar 1994 erreichen wird.

Neptun, ebenfalls im Schützen, wird von der Sonne verfolgt und bleibt unbeobachtbar. Am 11. Januar 1994 wird er schließlich in Konjunktion mit ihr stehen.

Planetoiden

Ceres (1) im Walfisch beendet am 16. ihre rückläufige Bewegung in Rektaszension und wird wieder rechtläufig. Gleichzeitig strebt sie nach Norden, ihre Deklinationen wach-

sen an (siehe auch Abb. 10.3 auf Seite 172). Ihre Helligkeit sinkt weiter ab und beträgt am Jahresende nur noch $8^m{,}6$.
Am 1. passiert Ceres um 21^h16^m den Meridian, am 15. um 20^h18^m und am 31. um 19^h18^m. Am letzten Tag des Jahres geht Ceres um 1^h34^m unter.
Vesta (4), rechtläufig im Wassermann, kann nach Einbruch der Dunkelheit noch am frühen Abendhimmel aufgesucht werden. Im ersten Monatsdrittel passiert sie Skat (δ Aquarii) in geringem nördlichem Abstand (siehe Abb. 7.3 auf Seite 131). Ihre Helligkeit sinkt von $7^m{,}7$ auf $8^m{,}0$ ab, was Vesta wenig attraktiv werden läßt. Jetzt macht es schon Mühe, den Planetoiden Nr. 4 aufzufinden.
Vesta verlagert ihre Kulminationen von 18^h22^m am 1. auf 17^h43^m am 15. und auf 17^h01^m am 31. Am letzten Tag des Jahres geht sie schließlich um 22^h10^m unter.

Periodische Sternschnuppenströme im Dezember

Vom 6. bis 17. Dezember macht sich der ekliptikale Strom der **Geminiden** bemerkbar. Ihr Ausstrahlungspunkt liegt in den Zwillingen, rund 1° südwestlich von Kastor. Das Maximum tritt in den Abendstunden des 12. Dezember ein, wenn stündlich bis zu sechzig Meteore, mitunter auch sehr helle Objekte, über den Himmel huschen. Die Geschwindigkeiten liegen um 40 Kilometer pro Sekunde, Beobachtungszeit: 21^h bis 6^h.
Vom 17. bis 24. Dezember tauchen die **Ursiden** auf, deren Radiant im Sternbild Kleiner Bär zu finden ist. Ihr scharfes Maximum erreichen die Ursiden-Meteore in der Nacht vom 21. auf 22. Dezember gegen Mitternacht. Da der Radiant zirkumpolar ist, können die Ursiden die ganze Nacht beobachtet werden. Der Ursprung der Ursiden wird auf den Kometen 1858 I Tuttle zurückgeführt. Die Sternschnuppen haben mittlere Geschwindigkeiten von 35 Kilometer pro Sekunde. In den letzten Jahren wurden rund 20 Objekte pro Stunde im Maximum registriert. Die Tendenz ist steigend.
Wenig bekannt noch ist der Strom mit dem Namen **Coma Bereniciden,** dessen Radiant im Haar der Berenike liegt und die um die Jahreswende auftreten – etwa von Mitte Dezember bis Mitte Januar. Es handelt sich um sehr schnelle Objekte (um 65 Kilometer pro Sekunde). Über Häufigkeit und Maximumszeit gibt es noch kaum Angaben – ein dankbares Feld für ernsthafte Amateurastronomen.

Der Fixsternhimmel im Dezember

Die Situation des Fixsternhimmels ähnelt wieder der zu Jahresbeginn im Januar: Der Kreis der Vorstellungen auf der Himmelsbühne schließt sich, das Jahr neigt sich seinem Ende zu. Allerdings fehlen noch zwei Stunden, was dadurch bemerkbar wird, daß zwar alle Winterbilder im Osten schon aufgegangen sind, aber tiefer als im Januar stehen. Besonders deutlich ist dies an Sirius zu erkennen, der im Südosten gerade die Horizontlinie überschritten hat, während Teile des Großen Hundes sich noch unter dem Horizont befinden.
Die Herbstbilder nehmen nun den Westhimmel ein. Eine Ausnahme bildet Perseus, der den Platz um den Scheitelpunkt (Zenit) besetzt hält. Das Sommerdreieck löst sich auf, denn Atair im Adler ist kurz vor seinem Untergang. Tief im Nordwesten flackert die bei uns fast zirkumpolare Wega, etwas höher im Westen erkennt man Deneb im Schwan. Die Kassiopeia, das Himmels-W, hat den Meridiandurchgang hinter sich, der Große Wa-

Veränderliche Sterne im Dezember

Algol-Minima	1. 16^h47^m	10. 7^h13^m	13. 4^h02^m	16. 0^h51^m	18. 21^h39^m	21. 18^h28^m
β-Lyrae-Minima	5. 1^h	17. 23^h	30. 22^h			
δ-Cephei-Maxima	3. 12^h	8. 20^h	14. 5^h	19. 14^h	24. 23^h	30. 8^h
Mira-Helligkeit	9^m – 10^m, kurz vor dem Minimum					

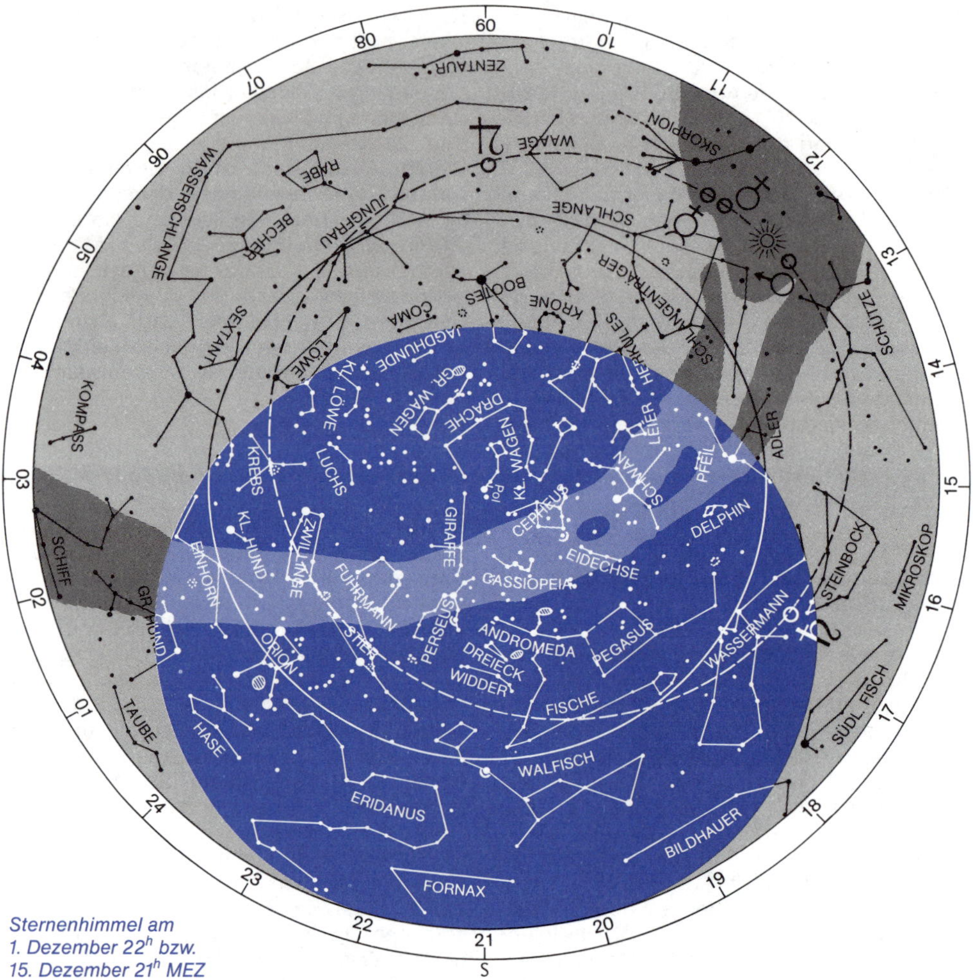

Sternenhimmel am
1. Dezember 22^h bzw.
15. Dezember 21^h MEZ

gen beginnt im Norden wieder mit seinem Aufstieg.

Am Westhimmel dominieren das Pegasusquadrat und die Sternenkette der Andromeda. Die Fische sind wenig auffällig, ebenso wie tief im Südwesten der Wassermann und der Walfisch; sie beleben die Himmelsszene kaum.

Hoch im Süden geht gerade das kleine, aber leicht erkennbare Bild des Widders durch den Meridian. In der östlichen Himmelshälfte wimmelt es nur so von hellen Sternen. Neben dem klassischen Wintersechseck, bestehend aus Aldebaran im Stier, Rigel im Orion, Sirius im Großen Hund, Prokyon im Kleinen Hund, Pollux in den Zwillingen und Kapella im Fuhrmann, beleben noch Beteigeuze und Kastor die Szene.

Aus der Sagenwelt der Sternbilder:
Die Hyaden und die Plejaden

Die Hyaden und die Plejaden sind heute keine eigenen Sternbilder, sondern gehören zum Stier. Sie sind offene Sternhaufen und so auffällig, daß sie schon in den ältesten astronomischen Quellen erwähnt werden. Um beide Konstellationen ranken sich zahlreiche Mythen und Sagen. Denn sowohl die Hyaden als auch die Plejaden sind die markantesten Sternhaufen, die in unseren Breiten zur Winterzeit hoch am Himmel stehen und auch von Laien als recht beeindruckende Sternenansammlungen empfunden werden. Hinzu kommt, daß mitten in den Hyaden ein heller, orangeroter Stern steht, Aldebaran, der Hauptstern des Stieres. Außerdem verläuft die scheinbare Sonnenbahn, die Ekliptik, zwischen beiden Haufen. Im letzten Maidrittel wandert die Sonne zwischen Hyaden und Plejaden hindurch. Da auch Mond und Planeten entlang des Tierkreises laufen, findet man öfter einen hellen Wandelstern zwischen beiden Sternhaufen.
Hyaden und Plejaden werden gerne als „Goldenes Tor der Ekliptik" bezeichnet, weil Sonne, Mond und Planeten von Zeit zu Zeit zwischen beiden Sternhaufen hindurchlaufen. Da die Bahn des Mondes rund 5° zur Ekliptik geneigt ist, bedeckt dieser gelegentlich auch die Plejadensterne.
Die Hyaden markieren den v-förmigen Stierkopf. Ihre Längsausdehnung beträgt etwa 4,°5. Mit 140 Lichtjahren Entfernung sind die Hyaden der uns nächststehende offene Sternhaufen. Wegen seiner geringen Entfernung erscheinen uns die Hyadensterne relativ weit verstreut. Mitten in den Hyaden leuchtet Aldebaran (α Tauri), der aber nicht zu den Hyaden gehört. Er ist ein Vordergrundstern, der nur halb so weit entfernt ist wie die Hyadensterne. Mit bloßen Augen sind etwa ein Dutzend Mitgliedssterne zu erkennen. Insgesamt gehören rund 200 Sterne zu den Hyaden.
Der griechischen Mythologie nach sind die Hyaden die sieben Töchter des Atlas und der Aethra. Sie sind somit Halbschwestern der Plejaden, die ebenfalls Atlas zum Vater haben. Von HESIOD, dem griechischen Dichter (um 800 vor Chr.) kennen wir die Namen der Hyaden, allerdings nur fünf: Kleea, Eudora, Koronis, Phaeo und Phaesula. Aus anderen Quellen sind auch die restlichen beiden Namen überliefert: Dione und Thyene (bzw. Thyrene). Es gibt allerdings keine Liste, in der die Namen den einzelnen Hyadensternen zugeordnet sind.
Die Sage berichtet, daß Hya, der Bruder der Hyaden, die als Flußnymphen gelten, bei einem seiner Jagdzüge in Libyen von einem wilden Eber getötet wird. Einer anderen Version nach ist es ein Löwe, der Hya zerfleischt. Die Schwestern sind untröstlich, weinen Tag und Nacht um ihren Bruder und nehmen sich schließlich das Leben.
Zeus schuldet den Hyaden jedoch Dank, denn Hermes überließ ihnen den kleinen Dionysos, den sie hegten und pflegten. Aus

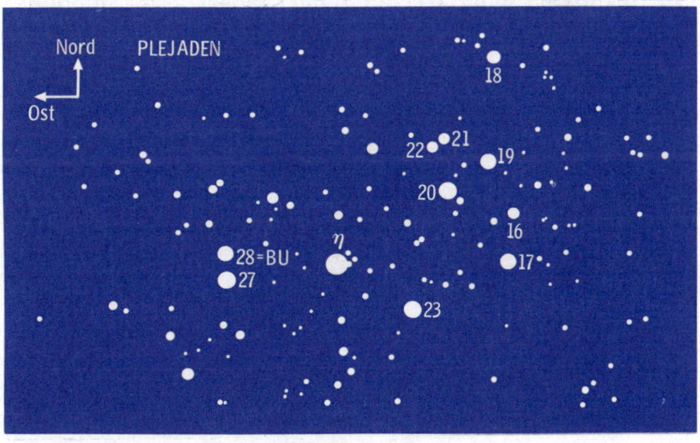

12.3: Karte des offenen Sternhaufens Plejaden im Stier.

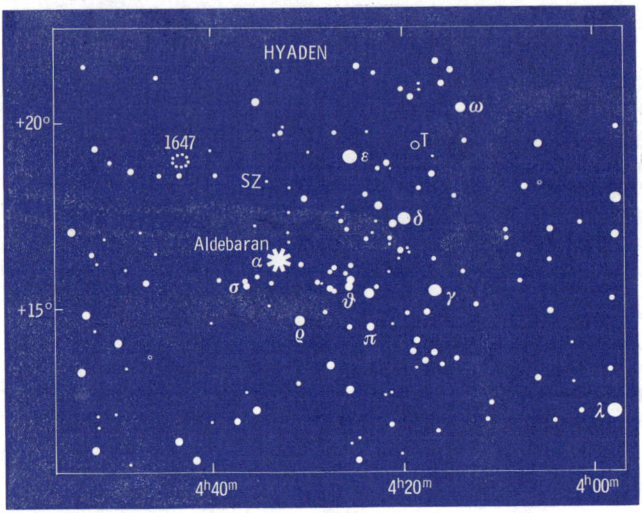

12.4: Karte des offenen Sternhaufens Hyaden im Stier. Der Hauptstern des Stieres, Aldebaran, liegt mitten in den Hyaden, gehört aber als Vordergrundstern nicht zu diesem Haufen. Eingetragen ist ferner die Position des weit entfernten, offenen Haufens NGC 1647 im Stier.

Mitleid mit ihrem unseligen Schicksal versetzt der Götterboß die trauernden Schwestern unter die Sterne, wo sie heute noch vereint glänzen und als Sternhaufen der Hyaden zu bewundern sind. Sobald die Hyaden am nächtlichen Sternenhimmel erscheinen, fallen ihre Tränen, die sie um ihren Bruder Hya vergießen, als Regen zur Erde. Die Hyaden werden deshalb Regengestirn genannt, HOMER berichtet von den regenbringenden Hyaden. Auch im alten China der vorkonfuzianischen Zeit wird im Buch der Gesänge von Shih Ching, dem Regengestirn, berichtet, das identisch mit den Hyaden ist. Bei vielen Völkern werden die Hyaden mit regnerischem Wetter in Verbindung gebracht. Die griechische Bezeichnung Hyaden kommt denn auch von ὕειν (griech.), was „regnen“ heißt. Die Hyaden tauchen im Oktober am Abendhimmel auf und ziehen sich im April vom Abendhimmel wieder zurück. Da in etlichen Gegenden um diese Zeit mehr oder minder ergiebige Regenfälle einsetzen, so hat sich die Bezeichnung „Regengestirn“ oftmals bestätigt.

Bei CICERO findet man die Bezeichnung Suculae, die Schweinefamilie, für die Hyaden. Aldebaran markiert die Muttersau, um die sich die Hyadensterne als Ferkel scharen. Die römischen Dichter HORAZ, OVID und VERGIL hingegen bedienen sich der griechischen Bezeichnung ὑάφες (Hyaden).

Die hellsten Hyadensterne

Bezeichnung	Scheinbare Helligkeit	Spektraltyp	Bemerkungen
γ Tau	$3^m\!,6$	K0 III	
δ_1 Tau	3,8	K0 III	
δ_3 Tau	4,3	A2 V	Doppelstern: 4,3/A1 7,6/G0 1″,6
ε Tau	3,5	K0 III	
ϑ_1 Tau	3,8	K0 III	Fernglasobjekt Distanz $\vartheta_{1,2}$: 5′,7
ϑ_2 Tau	3,4	A7 III	Farbkontrast orange-weiß!

Die Sterne der Plejaden

Bezeichnung	Eigenname	Scheinbare Helligkeit	Spektraltyp	Bemerkungen
η Tau	Alcyone	$2\overset{\mathrm{m}}{,}8$	B7 III	hellster Plejadenstern, liegt im Zentrum, Vierfachstern
16 Tau	Celaeno	5,5	B7 IV	
17 Tau	Elektra	3,7	B6 III	
18 Tau	–	5,7	B8 V	
19 Tau	Taygeta	4,3	B6 IV	
20 Tau	Maia	3,9	B7 III	
21 Tau	Asterope	5,8	B8e V	
22 Tau	–	6,4	B9 V	
23 Tau	Merope	4,2	B6 IV	
27 Tau	Atlas	3,6	B8 III	
28 Tau (= BU Tau)	Pleione	4,8–5,5	B8e V	eruptiv Variabler, unregelmäßiger Lichtwechsel

Die Araber sahen in den Hyaden eine Herde von Kamelen. Aldebaran spielte dabei die Rolle eines großen Leitkamels. In Zentralafrika glaubte man in diesem Sternenareal eine Erdratte zu erkennen.
Für die nordischen Völker stellten die Hyaden den weit aufgerissenen Rachen des Fenriswolfes dar.
Im geheimnisvollen Cthulu-Mythos wird von einem dunklen Stern in den Hyaden berichtet, der gegenwärtig der Aufenthaltsort des „alten Einen" sein soll, der einen erschauern läßt vor den Abgründen jenseits von Raum und Zeit, jener, der einst die Erde beherrschte und nun versucht, sie wieder zurückzuerobern. Bei den Bulgaren ist Aldebaran ein Dudelsackpfeifer, und die Sterne der Hyaden umringen ihn als Tänzer.
Etwa 12° nordwestlich von den Hyaden stehen die Plejaden. Sie haben in Messiers Katalog die Nummer 45 erhalten. M 45 ist rund dreimal soweit wie die Hyaden entfernt, weshalb der Haufen auch dichter gedrängt erscheint. M 45 ist *das* ideale Feldstecherobjekt. Mit freien Augen sind sechs bis neun Plejadensterne zu sehen, mit einem lichtstarken Fernglas oder kleinem Teleskop kann man einige Dutzend Haufenmitglieder erkennen. Insgesamt gehören rund 250 Sterne zu den Plejaden.

Die Plejaden sind als Siebengestirn weithin bekannt. Sie sind die sieben Töchter des Atlas und der Pleione. Die Zahl Sieben kommt auch bei anderen Völkern häufig vor: Einmal sind es sieben Jungfrauen, dann die sieben Schwestern des Atlantiks, sieben tanzende Mädchen, sieben Knaben, sieben Gärtnerinnen, sieben Wespen, sieben Hexen, sieben Küken, sieben Eber usw.
Der klassischen Mythologie nach werden die Plejaden vom lüsternen Himmelsjäger Orion verfolgt. Neun Jahre fliehen die Mädchen vor Orion durch die finsteren Wälder Böotiens. Als Orion sie endlich einholt, fliegen sie als sieben Tauben gen Himmel. Der Göttervater Zeus rettet die sieben Nymphen samt ihren Eltern endgültig vor den Nachstellungen des Orion, indem er die Plejaden unter die Sterne versetzt. Nach wie vor verfolgt Orion als Sternbild im täglichen Himmelsreigen die Plejaden, kann sie aber nie einholen.
Die Plejaden sind als Töchter des Atlas und der Pleione, wie eingangs erwähnt, die Halbschwestern der Hyaden. Sie heißen Alcyone, Celaeno, Elektra, Taygeta, Maia, Asterope und Merope. Alcyone ist mit $2\overset{\mathrm{m}}{,}9$ der hellste Plejadenstern und liegt im Zentrum des Haufens. Er ist ein berühmter Vierfachstern. Celaeno und Asterope sowie Pleione sind mit fünfeinhalb Größenklassen die licht-

schwächsten der neun helleren Plejadensterne. Normalerweise sieht man nur sechs Sterne mit bloßem Auge. Bei besonders guten Sichtbedingungen zeigen sich auch die schüchternen Töchter Celaeno und Asterope gemeinsam mit ihrer Mutter Pleione, so daß man neun Sterne erkennt (siehe auch Tabelle auf Seite 207). Elektra und Maia sind in der Mythologie herausgehoben: Elektra gebar dem Zeus den Dardanos, den Stammvater der Trojaner, Maia hingegen Hermes, den eiligen Götterboten, Schutzherr der Kaufleute und der Diebe.

Einer anderen Quelle nach soll sich die Bezeichnung Plejaden vom πλείω (griech.) ableiten, was zur See fahren heißt. Ihr Auftauchen am Morgenhimmel fiel zeitgleich mit dem Beginn der Seefahrtssaison im alten Griechenland zusammen. Interessant ist in diesem Zusammenhang, daß auch in Deutschland die Plejaden eine Zeitlang als Schiffahrtsgestirn bezeichnet wurden. Weitere Bezeichnungen in unserem Sprachraum für die Plejaden sind Gluckhenne und Kuckucksgestirn. Die Gluckhenne wird dabei vom hellen, zentral gelegenen Stern Alcyone markiert, die umgebenden übrigen Plejadensterne stellen die Küken dar. Wenn im Frühjahr der Kuckuck zu rufen beginnt, dann geht das Siebengestirn unter.

Auch die sieben Geißlein aus dem bekannten Märchen „Der Wolf und die sieben Geißlein" werden in den Plejadensternen gesehen. Der Wolf ist der Mond, der die Plejadensterne von Zeit zu Zeit bedeckt, also symbolisch auffrißt und dann wieder freigibt.

Wie die Hyaden gehören auch die Plejaden zu den ältesten, einst selbständigen Sternbildern. Schon bei den alten Israeliten heißt es im Buch Hiob 38, 31: „Verknüpfst du das Band der Plejaden? Oder löst du die Fesseln des Orion?" Bei den Römern hießen die Plejaden Vergiliae, die zu einem Geflecht gehörigen Sterne.

Manche Laien verwechseln das Sternengrüppchen der Plejaden mit dem Sternbild Kleiner Wagen. Zwar steht dieses Bild ganz woanders, nämlich in der Gegend des Himmelsnordpols. Dennoch wird für die Plejaden gelegentlich die Bezeichnung „Leiterwägelchen" verwendet.

In China stellen die Plejaden sieben Schwestern dar, die als Gärtnerinnen zur Erde herabsteigen und nach getaner Arbeit wieder in den Himmel entschwinden. Die Plejaden werden als Sterne des Frühlings, der blühenden Blumen angesehen, da im Mai die Sonne an ihnen vorbeizieht. In den Schriften der Buddhisten wird die Geburt eines heiligen Kindes prophezeit, wenn das „Blumengestirn" im Osten erscheint. Das Blumengestirn bezieht sich dabei auf die Plejaden. Im Mond-Tierkreis der Hindi heißen die Plejaden Krittika, der Führer der himmlischen Heerscharen. In späterer Zeit repräsentieren sie Lichter, die zum Lampenfest Dibali leuchten. In Persien waren die Plejaden glänzende Perlen, Zeichen der Unsterblichkeit.

In der Indianersage der Kiowa wieder sind die Plejadensterne sieben Indianermädchen. Im Nordosten von Wyoming steht Mateo Tepe, der Teufelsturm, ein steiler und eindrucksvoller Felsenberg. Sieben Mädchen fliehen vor einem wilden Bären. In ihrer Not klettern sie auf den Mateo Tepe, der Bär ihnen nach. Der Große Geist läßt jedoch den Berg immer höher emporwachsen, die Indianermädchen werden bis in den Himmel gehoben, wo sie heute noch als Plejadensterne zu sehen sind.

Andere Indianerstämme sahen in den Plejaden eine Schar Knaben, wieder andere summende Wespen. In tropischen Gegenden gelten die Plejaden als Künder der Regenzeit. Die Eskimos wieder erkennen in ihnen eine Gruppe von Personen, denen Essen ausgeteilt wird. Bei den Einwohnern von Tonga und den Gesellschaftsinseln hießen die Plejaden Matarii, die „kleinen Augen".

In Australien ist die Sage von Orion und den fliehenden Plejaden in einer modernen Version lebendig: Hier stellen die Plejadensterne tanzende Mädchen dar, die von drei jungen Männern, markiert von den drei Gürtelsternen des Orion, verfolgt werden.

In Rußland nennt man die Plejaden Baba, das alte Weib. Der Name bezieht sich auf Baba Yaga, die alte Zauberin, die durch den Himmel fliegt. Im Mittelalter wurden die Plejaden mit dem Hexensabbat in Verbindung gebracht. Wenn sie um Mitternacht kulminieren, was um den 21. November der Fall ist, so feiern die Hexen auf dem Brocken im Harz ihr Fest.

Der hellste Stern in den Plejaden, Alcyone, hieß bei den Arabern Al Wasat, was soviel wie „der eine im Zentrum" bedeutet. Die HINDUS wieder nannten ihn Amba, was schlicht „die Mutter" heißt.

Hyaden und Plejaden haben als eindrucksvolle Sternhaufen viele Völker beeindruckt und ihre Phantasie angeregt. Doch auch die moderne Astronomie beschäftigt sich mit ihnen. Denn sowohl für die Entfernungsbestimmung als auch für Untersuchungen zur Sternentwicklung spielen diese beiden offenen Haufen eine entscheidende Schlüsselrolle.

Beide Haufen sind junge Objekte. Das Alter der Plejaden wird auf etwa sechzig bis siebzig Millionen Jahre geschätzt, die Hyaden dürften etwas älter sein.

Das Klima im Dezember

Der letzte Monat des Jahres ist meteorologisch gesehen der erste Wintermonat. Im Dezember liegt auch der astronomische Winterbeginn. Die Temperaturen sinken weiter ab, Nebel und tiefliegende Wolkenfelder sind charakteristisch.

Die mittlere Monatsdurchschnittstemperatur sinkt auf 1,5 °C. Die mittlere Tageshöchsttemperatur beträgt 15 °C, die mittlere gemessene Tiefsttemperatur liegt bei −20 °C. Im Mittel ist mit 15 Frosttagen zu rechnen, davon sind drei bis acht Eistage. An durchschnittlich 17 Tagen fällt Niederschlag. Der Dezember ist der niederschlagsreichste Wintermonat. Mit vermehrter Glatteisbildung ist zu rechnen. Schneefälle setzen nun öfter ein, in Höhenlagen kommt es erstmals zu einer geschlossenen Schneedecke.

Die mittlere Sonnenscheindauer beträgt im Monat der Wintersonnenwende nur 40 Stunden. In Berglagen oberhalb der Nebelzone wird diese Zeit oft erheblich überschritten (bis 100 Sonnenscheinstunden).

In tiefen Lagen ist vermehrt mit Nebelbildung zu rechnen. In großen Städten und Industriegebieten tritt Smoggefahr auf.

Witterungsverlauf: In den ersten zehn Tagen herrscht häufig eine Westwetterlage, die Regen bringt sowie milde Temperaturen ohne Frost. Feuchtwarme Meeresluft strömt in unser Gebiet. Im zweiten Monatsdrittel ist mit Einbruch russischer Kaltluft zu rechnen, eine Hochdrucklage bildet sich aus, die Nachtfröste und Glatteis mit sich bringt. Im Gebirge ist es sternklar, in den Tälern kommt es zu Nebel, der oft den ganzen Tag anhält. Um den 16. trifft meist ein kurzzeitiger Einbruch atlantischer, milder Luftmassen ein; manchmal fällt der erste Schnee des Jahres. Um den 20. ist mit einem erneuten Kälterückfall zu rechnen, der ab dem 24. oft wieder durch Erwärmung (*Weihnachtstauwetter*) gestoppt wird. Erst zu Silvester tritt erneut Kälte und Frost auf.

Monatsthema: Rigel, der helle Fußstern des Orion

Rigel gehört zu den hellen und auffälligen Sternen am Winterhimmel. Er ist der hellste Stern im Orion, dem gewaltigen Himmelsjäger. Obwohl er noch ein wenig heller als Beteigeuze, α Orionis, ist, trägt er dennoch die Bezeichnung „β" Orionis, somit also der „zweite" im Orion. Dies liegt daran, daß Beteigeuze die eine Schulter des Himmelsjägers markiert, Rigel hingegen einen Fuß. Johannes BAYER hat ihm daher in seinem 1603 erschienenen Sternatlas URANOMETRIA den griechischen Buchstaben β zugeordnet.

Auffällig ist der Farbkontrast: Während Beteigeuze rötlich leuchtet, sendet Rigel ein intensives bläulich-weißes Licht aus. Rigel markiert eine Ecke des bekannten Wintersechsecks, zu dem noch Sirius im Großen Hund, Prokyon im Kleinen Hund, Pollux in den Zwillingen, Kapella im Fuhrmann und Aldebaran im Stier gehören. Mitte Dezember findet man Rigel gegen Mitternacht in Meridiannähe, Mitte Januar kulminiert er gegen zehn Uhr abends, Mitte Februar bereits gegen 20^h Ortszeit.

Der Name Rigel stammt von den arabischen Bezeichnungen Rijl Jauzah al Yusra ab, was „der linke Fuß des Riesen" bedeutet. Aber auch die arabische Version Al Najid, der Eroberer, war gelegentlich in Gebrauch.

Der persische Astronom AL SUFI (um 950 n. Chr.) sah in Rigel einen Hirten, wobei α, γ, δ und $\varkappa$ Orionis die Kamele darstellten. Bei den Hebräern hieß Rigel Kesil, was ebenfalls Fuß heißt. Die Sterndeuter behaupten, daß die unter Rigel Geborenen zu Ruhm und Ehre gelangen sollen. Auch vom königlichen Rigel (engl.: Regal Rigel) ist gelegentlich die Rede. Im nordischen Sagenkreis stellt Rigel die eine große Zehe des Riesen Orwandil dar. Die andere, durch Frost erstarrt, wurde von Gott Thor abgebrochen und gen Himmel geschleudert, wo sie heute als Stern Alkor im Großen Wagen (Begleiter des mittleren Deichselsterns) zu sehen ist.

Mit $0^m{,}12$ scheinbarer Helligkeit ist Rigel der siebthellste Stern am irdischen Firmament. Nicht weit von Rigel, nämlich ein wenig östlich, steht Sirius im Großen Hund, mit $-1^m{,}5$ der allerhellste Stern. Ein Laie würde sagen, wenn er Rigel mit Sirius vergleicht, Sirius ist der eindeutig „größere“ Stern. Gemeint ist damit, daß Sirius uns wesentlich heller *erscheint* als Rigel. Um aber zu wissen, welcher der beiden Sterne tatsächlich leuchtkräftiger ist, muß man ihre Entfernung kennen. Sirius ist mit knapp neun Lichtjahren Distanz ein unmittelbarer Nachbar unserer Sonne. Die Entfernung von Rigel zu bestimmen, war außerordentlich schwierig.

Trotz seiner Helligkeit, die eine gewisse Nähe zur Sonne als erste Annahme berechtigt erscheinen läßt, konnte man selbst bei sorgfältigsten Messungen keine gesicherte trigonometrische Parallaxe ableiten. Die durch den Erdumlauf bedingte jährliche Ellipsenbahn des Rigel ist viel zu klein, um auch nur einigermaßen sicher registriert zu werden. Die einst gemessene Parallaxe von $0''{,}013$ entspricht einer Rigelentfernung von 250 Lichtjahren. Diese Entfernungsangabe ist mit Sicherheit viel zu klein. Um die Rigelentfernung zu erhalten, muß man aus spektroskopischen Untersuchungen auf die wahre Leuchtkraft schließen. Rigel ist ein Stern der Spektralklasse B8, woraus sich eine Oberflächentemperatur von 12300 Kelvin (was etwa 12000 Grad Celsius entspricht) ergibt. Die Rigeloberfläche ist damit doppelt so heiß wie die der Sonne. Nach den Strahlungsgesetzen sendet daher jeder Quadratzentimeter der Rigeloberfläche sechzehnmal soviel Energie aus wie ein Quadratzentimeter Sonnenoberfläche. Die charakteristischen Linien im Rigelspektrum sind die des neutralen Wasserstoffs. Da sie relativ scharf sind, läßt sich schließen, daß Rigel ein sogenannter Überriesenstern ist, der der Leuchtkraftklasse Ia angehört. Dies bedeutet, daß Rigel rund 57000mal heller leuchtet als unsere Sonne. Sein Durchmesser übertrifft den der Sonne um das 65fache. Rigel ist damit ein wahrer Riesenstern, der fast den Durchmesser der Merkurbahn erreicht. Aus der 57000fachen Sonnenleuchtkraft und der scheinbaren Helligkeit von $0^m{,}1$ ergibt sich eine Rigelentfernung von 900 Lichtjahren. Damit ist Rigel über hundertmal soweit entfernt wie Sirius.

Stünde Rigel in Siriusdistanz, so erschiene er uns als gleißend heller Stern von $-10^m{,}0$ scheinbarer Helligkeit! Nach Sonne und Mond wäre Rigel dann das weitaus hellste Gestirn am irdischen Firmament, Sirius hingegen wäre weit abgeschlagen.

Rigel gehört zu den leuchtkräftigsten Sternen im Universum überhaupt. Nur jeder tausendste Stern kommt mit seiner Leuchtkraft an Rigel heran. Unter den dreihundert sonnennächsten Sternen ist kein einziger, der die Leuchtkraft von Rigel aufweist. Rigel besitzt die enorme Masse vom 25fachen der Sonnenmasse. Solch massereichen Sterne

12.5: Lage des Sternes Rigel im Sternbild Orion.

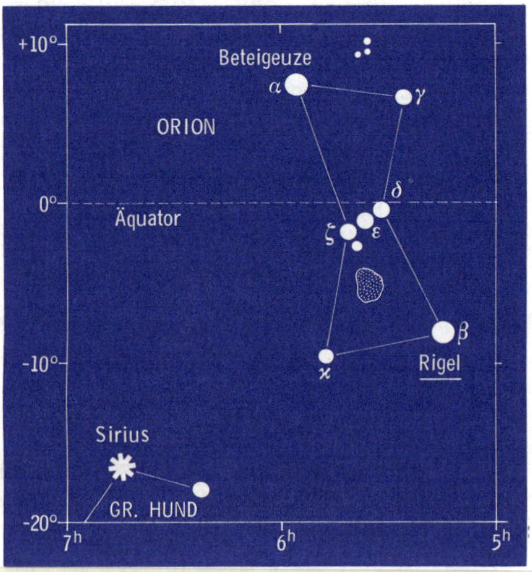

gehen viel verschwenderischer mit ihren Energievorräten um als Sterne, die nur eine Sonnenmasse oder noch weniger aufweisen. Durch die hohe Zentraltemperatur von rund 100 Millionen Kelvin wird das Atomfeuer entsprechend angefacht. Unsere Sonne dagegen ist im Kern „nur“ 15 Millionen Kelvin heiß. Der innere Aufbau des Rigelglobus zeigt eine entscheidende Abweichung von unserer Sonne. Während die Sonne in weiten Bereichen eine stabile Schichtung aufweist und die Energie vornehmlich durch Strahlung zur Oberfläche transportiert wird, so daß erst in Oberflächennähe Konvektion auftritt, also Durchmischung infolge thermischer Turbulenzbewegung, ist im Inneren von Rigel der Temperaturabfall nach außen so groß, daß die Energie, die im Zentrum durch Kernfusion entsteht, nicht mehr durch Strahlungstransport allein weiter geleitet werden kann.

12. 6: Das Sternbild Orion mit dem hellen Stern Rigel (rechts unten).

Rigel in Zahlen

Koordinaten	Rektaszension (α)	Deklination (δ)
für das Äquinoktium		
(1900)	$5^h09^m43{,}^s9$	$-8°19'01''$
(1993)	5 14 10,6	−8 12 36
(2000)	5 14 32,2	−8 12 06

Bezeichnungen und Katalognummern:
Rigel / β Orionis / BD −8°1063 // HD 34085 I
HR 1713 Flamsteed Nr. 19 Pt (Ptolemaios) 35

Entfernung: 900 Lichtjahre ≙ Parallaxe: $\pi = 0{,}''0036$

	Rigel A	Rigel B	Rigel C
Scheinbare Helligkeit (V):	$0{,}^m12$	in $9{,}''5$ Distanz: $6{,}^m8$	
Spektraltyp:	B8 Ia	B9 V	B9 V
Absolute Helligkeit:	$-7{,}^M1$	$-0{,}^M4$	$0{,}^M2$
Leuchtkraft (Sonne = 1):	57 000	100	50
Durchmesser in Mio km:	90	2,8	2,1
Durchmesser (Sonne = 1):	65	2	1,5
Masse (Sonne = 1):	25	2,5	1,9
Eigenbewegung:	$0{,}''001$ / a		
Radialgeschwindigkeit:	+21 km/s		

Schichten heizen sich auf und beginnen konvektiv zu werden. Durch auf- und absteigende Gasmassen wird Energie ebenfalls nach außen transportiert. Rigel brodelt im Inneren, die Sternmaterie wird durchmischt. In den äußeren Schichten ist der Temperaturabfall nicht so stark, hier reicht die elektromagnetische Strahlung, um die Energie von Schicht zu Schicht zu transportieren, bis sie die Oberfläche erreicht und ins Weltall abgestrahlt wird. Im Gegensatz zur Sonne sind die äußeren Schichten von Rigel nicht konvektiv. Aufgrund seiner verschwenderischen Energieproduktion kann man schnell schließen, daß Rigel noch nicht sehr alt ist – nämlich nur einige Millionen Jahre im Gegensatz zur fünf Milliarden Jahre alten Sonne. Rigel befindet sich in einem Komplex junger, heißer, blauer Sterne im Gebiet Orion – Stier, man spricht von der Orion-Taurus-Assoziation. Rigel beleuchtet auch die Staubwolken des galaktischen Nebels IC 2118 im Eridanus. Die Leuchtkraft von Rigel ist so enorm, daß die Wolken von IC 2118, die zwanzig Lichtjahre von Rigel entfernt sind, im reflektierten Rigellicht zu erkennen sind.

Im Jahre 1830 entdeckte Friedrich G. W. STRUVE in $9''.5$ Distanz einen Begleiter von Rigel, der nur $6^{m}.8$ hell ist. Wegen des großen Helligkeitsunterschiedes ist der Begleiter nicht leicht zu erkennen. Um Rigel B zu sehen, sollte man ein Teleskop mit mindestens 15 cm freier Öffnung benutzen. Der Rigelbegleiter ist ebenfalls ein B8-Stern, also gleich heiß wie Rigel selbst und leuchtet somit auch bläulich-weiß.

Im Gegensatz zu Rigel A ist der Begleiter kein Überriese, sondern ein normaler Hauptreihenstern mit etwa dem doppelten Sonnendurchmesser, daher der große Leuchtkraftunterschied! Die räumliche Distanz zwischen Rigel A und B liegt bei 2500 A.E. (Astronomische Einheiten), also dem 2500fachen der mittleren Entfernung Erde – Sonne.

Seit der Entdeckung von Rigel B durch STRUVE hat sich der scheinbare Winkelabstand kaum geändert. Beide Sonnen zeigen dieselbe Eigenbewegung und Radialgeschwindigkeit. Sie gehören zusammen und bilden ein physisches Paar, das einander, wenn auch sehr langsam, umkreist.

Aus kurzzeitigen Variationen im Spektrum von Rigel A schloß John Stanley PLASKETT im Jahre 1908, daß Rigel A ein spektroskopischer Doppelstern ist. An verbesserten Teleskopen und Spektrographen stellte es sich aber heraus, daß Rigel A zwar kurzfristige Veränderungen im Spektrum aufweist, aber kein Doppelstern ist. Am Mt. Wilson-Observatorium in Kalifornien wurde hingegen 1937 entdeckt, daß der Begleiter von Rigel ein enger, spektroskopischer Doppelstern ist, dessen Umlaufsperiode knapp zehn Tage beträgt. Rigel C ist ein blauer Hauptreihenstern vom Typ B9. In manchen Büchern findet man noch vermerkt, daß Rigel A ein spektroskopischer Doppelstern ist. Inzwischen sind aber die spektroskopischen Besonderheiten von Rigel A weitgehend geklärt.

Rigel A ist leicht veränderlich und von einer gewaltigen Gashülle umgeben. Von Zeit zu Zeit stößt Rigel Materie aus, ähnlich wie ein Raucher Ringe in die Luft pafft. Dabei verläßt nicht die gesamte Materie Rigel. Ein Teil fällt wieder auf die Rigeloberfläche zurück, da er die Schwerkraft nicht überwinden kann. Der Astronom Daniel HAYES hat 1986 die Polarisation des Rigellichtes sorgfältig gemessen. Der Polarisationsgrad variiert dabei von Nacht zu Nacht. HAYES schließt aus seinen Polarisationsbeobachtungen, daß die Verpuffungen von Rigelmaterie in die umgebende Gashülle häufig und heftig stattfinden, wobei sie keineswegs kugelsymmetrisch sind. Der genaue Mechanismus dieses Paffens von Rigel ist noch unerforscht. Manche Fachleute vermuten, daß Rigel A ein möglicher Kandidat für eine Supernovadetonation ist, und zwar in relativ naher Zukunft. Seit der Supernova-Erscheinung 1987A weiß man, daß auch Blaue und nicht nur Rote Riesen als Supernova aufflammen können. Eine Detonation von Rigel A wäre nicht nur für Astronomen ein spektakuläres Ereignis. Für kurze Zeit würde Rigel als gleißender Lichtpunkt, hundertmal heller als der Vollmond, aufleuchten und selbst am Tage neben der Sonne ein auffälliges Objekt sein.

T.1: Die Größe der Planetenscheibchen im Jahre 1993. Man beachte den eingetragenen Maßstab in Bogensekunden. Anblick im umkehrenden Fernrohr (Norden unten, Osten rechts).

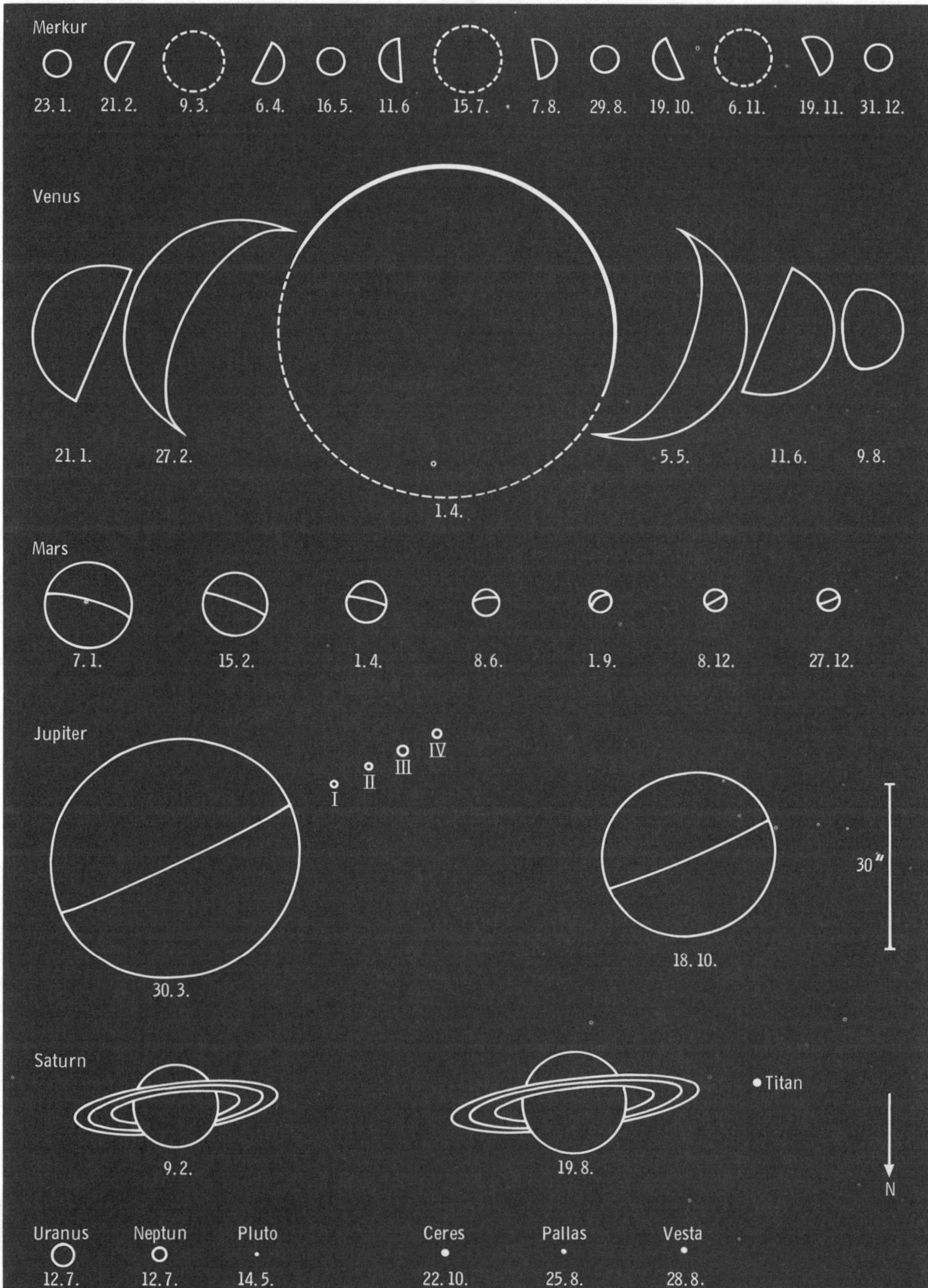
Merkur
23.1.
21.2.
9.3.
6.4.
16.5.
11.6
15.7.
7.8.
29.8.
19.10.
6.11.
19.11.
31.12.
Venus
21.1.
27.2.
1.4.
5.5.
11.6.
9.8.
Mars
7.1.
15.2.
1.4.
8.6.
1.9.
8.12.
27.12.
Jupiter
I
II
III
IV
30.3.
18.10.
30"
Saturn
9.2.
19.8.
Titan
N
Uranus
12.7.
Neptun
12.7.
Pluto
14.5.
Ceres
22.10.
Pallas
25.8.
Vesta
28.8.

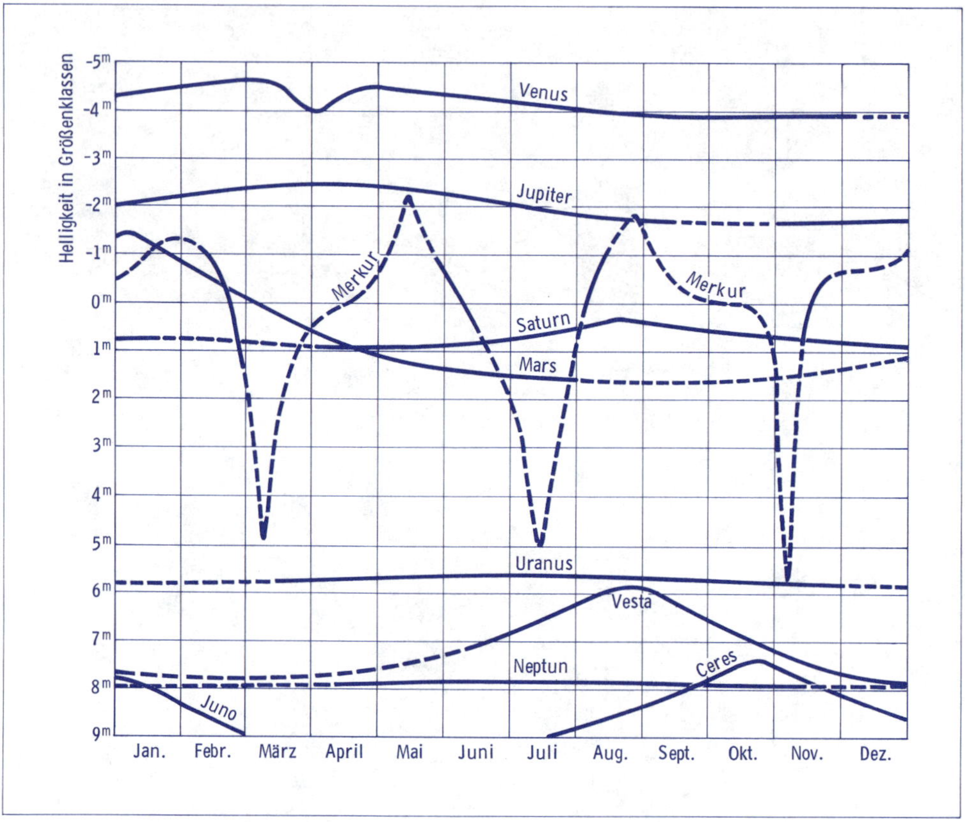

T. 2: Die Helligkeiten der Planeten 1993.

T. 3: Aufsuchkärtchen der veränderlichen Sterne Algol (β Per), β Lyrae und δ Cephei.

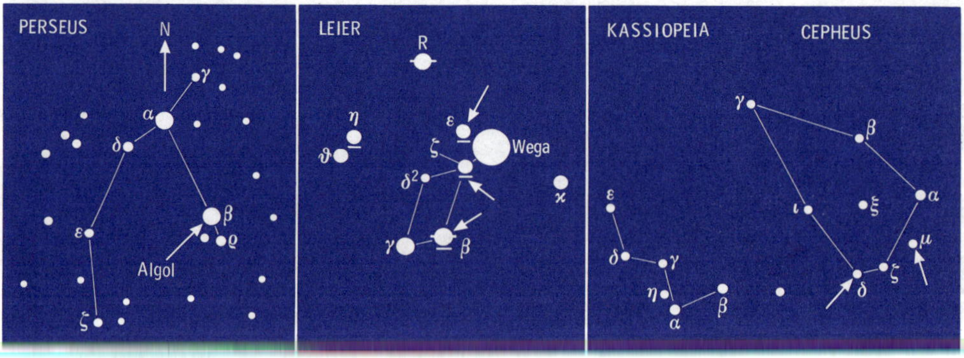

T. 4: Lage von Algol im Perseus (β Perseï). Vermerkt sind die scheinbaren Helligkeiten der Vergleichssterne ε und ϰ Perseï sowie γ Andromedae.

T. 5: (Aufsuchkärtchen Mira) findet man auf Seite 142.

T. 6: Umgebungskarte von Mira Ceti mit Vergleichssternen. Die Zahlen geben die V-Helligkeiten der Vergleichssterne an (z. B.: 5.4 = $5^m_{,}4$).

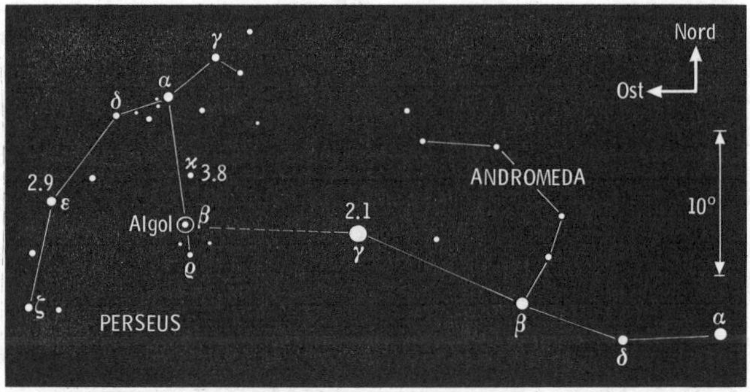

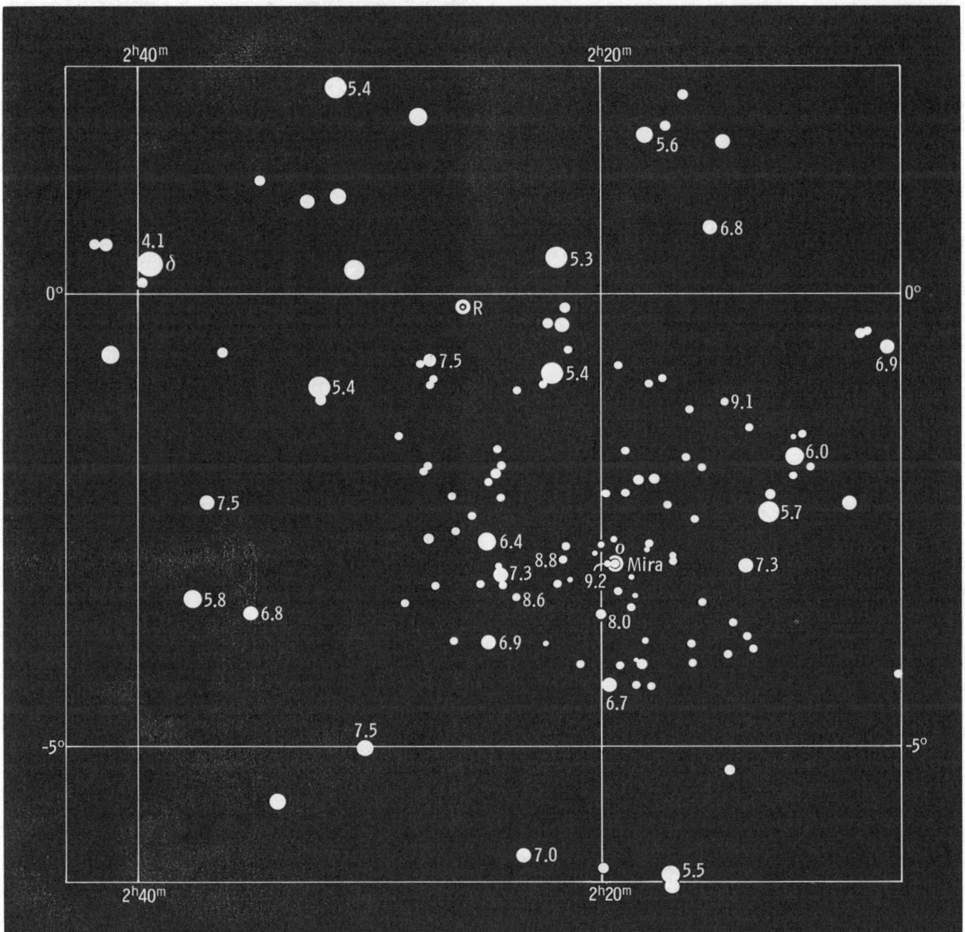

Meade 2080 LX 200
” Schmidt-Cassegrain
nit Computersteuerung
Authorized
Meade
Dealer
leade Astromomische
elescope und Zubehör
on Kosmos
MEADE LX200
Meade
ENTER
MODE
GO TO
N
W
E
S

Tabellen und Ephemeriden

Ephemeriden der großen Planeten 1993

Datum	MERKUR Rektas.	Deklin.	Kulmin.	Aufg.	Du.	bel.	VENUS Rektas.	Deklin.	Kulmin.	Unterg.	Du.	bel.
Jan. 1.	17^h49^m	−23°9	11^h28^m	7^h30^m	4″9	94%	21^h58^m	−14°1	15^h36^m	20^h32^m	20″4	60%
6.	18 23	−24,3	11 42	7 47	4,8	96	22 19	−11,8	15 36	20 44	21,3	58
11.	18 57	−24,2	11 57	8 01	4,7	98	22 38	− 9,5	15 37	20 56	22,4	55
16.	19 32	−23,6	12 12		4,7	99	22 58	− 7,1	15 36	21 07	23,5	53
21.	20 07	−22,3	12 28	Unterg.	4,7	100	23 16	− 4,7	15 34	21 17	24,8	50
26.	20 43	−20,4	12 43	17 05	4,8	100	23 33	− 2,3	15 32	21 27	26,3	48
31.	21 18	−17,8	12 59	17 35	4,9	99	23 50	+ 0,2	15 28	21 35	27,9	45
Febr. 5.	21 52	−14,7	13 13	18 08	5,2	95	0 05	+ 2,5	15 24	21 41	29,7	42
10.	22 26	−11,0	13 27	18 40	5,5	88	0 19	+ 4,8	15 18	21 47	31,7	38
15.	22 56	− 7,1	13 37	19 09	6,1	75	0 32	+ 7,0	15 11	21 50	34,0	35
20.	23 19	− 3,4	13 40	19 30	6,9	55	0 43	+ 9,0	15 02	21 51	36,6	31
25.	23 33	− 0,6	13 32	19 33	8,1	32	0 52	+10,8	14 51	21 49	39,5	27
März 2.	23 32	+ 0,5	13 10	19 15	9,4	13	0 59	+12,4	14 38	21 43	42,7	23
7.	23 20	− 0,3	12 37	18 36	10,5	2	1 02	+13,6	14 22	21 33	46,2	18
12.	23 03	− 2,6	12 01		10,9	2	1 03	+14,5	14 02	21 17	49,8	13
17.	22 50	− 5,0	11 29	Aufg.	10,6	10	0 59	+14,8	13 38	20 54	53,4	9
22.	22 46	− 6,8	11 06	5 36	9,9	21	0 53	+14,5	13 12	20 25	56,5	5
27.	22 51	− 7,5	10 52	5 25	9,1	32	0 43	+13,6	12 42		58,7	2
April 1.	23 03	− 7,3	10 45	5 17	8,3	42	0 32	+12,1	12 12	Aufg.	59,6	1
6.	23 20	− 6,3	10 44	5 10	7,6	50	0 22	+10,3	11 42	4 51	58,9	2
11.	23 42	− 4,5	10 45	5 03	7,0	57	0 14	+ 8,4	11 14	4 32	56,8	4
16.	0 06	− 2,2	10 50	4 56	6,5	64	0 09	+ 6,6	10 50	4 16	53,7	7
21.	0 33	+ 0,7	10 57	4 50	6,1	70	0 07	+ 5,2	10 30	4 02	50,1	12
26.	1 02	+ 3,9	11 07	4 44	5,8	77	0 10	+ 4,3	10 13	3 50	46,3	16
Mai 1.	1 34	+ 7,6	11 20	4 38	5,5	84	0 15	+ 3,7	9 59	3 38	42,7	21
6.	2 09	+11,5	11 36		5,2	91	0 24	+ 3,6	9 48	3 27	39,4	25
11.	2 48	+15,5	11 55	Unterg.	5,1	97	0 35	+ 3,9	9 39	3 17	36,3	29
16.	3 30	+19,2	12 18	20 05	5,1	100	0 47	+ 4,5	9 32	3 07	33,6	33
21.	4 15	+22,3	12 44	20 49	5,2	97	1 01	+ 5,3	9 26	2 58	31,2	37
26.	5 00	+24,4	13 09	21 28	5,4	88	1 16	+ 6,3	9 22	2 48	29,1	40
31.	5 43	+25,5	13 31	21 56	5,8	76	1 33	+ 7,5	9 19	2 39	27,3	43
Juni 5.	6 21	+25,5	13 49	22 13	6,4	65	1 50	+ 8,9	9 16	2 30	25,6	46
10.	6 54	+24,8	14 02	22 19	7,0	54	2 08	+10,2	9 15	2 21	24,1	49
15.	7 20	+23,5	14 08	22 16	7,7	44	2 27	+11,7	9 14	2 13	22,8	52

Datum	SATURN Rektas.	Deklin.	Kulmin.	Unterg.	Äqu.	Pol	RING Öffn.	gr.A.	kl.A.	URANUS Rektas.	Deklin.
Jan. 1.	21^h16^m	−16°9	14^h52^m	19^h31^m	15″5	14″0	15°8	35″3	9″6	19^h17^m	−22°7
16.	21 23	−16,4	13 59	18 41	15,4	13,8	15,1	34,9	9,1	19 21	−22,6
Febr. 1.	21 31	−15,8	13 04	17 49	15,3	13,7	14,3	34,6	8,6	19 25	−22,4
16.	21 38	−15,3	12 12		15,3	13,7	13,6	34,6	8,1	19 28	−22,3
März 1.	21 44	−14,8	11 27	Aufg.	15,3	13,8	12,9	34,8	7,8	19 31	−22,2
16.	21 50	−14,2	10 35	5 42	15,5	13,9	12,2	35,1	7,4	19 33	−22,2
April 1.	21 57	−13,7	9 38	4 43	15,7	14,1	11,5	35,6	7,1	19 35	−22,1
16.	22 02	−13,3	8 44	3 47	16,0	14,3	11,0	36,3	6,9	19 36	−22,1
Mai 1.	22 06	−12,9	7 50	2 50	16,4	14,7	10,5	37,1	6,8	19 36	−22,1
16.	22 09	−12,7	6 54	1 53	16,8	15,0	10,2	38,1	6,7	19 35	−22,1
Juni 1.	22 11	−12,6	5 52	0 51	17,2	15,4	10,1	39,1	6,8	19 34	−22,2
16.	22 11	−12,6	4 54	23 49	17,7	15,8	10,1	40,1	7,0	19 32	−22,2

MARS Rektas.	Deklin.	Kulmin.	Aufg.	Du.	bel.	JUPITER Rektas.	Deklin.	Kulmin.	Aufg.	Äqu.	Pol	Datum
7^h31^m	+25°,7	1^h08^m	16^h39^m	14″,9	100%	12^h52^m	− 4°,1	6^h28^m	0^h45^m	36″,4	34″,0	Jan. 1.
7 22	+26,1	0 40	16 08	14,9	100	12 53	− 4,2	6 10	0 28	37,0	34,6	6.
7 13	+26,5	0 11		14,8	100	12 54	− 4,4	5 52	0 10	37,5	35,1	11.
7 05	+26,7	23 38	Unterg.	14,5	100	12 55	− 4,4	5 33	23 48	38,1	35,6	16.
6 57	+26,9	23 11	7 48	14,2	99	12 56	− 4,5	5 14	23 29	38,7	36,2	21.
6 51	+27,0	22 45	7 23	13,7	98	12 56	− 4,5	4 54	23 09	39,3	36,7	26.
6 45	+27,0	22 20	6 58	13,2	97	12 56	− 4,5	4 35	22 50	39,9	37,3	31.
6 42	+27,0	21 57	6 35	12,7	97	12 56	− 4,4	4 15	22 29	40,4	37,8	Febr. 5.
6 39	+26,9	21 35	6 12	12,2	96	12 56	− 4,3	3 55	22 09	41,0	38,3	10.
6 39	+26,8	21 15	5 51	11,6	95	12 55	− 4,2	3 34	21 48	41,5	38,9	15.
6 39	+26,7	20 56	5 31	11,1	94	12 54	− 4,1	3 13	21 26	42,1	39,3	20.
6 41	+26,5	20 39	5 12	10,5	93	12 52	− 3,9	2 52	21 05	42,5	39,8	25.
6 44	+26,3	20 22	4 54	10,1	92	12 51	− 3,8	2 31	20 42	43,0	40,2	März 2.
6 48	+26,1	20 07	4 37	9,6	92	12 49	− 3,5	2 10	20 20	43,3	40,5	7.
6 53	+25,9	19 52	4 21	9,2	91	12 47	− 3,3	1 48	19 57	43,6	40,8	12.
6 59	+25,6	19 39	4 05	8,8	91	12 45	− 3,1	1 26	19 34	43,9	41,0	17.
7 06	+25,3	19 26	3 50	8,4	91	12 42	− 2,8	1 04	19 11	44,1	41,2	22.
7 13	+25,0	19 14	3 35	8,0	90	12 40	− 2,6	0 42	18 48	44,2	41,3	27.
7 21	+24,7	19 02	3 21	7,7	90	12 38	− 2,3	0 20		44,2	41,3	April 1.
7 29	+24,3	18 51	3 07	7,4	90	12 35	− 2,1	23 54	Unterg.	44,2	41,3	6.
7 38	+23,9	18 40	2 53	7,2	90	12 33	− 1,8	23 32	5 30	44,0	41,2	11.
7 47	+23,4	18 29	2 40	6,9	90	12 31	− 1,6	23 10	5 10	43,8	41,0	16.
7 57	+22,9	18 19	2 26	6,7	90	12 29	− 1,4	22 49	4 49	43,6	40,7	21.
8 06	+22,3	18 09	2 12	6,4	90	12 27	− 1,2	22 27	4 28	43,2	40,4	26.
8 16	+21,7	17 59	1 59	6,2	90	12 25	− 1,0	22 06	4 08	42,9	40,1	Mai 1.
8 27	+21,1	17 50	1 45	6,1	90	12 24	− 0,9	21 44	3 47	42,4	39,7	6.
8 37	+20,4	17 41	1 31	5,9	90	12 22	− 0,8	21 24	3 27	42,0	39,2	11.
8 47	+19,7	17 31	1 18	5,7	91	12 21	− 0,7	21 03	3 07	41,5	38,8	16.
8 58	+18,9	17 22	1 04	5,6	91	12 20	− 0,6	20 43	2 46	40,9	38,3	21.
9 09	+18,1	17 13	0 50	5,4	91	12 20	− 0,6	20 22	2 26	40,4	37,8	26.
9 19	+17,2	17 04	0 36	5,3	91	12 20	− 0,6	20 03	2 07	39,8	37,2	31.
9 30	+16,3	16 55	0 22	5,2	92	12 20	− 0,6	19 43	1 47	39,2	36,7	Juni 5.
9 41	+15,3	16 46	0 08	5,1	92	12 20	− 0,7	19 24	1 27	38,7	36,2	10.
9 52	+14,3	16 38	23 51	5,0	92	12 21	− 0,7	19 05	1 08	38,1	35,6	15.

URANUS Kulmin.	Aufg.	Du.	NEPTUN Rektas.	Deklin.	Kulmin.	Aufg.	Du.	PLUTO Rektas.	Deklin.	Kulmin.	Datum
12^h52^m	8^h47^m	3″,4	19^h20^m	−21°,5	12^h55^m	8^h44^m	2″,2	15^h43^m	−5°,2	9^h19^m	Jan. 1.
11 57	7 52	3,4	19 22	−21,4	11 58	7 46	2,2	15 45	−5,2	8 21	16.
10 58	6 53	3,4	19 24	−21,3	10 58	6 45	2,2	15 46	−5,1	7 20	Febr. 1.
10 03	5 56	3,4	19 27	−21,3	10 01	5 48	2,2	15 47	−5,1	6 21	16.
9 14	5 07	3,5	19 28	−21,2	9 11	4 58	2,2	15 47	−5,0	5 31	März 1.
8 18	4 10	3,5	19 30	−21,2	8 14	4 00	2,2	15 47	−4,9	4 31	16.
7 17	3 09	3,5	19 31	−21,1	7 12	2 58	2,2	15 46	−4,7	3 28	April 1.
6 19	2 11	3,6	19 31	−21,1	6 13	2 00	2,2	15 45	−4,6	2 28	16.
5 20	1 12	3,6	19 31	−21,1	5 14	1 01	2,2	15 43	−4,5	1 27	Mai 1.
4 20	0 12	3,7	19 31	−21,1	4 15	0 01	2,3	15 42	−4,4	0 27	16.
3 16	23 04	3,7	19 30	−21,1	3 11	22 53	2,3	15 40	−4,3	23 18	Juni 1.
2 15	22 04	3,7	19 28	−21,2	2 11	21 53	2,3	15 39	−4,3	22 18	16.

Datum	MERKUR Rektas.	Deklin.	Kulmin.	Unterg.	Du.	bel.	VENUS Rektas.	Deklin.	Kulmin.	Aufg.	Du.	bel.
Juni 20.	7^h41^m	+21°,9	14^h08^m	22^h04^m	8",6	34%	2^h47^m	+13°,1	9^h14^m	2^h05^m	21",6	55%
25.	7 54	+20,2	14 00	21 46	9,5	25	3 07	+14,6	9 14	1 58	20,6	57
30.	7 59	+18,7	13 45	21 22	10,4	17	3 28	+15,9	9 16	1 52	19,6	59
Juli 5.	7 57	+17,5	13 22	20 52	11,2	9	3 49	+17,2	9 18	1 47	18,8	61
10.	7 48	+16,8	12 53		11,7	3	4 11	+18,4	9 20	1 42	18,0	64
15.	7 34	+16,7	12 20	Aufg.	11,7	1	4 34	+19,5	9 23	1 39	17,3	66
20.	7 22	+17,2	11 48	4 19	11,0	4	4 58	+20,3	9 27	1 37	16,6	68
25.	7 16	+18,1	11 24	3 49	10,0	11	5 21	+21,0	9 31	1 37	16,1	69
30.	7 20	+19,1	11 09	3 28	8,8	23	5 46	+21,5	9 36	1 39	15,5	71
Aug. 4.	7 35	+19,9	11 06	3 19	7,6	39	6 10	+21,8	9 40	1 42	15,0	73
9.	8 01	+20,1	11 12	3 24	6,7	58	6 35	+21,9	9 46	1 47	14,6	75
14.	8 35	+19,3	11 27	3 43	5,9	76	7 00	+21,7	9 51	1 53	14,2	76
19.	9 13	+17,5	11 46	4 13	5,4	90	7 25	+21,2	9 56	2 01	13,8	78
24.	9 53	+14,7	12 06	4 49	5,1	98	7 50	+20,5	10 02	2 11	13,4	80
29.	10 31	+11,2	12 24		4,9	100	8 15	+19,6	10 07	2 22	13,1	81
Sept. 3.	11 07	+ 7,4	12 40	Unterg.	4,9	99	8 40	+18,4	10 12	2 34	12,8	82
8.	11 40	+ 3,4	12 53	19 11	4,9	96	9 04	+17,0	10 17	2 47	12,5	84
13.	12 10	− 0,5	13 04	19 03	4,9	93	9 29	+15,5	10 21	3 00	12,3	85
18.	12 39	− 4,2	13 13	18 54	5,1	90	9 53	+13,7	10 25	3 14	12,0	86
23.	13 07	− 7,8	13 21	18 45	5,2	86	10 16	+11,8	10 29	3 28	11,8	87
28.	13 34	−11,1	13 27	18 35	5,4	82	10 40	+ 9,7	10 33	3 42	11,6	89
Okt. 3.	13 59	−14,1	13 33	18 25	5,7	77	11 03	+ 7,5	10 36	3 57	11,4	90
8.	14 23	−16,7	13 37	18 15	6,1	71	11 26	+ 5,2	10 40	4 11	11,3	91
13.	14 45	−18,9	13 39	18 05	6,6	64	11 49	+ 2,8	10 43	4 26	11,1	92
18.	15 03	−20,5	13 36	17 54	7,2	54	12 11	+ 0,4	10 46	4 41	11,0	93
23.	15 15	−21,3	13 28	17 41	8,0	40	12 34	− 2,0	10 49	4 55	10,8	93
28.	15 16	−20,9	13 08		8,9	23	12 57	− 4,4	10 52	5 10	10,7	94
Nov. 2.	15 04	−19,0	12 34	Aufg.	9,8	6	13 20	− 6,8	10 56	5 25	10,6	95
7.	14 41	−15,6	11 52	7 07	9,9	0	13 44	− 9,2	11 00	5 41	10,5	96
12.	14 23	−12,6	11 16	6 15	9,1	13	14 08	−11,4	11 04	5 56	10,4	96
17.	14 21	−11,6	10 56	5 49	7,9	37	14 32	−13,6	11 08	6 11	10,3	97
22.	14 34	−12,6	10 50	5 48	6,8	58	14 56	−15,6	11 13	6 27	10,2	97
27.	14 56	−14,6	10 53	6 01	6,1	74	15 21	−17,4	11 18	6 42	10,2	98
Dez. 2.	15 22	−16,9	11 00	6 21	5,6	83	15 47	−19,1	11 24	6 58	10,1	98
7.	15 52	−19,2	11 10	6 44	5,2	90	16 13	−20,5	11 31	7 12	10,0	99
12.	16 23	−21,2	11 22	7 07	5,0	94	16 39	−21,7	11 37	7 26	10,0	99
17.	16 55	−22,8	11 34	7 30	4,8	96	17 06	−22,6	11 45	7 39	10,0	99
22.	17 29	−24,0	11 48	7 52	4,7	98	17 33	−23,3	11 52	7 51	9,9	99
27.	18 03	−24,7	12 03	8 11	4,7	99	18 01	−23,6	12 00	8 01	9,9	100
31.	18 31	−24,8	12 15	8 24	4,7	100	18 23	−23,7	12 06	8 07	9,9	100

Datum	SATURN Rektas.	Deklin.	Kulmin.	Aufg.	Äqu.	Pol	RING Öffn.	gr.A.	kl.A.	URANUS Rektas.	Deklin.
Juli 1.	22^h10^m	−12°,8	3^h54^m	22^h50^m	18",1	16",2	10°,3	41",0	7",3	19^h30^m	−22°,3
16.	22 08	−13,1	2 52	21 50	18,4	16,5	10,6	41,8	7,7	19 27	−22,4
Aug. 1.	22 04	−13,5	1 46	20 45	18,7	16,8	11,1	42,4	8,1	19 24	−22,5
16.	22 00	−13,9	0 42		18,8	16,9	11,6	42,6	8,6	19 22	−22,6
Sept. 1.	21 55	−14,3	23 31	Unterg.	18,8	16,8	12,1	42,6	8,9	19 20	−22,6
16.	21 51	−14,6	22 28	3 23	18,6	16,7	12,6	42,1	9,2	19 19	−22,7
Okt. 1.	21 48	−14,9	21 26	2 19	18,3	16,4	12,9	41,5	9,3	19 19	−22,7
16.	21 46	−15,0	20 25	1 18	17,9	16,1	13,1	40,6	9,2	19 20	−22,6
Nov. 1.	21 46	−15,1	19 22	0 14	17,4	15,7	13,2	39,6	9,0	19 21	−22,6
16.	21 47	−14,9	18 24	23 13	17,0	15,3	13,0	38,6	8,7	19 24	−22,5
Dez. 1.	21 50	−14,7	17 28	22 18	16,6	14,9	12,7	37,6	8,3	19 26	−22,4
16.	21 53	−14,3	16 33	21 25	16,2	14,5	12,2	36,8	7,8	19 30	−22,3
31.	21 58	−13,9	15 39	20 33	15,9	14,2	11,7	36,0	7,3	19 33	−22,2

MARS						JUPITER						
Rektas.	Deklin.	Kulmin.	Unterg.	Du.	bel.	Rektas.	Deklin.	Kulmin.	Unterg.	Äqu.	Pol.	Datum
10^h03^m	+13°,3	16^h29^m	23^h36^m	4″,9	92%	12^h22^m	− 0°,9	18^h46^m	0^h48^m	37″,6	35″,1	Juni 20.
10 14	+12,2	16 20	23 22	4,8	93	12 23	− 1,0	18 27	0 29	37,0	34,6	25.
10 25	+11,1	16 11	23 08	4,7	93	12 24	− 1,2	18 09	0 10	36,5	34,1	30.
10 36	+10,0	16 03	22 53	4,6	93	12 26	− 1,4	17 51	23 47	36,0	33,6	Juli 5.
10 47	+ 8,8	15 54	22 39	4,6	94	12 27	− 1,6	17 33	23 28	35,5	33,2	10.
10 58	+ 7,6	15 45	22 24	4,5	94	12 29	− 1,8	17 16	23 10	35,0	32,7	15.
11 09	+ 6,4	15 37	22 10	4,4	94	12 32	− 2,1	16 58	22 51	34,5	32,3	20.
11 20	+ 5,2	15 28	21 55	4,4	95	12 34	− 2,3	16 41	22 32	34,1	31,9	25.
11 31	+ 3,9	15 20	21 41	4,3	95	12 37	− 2,6	16 24	22 14	33,7	31,5	30.
11 43	+ 2,6	15 11	21 26	4,3	95	12 39	− 3,0	16 07	21 56	33,3	31,1	Aug. 4.
11 54	+ 1,3	15 03	21 12	4,2	95	12 42	− 3,3	15 50	21 37	32,9	30,8	9.
12 05	0,0	14 55	20 57	4,2	96	12 45	− 3,6	15 34	21 19	32,6	30,5	14.
12 17	− 1,3	14 47	20 43	4,1	96	12 49	− 4,0	15 17	21 01	32,3	30,2	19.
12 28	− 2,6	14 39	20 28	4,1	96	12 52	− 4,3	15 01	20 43	32,0	29,9	24.
12 40	− 3,9	14 31	20 14	4,1	97	12 55	− 4,7	14 45	20 25	31,7	29,7	29.
12 52	− 5,2	14 23	20 00	4,0	97	12 59	− 5,1	14 29	20 07	31,5	29,5	Sept. 3.
13 04	− 6,5	14 15	19 46	4,0	97	13 03	− 5,5	14 13	19 49	31,3	29,3	8.
13 16	− 7,8	14 08	19 32	4,0	97	13 06	− 5,9	13 57	19 31	31,1	29,1	13.
13 29	− 9,1	14 00	19 19	3,9	98	13 10	− 6,3	13 41	19 13	31,0	29,0	18.
13 41	−10,4	13 53	19 05	3,9	98	13 14	− 6,7	13 25	18 56	30,8	28,8	23.
13 54	−11,6	13 46	18 52	3,9	98	13 18	− 7,1	13 09	18 38	30,7	28,7	28.
14 07	−12,8	13 40	18 39	3,9	98	13 22	− 7,5	12 54	18 20	30,6	28,7	Okt. 3.
14 20	−14,0	13 33	18 26	3,9	98	13 26	− 7,9	12 38	18 03	30,6	28,6	8.
14 33	−15,2	13 27	18 14	3,9	99	13 30	− 8,3	12 22		30,5	28,6	13.
14 47	−16,3	13 21	18 02	3,8	99	13 34	− 8,7	12 07	Aufg.	30,5	28,6	18.
15 01	−17,3	13 15	17 51	3,8	99	13 38	− 9,1	11 51	6 32	30,6	28,6	23.
15 15	−18,3	13 09	17 40	3,8	99	13 42	− 9,5	11 36	6 19	30,6	28,6	28.
15 30	−19,3	13 04	17 29	3,8	99	13 46	− 9,8	11 20	6 05	30,7	28,7	Nov. 2.
15 44	−20,1	12 59	17 19	3,8	99	13 50	−10,2	11 04	5 51	30,8	28,8	7.
15 59	−20,9	12 54	17 09	3,8	99	13 55	−10,6	10 49	5 37	30,9	28,9	12.
16 14	−21,7	12 50	17 00	3,8	100	13 59	−11,0	10 33	5 24	31,0	29,0	17.
16 30	−22,3	12 46	16 52	3,8	100	14 02	−11,3	10 17	5 10	31,2	29,2	22.
16 45	−22,9	12 42	16 45	3,8	100	14 06	−11,6	10 02	4 56	31,4	29,4	27.
17 01	−23,3	12 38	16 38	3,8	100	14 10	−12,0	9 46	4 41	31,6	29,6	Dez. 2.
17 17	−23,7	12 34	16 32	3,8	100	14 14	−12,3	9 30	4 27	31,9	29,8	7.
17 34	−24,0	12 31	16 27	3,8	100	14 18	−12,6	9 14	4 13	32,2	30,1	12.
17 50	−24,1	12 27	16 23	3,8	100	14 21	−12,9	8 58	3 58	32,5	30,4	17.
18 06	−24,2	12 24	16 19	3,8	100	14 25	−13,2	8 41	3 43	32,8	30,7	22.
18 23	−24,1	12 21	16 17	3,9	100	14 28	−13,4	8 25	3 28	33,2	31,1	27.
18 36	−24,0	12 18	16 14	3,9	100	14 30	−13,6	8 12	3 16	33,5	31,3	31.

URANUS			NEPTUN					PLUTO			
Kulmin.	Unterg.	Du.	Rektas.	Deklin.	Kulmin.	Unterg.	Du.	Rektas.	Deklin.	Kulmin.	Datum
1^h13^m	5^h19^m	3″,8	19^h27^m	−21°,3	1^h10^m	5^h23^m	2″,3	15^h37^m	−4°,3	21^h17^m	Juli 1.
0 12	4 18	3,8	19 25	−21,3	0 09	4 22	2,3	15 37	−4,4	20 18	16.
23 02	3 12	3,8	19 23	−21,4	23 01	3 17	2,3	15 36	−4,5	19 14	Aug. 1.
22 01	2 10	3,7	19 22	−21,4	22 00	2 16	2,3	15 36	−4,7	18 15	16.
20 56	1 05	3,7	19 20	−21,5	20 56	1 12	2,3	15 37	−4,9	17 13	Sept. 1.
19 57	0 01	3,7	19 20	−21,5	19 56	0 12	2,3	15 38	−5,0	16 15	16.
18 57	23 02	3,6	19 20	−21,5	18 57	23 09	2,2	15 39	−5,2	15 18	Okt. 1.
17 59	22 04	3,6	19 20	−21,5	17 59	22 10	2,2	15 41	−5,4	14 21	16.
16 58	21 03	3,5	19 21	−21,5	16 57	21 08	2,2	15 43	−5,6	13 20	Nov. 1.
16 01	20 06	3,5	19 22	−21,5	15 59	20 11	2,2	15 45	−5,8	12 23	16.
15 05	19 11	3,4	19 24	−21,4	15 02	19 14	2,2	15 48	−5,9	11 26	Dez. 1.
14 09	18 16	3,4	19 26	−21,3	14 05	18 18	2,2	15 50	−6,0	10 30	16.
13 14	17 21	3,4	19 28	−21,3	13 08	17 22	2,2	15 52	−6,1	9 33	31.

Ephemeriden hellerer Kleinplaneten 1993

(1) CERES

Datum		Rektas.	Deklin.	Kulmin.
Aug.	19.	2^h30^m	+ 2°,6	5^h00^m
	24.	2 32	+ 2,5	4 42
	29.	2 33	+ 2,4	4 23
Sept.	3.	2 33	+ 2,2	4 04
	8.	2 33	+ 2,0	3 44
	13.	2 32	+ 1,8	3 23
	18.	2 31	+ 1,5	3 02
	23.	2 29	+ 1,2	2 41
	28.	2 26	+ 0,9	2 19
Okt.	3.	2 23	+ 0,6	1 56
	8.	2 20	+ 0,2	1 33
	13.	2 16	− 0,1	1 09
	18.	2 12	− 0,3	0 45
	23.	2 07	− 0,6	0 21
	28.	2 03	− 0,8	23 52
Nov.	2.	1 58	− 0,9	23 28
	7.	1 54	− 1,0	23 05
	12.	1 50	− 1,0	22 41
	17.	1 46	− 1,0	22 18
	22.	1 43	− 0,9	21 55
	27.	1 41	− 0,7	21 33
Dez.	2.	1 39	− 0,4	21 11
	7.	1 37	− 0,1	20 50
	12.	1 36	+ 0,3	20 30
	17.	1 36	+ 0,7	20 10
	22.	1 36	+ 1,2	19 51
	27.	1 37	+ 1,7	19 32
	31.	1 38	+ 2,1	19 18

(2) PALLAS

Datum		Rektas.	Deklin.	Kulmin.
Juni	15.	22^h17^m	+12°,7	5^h03^m
	20.	22 17	+12,9	4 44
	25.	22 18	+13,0	4 24
	30.	22 17	+13,1	4 04
Juli	5.	22 17	+13,1	3 44
	10.	22 15	+13,1	3 23
	15.	22 14	+12,9	3 02
	20.	22 12	+12,7	2 40
	25.	22 09	+12,3	2 18
	30.	22 06	+11,9	1 55
Aug.	4.	22 03	+11,4	1 32
	9.	21 59	+10,7	1 09
	14.	21 56	+10,0	0 46
	19.	21 52	+ 9,2	0 22
	24.	21 48	+ 8,3	23 54
	29.	21 44	+ 7,4	23 31
Sept.	3.	21 41	+ 6,4	23 08
	8.	21 37	+ 5,4	22 45
	13.	21 34	+ 4,3	22 22
	18.	21 32	+ 3,3	22 00
	23.	21 29	+ 2,2	21 38
	28.	21 28	+ 1,2	21 16
Okt.	3.	21 26	+ 0,2	20 56
	8.	21 25	− 0,7	20 35
	13.	21 25	− 1,6	20 15
	18.	21 25	− 2,4	19 56
	23.	21 26	− 3,2	19 37
	28.	21 27	− 3,9	19 19

(4) VESTA

Datum		Rektas.	Deklin.	Kulmin.
Juni	15.	22^h51^m	−12°,2	5^h37^m
	20.	22 55	−12,2	5 21
	25.	22 58	−12,2	5 05
	30.	23 01	−12,4	4 48
Juli	5.	23 03	−12,6	4 30
	10.	23 05	−12,9	4 12
	15.	23 05	−13,2	3 53
	20.	23 05	−13,7	3 33
	25.	23 04	−14,2	3 13
	30.	23 03	−14,8	2 52
Aug.	4.	23 01	−15,5	2 30
	9.	22 58	−16,2	2 07
	14.	22 54	−16,9	1 44
	19.	22 50	−17,6	1 21
	24.	22 46	−18,3	0 57
	29.	22 41	−18,9	0 32
Sept.	3.	22 37	−19,5	0 08
	8.	22 32	−20,0	23 39
	13.	22 28	−20,4	23 16
	18.	22 25	−20,8	22 52
	23.	22 21	−21,0	22 30
	28.	22 19	−21,1	22 07
Okt.	3.	22 17	−21,1	21 46
	8.	22 16	−21,1	21 25
	13.	22 15	−20,9	21 05
	18.	22 16	−20,7	20 46
	23.	22 17	−20,4	20 28
	28.	22 18	−20,0	20 10
Nov.	2.	22 21	−19,5	19 53
	7.	22 24	−19,1	19 36
	12.	22 27	−18,5	19 20
	17.	22 31	−17,9	19 04
	22.	22 35	−17,3	18 49
	27.	22 40	−16,6	18 34
Dez.	**2.**	22 45	−15,9	18 20
	7.	22 51	−15,2	18 05
	12.	22 57	−14,5	17 52
	17.	23 03	−13,7	17 38
	22.	23 09	−12,9	17 25
	27.	23 16	−12,0	17 12
	31.	23 21	−11,3	17 01

(3) JUNO

Datum		Rektas.	Deklin.	Kulmin.
Jan.	**1.**	6^h21^m	+ 0°,3	23^h54^m
	6.	6 17	+ 0,8	23 30
	11.	6 13	+ 1,4	23 07
	16.	6 10	+ 2,1	22 44
	21.	6 07	+ 2,9	22 22
	26.	6 06	+ 3,7	22 00
	31.	6 05	+ 4,6	21 40
Febr.	5.	6 04	+ 5,4	21 20
	10.	6 05	+ 6,3	21 01
Feb.	**15.**	6^h06^m	+ 7°,1	20^h43^m
	20.	6 09	+ 8,0	20 26
	25.	6 11	+ 8,8	20 09
März	2.	6 15	+ 9,5	19 53
	7.	6 19	+10,2	19 38
	12.	6 24	+10,9	19 23
	17.	6 29	+11,5	19 08
	22.	6 35	+12,1	18 54
	27.	6 41	+12,6	18 41

In den halbfett gedruckten Tagesintervallen sind die Kleinplaneten einfacher aufzufinden.

Hinweise zu S. 218 ff.
Rektaszension, Deklination für 1^h MEZ: aktuelles Äquinoktium bei Merkur bis Uranus. Äquinoktium 2000,0 bei Neptun, Pluto und Kleinplaneten. Der Unterschied zwischen beiden Äquinoktien ist geringer als eine halbe Minute in Rektaszension.
Kulmination = Meridiandurchgang: MEZ für 10° östliche Länge.
Aufgang/Untergang: MEZ für 10° östliche Länge, 50° nördliche Breite.
Scheinbarer Durchmesser, beleuchteter Teil des Planetenscheibchens für 1^h MEZ.
Äqu: Äquatordurchmesser, Pol: Poldurchmesser.
Saturnring: Öffnung, große und kleine Ringachse.

Zentralmeridiane Mars und Jupiter 1993 (1ʰ MEZ)

Dat.	Mars Jan.	Mars Febr.	Mars März	Mars April	Jupiter System I Jan.	Jupiter System I Febr.	Jupiter System I März	Jupiter System I April	Jupiter System I Mai	Jupiter System I Juni	Jupiter System I Juli	Jupiter System I Dez.	Jupiter System II Jan.	Jupiter System II Febr.	Jupiter System II März	Jupiter System II April	Jupiter System II Mai	Jupiter System II Juni	Jupiter System II Juli	Jupiter System II Dez.
1.	353°	80°	185°	254°	274°	130°	234°	93°	153°	8°	61°	67°	316°	296°	186°	169°	360°	338°	162°	81°
2.	344	71	176	245	72	288	32	251	311	165	219	225	106	86	337	320	150	128	313	232
3.	335	62	166	235	229	86	190	49	109	323	16	23	257	236	127	110	301	278	103	22
4.	327	53	157	226	27	244	348	207	267	121	174	181	47	27	278	260	91	69	253	172
5.	318	44	148	216	185	42	146	5	65	279	332	338	197	177	68	51	241	219	43	322
6.	309	35	138	207	343	200	304	163	223	77	130	136	348	328	219	201	32	9	193	112
7.	300	26	129	197	141	358	102	322	21	234	287	294	138	118	9	352	182	159	343	262
8.	292	17	120	188	299	156	260	120	179	32	85	92	288	268	159	142	332	309	133	52
9.	283	8	111	178	97	314	58	278	337	190	243	249	78	59	310	292	122	99	283	202
10.	274	359	101	169	255	112	217	76	134	348	40	47	229	209	100	83	273	250	73	353
11.	265	350	92	159	53	270	15	234	292	146	198	205	19	359	251	233	63	40	223	143
12.	257	341	83	150	211	68	173	32	90	303	356	3	169	150	41	23	213	190	13	293
13.	248	332	73	140	9	226	331	190	248	101	154	160	320	300	191	174	3	340	164	83
14.	239	322	64	131	167	24	129	348	46	259	311	318	110	91	342	324	154	130	314	233
15.	230	313	54	121	324	182	287	146	204	57	109	116	260	241	132	115	304	280	104	23
16.	221	304	45	112	122	340	85	304	2	215	267	274	50	31	283	265	94	71	254	173
17.	213	295	36	102	280	138	243	102	160	12	64	72	201	182	73	55	245	221	44	324
18.	204	286	26	93	78	296	41	260	318	170	222	229	351	332	223	206	35	11	194	114
19.	195	277	17	83	236	94	199	58	115	328	20	27	141	122	14	356	185	161	344	264
20.	186	268	8	74	34	252	357	215	273	126	178	185	292	273	164	146	335	311	134	54
21.	177	259	358	64	192	50	155	13	71	283	335	343	82	63	315	297	126	101	284	204
22.	169	249	349	55	350	208	313	171	229	81	133	140	232	214	105	87	276	251	74	354
23.	160	240	339	45	148	6	111	329	27	239	291	298	23	4	256	237	66	42	224	145
24.	151	231	330	35	306	164	269	127	185	37	88	96	173	154	46	28	216	192	14	295
25.	142	222	320	26	104	322	67	285	343	194	246	254	323	305	196	178	6	342	164	85
26.	133	213	311	16	262	120	225	83	141	352	44	52	114	95	347	328	157	132	314	235
27.	124	203	302	7	60	278	23	241	298	150	201	210	264	246	137	119	307	282	105	25
28.	115	194	292	357	218	76	181	39	96	308	359	7	54	36	288	269	97	72	255	175
29.	107		283	348	16		339	197	254	105	157	165	205		78	59	247	222	45	326
30.	98		273	338	174		137	355	52	263	314	323	355		228	210	38	12	195	116
31.	89		264		332		295		210		112	121	145		19		188		345	266
D	+6°	+4°	+6°	+12°																

D = Neigung der Planetenachse zur Erde: –3° (Jan.–April), –2° (Mai–Juli), –3° (Dez.)

Korrektur für MEZ	0ʰ	1ʰ	2ʰ	3ʰ	4ʰ	5ʰ	6ʰ	7ʰ	17ʰ	18ʰ	19ʰ	20ʰ	21ʰ	22ʰ	23ʰ	24ʰ	Änderung
Mars	–15°	0°	+15°	+29°	+ 44°	+ 58°	+ 73°	+ 88°	–126°	–111°	–97°	–82°	–68°	–53°	–38°	– 24°	+14°,6/Stunde
Jupiter System I	–37°	0°	+37°	+73°	+110°	+146°	+183°	+219°	–135°	– 98°	–62°	–25°	+12°	+48°	+85°	+121°	+36°,6/Stunde
Jupiter System II	–36°	0°	+36°	+73°	+109°	+145°	+181°	+218°	–140°	–104°	–67°	–31°	+ 5°	+41°	+78°	+114°	+36°,3/Stunde

Sonne 1993

Zentralmeridian und Lage der Sonnenachse für 1ʰ MEZ

Datum		Z.M.	B_o	P
Jan.	1.	264°,3	−3°,0	+ 2°,0
	11.	132,6	−4,1	− 2,8
	21.	0,9	−5,0	− 7,5
	31.	229,3	−5,9	−11,8
Febr.	10.	97,6	−6,5	−15,7
	20.	325,9	−6,9	−19,0
März	2.	194,2	−7,1	−21,8
	12.	62,4	−7,1	−23,9
	22.	290,6	−6,9	−25,3
April	1.	158,7	−6,5	−26,1
	11.	26,8	−5,8	−26,1
	21.	254,7	−5,1	−25,5
Mai	1.	122,6	−4,1	−24,1
	11.	350,4	−3,1	−21,9
	21.	218,1	−2,0	−19,1
	31.	85,8	−0,8	−15,7
Juni	10.	313,5	+0,4	−11,8
	20.	181,1	+1,6	− 7,6
	30.	48,8	+2,7	− 3,1
Juli	10.	276,4	+3,8	+ 1,4
	20.	144,1	+4,7	+ 5,8
	30.	11,8	+5,5	+10,0
Aug.	9.	239,5	+6,2	+13,9
	19.	107,3	+6,7	+17,3
	29.	335,2	+7,0	+20,3
Sept.	8.	203,1	+7,1	+22,7
	18.	71,1	+7,1	+24,5
	28.	299,1	+6,8	+25,7
Okt.	8.	167,1	+6,3	+26,2
	18.	35,2	+5,6	+26,0
	28.	263,3	+4,7	+25,0
Nov.	7.	131,5	+3,7	+23,3
	17.	359,7	+2,6	+20,8
	27.	227,8	+1,4	+17,5
Dez.	7.	96,1	+0,1	+13,6
	17.	324,3	−1,1	+ 9,2
	27.	192,6	−2,3	+ 4,5
	31.	139,9	−2,8	+ 2,6

Z.M.: Änderung −13°,2/Tag
B_o: Neigung der Sonnenachse zur Erde
P: Positionswinkel des Sonnen-Nordpols

Beginn der synodischen Sonnenrotation nach Carrington

Rot.-Nr.	Datum		MEZ
1865	Jan.	21.	2ʰ41ᵐ
1866	Febr.	17.	10 52
1867	März	16.	18 41
1868	April	13.	1 39
1869	Mai	10.	7 34
1870	Juni	6.	12 39
1871	Juli	3.	17 24
1872	Juli	30.	22 23
1873	Aug.	27.	3 58
1874	Sept.	23.	10 15
1875	Okt.	20.	17 07
1876	Nov.	17.	0 22
1877	Dez.	14.	7 59

Die Daten der Sonnenrotation sind nach dem Improved IAU-System auf 0°,01 bzw. 1ᵐ berechnet.

T. 7 (rechts oben): Lage der Rotationsachse und des Äquators der Sonne im Verlauf des Jahres relativ zum Beobachter auf der Erde.

T. 8 (rechts Mitte): Jahresmittel der Sonnenfleckenrelativzahlen von 1967 bis 1991.

T. 9 (rechts unten): Monatsmittel der Sonnenfleckenrelativzahlen von Januar 1986 bis März 1992.

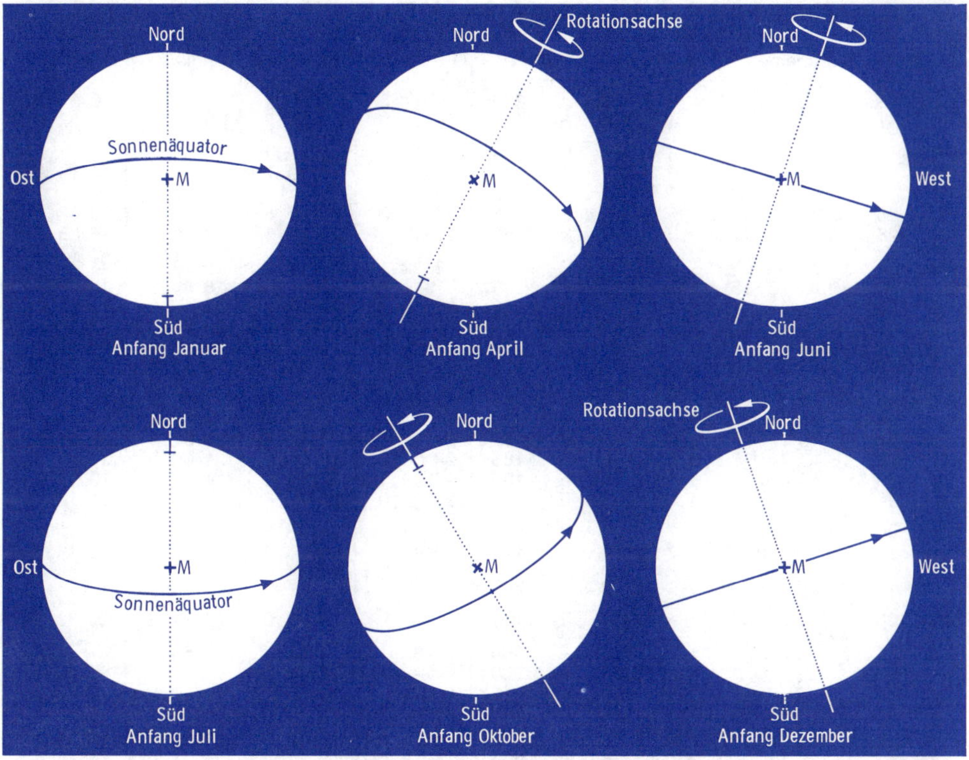
Nord
Sonnenäquator
Ost
M
Süd
Anfang Januar
Nord
Rotationsachse
M
Süd
Anfang April
Nord
M
West
Süd
Anfang Juni
Nord
Ost
M
Sonnenäquator
Süd
Anfang Juli
Nord
M
Süd
Anfang Oktober
Rotationsachse
Nord
M
West
Süd
Anfang Dezember

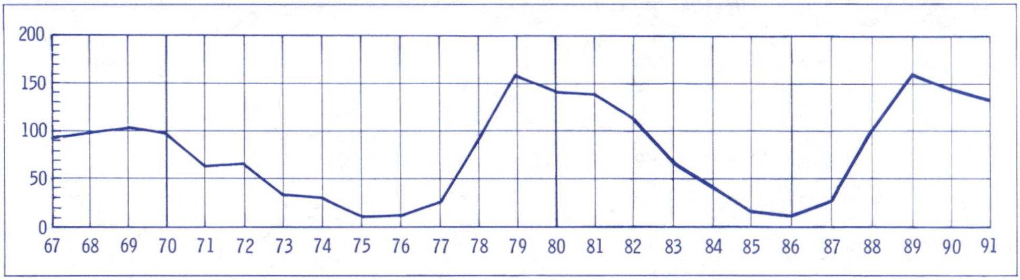
200
150
100
50
0
67 68 69 70 71 72 73 74 75 76 77 78 79 80 81 82 83 84 85 86 87 88 89 90 91

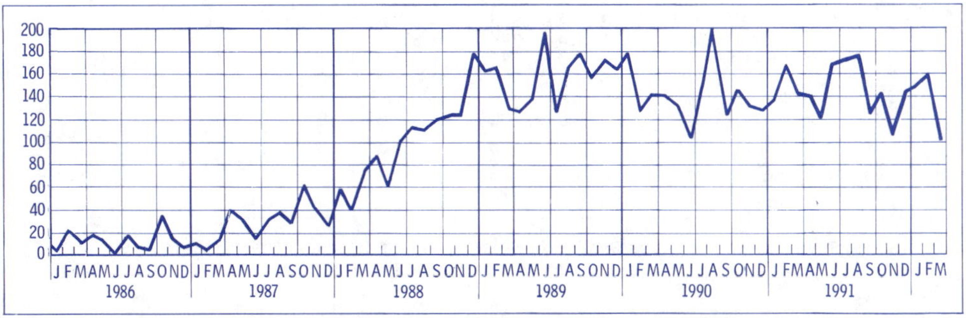
200
180
160
140
120
100
80
60
40
20
0
J F M A M J J A S O N D J F M A M J J A S O N D J F M A M J J A S O N D J F M A M J J A S O N D J F M A M J J A S O N D J F M A M J J A S O N D J F M
1986 1987 1988 1989 1990 1991

Sternbedeckungen durch den Mond 1993 (MEZ)

Datum		Sternname	Hell.	bel.	E/A	Pos.	Hamburg	Hannover	Berlin	Dresden
Jan.	13.	ε Leo	$4^m{,}8$	74%	A	290°	$0^h07^m{,}3$	$0^h06^m{,}4$	$0^h08^m{,}3$	$0^h07^m{,}5$
	31.	δ Ari	4,4	58	E	140	18 51,0	18 53,2	19 00,4	19 07,1
Febr.	1.	37 Tau	4,4	67	E	15	–	–	–	–
	1.	39 Tau	5,9	67	E	40	18 14,8	18 10,7	18 14,4	18 10,7
	3.	109 Tau	4,9	80	E	170	2 26,0	–	2 25,8	–
	26.	SAO 92803	7,5	24	E	135	20 33,2	20 37,8	20 37,6	20 43,9
	28.	SAO 76347	6,9	43	E	65	23 35,1	23 36,1	23 36,8	23 38,1
März	4.	74 Gem	5,1	81	E	175	19 12,1	19 17,7	19 19,6	–
	28.	SAO 76618	5,7	26	E	135	–	–	18 44,3	18 48,4
	30.	15 Gem	6,6	47	E	80	22 15,9	22 17,2	22 19,6	22 21,6
	30.	16 Gem	6,1	47	E	145	22 30,7	22 33,5	22 33,3	22 36,8
	31.	SAO 96837	6,8	58	E	150	21 29,6	21 32,3	21 33,9	21 37,5
	31.	SAO 96888	6,9	58	E	125	22 48,9	22 51,1	22 52,4	22 55,3
April	2.	29 Cnc	5,9	70	E	75	1 39,2	1 40,6	1 41,3	1 43,1
	24.	51 Tau	5,7	8	E	20	–	–	–	–
	24.	53 Tau	5,4	8	E	130	20 51,1	20 53,6	20 51,8	20 54,5
	26.	SAO 78077	6,8	22	E	105	20 58,0	21 00,0	21 00,6	21 03,2
	29.	60 Cnc	5,4	53	E	185	20 09,1	20 14,8	20 12,1	20 17,9
	29.	α Cnc	4,3	53	E	65	21 05,0	21 04,5	21 11,6	21 12,1
Mai	26.	50 Cnc	5,7	29	E	165	22 07,6	22 10,5	22 09,1	22 12,4
	28.	SAO 118240	6,7	52	E	125	22 42,2	22 44,3	22 45,5	22 48,3
Juni	10.	46 Cap	5,1	70	A	240	–	3 17,1	–	3 21,0
Juli	23.	SAO 138445	5,6	24	E	110	–	20 30,0	20 31,2	20 33,8
Aug.	6.	ϰ Psc	4,9	88	A	300	1 38,1	1 39,7	1 50,5	1 52,6
	12.	53 Tau	5,4	35	A	260	–	4 16,2	–	4 18,6
Sept.	10.	SAO 77578	6,1:	41	A	210	2 53,8	2 50,4	2 51,7	2 46,7
Okt.	7.	ζ Tau	3,0	66	E	75	5 20,8	5 19,6	5 25,7	5 25,7
	7.	ζ Tau	3,0	66	A	295	6 29,0	6 31,2	6 34,9	6 38,4
	8.	ν Gem	4,1	57	A	320	4 03,6	4 06,3	4 11,2	4 14,9
	20.	SAO 187012	6,5	34	E	45	–	–	–	–
	25.	SAO 146239	6,3:	81	E	50	18 24,6	18 22,2	18 26,1	18 23,9
	26.	ϰ Psc	4,9	88	E	5	20 17,7	20 13,1	20 13,2	20 08,9
	27.	SAO 128281	5,7	89	E	100	2 15,7	2 17,6	2 18,8	2 21,6
Nov.	1.	ω Tau	4,9	95	A	280	22 50,2	22 58,5	22 53,5	22 52,6
	3.	χ^2 Ori	4,6	83	A	205	22 13,8	22 09,8	22 08,2	21 59,9
	7.	60 Cnc	5,4	52	A	280	3 57,0	3 56,2	4 00,7	4 00,5
	18.	SAO 163190	7,5	27	E	95	18 30,9	18 31,7	18 36,3	18 38,6
	19.	SAO 163946	6,9	37	E	75	18 29,3	18 29,3	18 34,1	18 35,2
	26.	19 Ari	5,7	94	E	45	17 35,3	17 32,6	17 33,2	17 29,9
	29.	ω Tau	4,9	(100)	E	50	6 20,8	6 21,2	6 22,3	6 22,9
	29.	ω Tau	4,9	(100)	A	310	6 58,2	7 00,5	6 56,6	6 59,5
Dez.	4.	ω Leo	5,4:	69	A	310	23 50,0	23 49,8	23 51,3	23 51,2
	10.	SAO 158401	4,9	13	A	325	6 02,2	6 02,7	6 03,4	6 04,2
	11.	ι Lib	4,5:	6	A	285	6 57,9	6 56,7	6 59,3	6 58,5
	15.	SAO 162816	5,8	7	E	85	17 42,2	17 43,4	17 49,0	17 48,1
	19.	SAO 146415	6,4	40	E	35	20 39,9	20 38,8	20 40,6	20 40,1
	20.	19 Psc	5,1	50	E	0	–	–	–	–
	24.	π Ari	5,2	83	E	65	19 52,6	19 50,3	19 55,2	19 53,6
	25.	ρ Ari	5,6	85	E	25	0 55,6	0 50,2	0 55,9	0 52,1
	25.	13 Tau	5,5	90	E	70	20 56,6	20 54,7	21 00,0	20 59,1
	28.	ζ Tau	3,0	99	E	35	–	–	–	–
	28.	ζ Tau	3,0	99	A	340	–	–	–	–

bel. = beleuchteter Teil der Mondscheibe, E/A = Eintritt/Austritt, „:“ (hinter Hell.) = Doppelstern

Leipzig	Düsseldorf	Frankfurt	Nürnberg	Stuttgart	München	Zürich	Wien	Datum	
$0^h07^m,0$	$0^h04^m,3$	$0^h04^m,1$	$0^h04^m,8$	$0^h03^m,1$	$0^h03^m,8$	$0^h01^m,3$	$0^h07^m,0$	Jan.	13.
19 02,5	18 49,7	18 58,9	19 14,1	–	–	–	–		31.
–	–	–	18 04,9	18 00,6	17 57,3	17 52,6	18 00,6	Febr.	1.
18 10,1	18 04,8	18 03,2	18 03,8	18 00,2	18 01,3	17 56,1	18 07,3		1.
–	–	–	–	–	–	–	–		3.
20 42,6	20 43,6	–	–	–	–	–	–		26.
23 37,6	23 36,4	23 38,0	23 39,1	23 39,4	23 40,4	23 40,8	23 40,8		28.
–	–	–	–	–	–	–	–	März	4.
18 46,4	–	18 46,0	18 50,2	18 51,1	18 55,2	18 55,5	18 58,5		28.
22 20,3	22 16,3	22 19,1	22 21,7	22 21,3	22 23,8	22 22,7	22 26,7		30.
22 36,1	22 36,5	22 39,4	22 41,0	22 43,0	22 44,3	22 47,3	22 43,4		30.
21 36,2	21 33,6	21 37,5	21 40,4	21 41,5	21 44,2	21 45,6	21 45,7		31.
22 54,2	22 51,9	22 55,0	22 57,3	22 57,9	23 00,1	23 00,6	23 01,6		31.
1 42,5	1 41,2	1 43,2	1 44,5	1 45,0	1 46,2	1 46,6	1 46,7	April	2.
–	–	–	–	–	–	20 46,4	–		24.
20 54,5	20 57,2	20 58,8	20 59,1	21 01,6	21 01,6	21 05,2	20 58,7		24.
21 02,4	21 01,2	21 03,7	21 05,4	21 06,2	21 07,8	21 08,7	21 08,2		26.
20 17,5	–	–	–	–	–	–	20 29,5		29.
21 09,5	20 59,4	21 03,0	21 07,6	21 04,5	21 09,0	21 04,1	21 17,4		29.
22 12,2	22 14,3	22 16,5	22 17,3	22 19,9	22 20,5	22 24,3	22 18,3	Mai	26.
22 47,3	22 45,0	22 48,0	22 50,2	22 50,7	22 52,9	22 53,1	22 54,4		28.
3 19,5	3 11,6	3 12,5	3 15,0	3 11,4	3 13,9	3 08,4	3 20,7	Juni	10.
20 32,8	–	20 33,0	20 35,4	20 35,6	20 37,9	20 37,7	20 39,6	Juli	23.
1 48,8	1 30,9	1 48,5	1 46,5	1 41,7	1 48,5	1 40,5	2 00,4	Aug.	6.
4 17,6	4 11,7	4 12,0	4 13,5	4 10,6	4 12,1	4 07,8	4 17,0		12.
2 47,5	2 46,5	2 43,1	2 40,5	2 38,2	2 34,7	2 32,4	2 31,1	Sept.	10.
5 23,5	5 14,0	5 16,6	5 20,7	5 17,2	5 21,5	5 15,9	5 30,0	Okt.	7.
6 36,3	6 29,5	6 33,9	6 38,2	6 36,8	6 41,0	6 37,9	6 46,8		7.
4 12,3	4 04,1	4 08,7	4 13,4	4 11,3	4 15,9	4 11,7	4 23,7		8.
–	19 49,4	19 50,7	19 52,3	19 51,3	19 52,9	19 51,1	–		20.
18 23,0	18 17,2	18 16,8	18 18,1	18 14,8	18 16,3	18 11,4	18 22,3		25.
20 09,4	20 10,1	20 05,2	20 03,4	20 00,9	19 59,8	19 56,3	20 02,7		26.
2 20,6	2 18,1	2 21,2	2 23,8	2 24,3	2 27,0	2 27,4	2 28,5		27.
22 51,2	22 44,6	22 45,6	22 47,8	22 44,8	22 46,9	22 42,5	22 53,0	Nov.	1.
22 03,5	22 07,3	22 01,3	–	–	–	–	–		3.
3 58,9	3 51,9	3 53,3	3 56,0	3 52,8	3 55,6	3 50,4	4 02,7		7.
18 36,4	18 28,7	18 32,4	18 36,8	18 34,8	18 39,4	18 35,4	18 46,9		18.
18 33,2	18 25,4	18 28,2	18 32,1	18 29,4	18 33,5	18 28,8	18 41,1		19.
17 30,4	17 29,9	17 27,3	17 26,0	17 24,3	17 23,2	17 21,2	17 24,3		26.
6 22,4	6 20,7	6 21,9	6 22,9	6 22,8	6 23,7	6 23,5	6 24,4		29.
6 59,7	7 03,4	7 04,6	7 04,5	7 07,0	7 06,8	7 10,2	7 03,8		29.
23 50,7	23 48,6	23 48,8	23 49,5	23 48,5	23 49,1	23 47,6	23 51,4	Dez.	4.
6 03,7	6 02,1	6 02,8	6 03,8	6 03,1	6 04,2	6 02,9	6 06,2		10.
6 57,7	6 53,7	6 53,9	6 55,1	6 53,0	6 54,3	6 51,1	6 58,2		11.
17 46,7	17 42,3	17 45,2	17 48,2	17 47,4	17 50,5	17 48,6	17 54,5		15.
20 39,5	20 36,3	20 36,7	20 37,9	20 36,3	20 37,8	20 35,3	20 41,0		19.
–	–	23 13,7	23 06,5	23 03,3	23 01,9	22 59,2	23 03,3		20.
19 52,1	19 44,7	19 45,2	19 47,6	19 43,9	19 46,7	19 40,9	19 54,5		24.
0 51,0	0 43,7	0 44,4	0 46,5	0 43,5	0 45,9	0 41,7	0 51,3		25.
20 57,3	20 49,0	20 50,3	20 53,3	20 49,6	20 53,0	20 47,2	21 01,4		25.
–	1 10,6	1 09,9	1 13,3	1 06,9	1 10,7	1 02,6	1 22,2		28.
–	1 30,8	1 38,3	1 42,5	1 45,3	1 49,1	1 50,6	1 49,1		28.

Pos. = Positionswinkel des Sterns, gezählt vom Nordrand gegen Uhrzeiger

Sternzeit um 20^h MEZ = 21^h MESZ auf 10° östlicher Länge

Tag	Jan.	Febr.	März	April	Mai	Juni	Juli	Aug.	Sept.	Okt.	Nov.	Dez.
1.	2^h26^m	4^h28^m	6^h18^m	8^h21^m	10^h19^m	12^h21^m	14^h19^m	16^h22^m	18^h24^m	20^h22^m	22^h24^m	0^h23^m
2.	2 30	4 32	6 22	8 25	10 23	12 25	14 23	16 26	18 28	20 26	22 28	0 27
3.	2 34	4 36	6 26	8 28	10 27	12 29	14 27	16 29	18 32	20 30	22 32	0 30
4.	2 38	4 40	6 30	8 32	10 31	12 33	14 31	16 33	18 36	20 34	22 36	0 34
5.	2 42	4 44	6 34	8 36	10 35	12 37	14 35	16 37	18 40	20 38	22 40	0 38
6.	2 45	4 48	6 38	8 40	10 39	12 41	14 39	16 41	18 43	20 42	22 44	0 42
7.	2 49	4 52	6 42	8 44	10 43	12 45	14 43	16 45	18 47	20 46	22 48	0 46
8.	2 53	4 56	6 46	8 48	10 46	12 49	14 47	16 49	18 51	20 50	22 52	0 50
9.	2 57	4 59	6 50	8 52	10 50	12 53	14 51	16 53	18 55	20 54	22 56	0 54
10.	3 01	5 03	6 54	8 56	10 54	12 57	14 55	16 57	18 59	20 58	23 00	0 58
11.	3 05	5 07	6 58	9 00	10 58	13 00	14 59	17 01	19 03	21 01	23 04	1 02
12.	3 09	5 11	7 02	9 04	11 02	13 04	15 03	17 05	19 07	21 05	23 08	1 06
13.	3 13	5 15	7 06	9 08	11 06	13 08	15 07	17 09	19 11	21 09	23 12	1 10
14.	3 17	5 19	7 10	9 12	11 10	13 12	15 11	17 13	19 15	21 13	23 16	1 14
15.	3 21	5 23	7 14	9 16	11 14	13 16	15 15	17 17	19 19	21 17	23 19	1 18
16.	3 25	5 27	7 17	9 20	11 18	13 20	15 18	17 21	19 23	21 21	23 23	1 22
17.	3 29	5 31	7 21	9 24	11 22	13 24	15 22	17 25	19 27	21 25	23 27	1 26
18.	3 33	5 35	7 25	9 28	11 26	13 28	15 26	17 29	19 31	21 29	23 31	1 30
19.	3 37	5 39	7 29	9 32	11 30	13 32	15 30	17 33	19 35	21 33	23 35	1 34
20.	3 41	5 43	7 33	9 35	11 34	13 36	15 34	17 39	19 39	21 37	23 39	1 37
21.	3 45	5 47	7 37	9 39	11 38	13 40	15 38	17 40	19 43	21 41	23 43	1 41
22.	3 49	5 51	7 41	9 43	11 42	13 44	15 42	17 44	19 47	21 45	23 47	1 45
23.	3 52	5 55	7 45	9 47	11 46	13 48	15 46	17 48	19 51	21 49	23 51	1 49
24.	3 56	5 59	7 49	9 51	11 50	13 52	15 50	17 52	19 54	21 53	23 55	1 53
25.	4 00	6 03	7 53	9 55	11 53	13 56	15 54	17 56	19 58	21 57	23 59	1 57
26.	4 04	6 07	7 57	9 59	11 57	14 00	15 58	18 00	20 02	22 01	0 03	2 01
27.	4 08	6 10	8 01	10 03	12 01	14 04	16 02	18 04	20 06	22 05	0 07	2 05
28.	4 12	6 14	8 05	10 07	12 05	14 08	16 06	18 08	20 10	22 09	0 11	2 09
29.	4 16	–	8 09	10 11	12 09	14 11	16 10	18 12	20 14	22 12	0 15	2 13
30.	4 20	–	8 13	10 15	12 13	14 15	16 14	18 16	20 18	22 16	0 19	2 17
31.	4 24	–	8 17	–	12 17	–	16 18	18 20	–	22 20	–	2 21

Korrektur für andere östliche geographische Längen

Länge	4°	5°	6°	7°	8°	9°	11°	12°	13°	14°	15°	16°
Korr.	-24^m	-20^m	-16^m	-12^m	-8^m	-4^m	$+4^m$	$+8^m$	$+12^m$	$+16^m$	$+20^m$	$+24^m$

Korrektur für andere Uhrzeiten derselben Nacht (Datumswechsel ab Mitternacht)

MEZ	18^h	19^h	21^h	22^h	23^h	0^h	1^h	2^h	3^h	4^h	5^h	6^h
MESZ	19	20	22	23	0	1	2	3	4	5	6	7
Korr.	-2^h00^m	-1^h00^m	$+1^h00^m$	$+2^h00^m$	$+3^h00^m$	$+4^h01^m$	$+5^h01^m$	$+6^h01^m$	$+7^h01^m$	$+8^h01^m$	$+9^h01^m$	$+10^h02^m$

Die obige Tabelle gibt für jeden Tag des Jahres die Sternzeit um 20^h MEZ (= 21^h Sommerzeit) am Meridian 10° östlicher Länge an. Für den Ortsmeridian des Beobachters ist eine Korrektur entsprechend der geographischen Längendifferenz zu 10° östl. Länge anzubringen. Pro Längengrad beträgt diese Korrektur vier Minuten. Für Orte *westlich* des 10°-Meridians ist die Korrektur *abzuziehen,* für Orte *östlich* hingegen zu *addieren.* Auf der rechten Seite findet man in der Tabelle *geographische Koordinaten größerer Städte* in der letzten Spalte die Zeitkorrektur vermerkt.

Wer zu einer anderen Zeit als 20^h MEZ beobachtet, muß noch die Zeitkorrektur gemäß obiger Tabelle anbringen. Beispiel: Wieviel Uhr Sternzeit ist es am 25. März um 23^h in München? Aus der Tabelle entnimmt man: Sternzeit am 25. März um 20^h MEZ = 7^h53^m. Dies gilt für 10° östlicher Länge. Die Zeitkorrektur für München beträgt laut Tabelle rechts sechs Mi-

(Fortsetzung rechte Seite unten)

Geographische Koordinaten größerer Städte mit Zeitkorrektur in Minuten

Stadt	östl. Länge	nördl. Breite	Zeitkorrektur gegen 10° östl. Länge	Stadt	östl. Länge	nördl. Breite	Zeitkorrektur gegen 10° östl. Länge
Aachen	6°,1	50°,8	+16^m	Kiel	10°,1	54°,3	− 1^m
Amsterdam	4,9	52,4	+20	Klagenfurt	14,3	46,6	−17
Antwerpen	4,4	51,2	+22	Koblenz	7,6	50,4	+10
Augsburg	10,9	48,4	− 4	Köln	7,0	50,9	+12
Baden-Baden	8,2	48,8	+ 7	Konstanz	9,2	47,7	+ 3
Basel	7,6	47,6	+ 9	Krefeld	6,6	51,3	+14
Berlin	13,4	52,5	−14	Leipzig	12,4	51,3	−10
Bern	7,4	46,9	+10	Linz (Donau)	14,3	48,3	−17
Bielefeld	8,5	52,0	+ 6	Ludwigshafen (Rh.)	8,4	49,5	+ 6
Bochum	7,2	51,5	+11	Lübeck	10,7	53,9	− 3
Bonn	7,1	50,7	+12	Lüttich	5,5	50,6	+18
Bozen	11,3	46,5	− 5	Luxemburg	6,1	49,6	+15
Braunschweig	10,5	52,3	− 2	Magdeburg	11,6	52,1	− 7
Bregenz	9,8	47,5	+ 1	Mailand	9,2	45,5	+ 3
Bremen	8,8	53,1	+ 5	Mainz	8,3	50,0	+ 7
Brünn	16,6	49,2	−26	Mannheim	8,5	49,5	+ 6
Brüssel	4,3	50,8	+23	Mönchengladbach	6,4	51,2	+14
Chemnitz	12,9	50,8	−12	Mühlhausen	7,3	47,7	+11
Coburg	11,0	50,3	− 4	München	11,6	48,1	− 6
Darmstadt	8,7	49,9	+ 5	Münster	7,6	52,0	+10
Dortmund	7,5	51,5	+10	Nürnberg	11,1	49,5	− 4
Dresden	13,7	51,1	−15	Osnabrück	8,0	52,3	+ 8
Düsseldorf	6,8	51,2	+13	Potsdam	13,1	52,4	−12
Duisburg	6,8	51,4	+13	Prag	14,4	50,1	−18
Eisenach	10,3	51,0	− 1	Regensburg	12,1	49,0	− 8
Emden	7,2	53,4	+11	Reutlingen	9,2	48,5	+ 3
Erfurt	11,0	51,0	− 4	Rotterdam	4,5	51,9	+22
Essen	7,0	51,5	+12	Saarbrücken	7,0	49,2	+12
Frankfurt (Main)	8,7	50,1	+ 5	Salzburg	13,1	47,8	−12
Frankfurt (Oder)	14,6	52,3	−18	Stralsund	13,1	54,3	−12
Freiburg (Breisgau)	7,9	48,0	+ 9	Straßburg	7,7	48,6	+ 9
Genf	6,2	46,2	+15	Stuttgart	9,2	48,8	+ 3
Görlitz	15,0	51,2	−20	Trier	6,6	49,8	+13
Graz	15,5	47,1	−22	Tübingen	9,1	48,5	+ 4
Halle	12,0	51,5	− 8	Ulm	10,0	48,4	0
Hamburg	10,0	53,6	0	Venedig	12,4	45,5	− 9
Hannover	9,7	52,4	+ 1	Wien	16,4	48,2	−25
Heidelberg	8,7	49,4	+ 5	Wiesbaden	8,2	50,1	+ 7
Heilbronn	9,2	49,1	+ 3	Wilhelmshaven	8,1	53,5	+ 8
Innsbruck	11,4	47,3	− 6	Worms	8,4	49,6	+ 7
Kaiserslautern	7,8	49,4	+ 9	Würzburg	9,9	49,8	0
Karlsruhe	8,4	49,0	+ 6	Wuppertal	7,1	51,3	+11
Kassel	9,5	51,3	+ 2	Zürich	8,6	47,4	+ 6

Erläuterungen siehe Seite 17

nuten. Da München *östlich* vom 10°-Meridian liegt, sind diese sechs Minuten zu addieren und man erhält 7^{h}59^m (**Achtung:** Das Vorzeichen in der Spalte Zeitkorrektur der obigen Tabelle gilt für die Korrektur der Auf- und Untergangszeiten! Für die Sternzeitberechnung kehren sich die Vorzeichen um!) Am 25. März ist es in München 7^{h}59^m Sternzeit um 20^h MEZ. Für 23^{h}MEZ ist gemäß obiger Tabelle die Korrektur von +3^{h}00^m anzubringen. Um 23^h MEZ ist es also am 25. März in München 10^{h}59^m Sternzeit.

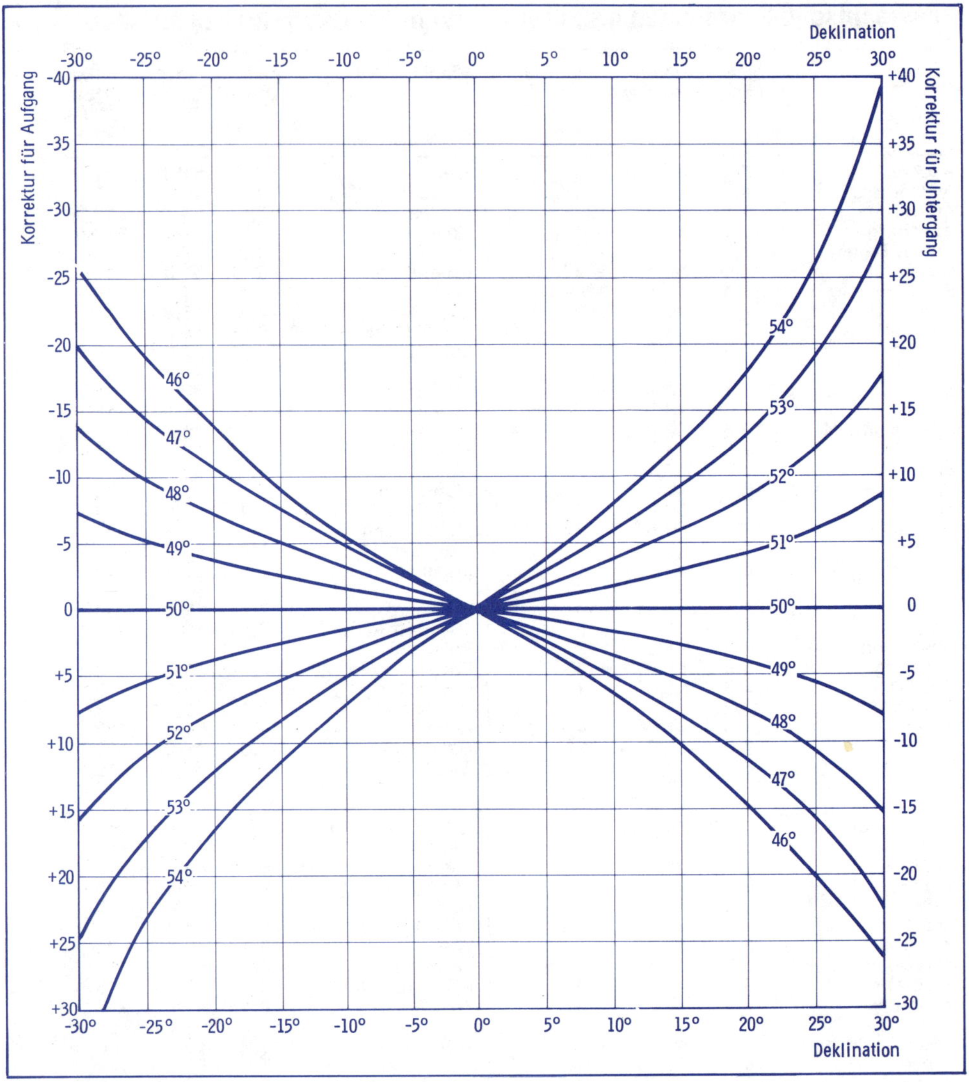

T.10: Nomogramm zur Bestimmung der Auf- und Untergangszeiten (Erläuterungen siehe Seite 17). Die Korrekturen für Auf- und Untergänge sind in Minuten angegeben (senkrechte Achse).

Korrektur für Auf- und Untergangszeiten

Sonne: Datum			Jan. 21.	Febr. 8.	Febr. 23.	März 8.	März 20.	April 2.	April 16.	Mai 1.	Mai 20.	Juni 21.
		Dez. 22.	Nov. 22.	Nov. 3.	Okt. 19.	Okt. 6.	Sept. 23.	Sept. 10.	Aug. 27.	Aug. 12.	Juli 24.	
Mond, Planet: Deklination		−25°	−20°	−15°	−10°	− 5°	0°	+ 5°	+10°	+15°	+20°	+25°
Hamburg	Aufgang	+21^{m}	+15^{m}	+10^{m}	+ 6^{m}	+ 3^{m}	0^{m}	− 4^{m}	− 7^{m}	−11^{m}	−16^{m}	−22^{m}
	Unterg.	−21	−15	−10	− 6	− 3	0	+ 4	+ 7	+11	+16	+22
Hannover	Aufgang	+14	+11	+ 8	+ 5	+ 3	+ 1	− 1	− 4	− 6	− 9	−13
	Unterg.	−12	− 9	− 6	− 3	− 1	+ 1	+ 3	+ 6	+ 8	+11	+15
Berlin	Aufgang	+ 1	− 3	− 6	− 9	−12	−14	−16	−19	−21	−25	−29
	Unterg.	−28	−24	−21	−18	−16	−14	−11	− 9	− 6	− 3	+ 1
Dresden	Aufgang	− 9	−11	−12	−13	−14	−15	−16	−17	−18	−19	−21
	Unterg.	−20	−19	−18	−17	−16	−15	−14	−13	−12	−11	− 9
Leipzig	Aufgang	− 2	− 4	− 6	− 7	− 8	−10	−11	−12	−13	−15	−17
	Unterg.	−17	−15	−13	−12	−11	−10	− 8	− 7	− 6	− 4	− 2
Düsseldorf	Aufgang	+19	+18	+16	+15	+14	+13	+12	+11	+10	+ 8	+ 6
	Unterg.	+ 7	+ 8	+10	+11	+12	+13	+14	+15	+16	+18	+20
Frankfurt (Main)	Aufgang	+ 6	+ 6	+ 6	+ 5	+ 5	+ 5	+ 5	+ 5	+ 5	+ 5	+ 4
	Unterg.	+ 4	+ 5	+ 5	+ 5	+ 5	+ 5	+ 5	+ 5	+ 6	+ 6	+ 6
Nürnberg	Aufgang	− 6	− 6	− 5	− 5	− 4	− 4	− 3	− 3	− 2	− 2	− 1
	Unterg.	− 1	− 2	− 2	− 3	− 3	− 4	− 4	− 5	− 5	− 6	− 6
Stuttgart	Aufgang	− 3	− 1	0	+ 1	+ 2	+ 3	+ 4	+ 5	+ 6	+ 7	+ 9
	Unterg.	+ 9	+ 7	+ 6	+ 5	+ 4	+ 3	+ 2	+ 1	0	− 1	− 3
München	Aufgang	−15	−13	−11	− 9	− 8	− 6	− 5	− 3	− 1	+ 1	+ 3
	Unterg.	+ 3	0	− 2	− 3	− 5	− 6	− 8	− 9	−11	−13	−16
Zürich	Aufgang	− 7	− 3	0	+ 2	+ 4	+ 6	+ 8	+11	+13	+16	+20
	Unterg.	+19	+15	+12	+10	+ 8	+ 6	+ 4	+ 1	− 1	− 4	− 8
Wien	Aufgang	−34	−32	−30	−28	−27	−25	−24	−22	−21	−19	−16
	Unterg.	−17	−19	−21	−22	−24	−25	−27	−28	−30	−32	−35

\+ positiv: Korrektur addieren, Auf- oder Untergang findet später statt
– negativ: Korrektur subtrahieren, Auf- oder Untergang findet früher statt

Beispiel: Auf- und Untergang der Sonne am 21. Januar in Stuttgart.
Laut Tabelle Seite 33 lauten die Werte 8^h07^m und 16^h56^m für 50° Nord und 10° Ost.
In der Tabelle oben liest man in der Zeile Stuttgart unter dem 21. Jan. ab:
Korrektur −1 und +7. Also geht die Sonne in Stuttgart um 8^h06^m auf und um 17^h03^m unter.
Für Daten und Deklinationen, die nicht in obiger Tabelle aufgeführt sind, nimmt man den nächstliegenden Wert, ohne einen großen Fehler zu begehen.

Tafel der halben Tagbogen

Wer die Auf- und Untergangszeiten der Planeten wissen möchte, der schlage in der Ephemeride die Deklination des Planeten auf, suche in der Tabelle „Halbe Tagbogen“ die Zeile, die in der ersten Spalte mit der betreffenden Deklination bezeichnet ist, und lese in dieser Linie unter der geographischen Breite, die seinem Beobachtungsort am nächsten kommt, den halben Tagbogen ab. Addiert man diesen zur Zeit des Meridiandurchganges, die in den Ephemeriden aufgeführt ist, so erhält man die MEZ des Untergangs (subtrahiert die MEZ des Aufganges) für 10° östliche Länge.

δ \ φ	46°	48°	50°	52°	54°
−25°	4^h09^m	4^h00^m	3^h50^m	3^h38^m	3^h26^m
−24	4 14	4 06	3 56	3 46	3 35
−23	4 20	4 12	4 03	3 53	3 43
−22	4 25	4 18	4 10	4 00	3 50
−21	4 30	4 23	4 16	4 07	3 58
−20	4 35	4 29	4 22	4 14	4 05
−19	4 40	4 34	4 28	4 20	4 12
−18	4 45	4 39	4 33	4 26	4 19
−17	4 50	4 44	4 39	4 32	4 25
−16	4 55	4 50	4 44	4 38	4 32
−15	4 59	4 54	4 50	4 44	4 38
−14	5 04	5 00	4 55	4 50	4 44
−13	5 08	5 04	5 00	4 56	4 50
−12	5 13	5 09	5 06	5 01	4 56
−11	5 17	5 14	5 11	5 07	5 02
−10	5 21	5 18	5 16	5 12	5 08
− 9	5 26	5 23	5 20	5 17	5 14
− 8	5 30	5 28	5 25	5 22	5 20
− 7	5 34	5 32	5 30	5 28	5 25
− 6	5 38	5 37	5 35	5 33	5 31
− 5	5 43	5 41	5 40	5 39	5 37
− 4	5 47	5 46	5 44	5 44	5 42
− 3	5 51	5 50	5 49	5 49	5 48
− 2	5 55	5 55	5 54	5 54	5 53
− 1	5 59	5 59	5 59	5 59	5 59
0	6 03	6 04	6 04	6 04	6 04

δ = Deklination des Gestirns

δ \ φ	46°	48°	50°	52°	54°
+ 1°	6^h08^m	6^h08^m	6^h08^m	6^h09^m	6^h10^m
+ 2	6 12	6 12	6 13	6 14	6 15
+ 3	6 16	6 17	6 18	6 19	6 20
+ 4	6 20	6 21	6 23	6 24	6 26
+ 5	6 24	6 26	6 28	6 29	6 32
+ 6	6 28	6 30	6 32	6 34	6 37
+ 7	6 33	6 35	6 37	6 40	6 43
+ 8	6 37	6 40	6 42	6 45	6 49
+ 9	6 41	6 44	6 47	6 50	6 54
+10	6 46	6 49	6 52	6 56	7 00
+11	6 50	6 54	6 57	7 01	7 06
+12	6 54	6 58	7 03	7 07	7 12
+13	6 59	7 03	7 08	7 13	7 18
+14	7 03	7 08	7 13	7 19	7 25
+15	7 08	7 13	7 19	7 25	7 31
+16	7 13	7 18	7 24	7 31	7 37
+17	7 17	7 23	7 29	7 37	7 44
+18	7 22	7 28	7 35	7 43	7 51
+19	7 27	7 34	7 41	7 49	7 58
+20	7 32	7 39	7 47	7 56	8 05
+21	7 38	7 45	7 53	8 02	8 13
+22	7 43	7 51	8 00	8 09	8 20
+23	7 48	7 57	8 06	8 17	8 28
+24	7 54	8 03	8 13	8 24	8 37
+25	8 00	8 09	8 20	8 32	8 46

φ = geographische Breite des Beobachtungsortes

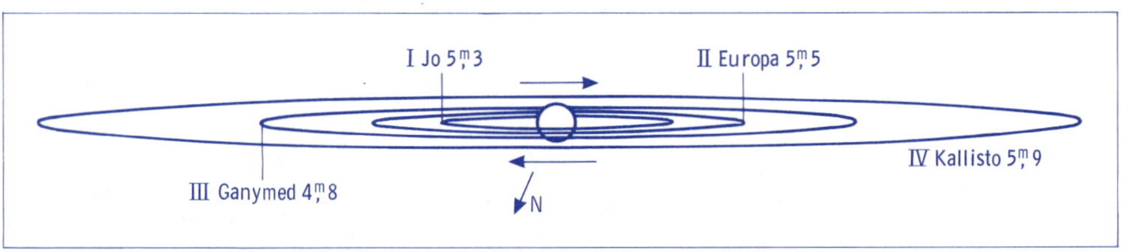

T. 11: Bahnlage der Galileïschen Jupitermonde im Jahr 1993.

T. 12: Bahnlage der helleren Saturnmonde Titan, Rhea und Japetus 1993.

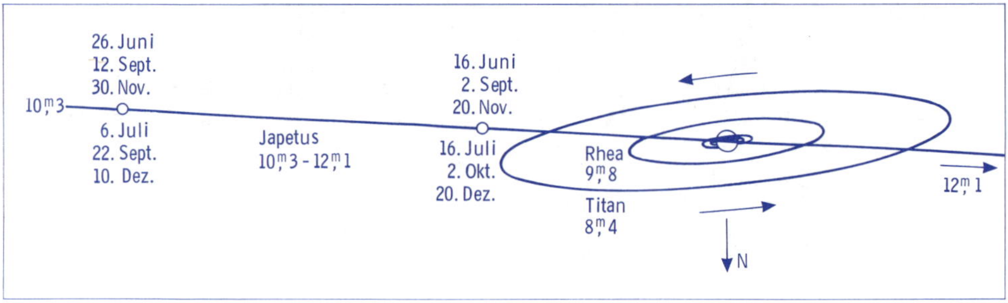

Präzession von 1950.0 auf 2000.0

Präzession in Rektaszension

Rekt. / Dekl.	6^h / 6^h	7^h / 5^h	8^h / 4^h	9^h / 3^h	10^h / 2^h	11^h / 1^h	12^h / 0^h	13^h / 23^h	14^h / 22^h	15^h / 21^h	16^h / 20^h	17^h / 19^h	18^h / 18^h
+80°	8^m9	8^m7	8^m0	7^m0	5^m7	4^m2	2^m6	0^m9	-0^m6	-1^m9	-2^m9	-3^m5	-3^m7
+70°	5,6	5,5	5,2	4,7	4,1	3,4	2,6	1,8	1,0	0,4	−0,1	−0,4	−0,5
+60°	4,5	4,4	4,2	3,9	3,5	3,1	2,6	2,1	1,6	1,2	0,9	0,7	0,6
+50°	3,9	3,8	3,7	3,5	3,2	2,9	2,6	2,2	1,9	1,6	1,4	1,3	1,2
+40°	3,5	3,5	3,4	3,2	3,0	2,8	2,6	2,3	2,1	1,9	1,8	1,7	1,6
+30°	3,2	3,2	3,1	3,0	2,9	2,7	2,6	2,4	2,2	2,1	2,0	1,9	1,9
+20°	3,0	3,0	2,9	2,8	2,8	2,7	2,6	2,5	2,4	2,3	2,2	2,2	2,2
+10°	2,8	2,8	2,7	2,7	2,7	2,6	2,6	2,5	2,5	2,4	2,4	2,4	2,4
0°	2,6	2,6	2,6	2,6	2,6	2,6	2,6	2,6	2,6	2,6	2,6	2,6	2,6
−10°	2,4	2,4	2,4	2,4	2,5	2,5	2,6	2,6	2,7	2,7	2,7	2,8	2,8
−20°	2,2	2,2	2,2	2,3	2,4	2,5	2,6	2,7	2,8	2,8	2,9	3,0	3,0
−30°	1,9	1,9	2,0	2,1	2,2	2,4	2,6	2,7	2,9	3,0	3,1	3,2	3,2

Präzession in Deklination (nur abhängig von der Rektaszension)

0^h / 24^h	1^h / 23^h	2^h / 22^h	3^h / 21^h	4^h / 20^h	5^h / 19^h	6^h / 18^h	7^h / 17^h	8^h / 16^h	9^h / 15^h	10^h / 14^h	11^h / 13^h	12^h / 12^h
17'	16'	14'	12'	8'	4'	0'	−4'	−8'	−12'	−14'	−16'	−17'
0°,28	0°,27	0°,24	0°,20	0°,14	0°,07	0°	−0°,07	−0°,14	−0°,20	−0°,24	−0°,27	−0°,28

Beispiel für Regulus: Die Koordinaten im Äquinoktium1950.0 lauten 10^h05^m7 und +12°,21. Aus obiger Tabelle lesen wir unter 10^h (Zeile +10°) ab: $+2^m7$ und –0°,24. Also lauten die Koordinaten: 2000.0: 10^h08^m4. +11°,97.

Präzession in Zahlen

Jährliche allgemeine Präzession
in ekliptikaler Länge: 50",27
davon:
Lunisolarpräzession: 50",37
Planetare Präzession: –0",12
Geodätische (relativistische) Präzession: 0",02

Mittlere Präzessionsperiode *(Platonisches Jahr)*: 25780 Jahre

Schiefe der Ekliptik (J 2000,0): ε = 23°26'21",4
Extremwerte (21°55'/24°18')

Nutationskonstanten:
Δε = +9",20 / Δλ = – 17",20
Δε: Differenz zwischen wahrer und mittlerer Ekliptikschiefe
Δλ: Ekliptikale Längendifferenz wahrer minus mittlerer Frühlingspunkt

Geometrische Abplattung der Erde: 1:298
Dynamische Abplattung der Erde (aus Präzession abgeleitet): 1:305

Standardepochen („Äquinoktien"):
J 1900,0 = 1900 Januar 0, 12^h E.T.
= JD 2415020,0
J 2000,0 = 2000 Januar 1, 12^h T.D.
= JD 2451545,0

J 2000,0 – J 1900,0 = 1 Julianisches Jahrhundert = 36525 Tage
J 1950,0 = 1950 Januar 1, 0^h E.T.
= JD 2433282,5

B 1900,0 = JD 2415020,31
B 1950,0 = JD 2433282,42
B 2000,0 = JD 2451544,53

Anmerkung: Da 1900 kein Schaltjahr war, ist der Julianische Jahresbeginn für J 2000,0 auf den 1. Januar 2000 festgelegt, damit die Zeitdifferenz zwischen beiden Äquinoktien ein volles Julianisches Jahrhundert beträgt. Nähere Erläuterungen siehe HIMMELSJAHR 1988, Seite 41 ff.

Astronomische Institute, Planetarien und Sternwarten

Augsburg
ṡ-Planetarium
Im Thäle 3
8900 Augsburg 1
Tel.: (08 21) 3 24 67 40

Bamberg
Dr.-Remeis-Sternwarte
Bamberg
Astronomisches Institut der
Universität Erlangen-Nürnberg
Sternwartstraße 7
8600 Bamberg
Tel.: (09 51) 5 77 08
Telex: 62 98 30

Basel
Astronomisches Institut der
Universität Basel
Venusstraße 7
CH-4102 Binningen
Tel.: (0 61) 22 77 11

Bautzen
Sternwarte Johannes Franz
Czornebohstraße 82
O-8600 Bautzen

Berlin
Institut für Astronomie und
Astrophysik der Technischen
Universität Berlin
Hardenbergstraße 36
1000 Berlin 12
Tel.: (0 30) 31 42 37 83

Archenhold-Sternwarte
Alt-Treptow 1
O-1193 Berlin-Treptow
Tel.: (0 03 72) 2 72 88 71 – 494

Wilhelm-Foerster-Sternwarte
und Planetarium
Munsterdamm 90
1000 Berlin 41
Tel.: (0 30) 7 90 09 30

ZEISS-Großplanetarium
Prenzlauer Allee 80
O-1055 Berlin
Tel.: (0 03 72) 43 28 40

Bochum
Astronomisches Institut der
Ruhr-Universität
Postfach 10 21 48
4630 Bochum 1
Tel.: (02 34) 7 00 34 54

Planetarium und Sternwarte
Castroper Straße 67
4630 Bochum 1
Tel.: (02 34) 9 10 36 91

Bonn
Astronomische Institute der
Universität Bonn
Sternwarte mit Observatorium
Hoher List
Radioastronomisches Institut
mit Radioobservatorium
Stockert
Institut für Astrophysik und
Extraterrestrische Forschung
Auf dem Hügel 71
5300 Bonn 1
Telex: 88 64 40
Tel. Sternwarte:
(02 28) 73 36 55, 56
Tel. Radioastronomie:
(02 28) 73 36 57, 58
Tel. Astrophysik:
(02 28) 73 36 71, 76

Observatorium Hoher List
5568 Daun/Eifel
Tel.: (0 65 92) 21 50/29 37

Radioobservatorium Stockert
5339 Eschweiler
Tel.: Bad Münstereifel
(0 22 53) 30 03

Max-Planck-Institut für
Radioastronomie
Auf dem Hügel 69
5300 Bonn 1
Tel.: (02 28) 52 51
Telex: 88 64 40 mpifr d
Fax: (02 28) 52 52 29

Bremen
Sternwarte der
Olbers-Gesellschaft
Olbers-Planetarium der Hoch-
schule Bremen, FB Nautik
Werderstr. 73
2800 Bremen 1
Tel.: (04 21) 7 63 27

Frankfurt
Institut für Theoretische
Physik (Astrophysik)
Robert-Mayer-Straße 10
6000 Frankfurt/Main
Tel.: (0 69) 7 98 23 57

Freiburg im Breisgau
Kiepenheuer-Institut für
Sonnenphysik
Schöneckstraße 6
7800 Freiburg
Tel.: (07 61) 38 20 67
Telex: 7 72 15 52 kis d
Fax: (07 61) 3 22 80

Observatorium Schauinsland
Tel.: (0 76 02) 2 26

Außenstelle im Observatorio
del Teide
Teneriffa
Tel.: (00 34 22) 21 63 99
Telex: 0 52-914 34 obte e

Richard-Fehrenbach-Planeta-
rium in der Gewerbeschule II
Friedrichstraße 51
7800 Freiburg im Breisgau
Tel.: (07 61) 2 16 35 85

Göttingen
Universitäts-Sternwarte
Geismarlandstraße 11
3400 Göttingen
Tel.: (05 51) 39 50 42/39 50 53
Telex: 9 67 53 ustern d
Fax: (05 51) 39 50 43

Außenstelle im Observatorio
del Teide
Teneriffa
Tel.: (00 34 22) 21 63 99
Telex: (0 52) 914 34 obte e

Graz
Institut für Astronomie der Universität Graz (Universitätssternwarte)
Universitätsplatz 5
A-8010 Graz
Tel.: (0316) 380-5270/5271
Fax: (0316) 382130

Observatorium Lustbühel
Lustbühelstraße 46
A-8042 Graz
Tel.: (0316) 41358-16
Telex: 311078 obslgz

Sonnenobservatorium Kanzelhöhe
A-9521 Treffen/Kärnten
Tel.: (04248) 2717
Telex: 45699 solobs

Halle
Raumflugplanetarium Peißnitz
O-4020 Halle

Hamburg
Hamburger Sternwarte
Gojenbergsweg 112
2050 Hamburg 80
Tel.: (040) 7252-4112
Telex: 217884 hamst d
Fax: (040) 7252-4198

Planetarium
Hindenburgstraße Ö1
2000 Hamburg 60
Tel.: (040) 518655

Hannover
Astronomische Station am Institut für Erdmessung der Universität
Nienburger Straße 5
3000 Hannover 1
Tel.: (0511) 7622475

Heidelberg
Astronomisches Rechen-Institut
Mönchhofstraße 12–14
6900 Heidelberg 1
Tel.: (06221) 4050
Telex: 461336 arihd d
Fax: (06221) 405297

Institut für Theoretische Astrophysik
Im Neuenheimer Feld 561
6900 Heidelberg 1
Tel.: (06221) 562837
Telex: 461515 UNIHD D
Fax: (06221) 564221

Max-Planck-Institut für Astronomie
Königstuhl 17
6900 Heidelberg 1
Tel.: (06221) 5281
Telex: 461789 mpia d
Fax: (06221) 528246

Außenstelle
Deutsch-Spanisches Astronomisches Zentrum
Calar Alto/Almeria
Apartado Correos 511
Almeria/Spanien
Tel.: (003451) 230988/225576
Telex: 78812 dsaz e
Fax: (003451) 225562

Landessternwarte
Königstuhl
6900 Heidelberg 1
Tel.: (06221) 5090
Telex: 46153
Fax: (06221) 509-202

Innsbruck
Institut für Astronomie der Universität Innsbruck
Technikerstraße 25
A-6020 Innsbruck
Tel.: (0512) 748-5251
Telex: 533808 unite
Fax: (0521) 748/5032 oder 748/4036

Jena
Universitäts-Sternwarte
Schillergäßchen 2
O-6900 Jena
Tel.: 822637 und 27122
Telex: 588634 uni dd

Planetarium
Am Planetarium 5
O-6900 Jena
Tel.: 27315

Kassel
Planetarium
Orangerie in der Karlsaue
Heiligenbergstr. 22
3500 Kassel

Kiel
Institut für Theoretische Physik und Sternwarte der Universität Kiel
Olshausenstraße 40
2300 Kiel 1
Tel.: (0431) 880/4110

Planetarium
Knooper Weg 62
2300 Kiel 1
Tel.: (0431) 312507

Klagenfurt
Raumflugplanetarium
Villacher Straße 239
A-9020 Klagenfurt
Sternwarte Kreuzbergl
Tel.: (0463) 21700

Leipzig
Planetarium im Zoologischen Garten
Dr.-Kurt-Fischer-Straße 29
O-7010 Leipzig
Tel.: (003741) 291001

Luzern
Planetarium im Verkehrshaus der Schweiz
Lidostraße 5
CH-6000 Luzern
Tel.: (041) 314444

Mannheim
Planetarium
W.-Varnholt-Platz 1
6800 Mannheim 1
Tel.: (0621) 419007
Fax: (0621) 414211

München
Institut für Astronomie und Astrophysik der Universität München
Universitäts-Sternwarte
Scheinerstraße 1
8000 München 80
Tel.: (089) 922094-0

Max-Planck-Institut für
Extraterrestrische Physik
Karl-Schwarzschild-Str. 1
8046 Garching
Tel.: (089) 3299-00
Telex: 05215845 xter d
Fax: (089) 3299 – 3569

Max-Planck-Institut für
Astrophysik
Karl-Schwarzschild-Straße 1
8046 Garching
Tel.: (089) 3299-00
Telex: 524629
Fax: (089) 3299 – 3235

Planetarium und Bayerische
Volkssternwarte
Anzinger Straße 1
8000 München 80
Tel.: (089) 406239

Planetarium im Deutschen
Museum
Museumsinsel 1
8000 München 26
Tel.: (089) 21791

Münster
Astronomisches Institut
der Westfälischen Wilhelms-
Universität
Wilhelm-Klemm-Straße 10
4400 Münster
Tel.: 49(0)251-83-3561
Telex: 892529 unims d
Fax: 49(0)251-83-2090

Außenstation Schalkenmehren
Hembrich 6
5569 Schalkenmehren/Eifel
Tel.: 49(0)6592-3914

Planetarium im Naturkunde-
museum
Sentruper Straße 285
4400 Münster
Tel.: (0251) 82084

Nürnberg
Planetarium
Am Plärrer 41
8500 Nürnberg
Tel.: (0911) 265467

Sternwarte
Regiomontanusweg 1
8500 Nürnberg
Tel.: (0911) 593540

Osnabrück
Naturwissenschaftliches
Museum/Planetarium
Am Schölerberg 8
4500 Osnabrück
Tel.: (0541) 560030

Recklinghausen
Westf. Volkssternwarte/
Planetarium
Stadtgarten Cäcilienhöhe
4350 Recklinghausen
Tel.: (02361) 23134

Stuttgart
Carl-Zeiss-Planetarium mit
Sternwarte Welzheim
Neckarstraße 47
7000 Stuttgart 1
Tel.: (0711) 1629215
Teletex: 7111214 PLANSTG
Fax: (0711) 2163912

Sternwarte der Universität
Institut für Plasmaforschung
Pfaffenwaldring 31
7000 Stuttgart 80
Tel.: (0711) 6852302

Tübingen
Astronomisches Institut der
Universität
Waldhäuser Straße 64
7400 Tübingen 1
Tel.: (07071) 292486
Telex: 07262714 ait d
Fax: (07071) 293458

Lehr- und Forschungsbereich
Theoretische Astrophysik der
Universität
Auf der Morgenstelle 10
7400 Tübingen 1
Tel.: (07071) 292487
Telex: 7262867
Fax: (07071) 295400

Welzheim
Siehe Planetarium **Stuttgart**

Wien
Institut für Astronomie der
Universität Wien,
Universitäts-Sternwarte
Türkenschanzstraße 17
A-1180 Wien
Tel.: (0222) 345360-0
340316-0
Telex: 133099 viast a

Kuffner-Sternwarte
Johann-Staud-Straße 10
A-1160 Wien
Tel.: (0222) 948130

URANIA-Sternwarte
Uraniastraße 1
A-1010 Wien
Tel.: (0222) 7126191

Planetarium
Oswald-Thomas-Platz 1
A-1020 Wien
Tel.: (0222) 249432

Wolfsburg
Planetarium
Uhlandweg 2
3180 Wolfsburg
Tel.: (05361) 21939

Würzburg
Institut für Astronomie und
Astrophysik
Lehrstuhl Astronomie
Am Hubland
8700 Würzburg
Tel.: (0931) 888-5031

Sternwarte der Universität
Johannes-Kepler-Straße
8700 Würzburg

Zürich
Institut für Astronomie
ETH-Zentrum
CH-8092 Zürich
Tel.: (01) 2563813

URANIA-Sternwarte
Uraniastraße 9
CH-8000 Zürich

Amateurastronomische Vereinigungen, Beobachtungsstationen und Privatsternwarten

Aachen
Volkssternwarte
Am Hangeweiher
5100 Aachen

Aalen
Schul- und Volkssternwarte
Rombacherstraße 30
7080 Aalen

Abensberg
AK Astronomie der
Weltenburger Akademie
Adlerstraße 104
8423 Abensberg

Albstadt
Astronomische Vereinigung
Albstadt e.V.
Hartmannstraße 140
7470 Albstadt 1 (Ebingen)

Bad Driburg
Sternwarte der
F.-W.-Weber-Realschule
Elsterweg 13
3490 Bad Driburg

Bad Mergentheim
Astronomische Vereinigung
Weikersheim
Marienstraße 38
6990 Bad Mergentheim

Bad Nauheim
Volkssternwarte
Kurverwaltung Staatsbad
6530 Bad Nauheim

Bad Salzschlirf
Sternwarte
Dr.-Martiny-Straße 1
6427 Bad Salzschlirf

Bad Salzuflen
Schulsternwarte im Zentrum
Lohfeld,
Wasserfuhr 25e
4902 Bad Salzuflen 1

Basel
Astronomischer Verein
Venusstraße 7
CH-4102 Binningen

Baunatal
Schulsternwarte Gudensberg
e.V.
Schwimmbadweg
3507 Baunatal

Bernkastel-Kues
Privatsternwarte ERZ
Cusanusstr. 35
5550 Bernkastel-Kues

Bielefeld
Schulsternwarte
Brackweder Gymnasium
Beckumer Straße 10
4800 Bielefeld 14

Arbeitsgemeinschaft
Astronomie
Naturkundemuseum
Kreuzstraße 38
4800 Bielefeld

Blaibach
Amateurastronomische
Vereinigung
Hohebogenwinkel-Regental,
Pechlergasse 36
8491 Blaibach

Bonn
Volkssternwarte Bonn e.V.
Poppelsdorfer Allee 47
5300 Bonn 1

Braunschweig
Sternfreunde Braunschweig-
Hondelage e.V.
Ackerweg 1B
3300 Braunschweig

Buchloe
Volkssternwarte der VHS
Adolf-Müller-Straße 7
8938 Buchloe

Bülach
Schul- und Volkssternwarte
Bülach
Rotzibüch bei Eschenmosen
CH-8180 Bülach

Calden
Sternwarte
Schachter Weg
3527 Calden

Carona
Feriensternwarte CALINA
Osservatorio Calina
CH-6914 Carona

Cottbus
Raumflugplanetarium
Juri Gagarin
Heinrich-Mosler-Straße 39
O-7500 Cottbus

Crimmitschau
Interessengemeinschaft
Astronomie
Sternwarte „Johannes Kepler"
Straße der Jugend 8
O-9630 Crimmitschau

Cuxhaven
Feriensternwarte
Haydnstraße 16
2190 Cuxhaven

Darmstadt
Volkssternwarte e.V.
Herdweg 45
6100 Darmstadt

Donzdorf
Sternfreunde Donzdorf
Messelberg-Sternwarte beim
Schulzentrum
7322 Donzdorf

Dortmund
Astronomischer Verein/
Volkssternwarte
Flamingoweg 2
4600 Dortmund 1

Drebach
Jugend- und Feriensternwarte
O-9362 Drebach
(Erzgebirge)

Düsseldorf
Astronomische Vereinigung
Steinkaul 4
4000 Düsseldorf 13

Benzenberg-Sternwarte
Wimpfener Straße 18
4000 Düsseldorf 13

Duisburg
Rudolf-Römer-Sternwarte
Schwarzenberger Straße 147
4100 Duisburg 14

Durmersheim
Sternfreunde Durmersheim
Würmersheimer Straße 25
7552 Durmersheim

Eilenburg
Volks- und Schulsternwarte
Am Mansberg
O-7280 Eilenburg

Eisenstadt
Burgenländische
Landessternwarte
Dr.-Karl-Renner-Straße 1
A-7000 Eisenstadt

Ennepetal
Volkssternwarte
Am Hinnenberg 80
5828 Ennepetal 14

Erfurt
Volkssternwarte
O-5000 Erfurt

Erkrath
Sternwarte Neanderhöhe
Hochdahl, Stellarium
Hildener Straße 17
4006 Erkrath 2

Essen
Verein für volkstümliche
Astronomie
Am Weberplatz 1
4300 Essen 1

Walter-Hohmann-Sternwarte
Wallneyer Straße 159
4300 Essen 1

Frankfurt/Main
Volkssternwarte des Phys.
Vereins Frankfurt
Robert-Mayer-Straße 2–4
6000 Frankfurt 1

Freiburg
Volkssternwarte Freiburg
Staudinger Straße 10
7800 Freiburg/Br.

Sternfreunde Breisgau e.V.
Hugstetter Straße 5
7800 Freiburg/Br.

Fürstenfeldbruck
Planetarium und
Sternwarte
Schöngeisingerstraße 6/II
8080 Fürstenfeldbruck

Fulda
Hans-Nüchter-Sternwarte
Domänenweg 2
6400 Fulda

Planetarium im Vonderau-
Museum
Universitätsstraße
6400 Fulda

Germering
Sternwarte des
Max-Born-Gymnasiums
Johann-Sebastian-Bach-
Straße 8
8034 Germering

Geseke
Amateur-Astronomische
Arbeitsgemeinschaft
Erwitter Straße 16a
4787 Geseke

Glücksburg
Planetarium und Sternwarte
Fördestraße 35
2392 Glücksburg

Gmunden
Eisner-Sternwarte
Kalvarienberg
A-4810 Gmunden

Goch
Klever Volkssternwarte e.V.
Beobachtungsstation Goch
Berliner Straße 69
4180 Goch-Nierswalde

Görlitz
Scultetus-Sternwarte
An der Sternwarte 1
O-8904 Görlitz

Hagen
Volkssternwarte
Eugen-Richter-Turm
5800 Hagen

Hamburg
Ges. für volkstümliche
Astronomie (GvA)
Hindenburgstraße Ö1
2000 Hamburg 60

Hamm
Astronomische Arbeits-
gemeinschaft der VHS
Westenwall 2
4700 Hamm 1

Hannover
Planetarium der
Bismarckschule
An der Bismarckschule 5
3000 Hannover

Volkssternwarte
Am Lindener Berg 27
3000 Hannover 91

Heilbronn
Robert-Mayer-Sternwarte
Bismarckstraße 10
7100 Heilbronn

Heppenheim
Starkenburg-Sternwarte
Kl. Bach 3
6148 Heppenheim

Herford
Sternwarte Friedrichs-
gymnasium, Werrestraße 9
4900 Herford

Herne
Astronomische Arbeits-
gemeinschaft
Tulpenweg 48
4690 Herne 2

Herzberg
Schulsternwarte
Am Wasserturm
O-7930 Herzberg

Heuberg-Baar
Astronomische Vereinigung
Heuberg-Baar e.V.
Eisenbahnstraße 53
7208 Spaichingen

Hof
Volkssternwarte Hof
Egerländerweg 25
8670 Hof

Hoyerswerda
Schulsternwarte Oberschule X
Geschwister-Scholl-Straße 23
O-7700 Hoyerswerda

Ingolstadt
Volkssternwarte
Schulzentrum Südwest
Maximilianstraße
8070 Ingolstadt

Jena
Urania-Volkssternwarte
Schillergäßchen 2a
O-6900 Jena

Kaiserslautern
Stud. AG Astronomie e.V.
Universität Kaiserslautern
Erwin-Schrödinger-Straße
Bau 46
6750 Kaiserslautern

Karlsruhe
Sternwarte des
Max-Planck-Gymnasiums
Krokusweg
7500 Karlsruhe-Rüppurr

Kassel
Astronomischer Arbeitskreis
Kassel e.V.
Heiligenbergstraße 22
3500 Kassel

Köln
Planetarium
Blücherstraße 17
5000 Köln 60

Volkssternwarte
Nikolausstraße 55
5000 Köln

Club für Raumfahrt
und Astronomie
Gernsheimer Str. 21
5000 Köln 91

Kreuzlingen
Sternwarte Kreuzlingen
Breitenreinstraße 21
CH-8280 Kreuzlingen

Kufstein
Astro-Club Planetarium
Schützenstraße 16
A-6332 Kufstein

Langwedel
Volkssternwarte
Moorstraße 10
2815 Langwedel

Laupheim
Planetarium
Parkweg 44
7958 Laupheim

Volkssternwarte e.V.
Leibnizstraße 35
7958 Laupheim

Leinfelden
Schul- und Volkssternwarte
Stuttgarter Straße 65
7022 Leinfelden-Echterdingen

Lemgo
Sternwarte Lemgo
der FH Lippe
Liebigstraße 87
4920 Lemgo

Linz
Volkssternwarte
Sternwarteweg 5
A-4020 Linz

Lübeck
Sternwarte
Am Ährenfeld
2400 Lübeck

Ludwigsburg
Arbeitsgemeinschaft
Astronomie
Rosenstraße 15/2
7120 Bietigheim-Bissingen

Luxemburg
Amateurs Astronomes du
Luxembourg
16B, rue Emile Mayrisch
L-3522 Dudelange

Magdeburg
Astronomisches Zentrum
Pablo-Picasso-Straße 20
O-3041 Magdeburg

Mainz
Volkssternwarte
Karmeliterplatz 1
6500 Mainz 1

Moers
Moerser
Astronomische Organisation
Bergstraße 21 e
4130 Moers

Mönchengladbach
Astronomischer Arbeitskreis
Bökelstraße 138
4050 Mönchengladbach 1

Münster
Sternfreunde Münster e.V.
Am Nussenberg 23
4400 Münster

Neuenkirchen
Club der Sternfreunde
Damme e.V.
Wenstrup 19
2846 Neuenkirchen

Neumarkt
Bayerische Volkssternwarte
Höhenberg 31
8430 Neumarkt

Nordenham
Planetarium
Bahnhofstraße 52
2890 Nordenham

Norderstedt
Volkssternwarte
Norderstedt e.V.
Alsterstieg 11
2000 Norderstedt

Nordhausen
Planetarium
Wendenstr. 1
O-5500 Nordhausen

Ottobeuren
Volkssternwarte
Ottobeuren e.V.
Schwabenstraße 13
8942 Ottobeuren

Papenburg
Astronomischer Verein
Wilhelm-Leuschner-Straße 48
2990 Papenburg

Paderborn
Volkssternwarte
Im Schloßpark
4790 Paderborn

Passau
Volkssternwarte
Veste Oberhaus
8390 Passau

Pforzheim
Astronomischer Arbeitskreis
Huchenfelder Hauptstr. 220
7530 Pforzheim

Potsdam
Planetarium –
Beobachtungsstation
Neuer Garten 6
O-1500 Potsdam

Radeberg
Freundeskreis Sternwarte e.V.
Volkssternwarte Erich Bär
Stolperner Straße PF 84-40
O-8142 Radeberg

Radebeul
Volkssternwarte
Adolph-Diester-Weg
Auf den Ebenbergen
O-8122 Radebeul

Ravenstein
Sternwarte
Goethestraße 16
6963 Ravenstein

Regensburg
Volkssternwarte
Ägidienplatz 2
8400 Regensburg

Remscheid
Astronomischer Verein
Remscheid e.V.
Im Laspert 11
5630 Remscheid

Reutlingen
Planetarium und Sternwarte
Karlstraße 40
7410 Reutlingen

Rodewisch
Schulsternwarte
Rützengrüner Straße 41a
O-9706 Rodewisch
(Vogtland)

Rostock
Astronomische Station
Nelkenweg
O-2500 Rostock

Rüsselsheim
Rüsselsheimer
Sternfreunde e.V.
Am Brongraben 40
6096 Rüsselsheim

Salzburg
Sternwarte am Voggenberg
Höfelgasse 6
A-5200 Salzburg

Schkeuditz
Astronomisches Zentrum
An der Bergbreite
O-7144 Schkeuditz

Schneeberg
Planetarium und Schul-
sternwarte
Heinrich-Heine-Straße
O-9412 Schneeberg

Schöllnach
Volkssternwarte
Bayer. Wald e.V.
Forstweg 3
8359 Schöllnach

Schriesheim
Arbeitsgemeinschaft
Volkssternwarte e.V.
Ladenburger Fußweg 3
6905 Schriesheim

Seewalchen
Astronom. AK. Salzkammergut
Sachsenstraße 2
A-4863 Seewalchen

Singen
Volkssternwarte
Rielasingerstraße 37
7700 Singen

Soest
Volkssternwarte
Steinkuhlenweg 6
4770 Soest

Sohland
Volks- und
Schulsternwarte
O-8606 Sohland

Solingen
Sternwarte
Sternstraße 5
5650 Solingen 19

Solothurn
Sternwarte der Kantonsschule
CH-4500 Solothurn

Steißlingen
Sternwarte der Gemeinde
Schulstraße
7705 Steißlingen

Stuttgart
Schwäbische Sternwarte
Zur Uhlandshöhe 41
7000 Stuttgart 1

Suhl
Volks- und Schulsternwarte
Auf dem Hoheloh
O-6000 Suhl

Viersen
Viersener Astronomischer
Arbeitskreis
Goethestraße 22
4060 Viersen 1

Violau
Sternwarte
Bruder-Klaus-Heim
8900 Violau 84 über Augsburg

Wertheim
Johann-Kern-Sternwarte e.V.
Mittlere Flur 20
6980 Wertheim

Wetzlar
Sternwarte Burgsolms
Lindenstraße 1
6336 Solms

Wien
Astronomischer Jugendclub
Richard-Wagner-Platz 2/7
A-1160 Wien

Wiesbaden
Sternwarte auf dem Oberstufengymnasium
Am Moltkering
6200 Wiesbaden

Winterthur
Sternwarte Eschenberg der AG Winterthur
Breitenstraße 2
CH-8542 Wiesendangen

Wolfach
Astronomische Beobachtungsstation
Schmelzegrün 27
7620 Wolfach

Wolfsburg
Sternwarte der VHS
Walter-Flex-Weg 8
3180 Wolfsburg 1

Würzburg
Volkssternwarte
Unterer Neubergweg 30
8700 Würzburg

Wuppertal
Bergische Volkssternwarte e.V.
Mainzer Straße 10
5600 Wuppertal 1

Überregionale astronomische Vereinigungen

Berliner Arbeitsgemeinschaft für Veränderliche Sterne e.V. (BAV)
Munsterdamm 90
1000 Berlin 41

Österreichischer Astronomischer Verein
Seegasse 8
A-1090 Wien

Schweizerische Astronomische Gesellschaft (SAG)
Zentralsekretariat:
Hirtenhofstraße 9
CH-6005 Luzern

Vereinigung der Sternfreunde e.V. (VdS)
Anzingerstraße 1
(Volkssternwarte)
8000 München 80

Das Verzeichnis erhebt keinen Anspruch auf Vollständigkeit. Weitere Vereinigungen nimmt der Herausgeber gerne auf.
Entsprechende Hinweise sende man bitte an: PLANETARIUM STUTTGART, Neckarstraße 47, 7000 Stuttgart 1

1994

Januar

Mo		3	10	17	24	31
Di		4	11	18	25	
Mi		5☾	12●	19☽	26	
Do		**6**	13	20	27○	
Fr		7	14	21	28	
Sa	1	8	15	22	29	
So	**2**	**9**	**16**	**23**	**30**	

Februar

Mo		7	14	21	28
Di	1	8	15	22	
Mi	2	9	16	23	
Do	3☾	10●	17	24	
Fr	4	11	18☽	25	
Sa	5	12	19	26○	
So	**6**	**13**	**20**	**27**	

März

Mo		7	14	21	28
Di	1	8	15	22	29
Mi	2	9	16	23	30
Do	3	10	17	24	31
Fr	4☾	11	18	25	
Sa	5	12●	19	26	
So	**6**	**13**	**20☽**	**27○**	

April

Mo		**4**	11●	18	25○
Di		5	12	19☽	26
Mi		6	13	20	27
Do		7	14	21	28
Fr	**1**	8	15	22	29
Sa	2	9	16	23	30
So	**3☾**	**10**	**17**	**24**	

Mai

Mo		2☾	9	16	**23**	30
Di		3	10●	17	24	31
Mi		4	11	18☽	25○	
Do		5	**12**	19	26	
Fr		6	13	20	27	
Sa		7	14	21	28	
So	**1**	**8**	**15**	**22**	**29**	

Juni

Mo		6	13	20	27
Di		7	14	21	28
Mi	1☾	8	15	22	29
Do	**2**	9●	16☽	23○	30☾
Fr	3	10	17	24	
Sa	4	11	18	25	
So	**5**	**12**	**19**	**26**	

Juli

Mo		4	11	18	25
Di		5	12	19	26
Mi		6	13	20	27
Do		7	14	21	28
Fr	1	8●	15	22○	29
Sa	2	9	16☽	23	30☾
So	**3**	**10**	**17**	**24**	**31**

August

Mo	1	8	15	22	29☾
Di	2	9	16	23	30
Mi	3	10	17	24	31
Do	4	11	18	25	
Fr	5	12	19	26	
Sa	6	13	20	27	
So	**7●**	**14☽**	**21○**	**28**	

September

Mo		5●	12☽	19○	26
Di		6	13	20	27
Mi		7	14	21	28☾
Do	1	8	15	22	29
Fr	2	9	16	23	30
Sa	3	10	17	24	
So	**4**	**11**	**18**	**25**	

Oktober

Mo		**3**	10	17	24	31
Di		4	11☽	18	25	
Mi		5●	12	19○	26	
Do		6	13	20	27☾	
Fr		7	14	21	28	
Sa	1	8	15	22	29	
So	**2**	**9**	**16**	**23**	**30**	

November

Mo		7	14	21	28
Di	**1**	8	15	22	29
Mi	2	9	**16**	23	30
Do	3●	10☽	17	24	
Fr	4	11	18○	25	
Sa	5	12	19	26☾	
So	**6**	**13**	**20**	**27**	

Dezember

Mo		5	12	19	**26**
Di		6	13	20	27
Mi		7	14	21	28
Do	1	8	15	22	29
Fr	2	9☽	16	23	30
Sa	3●	10	17	24	31
So	**4**	**11**	**18○**	**25☾**	

Feiertage:

Aschermittwoch:	16. Feb.	Pfingstsonntag:	22. Mai	Totensonntag:	20. Nov.
Ostersonntag:	3. April	Fronleichnam:	2. Juni	1. Advent:	27. Nov.
Chr. Himmelfahrt:	12. Mai	Buß- und Bettag:	16. Nov.		

Das Jahr 1994 ist ein Gemeinjahr zu 365 Tagen.

Beginn der Jahreszeiten:

Frühling: 20. März, 21^h28^m
Sommer: 21. Juni, 15^h48^m
Herbst: 23. Sept., 7^h19^m
Winter: 22. Dez., 3^h23^m
Erde in Sonnennähe: 2. Jan. 7^h
Erde in Sonnenferne: 5. Juli 20^h

Finsternisse:

10. Mai: ringförmige Sonnenfinsternis, in Mitteleuropa **partiell**
25. Mai: partielle Mondfinsternis
3. Nov.: totale Sonnenfinsternis

Planeten:

Innere Planeten

Merkur: Größte östliche Elongation: **4. Feb.** (18°), *30. Mai* (23°), 26. Sept. (26°)
Größte westliche Elongation: 19. März (28°), *17. Juli* (21°), **6. Nov.** (19°)

Venus: Obere Konjunktion: 17. Jan.
Größte östliche Elongation: 24. Aug. (46°)
Untere Konjunktion: 3. Nov.

Äußere Planeten	Opposition	im Sternbild	Konjunktion
Mars:	–	–	–
Jupiter:	30. April	Waage	17. November
Saturn:	1. September	Wassermann	21. Februar
Uranus:	17. Juli	Schütze	12. Januar
Neptun:	14. Juli	Schütze	11. Januar
Pluto:	17. Mai	Waage	20. November

„Vertraut mit den Wundern des Weltraums"

Ebenso wie die Kunst ästhetische Wünsche und Gefühle des Menschen befriedigt, so bietet ein wissenschaftliches Hobby, oder besser "Wissenschaft als Hobby" die gleiche Befriedigung für den menschlichen Intellekt. Machen Sie deshalb sich und Ihre Kinder - **vertraut mit den Wundern des Weltraums** - Sie werden ein Leben lang von einem besonders faszinierenden Wissen profitieren.

Wir sind seit 25 Jahren in Deutschland auf dem Gebiet Schul- und Hobby-Astronomie tätig und haben auch für Sie oder für Ihre Kinder die richtigen Anregungen, wie zum Beispiel diese:

Baader Planetarium

Die möglichst realistische Darstellung der Bewegungsverhältnisse von Erde und Mond um die Sonne war unser Hauptanliegen bei der Konstruktion dieses Gerätes. Was sich jedoch durch die Verbindung mit dem umgebenden Sternglobus alles herleiten läßt, übertrifft die Möglichkeiten früherer Modelle um ein Vielfaches und reicht von der Darstellung von Tag und Nacht bis zur Projektion des Nachthimmels für jede Jahreszeit und jede Position auf der Erde. Jetzt läßt sich alles demonstrieren, was das räumliche Vorstellungsvermögen übersteigt und was man einem Kind - auch nicht mit der besten Erklärung - verständlich machen kann.

Teleskope und Zubehör

Bei uns finden Sie das größte Angebot an Markenfernrohren in Deutschland: ASTRO PHYSICS, CARL ZEISS, CELESTRON, VIXEN, ALT-Montierungen u.v.a.

Wir liefern Okulare und astronomisches Zubehör z.T. aus eigener Fertigung: z.B.: Sonnenfilter, Spektrographen, Micro-Guide Okular, Protuberanzenansatz, DAYSTAR-Filter, Zeiss opt. Bauteile u. Prismen, **SBIG CCD-Kameras und Auto-Guider.**

Sternwarten-Kuppeln aus GFK

Eine permanente Aufstellungsmöglichkeit für das Teleskop ist der Wunschtraum aller Amateure und ein Muß für Schulen, wo ansonsten die halbe Beobachtungszeit mit dem korrekten Aufstellen des Gerätes verbracht wird. Wir stellen solche Kuppeln in einfacher Ausführung (aber auch mit allen technischen Raffinessen) selbst her und liefern in Größen von 2-12 Metern Durchmesser Kuppeln, die dem neuesten Stand der Technik entsprechen. Anders als eine Hütte mit abfahrbarem Dach bietet die klassische, auch ästhetisch schöne Kuppel perfekten Windschutz (Winter), Abschirmung gegen das heute so häufig störende Streulicht und Schutz gegen das lästige Beschlagen der Fernrohroptik.

Diaserien und Videofilme

Unser Lieferprogramm beinhaltet die besten NASA Aufnahmen und Deep Sky Objekte - zusammen über 1000 Dias, sowie 30 verschiedene ASTRO-VIDEOS.
Alle Diaserien (mit detaillierter Beschreibung) sind sorgfältig nach der astronomischen Thematik geordnet und enthalten weltberühmte Aufnahmen. Viele stammen von Großsternwarten; aber auch von bekannten Amateuren, deren Aufnahmen professionelle Qualität erreichen.

Unseren Gesamtkatalog bitten wir schriftlich gegen eine Schutzgebühr von DM 8,-- (in Briefmarken) anzufordern.

baader planetarium ®

BAADER PLANETARIUM GMBH

Zur Sternwarte
8083 Mammendorf
Tel.: 08145/8802 Fax: 08145/8805

1995

Januar

Mo		2	9	16○	23	30●
Di		3	10	17	24☾	31
Mi		4	11	18	25	
Do		5	12	19	26	
Fr		**6**	13	20	27	
Sa		7	14	21	28	
So	**1●**	**8☽**	**15**	**22**	**29**	

Februar

Mo		6	13	20	27
Di		7☽	14	21	28
Mi	1	8	15○	22☾	
Do	2	9	16	23	
Fr	3	10	17	24	
Sa	4	11	18	25	
So	**5**	**12**	**19**	**26**	

März

Mo		6	13	20	27
Di		7	14	21	28
Mi	1●	8	15	22	29
Do	2	9☽	16	23☾	30
Fr	3	10	17○	24	31●
Sa	4	11	18	25	
So	**5**	**12**	**19**	**26**	

April

Mo		3	10	**17**	24
Di		4	11	18	25
Mi		5	12	19	26
Do		6	13	20	27
Fr		7	**14**	21	28
Sa	1	8☽	15○	22☾	29●
So	**2**	**9**	**16**	**23**	**30**

Mai

Mo	**1**	8	15	22	29●
Di	2	9	16	23	30
Mi	3	10	17	24	31
Do	4	11	18	**25**	
Fr	5	12	19	26	
Sa	6	13	20	27	
So	**7☽**	**14○**	**21☾**	**28**	

Juni

Mo		**5**	12	19☾	26
Di		6☽	13○	20	27
Mi		7	14	21	28●
Do	1	8	**15**	22	29
Fr	2	9	16	23	30
Sa	3	10	17	24	
So	**4**	**11**	**18**	**25**	

Juli

Mo		3	10	17	24	31
Di		4	11	18	25	
Mi		5☽	12○	19☾	26	
Do		6	13	20	27●	
Fr		7	14	21	28	
Sa	1	8	15	22	29	
So	**2**	**9**	**16**	**23**	**30**	

August

Mo		7	14	21	28
Di	1	8	15	22	29
Mi	2	9	16	23	30
Do	3	10○	17	24	31
Fr	4☽	11	18☾	25	
Sa	5	12	19	26●	
So	**6**	**13**	**20**	**27**	

September

Mo		4	11	18	25
Di		5	12	19	26
Mi		6	13	20	27
Do		7	14	21	28
Fr	1	8	15	22	29
Sa	2☽	9○	16☾	23	30
So	**3**	**10**	**17**	**24●**	

Oktober

Mo		2	9	16☾	23	30☽
Di		**3**	10	17	24●	31
Mi		4	11	18	25	
Do		5	12	19	26	
Fr		6	13	20	27	
Sa		7	14	21	28	
So	**1☽**	**8○**	**15**	**22**	**29**	

November

Mo		6	13	20	27
Di		7○	14	21	28
Mi	**1**	8	**15☾**	22●	29☽
Do	2	9	16	23	30
Fr	3	10	17	24	
Sa	4	11	18	25	
So	**5**	**12**	**19**	**26**	

Dezember

Mo		4	11	18	**25**
Di		5	12	19	**26**
Mi		6	13	20	27
Do		7○	14	21	28☽
Fr	1	8	15☾	22●	29
Sa	2	9	16	23	30
So	**3**	**10**	**17**	**24**	**31**

Feiertage:

Aschermittwoch: 1. März
Ostersonntag: 16. April
Chr. Himmelfahrt: 25. Mai
Pfingstsonntag: 4. Juni
Fronleichnam: 15. Juni
Buß- und Bettag: 22. Nov.
Totensonntag: 26. Nov.
1. Advent: 3. Dez.

Das Jahr 1995 ist ein Gemeinjahr zu 365 Tagen.

Beginn der Jahreszeiten:

Frühling: 21. März, 3^h14^m
Sommer: 21. Juni, 21^h34^m
Herbst: 23. Sept., 13^h13^m
Winter: 22. Dez., 9^h17^m
Erde in Sonnennähe: 4. Jan. 12^h
Erde in Sonnenferne: 4. Juli 3^h

Finsternisse

15. April: partielle Mondfinsternis
29. April: ringförmige Sonnenfinsternis
24. Okt.: totale Sonnenfinsternis

Planeten:

Innere Planeten

Merkur: Größte östliche Elongation: **19. Jan.** (19°), **12. Mai** (22°), 9. Sept. (27°)
Größte westliche Elongation: 1. März (27°), 29. Juni (22°), **20. Okt.** (18°)

Venus: Größte westliche Elongation: 13. Jan. (47°), Obere Konjunktion: 20. Aug.

Äußere Planeten	Opposition	(Mio. km)	im Sternbild	Konjunktion
Mars:	12. Februar	101	Löwe	–
Jupiter:	1. Juni		Schlangenträger	18. Dezember
Saturn:	14. September		Wassermann	6. März
Uranus:	21. Juli		Schütze	17. Januar
Neptun:	17. Juli		Schütze	13. Januar
Pluto:	20. Mai		Waage	23. November

1996

Januar

Mo	**1**	8	15	22	29
Di	2	9	16	23	30
Mi	3	10	17	24	31
Do	4	11	18	25	
Fr	5○	12	19	26	
Sa	**6**	13☾	20●	27☽	
So	**7**	**14**	**21**	**28**	

Februar

Mo		5	12☾	19●	26☽
Di		6	13	20	27
Mi		7	14	21	28
Do	1	8	15	22	29
Fr	2	9	16	23	
Sa	3	10	17	24	
So	**4**○	**11**	**18**	**25**	

März

Mo		4	11	18	25
Di		5○	12☾	19●	26
Mi		6	13	20	27☽
Do		7	14	21	28
Fr	1	8	15	22	29
Sa	2	9	16	23	30
So	**3**	**10**	**17**	**24**	**31**

April

Mo	1	**8**	15	22	29
Di	2	9	16	23	30
Mi	3	10	17●	24	
Do	4○	11☾	18	25☽	
Fr	**5**	12	19	26	
Sa	6	13	20	27	
So	**7**	**14**	**21**	**28**	

Mai

Mo		6	13	20	**27**
Di		7	14	21	28
Mi	**1**	8	15	22	29
Do	2	9	**16**	23	30
Fr	3○	10☾	17●	24	31
Sa	4	11	18	25☽	
So	**5**	**12**	**19**	**26**	

Juni

Mo		3	10	17	24☽
Di		4	11	18	25
Mi		5	12	19	26
Do		**6**	13	20	27
Fr		7	14	21	28
Sa	1○	8☾	15	22	29
So	**2**	**9**	**16**●	**23**	**30**

Juli

Mo	1○	8	15●	22	29
Di	2	9	16	23☽	30○
Mi	3	10	17	24	31
Do	4	11	18	25	
Fr	5	12	19	26	
Sa	6	13	20	27	
So	**7**☾	**14**	**21**	**28**	

August

Mo		5	12	19	26
Di		6☾	13	20	27
Mi		7	14●	21	28○
Do	1	8	15	22☽	29
Fr	2	9	16	23	30
Sa	3	10	17	24	31
So	**4**	**11**	**18**	**25**	

September

Mo		2	9	16	23	30
Di		3	10	17	24	
Mi		4☾	11	18	25	
Do		5	12	19	26	
Fr		6	13●	20☽	27○	
Sa		7	14	21	28	
So	**1**	**8**	**15**	**22**	**29**	

Oktober

Mo		7	14	21	28
Di	1	8	15	22	29
Mi	2	9	16	23	30
Do	**3**	10	17	24	31
Fr	4☾	11	18	25	
Sa	5	12●	19☽	26○	
So	**6**	**13**	**20**	**27**	

November

Mo		4	11●	18☽	25○
Di		5	12	19	26
Mi		6	13	**20**	27
Do		7	14	21	28
Fr	**1**	8	15	22	29
Sa	2	9	16	23	30
So	**3**☾	**10**	**17**	**24**	

Dezember

Mo		2	9	16	23	30
Di		3☾	10●	17☽	24○	31
Mi		4	11	18	**25**	
Do		5	12	19	**26**	
Fr		6	13	20	27	
Sa		7	14	21	28	
So	**1**	**8**	**15**	**22**	**29**	

Feiertage:

Aschermittwoch: 21. Feb.
Ostersonntag: 7. April
Chr. Himmelfahrt: 16. Mai
Pfingstsonntag: 26. Mai
Fronleichnam: 6. Juni
Buß- und Bettag: 20. Nov.
Totensonntag: 24. Nov.
1. Advent: 1. Dez.

Das Jahr 1996 ist ein **Schaltjahr** zu 366 Tagen.

Beginn der Jahreszeiten:

Frühling: 20. März, 9^h03^m
Sommer: 21. Juni, 3^h24^m
Herbst: 22. Sept., 19^h00^m
Winter: 21. Dez., 15^h06^m
Erde in Sonnennähe: 4. Jan. 8^h
Erde in Sonnenferne: 5. Juli 19^h

Finsternisse:

4. April: totale Mondfinsternis
17. April: partielle Sonnenfinsternis
27. Sept.: totale Mondfinsternis
12. Okt.: partielle Sonnenfinsternis

Planeten:

Innere Planeten

Merkur: Größte östliche Elongation: *2. Jan.* (19°), **23. April** (20°), 21. Aug. (27°), 15. Dez. (20°)
Größte westliche Elongation: 11. Feb. (26°), 10. Juni (24°), **3. Okt.** (18°)

Venus: Größte östliche Elongation: 1. April (46°), Untere Konjunktion: 10. Juni
Größte westliche Elongation: 20. Aug. (46°)

Äußere Planeten	Opposition	im Sternbild	Konjunktion
Mars:	–	–	4. März
Jupiter:	4. Juli	Schütze	–
Saturn:	26. September	Fische	17. März
Uranus:	25. Juli	Steinbock	21. Januar
Neptun:	18. Juli	Schütze	16. Januar
Pluto:	22. Mai	Schlangenträger	25. November